普通高等教育"十一五"国家级规划教材

化 工 设 计

黄 英 主编

科学出版社

北 京

内 容 简 介

本书为普通高等教育"十一五"国家级规划教材。本书系统阐述了现代化工过程工程学的核心内容——过程设计、过程经济评价和化工厂整体设计的基本原理、基本程序与方法。全书共分 9 章，主要包括化工设计的程序和内容、物料衡算和能量衡算、分离设备与分离过程的优化、换热器、化工工艺流程设计、管道设计与布置、车间布置设计、工程设计概算、计算机在化工设计中的应用。书中有关章节还结合实例介绍了化工设计中的计算机辅助设计方法。本书的内容选取接近工程实际，具有很强的综合性和实践性。

本书可作为高等院校化学工程与工艺、制药工程、轻化工、应用化学等专业的教材及化工设计课与毕业设计参考用书，也可供化工类专业工程设计人员、管理人员等参考。

图书在版编目(CIP) 数据

化工设计/黄英主编. —北京：科学出版社，2011.6

普通高等教育"十一五"国家级规划教材

ISBN 978-7-03-031441-3

Ⅰ. ①化… Ⅱ. ①黄… Ⅲ. ①化工设计-高等学校-教材 Ⅳ. ①TQ02

中国版本图书馆 CIP 数据核字（2011）第 107779 号

责任编辑：陈雅娴 丁 里 王国华 / 责任校对：包志虹
责任印制：徐晓晨 / 封面设计：迷底书装

科 学 出 版 社 出版

北京东黄城根北街 16 号
邮政编码：100717
http://www.sciencep.com

北京中石油彩色印刷有限责任公司 印刷
科学出版社发行 各地新华书店经销

*

2011 年 6 月第 一 版 开本：787×1092 1/16
2016 年 1 月第二次印刷 印张：22 1/2
字数：514 000

定价：**56.00 元**

（如有印装质量问题，我社负责调换）

前　　言

在化学工业中，一项化工新技术从概念形成至付诸实施投产，一般要经过化工技术研究、过程开发、项目设计、工程建设、试车投产等几个主要阶段。化工设计将研究、开发的技术及过程开发的成果与工程建设、试车投产衔接起来，把过程设计与工程设计有机地结合在一起。化工设计所提供的方案、数据、图纸、文件等是材料购置、设备制造、施工组织的依据。无论是新厂的建设，还是老厂的改造，都离不开化工设计。因此，化工设计是化工基本建设和企业技术改造不可缺少的重要环节。化工设计是一项创造性的劳动，设计者只有掌握一定的化工设计基本知识和技能，具备一定的理论和实践基础，能够运用正确的设计思想和经济观点指导设计，才可能独立承担工程项目的设计任务。

目前，化工技术的深入发展和计算机技术的迅速提高，使化工技术与计算机的结合、数学与结构学的结合成为现实，本书在编写中注重下述几个方面的内容：

(1) 微米尺度、纳米尺度化工过程及设备的研究已证明微通道中的传热、传质及反应速率比常规尺度下提高 1～2 个数量级。因此，了解分子模拟、量子化学计算等模型化和模拟方法对深入研究化工过程尤为重要。

(2) 随着计算机科学和人工智能等新知识在化学工程领域内的应用与普及，更多的化工设计、控制问题将通过建立数学模型，设计标准模块进行处理；新型的化工专家系统还能将那些难以用理论公式描述的经验知识建立成高级程序，并用于解决实际问题。本书在相关章节中充实上述内容，对在生产实际中及科学研究中从事化工过程开发与设计的学生和科技人员具有重要意义。

(3) 随着各种广义化工过程为人们认识、理解和开发，以及系统科学的不断发展，过程综合与集成可能是未来化工过程发展的另一个基点，它将吸引人们系统地总结这方面的一般性工具知识，建立优化设计的化工系统工程。在本书的相关章节中力求对这一部分内容有所体现，这是现代化工发展的需要。

本书系统阐述了现代化工过程工程学的核心内容——过程设计、过程经济评价和化工厂整体设计的基本原理、基本程序与方法。

全书共分 9 章。第 1 章概述化工设计的程序和内容；第 2 章介绍化工设计的基本运算——物料衡算和能量衡算；第 3 章讨论分离设备与分离过程的优化；第 4 章对换热器的设计、选型及夹点技术的基本理论进行讨论；第 5 章为化工工艺流程设计，说明化工工艺流程的基本特征和基本要素，并介绍计算机辅助流程设计；第 6 章讨论管道设计与布置问题；第 7 章为车间布置设计，讨论厂房的整体布置与设备布置等问题；第 8 章为工程设计概算，讨论设计概算问题与优化设计方案所需的经济分析与评价；第 9 章为计算机在化工设计中的应用，对计算机在化工设计中的应用与发展进行介绍。

本书由西北工业大学黄英任主编，黄英编写了绪论、第 1～8 章并负责全书的统稿，王艳丽编写了第9章。

　　本书的编写得到科学出版社的大力支持和热情的帮助；同时，本书在编写过程中，引用了许多专家、学者的文献资料，特向他们致以最诚挚的谢意！

　　由于编者水平有限，书中难免存在不妥之处，请广大读者批评指正。

编　者

2011 年 1 月

目　录

绪　　论

化学工程是研究化学工业和其他过程工业（process industry）生产中所进行的化学过程和物理过程共同规律的一门工程学科。这些工业包括石油炼制工业、冶金工业、建筑材料工业、食品工业、造纸工业等。化学工程在发展过程中，同时也被其他过程工业的研究与开发人员用于其他各种过程工业，使化学工程事实上发展为过程工程或提升至过程工程。化学工程的基本理论和方法正逐步向各个领域渗透，目前已覆盖了所有物质的物理和化学加工工艺，过程工程是这一趋势的正确表达。过程工程学科涵盖化学工程、冶金工程、热能工程、材料工程、生物工程、环境工程等子学科，这些子学科以其与化学反应密切相关为共同特征，因此可以说过程工程是以化学工程为基础的学科。

0.1　过程工程的基本概念

过程工程是指化工、炼油、冶金、能源、建材、医药、日化等多种工艺过程中有共性的工程技术。它包括了每个国家的大部分重工业，这类工业有下列特点：①工业生产使用的原料基本上为自然资源；②产品主要用作产品生产工业的原料；③基本为连续化的生产操作；④在生产过程中原料发生了物理变化、化学变化；⑤产量的增加依据生产规模的放大来实现；⑥对环境易产生较严重的污染，需发展绿色的生产过程来解决污染问题。

过程工业依据生产方式、扩大生产的方法以及生产时物质所经受的主要变化来分类，它是一个国家发展生产、增强国防力量的基础。过程工业的发展需要现代技术的支持和大量的投资。

过程工业中进行的各种化学、物理过程往往在密闭状态下连续进行，它遍及几乎所有现代工业生产领域。每一过程工业需从原理上研究如何提高效率、降低投资费用和操作成本等。需要从原理上改进设备，提高生产力，并从不断创新的角度，发展新的生产过程，使过程不产生污染，并使其符合可持续发展的基本原则。过程工程的学科理论基础是共同的泛化学工业，是在化学和物理学基本原理指导下高度交叉发展而形成的产业。它们共同的核心研究内容是：①物质流的传递与转化过程；②能量流的传递与转化过程；③信息流的传递与集成过程。以上三者之间的交互作用促进了过程工程的发展，也进一步说明过程工程中技术是相通的和可共享的。

与过程工业相对应的为产品（生产）工业，是设计或革新人们所需要的有用产品的过程。其主要步骤包括定位产品的功能、确认产品功能与其化学组成或空间构成的内在关系、设计或改进产品。例如，生产电视机、汽车、飞机、空调等的工业，这类工业的产品大都可为人们直接使用，关系到人们生活水平的高低，该类工业的特点是：①使用的原料基本上为过程工业的相关产品；②产品可直接为人们所使用；③生产过程基本上为非连续化过程；④主要为物理加工和机械加工过程；⑤以增建生产线或改进生产线来增加产品量；⑥污染较过程工业轻，一般可采用较成熟的技术改善和治理。

0.2　过程工程的学识基础

以化学工程为代表的过程工程学原理起源于众多过程工艺中共性操作的归类和归纳。过程工程学已经走过了一百多年的历史：以 1901 年 G. E. Davis 出版的《化学工程手册》为标志的过程工程学研究过程工业生产中所进行的化学过程和物理过程的共同规律。

1915 年，美国化学学会会长和化学工程师协会会长 A. D. Little 博士提出了"单元操作"的概念，并首先阐明了研究各种"单元操作"的基本原则，许多学者认为这是过程工程学发展的第一个里程碑。1958 年，R. B. Bird 等的《传递过程原理》一书，将"单元操作"中的共性规律总结为质量、热量和动量传递，并更多地引入物理和数学工具进行定量分析与推理研究，使过程工程学在理论上更趋成熟。几乎在同一时间，荷兰的 van Krevelen 教授在前人研究的基础上明确提出"化学反应工程学"（一反），来研究化工过程中带有化学反应时的变化过程，这使化学工程学成为一门更全面的学科，被称为"三传一反"过程。将以物理过程为主的传递过程（三传）与化学反应（一反）相结合，形成了"化学反应工程"。一般将欧洲第一次化学反应工程会议（1957 年）视为过程工程学发展的第二个里程碑。

郭慕孙先生则把当代化学工程的学识基础形象地归纳为"三传一反＋X"。他认为"X 包括那些不一定如'三传一反'那样重要和预计将来会出现的内涵"，并认为"化学工程目前覆盖了所有物质的物理和化学加工工艺，可称为过程工程"。人类社会的发展不断给过程工程提出新问题，当今能源和资源的大量消耗、全球变暖、环境污染已严重制约人类社会的可持续发展，节能、降耗、减排已成为时代的要求，于是过程工程的绿色化和集约化成为学术界关注的热点，与此相关的具有代表地位的研究成果也可能成为X 的具体内容。

目前，"三传一反"研究必将进一步深入到介观尺度、微观尺度范畴，涉及结构、界面与多尺度问题。传统的宏观平均方法将不均匀结构拟均匀化导致预测偏差和工程放大困难，需要用多尺度方法取代。结构、界面和多尺度问题有可能成为学术界研究的焦点。与结构、界面、多尺度、绿色化和集约化相关的具有代表地位的研究成果（新理论、新原理、新方法）可能成为过程工程科学基础的新内涵。

0.3　过程工程的发展

0.3.1　化学工程科学体系在进一步完善与更新

科学研究和工业实践是建立并检验知识体系的基础，而科学概念的抽提则是发展知识体系的基本手段。Giddings 教授曾试图从"场"和"流"的观点出发来建立统一的分离科学，以广义方法描述化工过程。袁乃驹教授等拓展了"场"和"流"的概念，将

"场"定义为能够产生空间化学势差异的推动力，如温度场、重力场、电场、磁场和超声场等，而"流"是在"场"作用下产生的穿过空间指定界面的物流和能量流，并将其应用于描述和分析化工反应与分离过程。其研究结果表明，现有的化工反应和分离过程均可以表示若干类"场"和"流"的组合，可以用形式类似的数学方程来描述，其过程能否连续、分离与反应过程的深度是由"场"与"流"结合方式和"场"的相对强度所决定的，多"场"过程是提高化工反应转化率或专一性或分类过程精度的重要方式。事实上，"过程耦合"及"外场强化"是化工反应或分离新过程和新技术研究中最为活跃的内容之一。

作为与"单元操作"和"三传一反"具有延续性的发展，金涌院士提出以"物质的传递与转化"、"能量的传递与转化"及"信息的传递和转化"，即"三传三转"来描述今天的化学工程学科体系结构，因为能量传递与动量传递本质上是一致的，而信息传递则遵循不同的法则。

0.3.2　物质转化过程的多尺度结构与时空尺度迅速扩展

现代化工最重要的特征之一是时空尺度的迅速扩展，从原子尺度下的原子、分子自组装过程，到考虑到全球环境变化的生态过程，其时空跨度达十余个数量级。

科学研究实践表明对化工过程更深层次的理解要求不断缩小研究空间尺度，从设备的宏观尺度到多相流液滴、气泡、颗粒（团簇）的介观尺度，再深入到胶束、纳米聚团、相界面的亚微观尺度和分子组装、超分子化学合成的分子尺度。在时间特性上，除了研究各类参数的时均值的分布规律外，还要研究其在时域内的混沌行为。此外，为使不同的化工过程实现集成和优化，则需不断扩大研究的时空尺度。

1. 物质转化过程的多尺度结构

多数物质的转化过程都具有非均匀结构、多态和突变等复杂系统的特征。物质转化过程中复杂系统的研究成为过程工程科学的重要前沿。在复杂的过程系统中，许多现象以不同层次出现，层次可用时间和空间尺度来标定。工艺过程及其设备的设计、操作、控制为宏观尺度，但有关的物理、化学现象为微观尺度。为达到更好地设计、操作、控制工艺过程及其设备的目的，要在宏观与微观之间寻找有关的中间尺度的现象，如此可以分割难题，然后既按不同尺度的层次分别研究，又在综合层次进行跨尺度研究。在这样的研究中，需引进有关的新知识，研究方法和手段也将出现新的变化。许多学者将时空多尺度结构及其效应的认识和研究誉为继"单元操作"和"化学反应工程"之后的新的里程碑。

物质转化的基本层次是原子和分子，但实现物质转化却要涉及从原子、分子到大规模工业装置（乃至整个工厂，甚至涉及大气、河流等环境因素）之间不同尺度的化学和物理过程。许多复杂现象发生在若干主要的特征尺度上，对过程控制作用的各种机理也只在某些特征尺度上发挥作用。

多尺度特征在物质转化中的重要性主要体现在以下两个方面：①任何一个微观反应过程，必须经过各种尺度的调控才能在设备尺度上达到理想的转化率和选择性，才能在工厂尺度输出合格廉价产品的同时对环境产生最小的负面效应；②对反应过程的任何调控一般都在设备尺度实施，然后通过多尺度过程将这一调控的作用传递到微观尺度水平上，才能对反应过程施加影响。

2. 时空多尺度结构的概念

尺度指的是表达数据的空间范围的大小和时间的长短，是数据的重要特征。不同尺度所表达的信息密度有很大的差异。观测尺度变化得到的结果在某一尺度下会发生实质性的改变。这种特征尺度发生质变的系统可称为多尺度系统。时空多尺度可分为空间多尺度和时间多尺度。

1）空间多尺度

在复杂科学和物质多样性研究中，尺度效应至关重要。尺度不同常会引起主要相互作用的改变，导致物质性能或运动规律产生质的差别。尺度效应本质上是控制机理的转变。在自然界和工程技术界，空间多尺度结构是客观存在的。法国 Villermaux 于 1996 年将空间尺度大致分为：纳米尺度——分子过程，活性中心，……；微观尺度——颗粒，液滴，气泡，涡流，……；介观尺度——反应器，换热器，分离装置，泵，……；宏观尺度——生产单位，工厂，……；巨尺度——环境，大气，海洋，土壤，……。

2）时间多尺度

时间可用秒来度量，更大的有分钟、小时、日、月、年，以至年代、世纪、地球冰河出现周期、太阳系绕银河系运动周期、宇宙的生命周期；更小的有毫秒、微秒、纳秒、皮秒、飞秒、渺秒等。

可用两种方法来理解时间多尺度：一是时间尺度针对具体过程，不同的过程有不同的时间尺度，故时间多尺度可理解为多过程。因此，多尺度研究方法可理解为过程的分解和综合的方法，每一过程都有不同的时间尺度。二是对于同一过程，在一定的意义上有特定的时间尺度。此时多尺度的研究方法可理解为人为改变过程的时间尺度，用新的时间尺度对过程进行研究。过程工程中常见的两类技术，即强制时变和优化控制，就是时间多尺度方法的典型体现。

0.3.3　过程工程的绿色化

21 世纪人类社会的进步已进入了可持续发展的阶段，其科学与技术基础是绿色化学工程，生态工业园区的建立是今后世界工业社区发展的理想模式。化学工程作为为人类提供物质基础的科学必须更加关注自然、环境和生态效应，必须快速发展更加绿色（环境和生态友好）和更加高效（原子经济性）的分子科学与过程工程学。

过程工程绿色化是综合利用环境与资源、材料、能源、生化工程与计算信息学等多学科的知识，研究物质转化过程绿色化的综合性科学与工程。最广为认可的绿色化工定义是"能够减少或去除危险物质使用和产生的化工产品的设计和工艺"。美国环境保护局（EPA）公布了支持绿色化工的 12 项原则，这 12 项原则最初是在 1998 年由绿色化学的先行者——耶鲁大学绿色化学和绿色工程中心主管 P. Anastas 提出的。Anastas 提出的绿色化学 12 项原则包括：①防止污染优于污染形成后处理；②最大限度地利用资源，尽可能将所有原料转化成产品；③尽可能只使用与生产对人类健康和环境无毒或低毒的物质；④设计化学品时，应在保持其功效的同时，尽量降低其毒性；⑤尽可能不使用助剂（溶剂、萃取剂、表面活性剂等），必须时只使用无毒物质；⑥考虑能耗对环境及经济的影响，尽量减少能量使用；⑦在技术和经济可行的条件下，最大限度地使用可再生原料；⑧尽量避免不必要的衍生步骤；⑨催化剂优于化学计量物质；⑩化学品应该设计成废弃后易降解为无害物质；⑪分析方法应能实时在线监测，在有害物质形成前予以控制；⑫选择化学事故（泄漏、爆炸、火灾）隐患最小的物质。

随着向单一环境介质中排放量的减少，还应特别强调防止污染物由一种环境介质向另一环境介质的转移。例如，某些污染物是由液体转到气体，如含有挥发性有机物的废水与空气接触，污染物通过挥发进入气体中。更不易察觉的介质转化形式是污染物在处理过程中经反应转化为毒性较小的化学品。以上这些转化过程都是能量密集型的，能量的耗费也会导致污染。由此可见，减少排放到所有环境介质中的工业废物的总量和毒性需要综合治理的策略。该策略还必须考虑降低废物处理的总量。美国的实践证明这个策略的实现主要依靠绿色化工理念，研发并实现最有效的过程集成。

过程工程的绿色化的研究与应用目前处于初级阶段，面临一系列的挑战和创新的机遇。绿色化方面需要研制更多的绿色催化剂和绿色溶剂，开发更多的化工原料的绿色合成路线，以温和的反应条件替代高温高压的极端反应条件，实现零排放和物质的循环利用，实现二氧化碳、二氧化硫、氮氧化物等有害气体的有效捕集、封存和利用等。

0.3.4　过程工程的集约化

过程系统集成（综合）的概念和理论在20世纪60年代末就已提出，随后80年代英国学者Linnhoff等提出的夹点技术在热交换系统的优化集成中获得了巨大成功，近10年来，在绿色化的推动下，过程工程集约化理论和实践也获得了可喜的进展。过程耦合是将两个不同的过程进行集成优化，形成更有利于经济和环境的新技术，有反应与分离耦合、反应与反应耦合、分离与分离耦合、反应与再生耦合、吸热与放热耦合等类型。例如，反应与分离耦合就是在反应区内将反应生成的产物即时移走，一方面可以突破化学平衡的限制，得到最高的转化率和收率；另一方面对于连续反应，目的产物可在副反应发生前就离开反应区，使副产物的生成量最少。常见的反应与分离耦合的形式有催化精馏、反应吸收、反应吸附、反应结晶、膜反应器、超临界反应分离等。

系统集成属于过程系统工程的研究范畴，其研究对象是物质流、能量流和信息流，内容是选择优化了的单元设备及其间联结关系来组成一个过程工程系统，以便以最少的总费用和最小的环境污染来安全地生产出一定要求的产品，总体上达成技术上和经济上的最优化，获得符合可持续发展要求的最大效益。集成的空间尺度可分为分子尺度集成、过程尺度集成和系统尺度集成，集成目标可分为经济目标、环境目标、生态目标和柔性可控目标等，集成方法有夹点法、操作线法、分步优化法、同步优化法、超结构法、状态空间法、分层综合法、试探法、热力学法、人工智能法、数学规划法等。

多尺度系统集成包括：①分子尺度反应路径的优化集成；②过程尺度反应器网络优化集成；③过程尺度换热器网络优化集成；④过程尺度质量交换网络优化集成；⑤过程尺度

分离序列优化集成;⑥系统尺度公用工程系统优化集成;⑦系统尺度全流程优化集成。

美国学者 Grossmann 等提出按化学供应链(chemical supply chain)的各个不同环节展开集成研究。化学供应链是指分子层次—分子集群—颗粒—单相和多相系统—单元操作—装置(车间)—工厂—企业—工业园区这样一个在时间、空间两方面呈现多尺度跨越的不同阶段、不同尺度的化工过程。此类集成涉及多尺度建模问题,与多尺度系统集成属同一个理念,代表着系统集成的发展方向。

集约化方面需要深入研究过程耦合的机理,建立更多新的符合过程强化与节能环保要求的过程耦合技术,研究和建立绿色集约过程特征分析及评价指标体系,如循环指数、耦合度、绿色度等,研究与化学供应链原理相适应的多尺度集成理论与方法等。

0.3.5　纳微结构界面成为化学工程与技术研究的新焦点

结构和界面(表面)是物质的基本存在形态,而关联这些基本物质单元并维持自然界呈现有序运动的核心是相互作用。Ertl 通过对哈伯-博施(Haber-Bosch)合成氨工艺固体表面化学过程的研究,成功测量了每个反应步骤的速率和反应动能,这些数据又被用于更有实际应用价值的反应过程的计算,不仅对基础研究,而且对工业模型的建立极为重要。由此证明了物质接触表面发生的化学反应对工业生产运作至关重要,他也因此获得 2007 年度诺贝尔化学奖。美国华盛顿州立大学西雅图分校江绍毅教授研究组将分子模拟与实验研究相结合,研究生物/化学界面现象并指导界面的分子设计和合成。他们从分子水平解释材料抗蛋白质吸附的机理,发展了能抵御蛋白质与微生物吸附,特别是能够抑制生物膜形成的新表面材料,有望在食品包装、机械与装备的表面防护等方面取得重要应用。其研究成果还可以用于控制蛋白质分子在固体表面的朝向和构象,发展植入型组织工程材料和生物传感器等。美国杜兰大学卢云峰教授研究组发展了以非共价作用力将具有纳米尺度的结构进行多级组装而形成可控的宏观结构的功能新材料,如用于燃料电池、热电偶、氢气发生装置中的金属或半导体的纳米线,响应环境变化而动态改变组装结构的自适应人工仿生系统(分子变色龙)等。在上述研究工作中,能够承载或者发挥预定功能的结构成为研究的目标,结构转换成为过程的热力学和动力学研究的焦点,而研究目标分子与环境的相互作用则成为结构研究的切入点。复杂(分子、界面)结构成为化学工程基础研究的新热点,而这一主题的拓展将成为发展分子工程的"核心知识与技术"的基础,值得我国学者的关注。

传质过程是一种伴随着流体流动和界面传热的物质之间的复杂运动现象。因此,传质过程往往受体系中纳微结构界面等多尺度效应的影响。以精馏塔内的气液传质过程为例,刘春江等对一个大型精馏塔板效率进行估算时发现,若采用传统的计算流体力学方法处理,不考虑各局部流动对全局传质的影响(仅考虑平均),则精馏塔的传质效率沿塔板数基本呈线性分布而且数值较高,约为 0.95。但若考虑各局部流速分布的计算结果对塔板的传质进行计算,即用下一级尺度各局部的计算结果计算上一级尺度的传质效应,结果传质效率沿塔板数不再是简单的线性分布,而是非线性分布,且其数值较低,约为 0.75,这恰恰是实际工业中通常可以观察到的。

　　从以上的研究结果可看出，纳微结构界面不仅是目前化学化工研究的热点，也是对化工过程传质规律新认识的基础。从分子结构出发，建立多种数学模型，从而有可能实现对化工过程中纳微结构界面的预测与调控。随着结构、界面与"三传一反"关系的理论与计算模型的确立，有可能建立过程工业装置设计、放大和调控的科学理论，化学工程科学将会进入一个新的发展阶段。

第1章　化工设计的程序和内容

在化学品的生产过程中，化工过程内在的科学规律是客观存在的，只是在开发之前尚未被人们认识。任何一个新的化工过程都是创造性的工作，它利用化学工程的基本原理和方法与化学工艺有机结合，将分子设计、概念设计的原理与系统工程相结合，将工艺小试与工程放大作为一个系统有机地结合起来，研究过程的特性和规律，研究放大判据和放大规律，解决工程实际问题。化工设计即是根据一个化学反应或过程设计出一个生产流程，并研究流程的合理性、先进性、可靠性和经济可行性，再根据工艺流程以及条件选择合适的生产设备、管道及仪表等，进行合理的工厂布局设计以满足生产的需要，最终使工厂建成投产的设计全过程。

在化学工程项目建设的整个过程中，化工设计是一个极其重要的环节，是工程建设的灵魂，对工程建设起着主导和决定性的作用。在建设项目立项之后，设计前期工作和设计工作就成为建设中的关键。企业在建设的时候能否加快速度、保证施工安装质量和节约投资，建成以后能否获得最大的经济效益、社会效益，设计工作起着决定性作用。

1.1　概　　述

1.1.1　化工设计的类型和内容

1. 根据项目性质分类

1) 新建项目设计

新建项目设计包括新产品设计和采用新工艺或新技术的产品设计。设计类型又可分为工程设计、复用设计和因地制宜设计。

工程设计是指没有现成装置可以参照或仅根据中试或其他实验装置来设计工业生产装置。复用设计是利用已有装置的技术资料进行新装置的设计，这种设计基本上没有大的改动。因地制宜设计是在已有装置技术资料的基础上进行改进或变更，以适应新装置的要求。

2) 重复建设项目设计

由于市场需要，有些产品需要再建生产装置，由于新建厂的具体条件与原厂不同，即使是产品的规模、规格及工艺完全相同，还是需要由工程设计部门进行设计。

3) 已有装置的改造设计

由于旧的生产装置的产品质量或产量均不能满足客户要求，或者由于技术原因，原材料和能量消耗过高而缺乏竞争能力，必须对旧装置进行改造，其中包括解决影响产品产量和质量的"瓶颈"、优化生产过程操作控制以及提高能量的综合利用率和局部的工艺或设备改造更新等。这类设计往往由生产企业的设计部门进行设计，对于生产工艺过程复杂的大型装置，也可委托工程设计部门进行设计。

每种化工设计通常又分为以工厂为单位的设计和以车间为单位的设计两种。工厂化工设计包括厂址选择、总图设计、化工工艺设计、非工艺设计以及技术经济等各项设计工作。车间化工设计分为化工工艺设计和其他非工艺设计两部分。化工工艺设计主要内容有生产方法选择、生产工艺流程设计、工艺计算、设备选型、车间布置设计以及管道布置设计，向非工艺专业提供设计条件、设计文件以及概算的编制等。

2. 根据设计性质分类

化工过程开发是从立项开始，经过研究、设计、建设，直到一项新产品、新工艺或新技术投入生产的整个过程。一般是在基础研究（探索研究）和收集技术经济资料的基础上，深入开展工艺条件和工程放大研究，以及技术经济评价等方面的工作，以取得设计和建立生产装置，进行生产以及销售经营所需要的数据和资料。

化工过程开发的步骤并没有固定的模式。过程工业新产品开发的基本步骤可用图1.1表示。

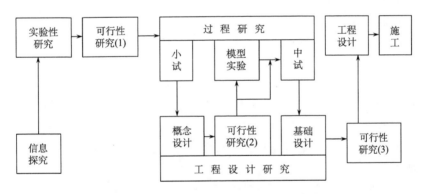

图 1.1　过程工业新产品开发的基本步骤

由图 1.1 可见，过程工业产品开发过程中要进行概念设计、中试设计和基础设计。

1）概念设计

概念设计又称方案设计，是设计人员把自己的工作经验与小试结果结合起来，进行生产规模的原则流程设计。

概念设计包括两层含义：其一是依据小试结果和有关文献资料，提出工业化的规模和方案，故也称预设计；其二是再将预设计规模缩小到一定程度，制订中试方案和进行中试设计、模型研究，形成"预放大—缩小—放大"的开发放大模式。

在概念设计的过程中，要检验小试研究的完整性和可靠性。因此，概念设计往往还会对小试工作提出进一步的要求，使小试在早期就尽可能实现工艺与工程的结合，从而保证小试研究的质量。

概念设计的主要内容有：

（1）以投产两年后市场需求为依据，提出建立工业化规模生产的方案，包括原料和产品规格、工艺流程、工艺条件、流程叙述、物料衡算、热量衡算、消耗定额、设备清单、生产控制、"三废"处理、人员组成、投资以及成本估算等工作。

（2）讨论实现工业化的可能性。对可进入中试研究的项目，确定中试规模，提出中试方案。

（3）提出对将来进行基础设计的意见。

概念设计的作用是暴露和提出基础研究中存在的工艺流程（如单元操作、设备结构及材质、过程控制方案及环保安全等方面）存在的问题，并提出解决这些问题的途径或方案。另外，概念设计应结合技术经济评价，得出开发的新产品或新技术是否有工业化价值的结论。

2）中试设计

中试是中间试验的简称，所谓中间试验是介于小试和生产之间的试验。当某些开发项目不能采用数学模型法放大，或其中有若干研究课题无法在小试中进行，一定要通过相应规模的装置才能取得数据或经验时，需进行中试。

中试的主要目的是验证模型和数据，即概念设计中的一些结果和设想通过中试来验证。中试可以不是全流程试验，规模也不是越大越好。中试要进行哪些试验项目、规模多大为好，均要由概念设计来决定。

中试工作必须按工业化条件进行，其主要任务是：

（1）建立一定规模的放大装置，对开发过程进行全面模拟考察，明确运转条件、操作、控制方法，并解决长期连续稳定运转的可靠性等工程问题。其中，包括对原料和产品的处置方法、必要的回收循环工艺，以及对反应器等设备的结构和材质的考察。

（2）验证小试条件，收集更完整、更可靠的各种数据，解决放大问题，提供基础设计所需全部资料。

（3）考察可达到的生产指标。在可信程度较大的条件下计算各项经济指标，以供对工业化装置进行最终评价。

（4）研究"三废"处理、生产安全性等问题。

（5）示范操作，培训技术工人，研究开停车和事故处理方案，获得生产专门技能和经验。

（6）提供一定量产品（大样），供市场开发工作（反应器的选型和放大以及随之而来的反应状况的研究是中试研究的基础）所需。

（7）提出物料综合利用和"三废"治理措施。

（8）提出带控制点的工艺流程图、工艺参数、物料衡算和能量衡算的数据等。

化工过程开发中的若干问题往往不可能都在小试阶段充分暴露，只能留在中试时加以研究和解决。例如，在管式反应器上进行的反应，小试因设备尺寸所限，不可能对喷嘴之类的结构进行详细研究，设备放大后就要认真解决这类关键问题。又如，对气固催化反应催化剂的筛选工作，一般在小型固定床反应器上进行，中试才可能研究流化床反应器，进一步考察反应器的结构、材质、散热等一系列问题。

3）基础设计

基础设计是新技术开发的最终成果，是工程设计的依据。基础设计中要运用系统工程理论和计算机模拟技术对工艺流程与工艺参数进行优化，力求降低定额和产品成本及项目投资，提高项目的经济效益。

基础设计中对关键技术有详尽的技术说明和数据。工程设计单位根据基础设计，结合建厂地区的具体条件即可做出完整的工程设计。

有关基础设计的内容原化学工业部已有规定。

（1）装置说明：包括设计依据、技术来源、生产规模、原材料规格、辅助材料要求、产品规格及环境条件。

（2）生产工艺流程说明：详细说明工艺生产流程的过程、主要工艺特点、反应原理、操作工艺参数和操作条件等。

（3）物料流程图及物料衡算表。

（4）热量衡算结果及设备热负荷。

（5）水电气的技术规格。

（6）带控制点流程图：包括带控制点流程图及控制方案，并对特殊管线的等级和公称直径提出要求。

（7）设备名称表和设备结构简图：设备名称表和台数、非标设备简图、控制性数据、设备的操作温度及压力；建设性意见及材料选择要求；对关键及特殊设备提出详细的结构说明、结构图、设备条件及防腐要求等。

（8）对工程设计的要求：对土建的要求；对主物料管道、特殊管道及阀门的材质、设备安装的要求；对工程设计的一些特殊要求。

（9）设备布置建议图（主要设备相对位置图）。

（10）装置的操作说明：开停车过程说明；操作原理及故障排除方法；分析方法及说明。

（11）装置的"三废"排放点、排放量、主要成分及处理方法（必要时可对"三废"处理单独提出基础设计）。

（12）对工业卫生、生产安全的要求。

（13）仪表（包括过程控制计算）的说明：介绍流程中主要控制方案的原则、控制要求、控制点数据一览表、主要仪表选型及特殊仪表技术条件说明。

（14）消耗定额。

（15）有关技术资料、物性数据等。

4）工程设计

工程设计是工业项目立项后，依据基础设计等技术文件，参照国家建设标准进行的施工设计。工程设计可分为三段设计、两段设计和一段设计。对重大项目和使用较复杂技术的项目，可以按初步设计、扩大初步设计及施工图设计三个阶段进行。一般技术比较成熟的大中型工厂或车间的设计，可直接进行施工图设计，即一段设计。

工程设计应包括：①设计依据和说明；②工艺流程；③设备、零部件明细表，非标设备制作施工图，设备布置图，管路图；④消耗定额；⑤投资概算等；⑥电路、控制线路施工设计。

工程设计所完成的图纸是指导建厂施工的最终技术依据。

工程设计属于工程范畴，应由科研、设计、制造、生产单位和工程技术人员统筹负责进行。

1.1.2　化工设计的原则、要求和设计基础

要了解化工设计，必须首先从设计要求入手，这些知识是从事化工设计的人员必须掌握的，也是从事化工科研和教学人员应该了解的。

1. 设计原则

（1）符合国家近期和远期经济发展规划目标，遵守党和国家的各种方针政策。

（2）严格遵守法律、法规、标准、规范和技术规定。

（3）重视国土资源的合理配置利用、资源的综合利用。

（4）重视企业的经济效益的同时，还应注意社会效益。

（5）重视产品的国内、国际市场的调查，并预测市场发展趋势。

（6）化工厂设计要符合经济规模，而不是规模经济。

（7）设计者应是先进技术的组织者和推广者。

（8）采用的技术装备应尽量提高国产化率。

（9）尽量降低原材料、燃料消耗，降低能耗，减少人员，降低产品成本，提高劳动生产率。

（10）工厂设计要设法减少投资。

（11）搞好工厂环境保护，保护生态环境，重视劳动保护和安全卫生。

（12）便于实现工厂现代化经营管理。

2. 设计的基本要求

化工装置是由各种单元设备以系统的、合理的方式组合起来的整体。它根据现有的原料和公用工程条件，通过经济合理的途径，生产出符合不同质量要求的产品。化工装置设计必须同时满足下列要求：

（1）产品的数量和质量指标。

（2）经济性。生产装置不仅应该有经济指标，而且其技术指标也应该有竞争性，即要求经济地使用资金、原材料、公用工程和人力。

（3）安全。化工生产中大量物质是易燃、易爆或有毒性的，化工装置设计应考虑安全性要求。

（4）符合国家和各级地方政府制定的环境保护法规，对排放的"三废"有处理装置。

（5）整个系统必须可操作和可控制。可操作是指设计不仅能满足常规操作的要求，

而且能满足开停车等非常规操作的要求；可控是指能抑制外部扰动的影响，系统可调节且稳定。

由此可见，设计是一个多目标的优化问题，不同于常规的数学问题，不是只有唯一正确的答案。设计人员在作出选择和判断时要考虑各种情况是相互矛盾的因素，即要兼顾技术、经济和环境保护等的要求。在允许的条件范围内选择一个兼顾各方面要求的方案，这种选择或决策贯穿了整个设计过程。

3. 规定和约束条件

设计是一种富有创造性的劳动，它是工程师所从事的工作中最有新意、最能使人感到满足的工作之一。当一项设计任务提出时，设计人员从接受任务之时开始就要根据设计要求，构思各种可能的方案，经过反复比较，选择其中最优化的方案。在酝酿各种方案时必须广开思路，寻找各种可能性，然后根据一系列内部和外部约束条件，排除一些不合理或不可能的方案，使需要进一步开展工作的方案数减少。

对每一个不同的设计任务，其外部和内部约束条件是不相同的。外部约束条件是指不随项目具体情况变化的约束条件，通常是指下列几项：①政府制定的各种法律、规定和要求；②各种自然规律；③安全要求；④资源情况；⑤各种必须遵循的标准和规范；⑥经济要求，如投资限额和投资回收期。

设计人员在外部约束条件的制约下，制订若干个可能的方案，若对这些可能的方案不加筛选就进行下一步工作，必然要浪费大量的人力和时间。因此，要根据以下这些原则或称为内部约束条件，排除一些不符合要求的方案，这些内部约束条件是：

(1) 生产技术。包括技术软件的来源、技术成熟程度、价格和使用条件。

(2) 材料。包括原材料、建筑材料、关键设备等供应的难易。

(3) 时间。包括允许和需要的设计时间。

(4) 人员。包括素质和数量。

(5) 产品规格。

(6) 建设单位的具体要求。

(7) 建厂地区的具体情况。

经过内部约束条件的筛选，最后只得到一个可行方案的情况是很少的，因此，还要对保留的少数方案进行深入的分析研究，再根据设计要求进行筛选，不断优化工艺参数和结构，得到唯一的优化流程。若此流程经过安全和操作性能分析符合要求，此流程即为最终的工艺流程，可据此进行工程设计。

由于化工装置是一个由各种单元设备以最优化的方式组合起来的有机整体，因此在进行过程设计与分析时必须从全局出发，而不是从单元设备的角度出发，否则会得出从单元设备来看也许是正确的，但从全局来看是不正确的结论。这一点正是化工装置设计与单元设备设计的差别，前者不仅要求设计人员掌握各单元设备的设计方法，而且要求掌握化工系统工程的基本概念。

4. 设计基础

1）设计有效时间

有效时间即年操作时间，是指每年的自然日扣除大修、中修、小修和非正常停车后的实际生产时间，其数值随装置而异。设计有效时间要考虑下列因素：①工艺介质的腐蚀性强弱；②生产过程中有无结焦、聚合现象；③设备备用系数的高低；④建厂地区的管理和操作水平；⑤工艺成熟程度。

对于腐蚀性强或易聚合、结焦而设备备用系数低的装置，或第一次工业化的装置，采用较小的年操作时间，一般取 300d。对于工艺参数、工况稳定，工人操作水平高的连续化生产过程，一般取 330d。

2）原材料规格及特性

浓度和纯度高的化学物质价格也高，因此应根据工艺过程情况，提出恰如其分的要求。对于原料的浓度和纯度的选择，要考虑以下因素：

（1）杂质对反应的影响。有的杂质在一定条件下会与反应物发生副反应，使收率降低并增大产品提纯的难度。

（2）杂质对催化剂的影响。杂质是否会引起催化剂中毒或结焦。

（3）对于惰性杂质，考虑原料浓度降低后对主反应绝对速率和主、副反应相对速率的影响。

（4）原料浓度对反应产物提纯系统的影响。

（5）提高原料浓度和纯度所需付出的代价。

（6）提高原料浓度而分离出的其他副产品的价值。

有时生产上需较高的纯度，而原料纯度尚不能满足时，设计时应考虑设置原料的提纯装置以使原料达到工业生产所需的纯度。

此外还要考虑原材料的易燃、易爆特点。例如，甲级危险物是指：①闪点小于28℃的液体；②爆炸极限小于10%的液体；③常温下能自行分解或在空气中氧化即能导致迅速自燃或爆炸的物质；④常温下受到水或空气中水蒸气的作用，能产生可燃气体并引起燃烧或爆炸的物质；⑤遇酸、受热、撞击、摩擦、催化以及遇到有机物或硫磺等易燃的无机物，极易引起燃烧或爆炸的强氧化剂；⑥受撞击、摩擦或与氧化剂、有机物接触时能引起燃烧或爆炸的物质；⑦在密闭设备内操作温度等于或大于本身自燃点的物质。

3）产品规格

产品规格应符合国家标准，当生产新产品时，应根据研究制定的企业标准执行。由于一个装置的产品可能为另一个装置的原料，因此在决定产品规格时，需要考虑的因素与决定原料规格需要考虑的因素相同。

4）原材料消耗

对于绝大多数产品而言，占成本因素第一位的是原材料消耗。原材料消耗应以产品收率作为设计指标加以确定，然后通过合理组织流程和设定设计变量来实现这一指标。

若在确定原材料消耗定额后，经过系统物料和热量衡算得到的消耗定额与原设定值不符，在流程一定的条件下，应判断原定工艺参数是否合适。若参数不合适，则修改原设定值，并重新进行计算。若找不到适宜的工艺参数，则修改原定消耗定额，结束计算。若系统物料、热量衡算结果符合原定消耗定额，则继续进行单元设备计算，根据计算结果检查原定工艺参数是否合理。

5）界区交接条件

生产装置占地面积的范围称为界区，界区交接条件是指用管道输送的原料、产品和公用工程在界区边缘（界区线）交接处的温度、压力和状态。公用工程交接条件由公用工程的规格决定。

6）公用工程规格

（1）动力电：应规定对输入动力电源的要求、回路数、电压、电气设备（包括一般用电）使用的电压及电量、电源配备、照明情况等。

（2）冷却水：应规定供水温度（根据气象条件决定最高供水温度，如上海地区可取30℃）、供水压力（根据要求的回水压力加上热交换器阻力和管道系统阻力决定，一般为 0.45～0.50MPa）、回水温度（以进水温度加 5～15℃ 温差作为回水温度，一般回水温度不超过 40℃）、回水压力（对于循环冷却水，通常要求回水能直接流到冷却塔塔顶，不另设输送泵，一般要求回水压力不低于 0.2～0.25MPa）、污垢系数（由水质处理费用和热交换器费用决定，大多数工程设计取污垢系数为 0.000 143m^2·℃/W）。

（3）蒸汽：根据生产需要决定蒸汽压力和温度，常用的蒸汽压力为

超高压　　　　11.5MPa（绝压）

高压　　　　　10MPa（绝压）

中压　　　　　2.5MPa、4MPa（绝压）

低压　　　　　0.4MPa、0.5MPa、0.6MPa、1.3MPa、1.6MPa（绝压）

（4）仪表用压缩空气：规定仪表用各种压力的空气，正常压力 0.7MPa（绝压），最高压力 0.9MPa（绝压），最低压力 0.4MPa（绝压）。

（5）冷冻与冷却设备。

7）公用工程消耗及其他

根据系统物料、能量衡算结果，汇总公用工程消耗，列出单位时间和单位产品的消耗量，生产中催化剂、干燥剂、助剂及其他各种化学品用量等，应根据反应器、干燥器等单元过程计算结果和工艺要求而决定。

8）化工"三废"处理

"三废"是指废气、废水和废渣。废气的来源有反应器、吸收塔、分离器等工艺设备的排放气、安全阀起跳或泄漏的排放气、海洋石油平台上的火炬废气和各种加热炉及锅炉的烟道气。废水是指生产过程排放的有害液体，如酸性或碱性废水、含油污水、高温排水和有毒废水。废渣是指废催化剂、废干燥剂、煤渣、结焦聚合物质等各种废固体物。

1.1.3　化工厂设计的工作程序

　　一般的化工设计的工作程序是以基础设计为依据提出项目建议书，经上级主管部门认可后写出可行性研究报告，上级批准后，编写设计任务书，进行扩大初步设计，扩大初步设计经上级主管部门认可后进行施工图设计。化工厂设计的工作程序见图1.2。

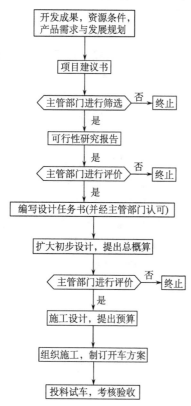

图 1.2　化工厂设计的工作程序

　　设计人员按照设计工作的基本程序开展工作，小型建设项目的设计或特殊情况可按图 1.2 所示程序合理简化。以下是程序中的几个关键步骤的说明。

1. 项目建议书

　　根据国民经济和社会发展的长远规划，结合矿藏、水利等资源和现有的生产力分析，在广泛调查、收集资料、勘探厂址、了解建厂的技术经济条件后，提出具体的项目建议书，向上级主管部门推荐项目。项目建议书的主要内容有：①项目建设的目的和意义，即项目提出的背景和依据，投资的必要性及经济、社会意义；②产品需求初步预测；③产品方案和拟建规模；④工艺技术方案（原料路线、生产方法和技术来源）；⑤资源、主要原材料、燃料和动力的供应；⑥建厂条件和厂址初步方案；⑦环境保护；⑧工厂组织和劳动定员估算；⑨项目实施规划设想；⑩投资估算和资金筹措设想；⑪经济效益和社会效益的初步估算。

　　项目建议书由拟建项目的各部门、各地区、各企业提出，批准的项目建议书是正式开展可行性研究、编制计划任务书的依据。

2. 编制设计任务书

　　可行性研究呈报给上级主管部门，当被上级主管部门认可后，便可编写设计任务书以作为设计项目的依据。设计任务书的内容主要包括：①项目设计的目的和依据；②生产规模、产品方案、生产方法或工艺原则；③矿产资源、水文地质、原材料、燃料、动力、供水、运输等协作条件；④资源综合利用、环境保护、"三废"治理的要求；⑤厂址与占地面积和城市规划的关系；⑥防空、防震等的要求；⑦建设工期与进度计划；⑧投资控制数；⑨劳动定员及组织管理制度；⑩经济效益、资金来源、投资回收年限。

3. 扩大初步设计

　　扩大初步设计的工作程序和内容如图 1.3 所示。

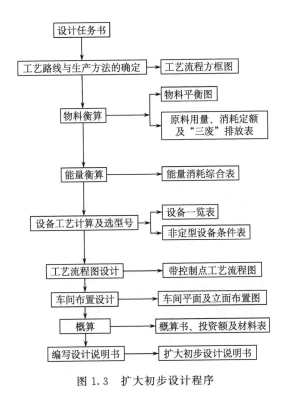

图 1.3　扩大初步设计程序

4. 施工图设计

施工图设计的任务是根据扩大初步设计审批意见，解决扩大初步设计阶段待定的各项问题，并以它作为施工单位编制施工组织设计、编制施工预算和进行施工的依据。

施工图设计的主要工作内容是在扩大初步设计的基础上，完善流程图设计和车间布置设计，进而完成管道配置设计和设备、管路的保温及防腐设计。其中工艺专业方面的主要内容包括工艺图纸目录、工艺流程图、设备布置图、设备一览表、非定型设备制造图、设备安装图、管道布置图、管架管件图、设备管口方位图、设备和管路保温及防腐设计等；非工艺专业方面有土建施工图、供水、供电、给排水、自控仪表线路安装图等。

1.1.4　可行性研究

1. 可行性研究报告的基本要求

1）化工建设项目可行性研究报告的基本要求

工程项目的可行性研究是一项根据国民经济长期发展计划、地区发展规划和行业发展规划的要求，对拟建项目在技术、工程和经济上是否合理进行全面分析、系统论证、多方案比较和综合评价，为编制和审批计划任务书提供可靠依据的工作。

可行性研究报告由项目法人委托有资格的设计单位或工程咨询单位编制。可行性研究报告应根据国家或主管部门对项目建议书的审批文件进行编制。应按国民经济和社会发展长远规划，行业、地区发展规划及国家产业政策、技术政策的要求，对化工建设项目的技术、工程、环境保护和经济评价等问题，在项目建议书的基础上进一步论证。

2) 可行性研究报告编写中应注意的问题

(1) 加强前期发展规划研究。中长期发展规划和工程项目前期规划是编制可行性研究的重要依据之一。要认真做好前期规划研究工作，把握好工程近期与远期的结合，为确定工程项目的建设时机创造好条件。

(2) 进一步规范可行性研究报告编制的委托工作。选择可行性研究报告编制单位时，除对编制单位的资质、业绩、专长进行审查外，还要对编制单位能否抽出技术骨干或能否采取横向联合、及时承担编制任务进行分析，要结合项目内容和性质优选编制单位。对重大项目可行性研究报告的编制单位要进行招标确定；对可行性研究报告阶段编制不认真而影响可行性研究报告质量水平及进度的编制单位，不能在下一阶段继续使用；建议在初步设计阶段以竞标的形式重新选择设计单位。

(3) 编制可行性研究报告要在科学、公正、公平、实事求是的原则下进行。编制可行性研究报告是一项政策性、技术性都很强的综合性智力服务工作，要在科学、公正、公平、实事求是的原则下进行。业主委托单位要给编制单位合理的工期和费用。同时，业主要积极配合编制单位，及时提供真实、必要的资料和数据，并保证数据的可靠性。对重大工程的环境影响评价、安全预评价、地震安全评价、水土保持评价、地质灾害评估，要与可行性研究报告同等对待，要保证上述评价成果的质量和科学有效性。这些是支持可行性研究报告达到相应深度的重要依据。

自 2004 年国家实行项目审批备案制以后，要求建设项目满足行业和地区发展总体规划的要求。在可行性研究报告编制过程中，应注意与地方政府的沟通与协调，做好必要的宣传和汇报，取得支持和理解，为可行性研究报告编制工作奠定有力基础并提高工作效率。

(4) 可行性研究报告编制单位要建立健全、有效、适用的质量保证体系。可行性研究报告编制单位要牢固树立"百年大计、质量第一"的思想，建立健全、有效、适用的质量保证体系。认真贯彻 ISO 9000 精神理念，突出过程控制，以超越用户的要求来保证咨询成果质量水平的理念，完成项目可行性研究工作。在可行性研究报告的编制中，要注意对资源与市场的可靠性、项目建设的必要性、建设规模的合理性、工艺技术方案及配套条件的可行性、投资及经济评价的合理性等重大问题进行多方案论证。要高度重视现场调查研究，真正掌握现场第一手资料。对资源、产品市场的分析预测，对现场总图布局、关键性控制工程、内外部依托条件和衔接关系要了如指掌，并落实好有关用地、用水、用电、消防、交通、通信等协议文件。特别要强化工程技术经济多方案的比选工作，方案比选要针对工程实际，定性与定量比选相结合，用翔实的数据使可行性研究报告推荐的技术方案具有科学性、可信性、可靠性、合理性，使可行性研究报告真正成为决策科学依据和工程初步设计的指导性文件，并经得起时间和生产的检验。

(5) 编制重大工程项目可行性研究报告，要有计划地组织专家研讨、论证，提升方案论证的水平；特别是对重大的技术问题或控制性工程难点应召开专题研讨会进行论证。按照 HSE 的设计理念和"安全、环保、效益"的原则，特别要注意对项目的主要潜在风险因素及风险程度进行分析，并提出防范和降低风险的对策。

（6）可行性研究报告的编制人员要有较强的政策水平和专业技术水平，要熟悉有关标准、规范、政策法规，要站在大局和公正性的立场上，看问题要有独立性或独到性。

2. 化工建设项目可行性研究报告的内容

根据《化工建设项目可行性研究报告内容和深度的规定》，以及国内一些著名的咨询机构对可行性研究报告的内容和深度的具体要求，可行性研究报告的内容应包括以下内容：

（1）总论。内容包括项目名称，主办单位名称、企业性质及法人，可行性研究报告编制的依据和原则，项目提出的背景，投资的必要性和经济意义，研究范围，研究的主要过程，研究的简要综合结论，存在的主要问题和建议，并附主要技术经济指标表，详见表 1.1。

表 1.1　主要技术经济指标

序号	项目名称	单位	数量	备注（子项目[1]）
一	生产规模	万 t/a 或万套/a		
二	产品方案			可有多个方案
三	年操作日	d		
四	主要原材料、燃料用量	实物量/a		可有多种
五	公用动力消耗量			
1	供水（新鲜水）	m³/h		最大、平均用水量
2	供电	kW		设备容量、计算负荷、年耗用量（万 kW·h）
3	供汽	t/h		最大、平均用汽量
4	冷冻	kJ/h		最大、平均用冷负荷
六	"三废"排放量			废水（m³/h）、废气（m³/h）、废渣（t/h）
七	运输量	t/a		运入量、运出量
八	全厂定员	人		生产工人、管理人员
九	总占地面积	万 m²		厂区、渣场、生活区、其他占地面积
十	全厂建筑面积	m²		
十一	全厂综合能耗总量（以标准煤计）	t/a		包括二次能源
十二	单位产品综合能耗（以标准煤计）	t/单位产品		
十三	工程项目总投资	万元 外汇，万美元		固定资产投资、建设投资、固定资产投资方向调节税、建设期利息；流动资金（包括铺底流动资金），其中外汇（万美元）

续表

序号	项目名称	单位	数量	备注（子项目[1])
十四	报批项目总投资			
十五	年销售收入	万元		
十六	成本和费用	万元		年均总成本费用、年均经营成本
十七	年均利润总额	万元		
十八	年均销售税金	万元		
十九	财务评价指标	万元		投资利润率、投资利税率、资本净利润率、全投资财务内部收益率（税前和税后）、自有资金财务内部收益率，投资回收期（a），全员劳动生产率（万元/人），全投资财务净现值（税前和税后，需注明 i 值）、自有资金财务净现值（万元，i 值）
二十	清偿能力指标	a		人民币、外汇借款偿还期（含建设期）
二十一	国民经济评价指标			经济内部收益率、经济净现值

1) 子项目原应列于大项目的下面，这里为节省篇幅列于备注栏，备注栏实际上是用来填写其他说明的。

总论应全面、清晰、有序地反映报告的全貌，要提纲挈领地说明后面的相关内容与结论，使项目的决策者一目了然。特别在总论中的结论部分要明确项目的"四性"（项目建设的必要性、建设条件的可能性、工程方案的可行性、经济效益的合理性），对项目技术经济指标处的水平、项目技术工程和经济是否可行，要有观点明确的结论性意见。

（2）需求预测。包括国内外市场需求情况的预测和产品的价格分析。

（3）产品的生产方案及生产规模。

（4）工艺技术方案。包括工艺技术方案的选择、物料平衡和消耗定额、主要设备的选择、工艺和设备拟采用标准化的情况等内容。

（5）原材料、燃料及水、电、汽的来源与供应。

（6）建厂条件及厂址方案、布局方案。应提供厂址勘察报告和厂址的比选、优化方案以及有关不同意建设的意见和用地协议文件。

（7）公用工程和辅助设施方案。

（8）节能。

（9）环境保护。

（10）劳动保护与安全卫生。

（11）工厂组织、劳动定员和人员培训。

（12）项目实施规划。

（13）投资估算和资金筹措。投资估算中应说明投资估算依据的方法和标准，必要附表应齐全，以论证投资估算的合理性。资金筹措渠道要明确，要符合国家有关规定，并提供意向性的或协议性的证明材料，企业自有资金（股本金）部分一定要有有关证明材料或资产评估报告，以论证资金来源的可靠性。根据项目资金筹措情况，必要时应进行融资方案分析。

（14）经济效益评价及社会效益评价。

（15）结论。综合评价与研究报告的结论、存在问题及建议等内容。

1.2　工艺包设计

工艺包是一个专门的技术名词，它特指包含一个化工产品的生产技术的全部技术文件，是工艺技术对工程设计、采购、建设和生产操作要求的体现，是基础设计的主要依据。工艺包是高新技术的知识产品，它浓缩了化工装置的主要工艺技术。科研机构将其试验成果编制成工艺包，成为一个可商业化的产品走向市场，既保护了科研机构自身的知识产权，又有利于推广技术，因而是目前国际上的通用做法。国内任何一个从事大型成套装置设计的甲级设计院，在取得工艺包后均可开展基础设计工作。

在化工设计的工程化阶段，经过概念设计、工艺包设计、基础设计、施工图设计，完成全部设计过程。在建设阶段，经过项目建议书、可行性研究、工程设计、施工建设、投产等完成建设的全过程。不难看出，工艺包设计是整个过程中的一个技术核心环节。

工艺包设计的依据是已批准的可行性研究报告、总体设计和设计基础资料，要依据这些文件来进行工艺包设计。

1.2.1　工艺包设计的内容

工艺包设计文件一般应包含以下内容。

1. 设计范围

设计范围说明工艺包包括的范围及生产规模。

2. 设计基础

设计基础包括工艺对原材料、催化剂、化学品及公用工程的规格要求，成品规格，生产能力（收率、转化率），消耗定额，“三废”排放量及规格，生产定员，工程保证指标和需要说明的安全生产要求。

在原料、燃料的规格要求中，要尽可能详细地列出设计数据和允许的波动范围。

在催化剂的规格要求中，要列出型号、规格、工艺性能，反应器的大小，催化剂的装量、生产厂家。

在主要化学品的规格要求中，要列出用途、年消耗量、实际使用浓度等；在公用工程的规格要求中，要列出全部水、电、汽（气）的规格，还要列出包括辅助产品的成品规格；列出装置能力及操作弹性；列出原材料、催化剂、化学品及公用工程的消耗定额；详细列出“三废”排放的具体规格、形式和指标；列出车间的生产定员。

技术保证指标：产量、质量和主要消耗。

对安全生产的要求主要是防火、防爆、防毒（化学）、防泄漏等内容。

3. 工艺说明

工艺说明是按工艺流程的顺序,详细地说明生产过程,包括有关的化学反应及机理、操作条件、主要设备特点、控制方案以及工程设计所必需的工艺物料的物化性质数据。

4. 物料平衡及热量平衡计算结果

全流程典型的物料平衡应考虑到负荷波动及各主要工程设计的重要依据。

工艺包中的"物料平衡和热量平衡"数据应该包括以下内容:①工艺流程中物流的温度、压力、组成和流量;②蒸汽系统与冷凝液系统平衡数据;③冰机系统数据;④循环冷却水的平衡;⑤各种类型换热器的热负荷;⑥压缩机、膨胀机、汽轮机和主要泵类等的功率;⑦精馏、吸收、解吸等塔器的逐板计算数据;⑧回路中返回物料必须与初始假设值契合,误差要在规定范围内(相对误差不宜高于 10^{-4},特殊情况另定)。①~④应该单独画出工艺流程图,并将数据标在图上;⑤~⑦应该列表,⑤也可以标在图上。

5. 工艺流程图

工艺流程图表示工艺生产所有主要设备(包括位号、名称),特殊阀件设置,物流数据(流程、组成、温度、压力等特性)以及控制、连锁方案。

6. 设备表

设备表应填写设备位号、设备名称、介质名称、操作压力、操作温度等。

7. 主要设备工艺规格书

包括主要机械设备规格书及仪表规格书。主要机械设备规格书应列出所有工艺规格要求及有关数据、设备的材质要求,传动机械要求及必要的设备条件图。

8. PID 图

PID 图(管道仪表流程图或称带控制点流程图)表示管路尺寸,材料等级,伴管、阀门、保温等级,安全阀系统,管路编号,仪表及控制回路等。

9. 配管规格书

包括介质、工艺条件、设计条件、管路尺寸、管路等级、保温等。

10. 初步布置图

根据转让方的经验,表示主要设备布置和占地面积,供配管专业参考。

11. 特殊管路材料等级规定

工艺包所采用的管线和连接件材料主要为碳钢、不锈钢、低合金钢、合金钢、铝材和某些非金属管材或衬里管等。对于特殊管道，由于工作介质种类较多，且工作温度压力各不相同，因此有必要对管道的表示方法、工作介质、管线材料等级作出规定。国内和国外的管材等级是不一样的，应分别表示。

12. 生产操作和安全规程要领

生产操作和安全规程要领是工艺技术的一部分，是指原则性的基本原理，包括首次开车、停车、正常开车、正常操作、操作人员的安全和卫生知识。

（1）首次开车：气密试验、吹扫、工厂首次开车的方法。

（2）停车：工厂计划和正常停车时的操作程序。

（3）正常开车：正常开车程序一般说来与首次开车一样。此处主要为了适应每次停车后装置各系统所处的工况，给予适当调整。

（4）正常操作：每一个工序的操作原则在工艺技术手册中应该有更完整的说明。

（5）操作人员的安全和卫生知识：为了尽可能保证个人安全、减少意想不到的事故和危害，使经济损失最少，工艺包中要说明操作人员的安全和卫生知识，特别是对于易燃易爆、有毒有害的物质的说明。包括这些物质的性质和特征、储存条件、技术要求、泄漏和排放的识别；装有这些物质的容器、设备和管道的维护和清洗；操作人员对于安全和卫生知识的培训、紧急救护系统、对健康的危害和预防措施；个人保护装备；在已经发生安全事故时的紧急处理、初步救护和医疗；测量环境中这些物质的浓度、设立警戒标志等。

13. 特殊要求的化验要领

化验室根据工艺、公用工程专业提出的分析项目，承担原材料、辅助材料、燃料、半成品和产品等的质量全面分析检验，公用工程日常生产控制分析等。

除了常规分析以外，需要比较高级的仪器分析时应该做特殊说明，如原子光谱、质谱、核磁共振等。应该列出特殊要求的分析项目和主要分析仪器设备一览表，还应包括受安全部门委托负责检修时安全动火分析等。

14. 特殊要求的检修要领

工厂生产实践表明，装置的日常维护和检修作为装置管理的重要环节，不但能保证装置的"安、稳、长、满、优"运行，而且能有效延长装置的使用寿命。

特殊要求的检修要领是指对主要工艺设备、仪表、电气等方面的检修提出相应特殊要求，包括工业炉、反应器、塔器、各大机组、特殊换热器等主要工艺设备的检修，催化剂的更换以及自控元件的检修等方面内容。

工艺包中应该说明：

（1）设备、管道、仪表和电气检修及验收所需遵守的标准和规范。

（2）装置检修的基本要求。

（3）装置检修的特点。

（4）详细写出特殊要求的检修要领，包括工业炉、反应器、塔器、各大机组、特殊换热器等主要工艺设备的检修，催化剂的更换以及自控元件的检修的步骤。

15. 界区条件

（略）

1.2.2　工艺流程图及工艺流程说明

按工艺流程的顺序，详细地说明生产过程，包括有关的化学反应及机理、操作条件、主要设备特点、控制方案以及工程设计所必需的工艺物料的物化性质数据。一般应包括以下内容：

（1）生产方法、工艺技术路线（说明采用的工艺技术路线及其依据）、工艺特点（从工艺、设备、自控、操作和安全等方面说明装置的工艺特点）及每部分的作用。

（2）工艺流程简述，叙述物料通过工艺设备的顺序和生成物的去向；说明主要操作技术条件，如温度、压力、物料流率及主要控制方案等；若是间歇操作，则需说明一次操作的加料量和时间周期；连续操作或间歇操作时需说明工艺设备常用、备用工作情况；说明副产品的回收、利用及"三废"处理方案。

（3）生产过程中主要物料的危险、危害分析。

工艺流程图（PFD 图）的设计是化工厂装置设计过程的一个重要阶段，在 PFD 图的设计过程中，要完成生产流程的设计、操作参数和主要控制方案的确定，以及设备尺寸的计算，是从工艺方案过渡到化工工艺流程设计的重要工序之一。

PFD 图是项目设计的指导性文件之一，在工艺设计阶段完成、发布之后，有关专业必须按 PFD 图进行工作，并只能由工艺专业解释和修改。

PFD 图的主要内容应包括：全部工艺设备及位号，主要设备（如塔等）的名称、操作温度、操作压力；物流走向及物流号。此外，除 PFD 图以外，应有与物流号对应的物流组成、温度、压力、状态、流率及物性的物料平衡表；主要控制方案的仪表及其信号走向；标出泵的流率和进出口压力、塔的实际板数及规格、换热器的热负荷等。在 PFD 图中还要标出进出界区流股的流向。冷却水、冷冻盐水、工艺用压缩空气、蒸汽及冷凝液系统仅需标出工艺设备使用点的进出位置。

1.2.3　工艺设备数据表及工艺设备表

工艺包设计阶段的设备数据表与初步设计阶段的设备数据表不完全一致，这两种设备数据表填写要求的区别主要是由于不同阶段的工作深度不同，在工艺包设计阶段一般不进行设备的水力学计算，也不进行管路的水力学计算，所以在设备数据表中不列出设计压力、设计温度和设备的外形尺寸，只列出该设备的操作参数、材质要求、传动机械要求及必要的特殊和关键的设备条件，此外，还要列出工艺设备计算时的输入条件和计算结果。工艺设备数据表是进行化工系统专业设计的依据。

工艺设备表是装置界区范围内全部工艺设备的汇总表，用来表示装置工艺设备的概况。在 PFD 图中所有设备均需标示在该设备表中。

工艺设备表根据工艺流程和工艺设备计算的数据进行编制。一般按容器类、换热器类、工业炉类、泵类、压缩机（风机）类、机械类及其他类进行编制。

设备表中一般应说明设备名称、位号、设备数量、主要规格以及设计和操作条件。

1.2.4 工艺包设计的工作程序

1. 设计前期的工作

（1）根据合同及公司的安排，参加项目建议书、项目可行性研究报告的编制工作。承担有关工艺部分的研究，并编写相应文件。

（2）根据公司的安排，参加项目报价书、投标书技术文件的编写，承担有关工艺部分的研究并编写相应的文件，参加有关投标书的技术内容介绍、合同谈判，并编写有关合同附件。

（3）根据公司的安排，参加引进技术项目的询价书编写，对投标书进行研究讨论（评标），参加合同谈判以及合同技术附件的研究讨论。

（4）大中型化工厂或联合装置需要进行总体规划设计时，要对有关项目提出可供总体规划参考的设计条件。

2. 工艺包设计的工作

（1）进行主流程的工艺计算，完成全流程的模拟计算，即完成物料平衡的计算工作，提出主流程工艺流程图。

（2）在物料平衡计算的基础上完成初步的设备表、主要设备数据表和建议的设备布置图。

（3）在能量平衡计算的基础上提出公用物料及能量的规格、消耗定额和消耗量。

（4）提出必需的辅助系统和公用系统方案，并进行初步的计算；提出初步的公用物料流程图（UFD）。

（5）提出污染物排放及治理措施。

（6）编制重要设备清单和材料清单。

（7）进行初步的安全分析。

（8）进行设备布置研究和危险区划分的研究。

（9）其他专业针对设计目标、范围进行项目研究、设计定义、投资分析（包括人工时估算）、进度计划等。

（10）完成供各专业做准备和开展工作用的管路及仪表流程图。

3. 工艺初步设计阶段由第三方提供工艺包的主要工作

（1）研究并消化第三方（专利商）提供的工艺包和执行的标准。

（2）考虑工艺包中对主要系统的要求，提出必需的辅助系统和公用系统方案，提出初步的工艺流程图。

（3）准备工程设计的设计条件、内容、要求和设计原则，编制设计统一规定，明确执行标准。

（4）编制工程规定和规定汇总表，并提交用户批准。

（5）初步的安全分析。

（6）编制项目设计数据和现场数据。

（7）编制重要设备清单和材料清单。

（8）完成供各专业做准备和开展工作用的管路及仪表流程图。

简言之，在第三方提供工艺包时，工艺设计工程师的任务是将专利商的文件转换为工程文件，发给有关专业开展设计，并提供用户审查。

通常的工作程序是先编制初步工艺流程图并送用户审查、认可。然后编制在项目实施初期即需采购的关键工艺设备的技术规格书和数据表，提出请购单及询价文件。随后再制定有关公用系统和环保系统的设计原则。

在此阶段还要对装置的综合经济评价、技术指标、质量要求和费用控制作出规定，对项目的整个进度作出具体计划，编制初期控制估算。

1.3　化工车间工艺设计

化工厂的总体设计由化工车间、辅助生产装置、公用工程及罐区、服务性工程、生活福利设施、"三废"处理设施和厂外工程等构成。车间或界区设计是化工厂设计的核心内容，它是由工艺专业（包括土建、采暖、通风、水汽、电气、动力、自动控制）密切协作共同完成的。化工工艺设计是化工过程设计的核心，化工工艺人员起着主导作用。化工工艺设计的目的是确定生产过程的工艺条件和相关设备的一系列工程技术问题，具体体现施工建厂的总体要求。

化工工艺包括生产的原料路线、生产方法、技术、操作程序、物料走向，以及相关单元操作设备的某种组合。化工工艺是在掌握自然科学和工程科学规律的基础上，使化学反应达到工业化应用水平。化工工艺决策对能否进行正常生产以及能否取得效益至关重要。同一种化学品的生产，按不同原料、不同路线、不同条件、不同方案来安排，所造成的差异非常大，有的会漏洞百出，无法正常生产，有的则可做到天衣无缝。

1.3.1　化工工艺设计的内容

化工工艺设计包括下面一些内容：

（1）原料路线和技术路线的选择。在化工生产中，同一产品有时可以用不同的原料加工而成。例如，乙醇可以用发酵法制取，也可以用乙烯水合法制取；一氯甲烷可以用甲烷（天然气）氯化的方法获得，也可以用甲醇和 HCl 制取。同一种原料经过不同的加工，又可以得到不同的产品。即使采用同一种原料和相同的工艺过程，而工艺条件不同，也可以得到不同的产品。原料路线、工艺路线和产品品种的多样性使得工艺路线的选择与设计方案的确定需要考虑多方面的因素。在选择化工产品的工艺路线时应考虑下面几方面的因素：

（i）技术上可行，经济上合理。技术上可行是指通过文献调研与分析确定了合理的工艺路线，且项目建设投资后，能生产出产品，能源消耗水平低，且质量指标、产量、运转的可靠性及安全性等既先进又符合国家标准。

经济上合理是指生产的产品具有经济效益，这样工厂才能正常运转，对有些特殊的产品，为了国家的需要和人民的利益，主要考虑社会效益或环境效益，而考虑经济效益相对较少，这种项目也需要建设，但其只能占工厂建设的一定比例，是工厂可以承受的，不影响工厂整个生产的。

(ii) 原料路线。原料是化工产品生产的基础，原料既直接影响到产品的合成工艺路线，又会带来有关原料的资源、储存、运输、供应、价格、毒性、安全生产等一系列相关问题。采用不同的原料与规格直接影响到产物的生产能力、技术水平、质量、成本、反应条件与反应装置、资金的投入与回收等问题。

在化工产品的总成本中，因为原料费用所占的比率较大（国内一般占 60%～70%），所以选择合理的原料路线十分重要。选择原料路线一般应考虑供需的可能性、原料是否符合技术要求、副产物的生成与分离、经济上是否合理、与时代的发展是否同步这几方面的问题。同时应考虑原辅料及产品价格等都将随着市场而变，因而构成不确定因素，正是这些不确定因素的存在，使其具有不可预测性。在工艺路线选择中，对各类风险（包括技术风险、市场风险、自然灾害风险等）都充分估计认识，才不致陷入被动。

(iii) 环境保护。环境保护是建设化工厂必须重点审查的一项内容，化工厂容易产生"三废"，目前我国对环境保护十分重视，设计时应防止新建的化工厂对周围环境产生污染，给国家和人民造成重大的经济损失，并影响人民的身体健康，因此"三废"污染严重的工艺路线应避免采用。工厂排放物必须达到国家规定的相应标准，符合环境保护的规定。

(iv) 公用工程中的水源及电力供应。水源与电源是建厂的必要条件，在西北有些缺水的地区建设化工厂时，尤其要注意保证建厂后正常生产用水。

(v) 安全生产。安全生产是化工厂生产管理的重要内容。化学工业是一个易发生火灾和爆炸的行业，因此从设备上、技术上、管理上对安全予以保证，严格制订规章制度，对工作人员进行安全培训是安全生产的重要措施。同样，对有毒化工产品或化工生产中产生的有毒气体、液体或固体，应采用相应的措施避免外溢，达到安全生产的目的。

(2) 工艺流程设计。

(3) 物料计算。

(4) 能量计算。

(5) 工艺设备的设计和选型。

(6) 车间布置设计。

(7) 化工管路设计。

(8) 非工艺设计项目的考虑，即由工艺设计人员提出非工艺设计项目的设计条件。

(9) 编制设计文件，包括编制设计说明书、附图和附表。

1.3.2　化工工艺设计程序与设计文件

工艺设计分为两个阶段：第一阶段是初步设计；第二阶段是施工图设计。初步设计阶段有时称为基础设计阶段，以可行性研究报告或设计任务书为依据，按投资者要求的产量和生产能力，以及投资者的其他要求，进行初步设计。初步设计的设计文件应包括以下两部分内容：设计说明书和说明书的附图、附表。这些文件成果送交投资者，由投资者组织专家进行评估审查，提出修改意见。

1. 初步设计的目的与初步设计的主要内容

初步设计是确定建设项目的投资额，征用土地，组织主要设备及材料的采购，进行施工准备、生产准备以及编制施工图设计的依据，是签订建设总承包合同、银行贷款以及实行投资包干和控制建设工程拨款的依据。根据原化学工业部对初步设计的说明，规定其内容如下：

（1）总论。

（2）技术经济。包括基础经济数据、经济分析、附表。

（3）总图运输。包括厂址选择、总平面布置、竖向布置、工厂运输、工厂防护设施、"三废"处理、绿化。

（4）化工工艺。主要考虑原材料及产品的主要技术规格、装置危险性物料表、生产流程说明、原材料及动力（水、电、气、汽）消耗定额及消耗量、成本估算、车间定员、管道材料等。

（5）空压站、氮氧站、冷冻站。

（6）外部工艺、供热管线。

（7）设备（含工业炉）。给出有关设备的技术特征、主要设备总图。

（8）电气仪表及自动控制、全厂自动化水平、信号及连锁、环境特征及仪表选型、复杂控制系统、动力供应、通信等。

（9）供电。给出电源状况、负荷等级及供电要求、主要用电设备材料选择、总变电所及高压配电所、照明、接地、接零及防静电、车间配电、防雷等。

（10）土建。给出气象、地质、地震等自然条件资料、地方材料、施工安装条件等；建筑设计、结构设计、对地区性特殊问题的设计考虑；对施工的特殊要求；对建筑物内高、大、中的设备安装要求的说明等。

（11）给水、排水。给出自然条件资料（气象资料、水文、地质资料等），对给水水源及输水管道、给水处理、厂区给水、厂区排水、污水处理站、定员等给予说明。

（12）供热。

（13）采暖通风及空气调节。

（14）维修（机修、仪修、电修、建修）。

（15）质检部。

（16）消防。

（17）环境保护及综合利用。对设计采用的环保标准、主要污染源及主要污染物，设计中采取的环保措施及简要处理工艺流程、绿化概况、其他环保措施、环境检测体制、环保投资概算、环保管理机构及定员等予以说明。

（18）劳动安全与工业卫生。对生产过程中职业危险因素分析及控制措施、劳动安全及工业卫生设施、预期效果及防范评价、劳动安全与工业卫生专业投资情况予以说明。

（19）节能。对主要耗能装置的能耗状况、主要节能措施、节能效益等予以说明。

（20）概算。

2. 初步设计说明书的附图、附表

初步设计说明书的附图、附表包括：①工艺物料流程图；②带控制点的工艺流程图；③设备布置图；④设备一览表；⑤物料流程表。

还有非工艺专业的简略说明书，主要是总平面布置和运输方案、设备一览表、主要分析仪器一览表、技术经济评估分析、总概算书和关键设备总图。

3. 施工图设计的主要内容

施工图设计是把初步设计中确定的设计原则和设计方案，根据建筑施工、设备制造及安装工程的需要进一步具体化，满足建筑工程施工、设备及管道安装、设备的制作及自动控制工程等建筑造价的要求。

施工图设计的内容体现为各种施工图纸（如工艺流程图、设备布置图、管道安装图）、材料汇总表、设备一览表、土建预算表等。

4. 施工图设计的设计文件

1）工艺设计说明

工艺设计说明可根据需要按下列各项内容编写：

（1）工艺修改说明：说明对前段设计的修改变动。

（2）设备安装说明：主要大型设备吊装；建筑预留孔；安装前设备可放位置。

（3）设备的防腐、脱脂、除污的要求，设备外壁的防锈、涂色要求，以及试压试漏和清洗要求等。

（4）设备安装需进一步落实的问题。

（5）管路安装说明。

（6）管路的防腐、涂色、脱脂、除污要求及管路的试压、试漏和清洗要求。

（7）管路安装需统一说明的问题。

（8）施工时应注意的安全问题和应采取的安全措施。

（9）设备和管路安装所采用的标准规范和其他说明事项。

2）管道仪表流程图

管道仪表流程图要详细地描绘装置的全部生产过程，而且要着重表达全部设备的全部管道的连接关系，测量、控制及调节的全部手段。

3）辅助管路系统图

（略）

4）首页图

当设计项目（装置）范围较大，设备布置和管路安装图需分区绘制时，则应编制首页图。首页图表达各分区之间的联系和提供一个整体的概念。一个车间首页图可以表示车间的厂房轮廓和其他构筑物平面布置的大致情况，还能表示建筑物、构筑物的分、总尺寸以及进、出管道的位置等。

5）设备布置图

设备布置图包括平面图与剖面图，其内容应表示出全部工艺设备的安装位置和安装标高，以及建筑物、构筑物、操作台等。

6）设备一览表

根据设备订货分类的要求，分别做出定型工艺设备表、非定型工艺设备表、机电设备表等。

7）管路布置图

管路布置图包括管路布置平面图和剖视图，其内容应表示出全部管路、管件和阀件及简单的设备轮廓线及建筑物、构筑物外形。

8）管架和非标准管架图

（略）

9）管架表

（略）

10）综合材料表

综合材料表应按以下三类材料进行编制：①管路安装材料及管架材料；②设备支架材料；③保温防腐材料。

11）设备管口方位图

管口方位图应表示出全部设备管口、吊钩、支腿及地脚螺栓的方位，并标注管口编号、管口和管径名称。对塔还要表示出地脚螺栓、吊柱、支爬梯和降液管位置。

1.4　工艺设计中的全局性问题

在工厂的整套设计过程中，需要考虑的问题很多，这些因素直接影响工程项目的经济状况。设计过程中的这些因素包括厂址的选定、总图的布置与设计、安全与工业卫生、公用工程、电气设计、自动控制、土建设计等，它们构成了化工过程设计中必须考虑的全局性问题。本节对这些问题进行简要讨论。

1.4.1　厂址的选择

厂址的选择是一个涉及政治、经济、文化、自然等各种复杂因素的多目标决策问题。厂址选择的合理性，不仅对工厂建设有直接影响，而且对工厂的生产经营有长期的重大影响，因此必须慎重对待。

1. 厂址选择的原则

(1) 厂址选择应符合国家工业布局、城市或地区的规划要求。

厂址选择必须符合工业布局和城市规划的要求，按照国家有关法律、法规及建设前期工作的规定进行选择。厂址用地应符合当地城市发展规划和环境保护规划。在选择厂址时，必须统筹兼顾，正确处理局部与整体、生产与安全、重点与一般、近期与远期的关系。

(2) 厂址宜选在原料、燃料供应和产品销售便利的地区。

厂址宜靠近原料、燃料产地或产品主要销售地，并应有方便、经济的交通运输条件。与厂外铁路、公路、港口的连接应短捷，且工程量小，以便能以尽可能少的投资获取最大的经济效益。

(3) 厂址应靠近水量充足、水质良好的水源地，厂址附近应建立生产污水和生活污水的处理装置。

水源地的位置决定输水管线的长度，水质的情况决定是否需要净水处理设备，即水源、水质问题可转化为输水管线、净水处理设备的基建投资和年经营成本费用问题。

(4) 厂址应尽可能靠近原有交通线（水运、铁路、公路），即交通运输便利的地区。

工程建设中，运输设施的投资占总投资的5%～10%。运输成本占企业生产成本的比例也较大。它直接影响企业经济效益及市场竞争能力。厂址的交通状况等同于厂址距主干路、火车站及码头的距离，即修建连接道路、码头的基建投资和原燃料、成品的倒运费用。

(5) 厂址地区应具有热电的供应。

厂址地区应具有满足生产、生活及发展规划所必需的电源。用电量较大的工业企业，宜靠近电源。区域变电站的远近，决定了外部输电线路的长度和外部输电线路的电损耗，即电力条件问题可转化为外部输电线路的基建投资和年电损耗的经营成本费用问题。应避免将厂址选择在建筑物密集、高压输电线路和工程管道通过的地区，以减少拆迁工程。

(6) 选厂址时注意节约用地，不占用或少占用良田。厂区的大小、形状和其他条件应满足工艺流程合理布置的需要，并应有发展的余地；厂址应不妨碍或不破坏农业水利工程，应尽量避免拆迁。

从国情出发，在厂址选择时应该严格执行国家有关耕地保护政策，处理好耕地保护与经济发展的关系，切实保护基本农田，控制工业建设占用农用地，以保证国家的粮食安全。

(7) 选厂时注意当地自然环境条件，并对工厂投产后可能造成的环境影响作出预评价。

选择厂址时，散发有害物质的化工企业应位于城镇、相邻工业企业和居住区全年最小频率风向的上风侧。当在山区建厂时，厂址不应位于窝风地段。生产装置与居住区之间的距离应满足《石油化工企业卫生防护距离》的要求。

（8）工程地质条件应符合要求。

工程地质条件对土建基础处理费用影响很大。厂址工程地质条件的差异，导致建（构）筑物基础处理费用的差异。建（构）筑物基础处理费用占建筑工程费用的比例可高达20%。而厂址选择阶段的工程地质勘探费用，一般情况下不超过建筑工程费用的0.2%。

工程地质资料不能满足要求，厂址的比选就是盲目的，就无最佳方案可言。在厂址选择工作中，要高度重视工程地质问题，督促建设单位尽早开展勘察工作。我国《岩土工程勘察规范》（GB 50021—1994）明确规定勘察工作要分阶段进行，具体划分为可行性研究勘察、初步勘察、详细勘察三个阶段。厂址选择阶段的工程地质勘察工作，应掌握在可行性研究勘察阶段。可行性研究勘察体现了该阶段勘察工作的重要性，特别对一些重大工程更为重要。在该阶段，要通过搜集、分析已有资料，进行现场踏勘，必要时进行少量的勘探工作，对拟选厂址的稳定性和适宜性作出岩土工程评价。

（9）厂址应避免建在地震、洪水、泥石流等自然灾害易发生地区，采矿区域，风景及旅游地，文物保护区，自然疫源区等。

特别是下列地段和地区不得选为厂址：地震断层和设防烈度高于九度的地震区；有泥石流、滑坡、流沙、溶洞等直接危害的地段；采矿陷落（错动）区界限内；爆破危险范围内；坝或堤决溃后可能淹没的地区；重要的供水水源卫生保护区；国家规定的风景区及森林和自然保护区；历史文物古迹保护区；对飞机起落、电台通信、电视转播、雷达导航和重要的天文、气象、地震观察以及军事设施等有影响的范围内；Ⅳ级自重湿陷性黄土、厚度大的新近堆积黄土、高压缩性的饱和黄土和Ⅲ级膨胀土等工程地质恶劣地区；具有开采价值的矿藏区。

全部满足以上各项原则是比较困难的，因此必须根据具体情况，因地制宜，尽量满足对建厂最有影响的原则要求。

2. 选厂报告

在选厂工作中，设计人员要踏勘现场，收集、核对资料，并开始编制选厂报告。在现场工作的基础上，项目总负责人与选厂工作小组人员一般要选择若干个可供比较的厂址方案进行比较。比较的内容着重在工程技术、建设投资和经营费用三个主要方面，然后得出结论性的意见，推荐出较为合理的厂址，将选厂报告及厂址方案图交主管部门审查。选厂报告内容如下：①新建厂的工艺生产路线及选厂的依据；②建厂地区的基本情况；③厂址方案及厂址技术条件的比较，并对建设费用及经营费用进行评估；④对各个厂址方案的综合分析和结论；⑤当地政府和主管部门对厂址的意见；⑥厂区总平面布置示意图；⑦各项协议文件。

1.4.2　总图布置与设计

总图是某个工程规划或设计项目的总布置图，因此必须从全局出发，进行系统的综合分析。总图设计工作应在初选、初勘、详勘后作出地质评价，在确切的地质资料提供后再进行，否则会事倍功半。总图布置与设计的任务是要总体地解决全厂所有建筑物和构筑物在平面和竖向上的布置，运输网和地上、地下工程技术管网的布置，行政管理、福利及绿化景观设施的布置等工厂总体布局问题。总图布置一般按全厂生产流程顺序及各组成部分的生产特点和火灾危险性，结合地形、风向等条件，按功能分区集中布置，即原料输入区、产品输出区、储存设施区、工艺装置区、公用工程设施区、辅助设施区、行政管理服务区、其他设施区。工厂中间应设主干道路、次干道路，将各装置区、设施区分开，并有一定的防火间距或安全距离。各装置区、设施区的装置、设施应合理集中联合布置，各装置、设施之间也应有道路和防火间距。在进行总图设计方案比较时，要注意工艺流程的合理性、总体布置的紧凑性，要在资金利用合理的条件下节约用地，使工厂能较快投产。

1. 总图设计的内容

（1）厂区平面布置，涉及厂区划分、建筑物和构筑物的平面布置及其间距确定等问题。

（2）厂内、外运输系统的合理布置以及人流和货流组织等问题。

（3）厂区竖向布置，涉及场地平整、厂区防洪、排水等问题。

（4）厂区工程管线综合，涉及地上、地下工程管线的综合敷设和埋置间距、深度等问题。

（5）厂区绿化、美化，涉及厂区卫生面貌和环境卫生等问题。

2. 工厂总图布置应遵循的基本原则

（1）满足生产和运输的要求。生产作业线应通顺、连续和短捷，避免交叉与迂回，厂内、外的人流与货运线路线径直和短捷，不交叉与重叠。

（2）满足安全和卫生要求，重点防止火灾和爆炸的发生。

（3）满足有关标准和规范。常用的标准和规范有《建筑设计防火规范》、《石油化工企业设计防火规范》、《化工企业总图运输设计规范》、《厂矿道路设计规范》、《工业企业卫生防护距离标准》、《炼油化工企业设计防火规范》、《工矿企业总平面设计规范》。

（4）考虑工厂发展的可能性和妥善处理工厂分期建设的问题。

（5）贯彻节约用地的原则，注意因地制宜，结合厂区的地形、地质、水文、气象等条件进行总图布置。

（6）满足地上、地下工程敷设要求。应将水、电、汽耗量大的车间尽量集中，形成负荷中心，负荷中心要靠近供应中心。

（7）应为施工安装创造有利条件。

（8）综合考虑绿化与生态环境的保护。

3. 对总图的要求

在总图上主要包括规划与设计工程的总布置（有时需要包括几个主要比较方案）、各分项工程的有代表性的剖面、总工程量与总材料量、工程总的技术经济指标、投资与效益等。

图是一种特殊的语言表达形式，其作用与文字报告同等重要，而有时又是文字无法取代的。为此，总图应以形象、直观、精练、高度概括的形式将规划或设计的主要内容展现出来。随着时代的发展，图件制作逐步成为一个完整、独立的学科，而总图对规划、设计成果的质量起着不可忽视的作用。对总图首先要求完整、准确地体现规划和设计意图，版面整体布局合理，图面上的各项方案与工程布置、剖面图和附表等各得其所、位置恰当、大小尺寸适中、字体选用得当，图幅匀称，给人以充实感。同时，应在准确、求实的基础上，力求图的美观，要求线条清晰、黑白分明。如为彩色图则应使整个版面色彩设计明亮、格调清新、丰满协调，有较强的层次，给人以美的感受。

在总图规划设计中，设计图纸是设计成果的具体体现。因此，如何快速、精确地制图在总图规划设计中有着十分重要的意义。随着计算机应用的发展，应用计算机辅助设计软件 AutoCAD 进行总图规划设计的精确制图已成为规划设计专业人员必不可少的基本技能。

4. 总平面布置设计的主要技术经济指标

在工厂的总平面设计中，往往用总平面布置图中的主要技术经济指标的优劣、高低来衡量总图设计的先进性和合理性。但总图设计牵涉的面较广，影响因素多，故目前评价工厂企业总平面设计的合理性、先进性仍多数沿用多年来一直使用的各项指标。

1) 评价总图设计的合理性与否的主要技术经济指标

评价总图设计的合理性与否的主要技术经济指标见表 1.2。

表 1.2　主要技术经济指标

序号	名称	单位	数量	备注
1	厂区占地面积	m^2		
2	厂外工程占地面积	m^2		
3	厂区内建筑物、构筑物占地面积	m^2		
4	厂内露天堆场、作业场地占地面积	m^2		
5	道路、停车场占地面积	m^2		
6	铁路长度及其占地面积	m，m^2		
7	管线、管沟、管架占地面积	m^2		
8	围墙长度	m		
9	厂区内建筑总面积	m^2		
10	厂区内绿化占地面积	m^2		
11	建筑系数	％		
12	利用系数	％		
13	容积率			
14	绿化（用地）系数	％		
15	土石方工程量	m^2		

2）建筑系数

$$建筑系数 = \frac{\substack{建筑物\\占地面积} + \substack{构筑物\\占地面积} + \substack{露天设备\\占地面积} + \substack{露天堆场及操作\\场地占地面积}}{厂区占地面积} \times 100\% \quad (1.1)$$

3）利用系数

利用系数 = 建筑系数 + 管道及管廊占地系数 + 道路占地系数 + 铁路占地系数

$$(1.2)$$

4）建筑容积率

$$建筑容积率 = \frac{建筑总面积}{基地占地面积} \quad (1.3)$$

式中，建筑总面积为厂区围墙内所有建筑物建筑面积的总和；基地占地面积为工厂围墙所围的厂区占地面积。

5）厂区绿化系数

工厂绿化布置采用"厂区绿化覆盖面积系数"和"厂区绿化用地系数"两项指标进行度量，在上述两个指标中，前者反映厂区绿化水平，后者反映厂内绿化用地状况。

$$厂区绿化覆盖面积系数 = \frac{厂区绿化覆盖总面积}{厂区占地面积} \times 100\% \quad (1.4)$$

$$厂区绿化用地系数 = \frac{厂区绿化用地计算总面积}{厂区占地面积} \times 100\% \quad (1.5)$$

1.4.3　安全与工业卫生

1. 安全

化工厂易燃易爆物质很多，一旦发生火灾与爆炸事故，往往导致人员伤亡并使国家财产遭受巨大损失。化工厂的"三废"往往污染大气、水源，轻则使人慢性中毒，重则发生急性中毒事故。在化工厂特别是石油化工厂，上述两类问题确实存在，不能回避，只能在试验、设计、生产各个环节中注意，用科学的方法防止、根治才是唯一的解决途径。安全问题包括防火、防爆、防毒、防腐蚀、防化学伤害、防静电、防雷、触电防护、防机械伤害及防坠落等。

2. 工业卫生

工业卫生的内容包括防尘防毒、防暑降温、防寒防湿、防噪声、振动控制及防辐射等。卫生方面的内容除了在工程设计时要考虑外，对生产管理更为重要。对一般化工厂及一些有特殊洁净要求的食品厂、制药厂或精细化工厂的车间卫生设施有一定的规定。

工厂的卫生规定主要指：车间空气中有害物质的最高容许浓度，噪声卫生标准，大气、水源、土壤及环境噪声的卫生防护。各类卫生分级的车间对劳动保护的要求可参考《工业企业设计卫生标准》（GBZ 1—2002）。

1) 车间的卫生特征分级

（1）1 级卫生车间：接触极易被皮肤吸收而引起中毒的物质、传染性动物原料的生产车间。

（2）2 级卫生车间：接触易被皮肤吸收或有恶臭的物质、高毒物质、污染全身并对皮肤有刺激性的粉尘的车间和高温井下作业。

（3）3 级卫生车间：接触一般毒性物质或粉尘的生产车间。

（4）4 级卫生车间：不接触有毒物质或粉尘的生产车间。

2) 车间生产用房的设置规定

（1）浴室：卫生特征为 1 级、2 级的车间应设车间浴室，卫生特征为 3 级的车间宜在车间附近或在厂区设置集中浴室，卫生特征为 4 级的车间则是在厂区及居住集中区设置集中浴室。车间卫生等级为 1 级，一般要求每个淋浴器使用人数为 3~4 人；车间卫生等级为 2 级，每个淋浴器使用人数为 5~8 人；车间卫生等级为 3 级，每个淋浴器使用人数为 9~12 人；车间卫生等级为 4 级，每个淋浴器使用人数为 13~24 人。

（2）存衣室：1 级车间的存衣室中便服、工作服应分室存放，并保证良好的通风；2 级车间的存衣室中便服、工作服可同室分开存放；3 级车间的存衣室中便服、工作服可同室存放，存衣室可与休息室合并设置；4 级车间的存衣室可与休息室合并设置，或在车间适当位置存放工作服。对于湿度大的低温重作业，应设工作服干燥室。生产操作中如工作沾染病原体或沾染可以通过皮肤吸收的剧毒物质或工作服污染严重的车间，应设洗衣室。

（3）盥洗室：车间应设计有盥洗室或盥洗设备。卫生等级为 1 级、2 级的车间，要求每个水龙头的使用人数为 20~30 人；卫生等级为 3 级、4 级的车间，要求每个水龙头的使用人数为 31~40 人。

1.4.4 公用工程

公用工程包括供热、供排水和采暖通风等内容。

1. 供热

化工厂供热系统的任务是供给车间生产所需的蒸汽，包括加热用的蒸汽和蒸汽透平所需的动力蒸汽。

供热设计包括锅炉房和厂区蒸汽、冷凝水系统的设计。

供热系统设计应与化工工艺设计密切配合，使供热系统与化工生产装置（如换热设备，放出大量反应热的反应器等）和动力系统（如发电设备、各种机械、泵等）密切结合，成为工艺-动力装置，这样做可以大大地降低能耗，甚至可以做到"能量自给"。

2. 供排水

化工厂的供水一般分为生产用水和生活消防用水。排水是生产下水和生活污水。

　　生产用水包括工艺用水、锅炉用水和冷却用水。工艺用水指直接与原料、中间产物、产品接触的水，或以水为原料。锅炉用水为要经过特殊处理的软水。冷却用水一般是循环利用的水，因此要有降温装置，如凉水塔等。

　　在供排水条件中，应提供设备布置图，在图上注明以下相关内容：

　　(1) 对于生产用水要标明用水设备名称、最大和平均用水量、水温和水质（硬度）要求、供水压力、说明连续用水或间断用水、进水口的位置和标高等。

　　(2) 对于生活消防用水，要标明卫生间、淋浴室、洗涤间的位置，工作室温度，总人数和每班最多人数，根据生产特性提出对消防用水的要求，或其他消防要求，如采用何种灭火剂等。

　　(3) 化验室用水，指出化验室用水位置及用水量。

　　(4) 生产下水，在设备布置图上，标明排水设备名称、排水量和水管直径、排水温度和余压、水的成分（指水中所含杂物）、连续或间断排水、排水口的位置和标高等。

　　(5) 生活污水，基本上与生活用水的条件类似。

3. 采暖与通风

　　采暖主要是保证冬季生产车间与生活场所的室内温度，满足生产工艺及人体的生理要求，使生产正常进行。化工厂一般为集中供暖，按传热介质可分为热水、蒸汽、热风三种，蒸汽采暖最为方便，应用广泛。工业采暖系统按蒸汽压力分低压与高压两种，其界限为 0.07MPa，通常采用 0.05～0.07MPa 的低压蒸汽采暖系统。

　　有些化工生产车间可能产生有害物质（粉尘或气体），必须采取通风、排风措施。另外为改善操作环境，要采取调温、换气措施。按照使用方法，通风可以分为自然通风和机械通风，其中，机械通风又分为全面通风、局部通风和有毒气体净化及高空排放等方式。通风设计要符合《采暖通风与空气调节设计规范》（GB 50019—2003）与《工业企业设计卫生标准》（GBZ 1—2002）规定的车间空气中有害物质的最高允许浓度的要求。采暖通风设计条件为：①工艺流程图，并在图上标明设置采暖通风的设备及其位置；②设备一览表；③说明采暖方式是采用集中供暖还是分散采暖；④采暖设计条件，如生产类别，防爆等级，工作制度（工作班数、每班操作人员）及对温度、湿度和防尘有无要求等；⑤设备通风条件表，包括通风方式、设备散热量、产生有害气体或粉尘的情况。

1.4.5　电气设计

　　化工生产中应用的电气部分包括动力、照明、避雷、弱电、变电、配电等。供电的主要设计任务则包括厂区线路设计、厂区变配电工程、车间电力设计、车间照明设计及车间变配电设计等方面。

　　整体设计供电工厂需要收集的基础数据有：

　　(1) 全厂用电要求和设备清单。

　　(2) 供电协议及相关资料。

　　(3) 与气象、水文、地质等相关的资料。例如，需要根据最高年平均温度来选择变压器；根据土壤酸碱度、地下水位标高及离地面 0.7～1.0m 深处最热月平均温度选择地下电缆；根据海拔高度选择电气设备等。

1. 供电

就化工生产用电电压等级而言，一般最高为 6000V，中小型电机通常为 380V，而输电网中都是高压电（有 10～330kV 七个高压等级），所以从输电网引入电源必须经变压后方能使用。由工厂变电所供电时，小型或用电量小的车间，可直接引入低压线；用电量较大的车间，为减少输电损耗和节约电线，通常用较高的电压将电流送到车间变电室，经降压后再使用。一般车间高压为 6000V 或 3000V，低压为 380V。当高压为 6000V 时，150kW 以上电机选用 6000V，150kW 以下电机选用 380V。高压为 3000V 时，100kW 以上电机选用 3000V，100kW 及以下电机选用 380V。

化工生产中常使用易燃、易爆物料，多数为连续化生产，中途不允许突然停电。为此，根据化工生产工艺特点及物料危险程度的不同，对供电的可靠性有不同的要求。按照电力设计规范，将电力负荷分成三级，按照用电要求从高到低分为一级、二级、三级。其中一级负荷要求最高，即用电设备要求连续运转，突然停电将造成着火、爆炸，或人员、机械损坏，或造成巨大经济损失。

2. 供电中的防火防爆

1）爆炸性环境

按照《爆炸和火灾危险环境电力装置设计规范》（GB 50058—92），根据爆炸性气体混合物出现的频繁程度与持续时间对爆炸性气体环境危险区域进行分区，详见表 1.3。爆炸性气体释放源分级见表 1.4。爆炸性粉尘环境分区与爆炸性粉尘释放源分级分别见表 1.5 与表 1.6。

表 1.3　爆炸性气体环境分区

分　区	含　义
0 区	爆炸性气体环境连续出现或长时间存在的场所
1 区	在正常运行时，可能出现爆炸性气体环境的场所
2 区	在正常运行时，不可能出现爆炸性气体环境，如果出现也是偶尔发生并且仅是短时间存在的场所。通常情况下，"短时间"是指持续时间不多于 2h

表 1.4　爆炸性气体释放源分级

释放源分级	含　义
连续级释放源	连续释放或预计长期释放的释放源
1 级释放源	在正常运行时，预计可能周期性或偶尔释放的释放源
2 级释放源	在正常运行时，预计不可能释放，如果释放也仅是偶尔和短期释放的释放源

表 1.5　爆炸性粉尘环境分区

分　区	含　义
20 区	在正常运行过程中，可燃性粉尘连续出现或经常出现，其数量足以形成可燃性粉尘与空气混合物，或可能形成无法控制和极厚粉尘层的场所及容器内部
21 区	在正常运行过程中，可能出现粉尘数量足以形成可燃性粉尘与空气混合物但未划入 20 区的场所。该区域包括：与充入或排放粉尘点直接相邻的场所、出现粉尘层和正常情况下可能产生可燃浓度的可燃性粉尘与空气混合物的场所
22 区	在异常条件下，可燃性粉尘云偶尔出现并且只是短时间存在、可燃性粉尘云偶尔出现堆积或可能存在粉尘层并且产生可燃性粉尘空气混合物的场所。如果不能保证排除可燃性粉尘堆积或粉尘层时，则应划为 21 区

表 1.6　爆炸性粉尘释放源分级

释放源分级	含　义
连续级释放源	粉尘云持续存在或预计长期或短期经常出现的场所
释放 1 级	在正常运行时，预计可能周期性或偶尔释放的释放源
释放 2 级	在正常运行时，预计不可能释放，如果释放也仅是偶尔和短期释放的释放源

2）防爆标志

防爆电气设备按 GB 3836 标准要求，防爆电气设备的防爆标志内容包括：

防爆形式＋设备类别＋（气体组别）＋温度组别

（1）防爆形式。根据所采取的防爆措施，可把防爆电气设备分为隔爆型、增安型、本质安全型、正压型、油浸型、充砂型、浇封型、n 型、特殊型、粉尘防爆型等。它们的标识如表 1.7 所示。

表 1.7　防爆基本类型

防爆形式	防爆形式标志	防爆形式	防爆形式标志
隔爆型	Ex d	充砂型	Ex q
增安型	Ex e	浇封型	Ex m
正压型	Ex p	n 型	Ex n
本质安全型	Ex ia	特殊型（无火花型）	Ex s
	Ex ib	粉尘防爆型	DIP A
油浸型	Ex o		DIP B

（2）设备类别。爆炸性气体环境用电气设备分为两类。

Ⅰ类：煤矿井下用电气设备。

Ⅱ类：除煤矿外的其他爆炸性气体环境用电气设备。Ⅱ类隔爆型"d"和本质安全型"i"电气设备又分为ⅡA、ⅡB 和ⅡC 类。可燃性粉尘环境用电气设备分为 A 型尘密设备、B 型尘密设备、A 型防尘设备、B 型防尘设备。

（3）气体组别。爆炸性气体混合物的传爆能力标志着其爆炸危险程度的高低，爆炸性混合物的传爆能力越大，其危险性越高。爆炸性混合物的传爆能力可用最大试验安全间隙表示。同时，爆炸性气体、液体蒸气、薄雾被点燃的难易程度也标志着其爆炸危险程度的高低，它用最小点燃电流比表示。Ⅱ类隔爆型电气设备或本质安全型电气设备，按其适用于爆炸性气体混合物的最大试验安全间隙或最小点燃电流比，进一步分为ⅡA、ⅡB和ⅡC类。详见表1.8。

表1.8　爆炸性气体混合物的组别与最大试验安全间隙或最小点燃电流比之间的关系

气体组别	最大试验安全间隙 MESG/mm	最小点燃电流比 MICR	设备安全程度
ⅡA	MESG≥0.9	MICR>0.8	低
ⅡB	0.9>MESG>0.5	0.8≥MICR≥0.45	↑
ⅡC	0.5≥MESG	0.45>MICR	高

（4）温度组别。爆炸性气体混合物的引燃温度是能被点燃的温度极限值。

电气设备按其最高表面温度分为 T1～T6 组，对应的 T1～T6 组的电气设备的最高表面温度不能超过对应的温度组别的允许值。温度组别、设备表面温度和可燃性气体或蒸气的引燃温度之间的关系如表1.9所示。

表1.9　温度组别、设备表面温度和可燃性气体或蒸气的引燃温度之间的关系

温度组别 IEC/EN/GB 3836	设备的最高表面温度/℃	可燃性物质的点燃温度/℃	设备安全程度
T1	450	$T>450$	低
T2	300	$450≥T>300$	
T3	200	$300≥T>200$	↑
T4	135	$200≥T>135$	
T5	100	$135≥T>100$	
T6	85	$100≥T>85$	高

（5）防爆标志举例说明。为了更进一步明确防爆标志的表示方法，对气体防爆电气设备举例如下：

如电气设备为Ⅰ类隔爆型，则防爆标志为 Ex dⅠ。

如电气设备为Ⅱ类隔爆型，气体组别为B组，温度组别为T3，则防爆标志为 Ex dⅡBT3。

如电气设备为Ⅱ类本质安全型 ia，气体组别为A组，温度组别为T5，则防爆标志为 Ex iaⅡAT5。

对Ⅰ类特殊型，防爆标志为 Ex sⅠ。

对下列特殊情况，防爆标志内容可适当进行调整：

（ⅰ）如果电气设备采用一种以上的复合形式，则应先标出主体防爆形式，后标出其他的防爆形式。例如，Ⅱ类B组主体隔爆型并有增安型接线盒T4组的电动机，其防爆标志为 Ex deⅡBT4。

（ⅱ）如果只允许在一种可燃性气体或蒸气环境中使用的电气设备，其标志可用该

气体或蒸气的化学分子式或名称表示，这时，可不必注明气体的组别和温度组别。例如，Ⅱ类用于氨气环境的隔爆型的电气设备，其防爆标志为 Ex dⅡ（NH₃）或 Ex dⅡ（氨）。

反过来，利用表 1.9，制造厂可以按照防爆电气产品的使用环境决定产品的温度组别，按照温度组别设计电气设备的外壳表面温度或内部温度。防爆电气设备的用户可以根据场所中可能出现的爆炸性气体或蒸气的种类，方便地选用防爆电气产品的温度组别。例如，已知环境中存在异丁烷（引燃温度 $460℃$），则可选择 T1 组别的防爆电气产品；如果环境中存在丁烷和乙醚（引燃温度 $160℃$），则须选择 T4 组的防爆电气产品。

对于粉尘防爆电气设备，如可用于 21 区的 A 型设备，最高表面温度 T_A 为 $170℃$，其防爆标志为 DIP A21 $T_A 170℃$；如可用于 21 区的 B 型设备，最高表面温度 T_B 为 $200℃$，其防爆标志为 DIP B21 $T_B 200℃$。

3）防爆电气设备的选型

根据国家标准《爆炸和火灾危险环境电力装置设计规范》（GB 50058—92）的规定，在油气田井场爆炸气体环境的电力设计要满足下列安全要求：①爆炸性气体环境的电力设计宜将正常运行时发生火花的电气设备布置在爆炸危险性较小或没有爆炸危险的环境区域内，如将配电设备或启动设备布置在独立配电室等；②在满足工艺生产的前提下，尽量减少电气设备的使用数量；③选用的防爆电气设备必须符合现行国家标准，并具有国家防爆产品质检中心颁发的防爆合格证书。

（1）爆炸性气体环境用防爆电气设备的选型。

（i）防爆形式的选择。根据爆炸性气体环境分区来选择防爆形式，爆炸危险区域与可选用电气设备防爆形式的关系见表 1.10。

表 1.10　爆炸危险区域与防爆形式的关系

爆炸危险区域	爆炸性气体环境		
	0 区	1 区	2 区
可选用的电气设备的防爆形式	ia、ma	d、e、ib、p、o、q、mb	n

用于 0 区的电气设备可用于 1 区，用于 0 区、1 区的电气设备可用于 2 区。最常用的防爆形式是"d"、"i"。

（ii）类别的选择。根据爆炸性气体环境的气体或蒸气的类别来选择电气设备的类别。

工厂的爆炸性气体环境用电气设备应是Ⅱ类设备，其中"d"、"i"型和"m"型中部分保护形式又分为ⅡA、ⅡB、ⅡC 三挡，其中ⅡC 类安全度最高。可按表 1.11 来选型。

表 1.11　气体、蒸气类别与电气设备类别的关系

气体、蒸气的类别	ⅡA	ⅡB	ⅡC
电气设备的类别	ⅡA、ⅡB、ⅡC	ⅡB、ⅡC	ⅡC

（ⅲ）温度组别的选择。根据爆炸性气体环境的气体或蒸气的引燃温度来选择电气设备的温度组别。即电气设备的温度组别与相应爆炸性气体环境的气体或蒸气的引燃温度组别相对应，电气设备的允许最高表面温度应低于爆炸性气体环境的气体或蒸气的引燃温度。

总之，选用的防爆电气设备的类别和组别，不应低于该环境内爆炸性气体混合物的类别和组别。

（2）粉尘爆炸环境用电气设备的选型。粉尘爆炸环境用电气设备的选型见表1.12。

表 1.12　粉尘爆炸环境用电气设备的选型

防粉尘点燃设备类型	粉尘类型	危险场所分区	
		20 区或 21 区	22 区
A	导电性	DIP A20 或 DIP A21	DIP A21（IP6X）
	非导电性	DIP A20 或 DIP A21	DIP A22 或 DIP A21
B	导电性	DIP B20 或 DIP B21	DIP B21
	非导电性	DIP B20 或 DIP B21	DIP B22 或 DIP B21

（ⅰ）设备类型的选择。A、B 两种设备均可用于 20 区、21 区、22 区，两者具有同等安全程度，具有相同的保护作用。

A 型设备（欧洲）：防尘方法采取适宜的防尘等级，并在 5mm 厚粉尘层堆积的情况下确定设备表面温度。

B 型设备（北美）：采用类似于隔爆面的防尘设计方法，并在 12.5mm 粉尘层堆积的情况下确定设备表面温度。

（ⅱ）设备等级的选择。设备等级表示设备可使用的粉尘环境区域，应适用于爆炸性粉尘环境的分区。如使用环境是 21 区，设备等级只能是 21 区或 20 区，不能用 22 区。

（ⅲ）温度组别的选择。温度组别的选择实际上是根据设备使用的粉尘环境内粉尘云层的厚度、点燃温度来限制设备最高允许表面温度（T_{max}）。当粉尘层层厚增加时，点燃温度下降，而隔热性能增强，因此设备最高允许表面温度要扣除一个安全裕量。

有粉尘云时的要求：$T_{max} \leqslant 2/3\ T_{cl}$，式中，$T_{cl}$ 为粉尘云的点燃温度。

A 型设备的要求：$T_{max} \leqslant T_{5mm} - 75℃$，式中，$T_{5mm}$ 为粉尘层 5mm 时的点燃温度。

B 型设备的要求：$T_{max} \leqslant T_{12.5mm} - 25℃$，式中，$T_{12.5mm}$ 为粉尘层 12.5mm 时的点燃温度。

（ⅳ）实验室试验。GB 12476.2—200X 规定，在下列情况下，电气设备应进行实验室试验：20 区；A 型设备如粉尘层厚度为 5mm 时的最小点燃温度低于 250℃；B 型设备覆盖的粉尘层超过 12.5mm；A 型和 B 型设备粉尘层厚度超过 50mm。

3. 电气设计条件

电气设计条件可按电动、照明和弱电分项提出。

1）电动条件

（1）设备布置平（剖）面图。图上注明电动设备位置及进线方向、就地安装的控制开关位置，并在条件图中附上图例。

（2）用电设备表。包括化验室、机修等辅助设施，如表 1.13 的格式。

（3）电加热条件。如果生产过程有电加热要求，可列出加热温度、控制精度、热量及操作情况。

（4）整流装置。某些生产（如电解）需要直流电源，应提出电流、电压的要求。

（5）安装环境特性表。列出环境的范围，特性（温度、相对湿度、介质）和防爆、防雷等级。

表 1.13　用电设备表

序号	流程位号	设备名称	介质名称	环境介质	负荷等级	数量		正反转要求	控制连锁要求	防护要求	计算轴功率
						常用	备用				

电动设备						操作情况		备注
型号	防爆标志	容量/kW	相数	电压/V	成套或单机供应	立式或卧式	年工作小时数	连续或间断	

2）照明、避雷条件

提出设备布置的平（剖）面图，图中标出灯具位置，包括一般照明与特殊照明，如仪表观测点、检修照明、局部照明等，并注明照明地区的面积和体积、照度。在条件图上附上图例。

列出环境特性表（同电动条件）。

3）弱电条件

（1）提出设备平面布置图，图中标出需要安装电信设备的位置，注明电话的功能，如生产调度电话、直通电话、普通内线电话、外线电话、计算机网络及现场防爆电话等。

（2）需要的生产联系信号，如火警信号和警卫信号等。

1.4.6　自动控制

化工生产过程的自动控制主要是针对温度、压力、流量、液位、成分和物性等参数的控制问题。其基本要求可归纳为三项，即安全性、经济性和稳定性。安全性是指在整个生产过程中，为确保人身和设备的安全，通常采用参数越限报警、事故报警和连锁保护等措施。过程工业具有高度连续化和大型化的特点，通过在线故障预测和诊断、设计容错控制系统等手段，进一步提高运行的安全性。经济性是指通过对生产过程的局部优化或整体优化控制，达到低生产成本、高生产效率和能量充分利用的目的。稳定性的要求是指控制系统具有抑制外部干扰、保持生产过程长期稳定运行的能力。

自控设计条件如下：

（1）明确控制方法，采用集中控制还是分散控制或两者结合。

（2）按照工艺流程图标明控制点、控制对象。

（3）提供设备平面布置图。

（4）提出压力、温度、流量、液位等控制要求，产品成分或尾气成分的控制指标，以及特殊要求的控制指标，如 pH 等。

（5）提出控制信号数、要求及安装位置等。

（6）提出仪表自控条件表，如表 1.14 所示。调节阀条件表如表 1.15 所示。

表 1.14　仪表自控条件表

仪表位号	数量	仪表用途	工艺参数			流量/(m³/h)最大、正常、最小	液位/m最大、正常、最小	I-指示R-记录Q-累计C-调节K-遥控A-报警S-连锁	P-集中L-就地PL-集中、就地	所在管道设备的规格及材质	仪表插入深度
			密度/(kg/m³)	温度/℃	表压/MPa						

表 1.15　调节阀条件表

仪表位号	控制点用途	数量	介质及成分	流量/(m³/h)最大、正常、最小	三个流量的调节阀前后绝压/MPa	调节阀承受的最大压差/MPa	密度/(kg/m³)	工作温度/℃	介质黏度/(Pa·s)	管道材质与规格

1.4.7　土建设计

土建设计包括全厂所有的建筑物、构筑物（框架、平台、设备基础、爬梯等）设计。

1. 化工建筑的特殊要求

化工厂具有易燃、易爆和腐蚀性的特点，对化工建筑提出一些特殊要求，在设计时就应采取相应措施，以确保安全生产。

1）化工建筑的防火防爆要求

化工生产的火灾危险分类按《建筑设计防火规范》（GB 50016—2006）分为甲、乙、丙、丁、戊五类，其中甲、乙两类是有燃烧与爆炸危险的，详见有关专业手册。

2）建筑物的耐火等级

根据建筑构件在火灾时的耐火极限与燃烧性，将建筑物分为一、二、三、四共四个耐火等级。建筑物的耐火等级是由建筑的重要性和在使用中的火灾危险性确定的，而各个建筑构件的耐火极限有不同的要求。具体划分时以楼板为基准，如钢筋混凝土楼板的耐火极限为 1.5h，即一级为 1.5h、二级为 1.0h、三级为 0.5h、四级为 0.25h，然后再配备楼板以外的构件，并按构件在安全上的重要性选定耐火极限。例如，梁比楼板重要，选 2.0h，柱更重要，选 2.0~3.0h，而防火墙为 4.0h。

厂房的层数和防火墙内占地面积都有限制，如甲类生产，单层厂房为 4000m²。详见有关手册。

3）建筑物的防爆设计

对于有可能发生气体爆炸的厂房，在设计中常采用泄压与抗爆结构。泄压常采用布置合理的工艺设备，把有爆炸危险的设备布置在建筑物顶层和靠近窗户一侧，并设置足够的泄压面积。而抗爆结构是指采用非燃烧体的钢筋混凝土框架结构和轻质墙填充的围护结构。

4）建筑物的防腐措施

对于有腐蚀性环境的厂房，应该对建筑构件（包括地基、地面、基础）做适当防腐处理，对门、窗、梁、柱等都要有必要的防腐措施，如涂刷防腐涂料等。

2. 土建专业的设计条件

（1）提供简要叙述的工艺流程。

（2）提供车间设备布置简图及相关说明。简要说明厂房内布置情况，如厂房高度、层数、跨度，地面或楼面材料、坡度、负荷，门窗的位置及其他要求等。

（3）提供设备一览表。包括设备位号、名称、规格、质量（设备本身、操作物料、保温材料、衬里和填料等）以及支承形式和装卸方法等。

（4）提供车间各类人员表。设计定员、每班人数、生活设施要求等。

（5）提出劳动保护情况。涉及厂房的防火等级、卫生等级，生产中毒物的毒害程度，有毒气体的最高允许浓度，爆炸介质的爆炸极限及其他特殊要求。

（6）提出设备安装运输要求。包括：工艺设备的安装方法，如大型设备进入厂房需要的预留门或孔道，多层厂房需要的吊装孔，每层楼面应考虑的安装负荷、设备基础和地脚螺栓位置及建筑预埋件等；运输要求，包括运输机械的形式、起重量、起重高度和应用面积等。

（7）提供地沟或铺设管道条件。包括明沟和暗沟，排水沟、管沟、警井，通道的位置、尺寸、走向、介质等。

习　　题

1. 为什么要编制可行性研究报告？可行性研究报告包括哪些内容？
2. 化工项目建议书应该包括哪些内容？
3. 选择化工厂厂址时，应考虑哪些方面的因素？
4. 简述化工工艺设计应该包括的主要内容。

第2章 物料衡算和能量衡算

物料衡算和能量衡算是化工设计计算中最基本、最重要的内容之一。物料衡算和能量衡算是在工艺路线确定之后，开始工艺流程的设计并绘制出工艺流程草图后进行的，该项设计工作的展开意味着设计工作由定性阶段转入定量阶段。生产过程中各种物质间的能量交换及整个过程的能量分布的计算是在完成物料衡算后进行的。通过物料衡算和能量衡算，可以找出主副产品的生成量、废物的排出量，确定原材料的消耗与定额，确定各物流的流量、组成和状态，确定每一设备内物质转换与能量传递的速度，从而为操作方式、设备选型以及设备尺寸的确定，管路设施与公用工程的设计提供依据。由此可知，物料衡算和能量衡算共同成为化工工艺及设备设计、过程经济评价、节能分析、环保考核及过程优化的重要基础。

化工过程与其他过程的重要区别是具有物料流与能量流，在计算过程中涉及系统的选择，这里所说的系统可以是一个工厂，也可以是一个车间或工段或一台设备。进入或移出的物料可以是气、液、固三相中的任何一相或几相。

2.1 物料衡算的基本概念

理论上的物料衡算是根据配平后的化学反应方程式的计量关系和组分的物质的量来进行的。而实际的生产或研究系统的物料衡算要复杂得多，它要考虑许多实际因素，如原料和中间产品、最终产品及副产品的组成，反应物的过剩量、转化率以及原料及产品在整个过程中的损失等。在化工过程中，经常遇到有关物料的各种数量和质量指标，如"量"（产量、流量、消耗量、排出量、投料量、损失量、循环量等）；"度"（纯度、浓度、分离因子、溶解度、饱和度等）；"比"（配料比、循环比、固液比、气液比、回流比等）；"率"（转化率、单程收率、产率、回收率、利用率、反应速率等）等。这些量都与物料衡算有关，都影响实际的物料平衡。在生产中，针对已有的化工装置，对一个车间、一个工段、一台或几台设备，利用实测的数据、从文献手册查到和理论计算得到的数据，可计算出一些不能直接测定的数据。由此，可对它们的生产状况进行分析，确定实际生产能力、衡量操作水平、寻找薄弱环节、挖掘生产潜力，为改进生产提供依据。此外，通过物料衡算可以算出原料消耗定额、产品和副产品的产量以及"三废"的生成量，并在此基础上作出能量平衡，作出动力消耗定额，最后确定产品成本和总的经济效益。同时为设备选型，决定设备尺寸、台数以及辅助工程和公共设施的规模提供依据。

2.1.1 物料衡算式

物料衡算是根据质量守恒定律，利用某进出化工过程中某些已知物流的流量和组成，通过建立有关物料的平衡式和约束式，求出其他未知物流的流量和组成的过程。

系统中物料衡算的一般表达式为

$$系统中的积累 = 输入 - 输出 + 生成 - 消耗 \tag{2.1}$$

式中，生成或消耗项是由于化学反应而生成或消耗的量；积累项可以是正值，也可以是负值。当系统中积累项不为零时称为非稳定状态过程；积累项为零时，称为稳定状态过程。

稳态过程时，式（2.1）可以转化为

$$输入 = 输出 - 生成 + 消耗 \tag{2.2}$$

对无化学反应的稳态过程，式（2.1）又可表示为

$$输入 = 输出 \tag{2.3}$$

物料衡算包括总质量衡算、组分衡算和元素衡算。对稳态过程中的无化学反应过程与有化学反应过程，物料衡算式适用情况如表 2.1 所示。

表 2.1　稳态过程中物料衡算式的适用情况

类　别	物料衡算形式	无化学反应	有化学反应
总衡算式	总质量衡算式	适用	适用
	总物质的量衡算式	适用	不适用
组分衡算式	组分质量衡算式	适用	不适用
	组分物质的量衡算式	适用	不适用
元素原子衡算式	元素原子质量衡算式	适用	适用
	元素原子物质的量衡算式	适用	适用

由表 2.1 可知，无化学反应时，物料衡算既可以用总的衡算式，也可用组分衡算式，采用哪一种形式要根据具体的条件确定。在有化学反应的过程中，其物料衡算多数不能用进、出口物料的总量得出。因为反应前后的分子种类和数量可能发生了变化，进入系统的物料总量（物质的量）不一定等于系统输出的总量。例如

$$3H_2 + N_2 \rightleftharpoons 2NH_3$$

有的过程虽然进、出口物料的总量相当，但其分子种类不同，无法采用组分的平衡进行计算，只能用元素的原子平衡进行计算。例如

$$CO + H_2O \rightleftharpoons CO_2 + H_2$$

2.1.2　物料衡算的基本步骤

由于物料衡算是化工计算的基础，因而计算结果的准确程度至关重要。为此，必须按照正确的计算步骤，不走或少走弯路，争取做到计算迅速、结果准确。对于一些简单过程的物料衡算，这些步骤似乎过于烦琐，但它可以培养逻辑思维能力并使解题条理清晰，对解决以后遇到的复杂问题有益。

物料衡算的基本步骤如下。

1. 收集数据

进行物料衡算必须在计算前拥有足够的尽量准确的原始数据。这些数据是整个计算的基本依据和基础。原始数据的来源要根据计算性质确定。如果进行设计计算，可依据设定值；如果对生产过程进行测定性计算，则要严格依据现场实测数据。当某些数据不能精确测定或无法查到时，可在工程设计计算所允许的范围内借用、推算或假定。

收集现场数据时要注意有无遗漏或矛盾，不仅要合乎实际，而且要经过分析决定取舍，务必使数据准确无误。

所有数据的单位制必须保持统一。

2. 画出流程示意图

针对要衡算的过程，画出流程示意图。将所有原始数据标注在图的相应部位，未知量也同时标明。如果该过程不太复杂，则整个系统用一个方框和几条进、出物料线表示即可。如果过程有很多流股，则可将每个流股编号。

3. 确定衡算系统和计算方法

根据已知条件和计算要求确定衡算系统，必要时可在流程示意图中用虚线表示系统边界。对化学反应，应按化学计量写出各过程的化学反应方程式。方程式中注明计量关系（表示出主副反应的各个方程式中的计量关系），并注明各反应物料的状态条件和反应转化率、选择性，然后通过化学计量系数关系，计算出生成物的组成和数量。

4. 选择合适的计算基准

计算基准是物料衡算中规定各股物料量的依据。要根据问题的性质及采用的计算方法，选择合适的计算基准。如有特殊情况或要求，需在计算过程中变换基准，但必须作出说明。但是不管什么基准，最终都要满足题目的要求，并在流程示意图上说明所选的基准值。后面将详细讨论选择基准的问题。

5. 列出物料衡算式，用数学方法求解

对组成较复杂的一些物料，可以先列出输入-输出物料表，表中用代数符号表示未知量，这样有助于列物料衡算式，最后将求得的数据补入表中。此项内容后面将详细讲述。

6. 将计算结果列成输入-输出物料表

当进行工艺设计时，物料衡算结果除将其列成物料衡算表外，必要时还需画出物料衡算图。对表或图中标出的所有数据进行审核。

7. 结论

将物料衡算的结果加以整理，列成物料衡算表，表中列出输入、输出的物料名称及

数量和占总物料量的百分数。必要时衡算结果需要在流程图上表示，即物料流程图。对计算结果必须进行验算。验算方法如下：一是用另一种方法或选用另一个基准解同一个问题，所得结果应和原来结果一致；二是用已知的数据验证所列方程或关系式的正确性。

2.2　反应过程的物料衡算

化工过程根据其操作方式可分为间歇操作、半连续操作和连续操作三类，也可分为稳定状态操作和不稳定状态操作两类。在对某个化工过程作物料衡算时，必须先了解生产过程的类别。

间歇操作过程：生产操作开始前，原料一次加入，直到操作完成后，物料一次排出。这类过程的特点是在全部操作时间内没有物料进出设备，设备内各部分的组成和条件随时间而不断变化。

半连续操作过程：操作时物料一次输入或分批输入，而出料是连续的；或进料是连续的而出料是一次或分批的。

连续操作过程：在整个操作期间，原料不断稳定地输入生产设备，同时不断从设备排出同样质量（总量）的物料。设备的进料和出料是连续流动的。在全部操作时间内，设备内各部分组成与条件不随时间变化。

间歇过程的优点是操作简便，但每批生产时均需加料、出料等辅助生产时间，劳动强度大且产品质量不易保证。间歇生产过程常用于规模较小、产品品种多或产品种类经常变化的生产，如制药、染料、特种助剂等精细化工产品的生产。也有一些由于反应物的物理性质或反应条件所限，不宜采用连续操作，如悬浮聚合，只好采用间歇操作过程。

连续过程由于减少了加料和出料等辅助生产时间，设备利用率较高，操作条件稳定，产品质量容易保证，便于设计结构合理的反应器和采用先进的工艺流程，便于实现过程自动控制和提高生产能力，适合于大规模的生产。硫酸、合成氨、聚氯乙烯等生产均采用连续过程。

稳定操作过程是整个化工过程的操作条件（温度、压力、物料数量和组成等）不随时间而变化，只是在设备内的不同位置存在差别。若操作条件随时间变化，则属于不稳定操作状态（或过程）。间歇过程和半连续过程属于不稳定操作状态操作。连续过程在正常操作期间属稳定操作状态操作。在开、停车或操作条件变化或出现故障时则属不稳定操作状态操作。

化工过程操作状态不同，其物料衡算的方程也存在差别。此外，按照计算范围划分，物料衡算有单元操作（或单个设备）的物料衡算与全流程（包括若干单元操作的全套装置）的物料衡算之分。按过程是否有化学反应，又可将物料衡算分为物理过程的物料衡算和反应过程的物料衡算。由于物理过程的物料衡算在化工原理课程中已较多的涉及，故本书侧重介绍反应过程及化工过程的物料衡算方法。

化学反应过程的物料衡算与无化学反应的物理过程的物料衡算相比要复杂些，这是由于化学反应使原子和分子重新形成了不同的新物质。因此，每一化学物质的输入和输出的物质的量或质量流率是不平衡的。此外，在实际的化学、化工过程中，所使用的反应物和得到的产物并不都是纯物质，配料比也并不完全按化学计量比加入，许多反应也进行得不完全。因此，在化学反应中，还涉及化学反应速率、转化率、产物的收率等因素。在进行反应过程的物料衡算时，应考虑上述这些因素。在此，有必要介绍一些基本概念。

2.2.1 基本概念

1. 限制反应物

在反应过程中以最小化学计量存在的反应物称为该反应中的限制反应物。也可以说，在一个反应中，如果反应可以一直进行下去，反应中首先消耗完的那一种反应物就是限制反应物，因为它使反应的继续进行受到限制。识别方法是用反应物的物质的量比该物质的计量系数，比值最小者即为该反应的限制反应物。

2. 过量反应物

化学计量数超过限制反应物需要的那部分反应物称为过量反应物。一个反应中存在限制反应物，必然存在过量反应物，否则限制反应物就不存在。过量的程度通常用过量百分数表示，即

$$过量百分数 = \frac{过量的物质的量(mol)}{与限制反应物完全作用需要的物质的量(mol)} \times 100\% \quad (2.4)$$

即使实际上只有一部分限制反应物发生反应，过量百分数也是以限制反应物的总物质的量作基准来进行计算的。

3. 转化率

转化率是指进料或进料中的某一组分转化为产物的分数。如果反应物 S 的转化率为 χ_S，进、出反应系统的物（料）流量分别为 q（入，S）、q（出，S），则

$$\chi_S = \frac{q(入,S) - q(出,S)}{q(入,S)} \times 100\% \quad (2.5)$$

有时遇到"反应完成度"这一概念，它表示限制反应物变成产物的百分数。所谓转化率一定要指出是哪个反应物的转化率，如果遇到未指明哪种反应物的时候，就认为是限制反应物的转化率。在这种情况下，转化率和完成度是同一个概念。因此，通常很少见到"完成度"，就是因为转化率是指限制反应物的转化率。

4. 反应速率

任何一个化学反应，反应过程中各物质（反应物或生成物）的变化速率（增加或减少）除以各自的计量系数都是常数，该常数称为反应速率。例如，反应

$$N_2 + 3H_2 \Longrightarrow 2NH_3$$

各物质的计量系数分别为 $\nu(N_2) = -1$，$\nu(H_2) = -3$，$\nu(NH_3) = 2$，如果 N_2、H_2 和 NH_3 的进料速率分别为 12mol/h、40mol/h 和 0mol/h，即反应开始时各物质的量，并知道 N_2 的变化速率为 $R(N_2) = -4mol/h$，那么，此时依反应式计量关系可知：

H_2 的变化速率为

$$R(H_2) = -3[-R(N_2)] = -12mol/h$$

NH_3 的变化速率为

$$R(NH_3) = 2[-R(N_2)] = 8mol/h$$

即各物质的变化速率是不同的。

式中"＋"、"－"号的意义是：对计量系数，"＋"表示生成物，"－"表示反应物；对于变化速率，"＋"表示增加，"－"表示减少。

根据定义该反应的反应速率为

$$r(N_2) = \frac{R(N_2)}{\nu(N_2)} = \frac{-4}{-1} = 4(mol/h)$$

$$r(H_2) = \frac{R(H_2)}{\nu(H_2)} = \frac{-12}{-3} = 4(mol/h)$$

$$r(NH_3) = \frac{R(NH_3)}{\nu(NH_3)} = \frac{8}{2} = 4(mol/h)$$

即

$$r = r(N_2) = r(H_2) = r(NH_3) = 4mol/h$$

即无论对该反应的哪种物质（不论是反应物还是产物），其反应速率只有一个，这就避免了不同物质在同一个反应中有不同反应速率的概念。

由上述概念可得出：反应过程中任何物质的变化速率（如果对产物来说就是产率）$R(S)$ 可由其计量系数 $\nu(S)$ 乘以反应速率 r 得到，即

$$R(S) = \nu(S)r \tag{2.6}$$

则该过程的物料平衡式表示为

$$q(出,S) = q(入,S) + \nu(S)r \qquad (S = 1,2,\cdots,S) \tag{2.7}$$

5. 收率

对单个反应物和产物，可以用最终产物的质量或物质的量除以最初反应物的质量或物质的量表示收率。用上述反应速率的概念得到由反应物 Q 制得的产物 P 的收率 $Y(P, Q)$ 为

$$Y(P,Q) = \frac{R(P)}{R_{max}(P)} \tag{2.8}$$

式中，$R(P)$ 为产物 P 的实际产率；$R_{max}(P)$ 为如果全部反应物 Q 都生成产物 P 的最高产率。

如果不是一种产物也不是一种反应物，其收率以哪种反应物为基准，必须清楚地指明。

2.2.2 直接计算法

在反应器中，由于有化学反应发生，进料物流中的一些组分（反应物）经化学反应后产生了新组分（产物），变成输出物流。因而，对于这样的过程用组分平衡是不适合的，应该利用质量平衡或元素平衡，在衡算过程中反应物和产物的计算要应用化学计量关系。

在物料衡算中，有些反应比较简单或者仅有一个反应而且仅有一个未知数，在这种情况下可通过化学计量系数来直接计算。用物质的量代替质量进行计算，可使计算更为简便。

例 2.1 邻二甲苯氧化制取苯酐，反应式为

$$C_8H_{10} + 3O_2 \longrightarrow C_8H_4O_3 + 3H_2O$$

设邻二甲苯的转化率为 60%，氧用量为实际反应用量的 150%，如果邻二甲苯的投料量为 100kg/h，作物料衡算。

解 选取邻二甲苯进料量 100kg/h 为计算基准。为利用化学计量系数，料量换算为 kmol，设氧在空气中的体积分数为 0.21，氮的体积分数为 0.79。

进料：邻二甲苯 C_8H_{10} $100/106 = 0.944$(kmol/h)

       氧 O_2 $0.944 \times 0.6 \times 3 \times 150\% = 2.55$(kmol/h)

出料：苯酐 $C_8H_4O_3$ $0.944 \times 0.6 \times 148 = 83.83$(kg/h)

       水 H_2O $0.944 \times 0.6 \times 3 \times 18 = 30.6$(kg/h)

       剩余邻二甲苯 $100 \times 0.4 = 40$(kg/h)

       剩余 O_2 $(2.55 - 0.944 \times 0.6 \times 3) \times 32 = 27.22$(kg/h)

       氮 N_2 $2.55 \times \dfrac{79}{21} \times 28 = 268.6$(kg/h)

计算结果列于表 2.2。

表 2.2 例 2.1 计算结果

物 料	进 料		出 料	
	kmol/h	kg/h	kmol/h	kg/h
邻二甲苯	0.944	100	0.377	40
氧	2.55	81.6	0.851	27.22
氮	9.59	268.6	9.59	268.6
苯酐	—	—	0.566	83.83
水	—	—	1.70	30.60
合计	13.084	450.2	13.084	450.25

本题进、出物料的物质的量正好相等，这是因为反应物和产物的总物质的量相等，也只有在反应前后物质的量相等的反应中才能平衡，否则不能用物质的量平衡。

例 2.2　在间歇釜中，往苯中通入氯气生产氯苯，所用工业苯纯度为 97.5%，氯气纯度为 99.5%。为控制副产物的生成量，当氯化液中氯苯质量分数达 0.40 时，停止通氯气，此时氯化液中二氯苯质量分数为 0.02，三氯苯质量分数为 0.005。试作每釜生产 1t 氯苯的物料衡算。

解　选取 1000kg 氯苯为物料衡算基准，暂不考虑催化剂，假若氯气无泄漏。

主反应方程式：　　　　　　　$C_6H_6 + Cl_2 = C_6H_5Cl + HCl$　　　　　　　　　　　　(1)

副反应方程式：　　　　　　　$C_6H_6 + 2Cl_2 = C_6H_4Cl_2 + 2HCl$　　　　　　　　　(2)

　　　　　　　　　　　　　　$C_6H_6 + 3Cl_2 = C_6H_3Cl_3 + 3HCl$　　　　　　　　　(3)

已知氯苯为 1000kg，则产物氯化液的质量为

$$1000/0.4 = 2500(kg)$$

二氯苯质量为

$$2500 \times 2\% = 50(kg)$$

三氯苯质量为

$$2500 \times 0.5\% = 12.5(kg)$$

氯化液中未反应苯的质量分数为

$$(100 - 40 - 2.0 - 0.5)\% = 57.5\%$$

氯化液中未反应苯的质量为

$$2500 \times 57.5\% = 1437.5(kg)$$

产生的 HCl 的质量为

由式（1）可得　　　　　　　$(1000/112.5) \times 36.5 = 324.4(kg)$

由式（2）可得　　　　　　　$2 \times (50/147) \times 36.5 = 24.8(kg)$

由式（3）可得　　　　　　　$3 \times (12.5/181.5) \times 36.5 = 7.5(kg)$

故产生 HCl 总质量为　　　　$324.4 + 24.8 + 7.5 = 356.7(kg)$

氯气消耗量为

由式（1）可得　　　　　　　$(1000/112.5) \times 71 = 631.1(kg)$

由式（2）可得　　　　　　　$2 \times (50/147) \times 71 = 48.3(kg)$

由式（3）可得　　　　　　　$3 \times (12.5/181.5) \times 71 = 14.7(kg)$

氯气总消耗量为　　　　　　　$631.1 + 48.3 + 14.7 = 694.1(kg)$

折算成工业氯气消耗量为　　　$694.1/0.995 = 697.6(kg)$

杂质质量为　　　　　　　　　$697.6 - 694.1 = 3.5(kg)$

苯消耗量为

由式（1）可得　　　　　　　$(1000/112.5) \times 78 = 693.3(kg)$

由式（2）可得　　　　　　　$(50/147) \times 78 = 26.5(kg)$

由式（3）可得　　　　　　　$(12.5/181.5) \times 78 = 5.4(kg)$

未反应的苯的质量为　　　　　1437.5kg

苯总消耗量为　　　　　　　　$1437.5 + 693.5 + 26.5 + 5.4 = 2162.7(kg)$

折算成工业苯消耗量为　　　　$2162.7/0.975 = 2218.2(kg)$

其中杂质质量为　　　　　　　$2218.2 - 2162.7 = 55.5(kg)$

物料平衡数据见表 2.3。

表 2.3 例 2.2 物料衡算表

输入/kg		输出/kg	
工业苯	2218.2	未反应苯	1437.5
纯苯	2162.7	氯苯	1000
杂质	55.5	二氯苯	50
工业氯气	697.6	三氯苯	12.5
纯氯气	694.1	氯化氢	356.7
杂质	3.5	杂质	59.0
总计	2915.8	总计	2915.7

2.2.3 利用反应速率进行物料衡算

有的反应过程中主、副反应比较复杂，单纯依靠物流和组分还不能求解生成物各组分的量，如有条件可利用反应速率进行衡算。

例 2.3 在乙二醇生产中，所用的反应物是由乙烯部分氧化法制得的环氧乙烷。制取环氧乙烷的方法是将乙烯在过量空气存在下通过银催化剂。

主要反应为

$$2C_2H_4 + O_2 \longrightarrow 2C_2H_4O$$

设其反应速率为 r_1。有些乙烯却被完全氧化生成 CO_2 与 H_2O，即

$$C_2H_4 + 3O_2 \longrightarrow 2CO_2 + 2H_2O$$

设其反应速率为 r_2。如果进料中含 C_2H_4 的摩尔分数为 0.10，乙烯转化率 25%，氧化产物的收率为 80%，计算反应器输出物流的组成。

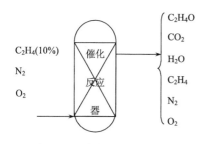

图 2.1 乙烯部分氧化流程图

解 画出流程示意图（图 2.1）。

该系统包括 9 个物流变量，有 2 个反应的反应速率，共有 11 个变量。从给出的反应方程式看共有 5 个不同组分存在。同惰性组分一起共列出 6 个物料平衡方程式。已知进料中 C_2H_4 的摩尔分数，氧和氮的含量为空气的组成比，收率和转化率已给定。进料量没有给出，可以任意选择。

取总进料量（乙烯与空气之和）1000mol/h 作为基准。根据规定可得各组分的摩尔流量为

$$q_n(入，C_2H_4) = 0.1 \times 1000 = 100(mol/h)$$

其余 900mol 为空气摩尔流量，其中

$$q_n(入，O_2) = 0.21 \times 900 = 189(mol/h)$$

$$q_n(入，H_2) = 0.79 \times 900 = 711(mol/h)$$

乙烯转化率规定为 25%，故

$$\frac{q_n(入，C_2H_4) - q_n(出，C_2H_4)}{q_n(入，C_2H_4)} = 0.25$$

或

$$q_n(出，C_2H_4) = 0.75 q_n(入，C_2H_4) = 75(mol/h)$$

由前述定义，收率为

$$0.8 = \frac{R(C_2H_4O)}{R_{max}(C_2H_4O)} = \frac{q_n(出, C_2H_4O) - q_n(入, C_2H_4O)}{R_{max}(C_2H_4O)}$$

式中，$R(C_2H_4O)$、$R_{max}(C_2H_4O)$ 分别为 C_2H_4O 的产率、最高产率。如果转化的 C_2H_4 都被氧化成 C_2H_4O，而没有 CO_2 生成，就得到 C_2H_4O 的最高产率 $R_{max}(C_2H_4O)$，此时系统的 CO_2 平衡，则有

$$0 = 0 + 2r_2 \quad 或 \quad r_2 = 0$$

因而，从 C_2H_4 的平衡可得

$$75 = 100 - 2r_1 - r_2 = 100 - 2r_1$$

解得

$$r_1 = 12.5mol/h$$

$$R_{max}(C_2H_4O) = 2r_1 = 25mol/h$$

由收率定义式，得到

$$0.8 = \frac{q_n(出, C_2H_4O) - 0}{25} \quad 或 \quad q_n(出, C_2H_4O) = 20mol/h$$

用组分平衡求出上面所有数值：

C_2H_4O 平衡，则有　　　　　　　　　　　$20 = 0 + 2r_1$

C_2H_4 平衡，则有　　　　　　　　　　　$75 = 100 - 2r_1 - r_2$

O_2 平衡，则有　　　　　　　　　$q_n(出, O_2) = 189 - r_1 - 3r_2$

H_2O 平衡，则有　　　　　　　　　$q_n(出, H_2O) = 0 + 2r_2$

CO_2 平衡，则有　　　　　　　　　$q_n(出, CO_2) = 0 + 2r_2$

N_2 平衡，则有　　　　　　　　　$q_n(出, N_2) = 711$

由 C_2H_4O 平衡得到　　　　　　　　　$r_1 = 10mol/h$

由 C_2H_4 平衡得到　　　　　　　　　$r_2 = 5mol/h$

由反应速率 r_1 和 r_2 直接代入各式求得输出流的组成如下：

$$q_n(出, C_2H_4O) = 20mol/h$$

$$q_n(出, CO_2) = 2 \times 5 = 10(mol/h)$$

$$q_n(出, H_2O) = 2 \times 5 = 10(mol/h)$$

$$q_n(出, C_2H_4) = 75mol/h$$

$$q_n(出, O_2) = 189 - 10 - 15 = 164(mol/h)$$

$$q_n(出, N_2) = 711mol/h$$

总气量为

$$q_n(出) = 20 + 10 + 10 + 75 + 164 + 711 = 900(mol/h)$$

例 2.4　将苯氯化生成一种由一氯化苯、二氯化苯、三氯化苯和四氯化苯组成的混合物，其反应为

$$C_6H_6 + Cl_2 \longrightarrow C_6H_5Cl + HCl \qquad 反应速率为 r_1$$

$$C_6H_5Cl + Cl_2 \longrightarrow C_6H_4Cl_2 + HCl \qquad 反应速率为 r_2$$

$$C_6H_4Cl_2 + Cl_2 \longrightarrow C_6H_3Cl_3 + HCl \qquad 反应速率为 r_3$$

$$C_6H_4Cl_3 + Cl_2 \longrightarrow C_6H_2Cl_4 + HCl \qquad 反应速率为 r_4$$

氯化过程的主要产物是三氯化苯 $C_6H_3Cl_3$，它是固体，用作干燥清洁剂。假设氯和苯的进料速率比为 3.6：1，其产物的组成（摩尔分数）：C_6H_6，0.01；C_6H_5Cl，0.07；$C_6H_4Cl_2$，0.12；$C_6H_3Cl_3$，0.75；$C_6H_2Cl_4$，0.05。如果反应器负荷（以苯计）为 1000mol/h，计算副产物 HCl 和主产品 $C_6H_3Cl_3$ 的收率（mol/h）。

解　画流程示意图（图 2.2）。

系统包括 4 个并列反应，各有不同的反应速率，此 4 个变量与 9 个物流变量（物流 1，1 个；物

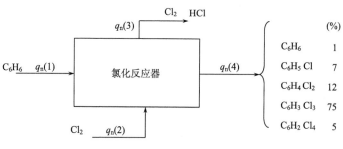

图 2.2　苯氯化流程图

流 2，1 个；物流 4，5 个；物流 3，2 个）共 13 个变量。平衡方程式可在 7 个反应组分、4 个组成和 1 个流量速率基础上写出。

基准：苯进料速率为 1000mol/h，氯的进料速率为 3600mol/h。设各个物流量为 $q_n(i)$，反应速率为 $r_i(i=1，2，3，4)$。

物料平衡方程式如下：

C_6H_6 平衡，则有

$$0.01q_n(4) = q_n(1, C_6H_6) - r_1 \tag{1}$$

C_6H_5Cl 平衡，则有

$$0.07q_n(4) = 0 + r_1 - r_2 \tag{2}$$

$C_6H_4Cl_2$ 平衡，则有

$$0.12q_n(4) = 0 + r_2 - r_3 \tag{3}$$

$C_6H_3Cl_3$ 平衡，则有

$$0.75q_n(4) = 0 + r_3 - r_4 \tag{4}$$

$C_6H_2Cl_4$ 平衡，则有

$$0.05q_n(4) = 0 + r_4 \tag{5}$$

Cl_2 平衡，则有

$$q_n(3, Cl_2) = q_n(2, Cl_2) - r_1 - r_2 - r_3 - r_4 \tag{6}$$

HCl 平衡，则有

$$q_n(3, HCl) = 0 + r_1 + r_2 + r_3 + r_4 \tag{7}$$

上面平衡方程式中的反应速率按给出的反应方程式顺序编号。

由于 $q_n(1)$ 已知，所以前 5 个平衡式加和得到

$$q_n(4) = q_n(1) = 1000 \text{mol/h}$$

代入式（1），可得　　　　　　　　$r_1 = 990 \text{mol/h}$

代入式（2），可得　　　　　$r_2 = 990 - 70 = 920 (\text{mol/h})$

代入式（3），可得　　　　　$r_3 = 920 - 120 = 800 (\text{mol/h})$

代入式（4），可得　　　　　$r_4 = 800 - 750 = 50 (\text{mol/h})$

将所求得的 r 值代入式（6）和式（7），结果为

$$q_n(3, Cl_2) = 3600 - 990 - 920 - 800 - 50 = 840 (\text{mol/h})$$

$$q_n(3, HCl) = 990 + 920 + 800 + 50 = 2760 (\text{mol/h})$$

物流 4 摩尔流量为

$$q_n(4) = 1000 \text{mol/h}$$

主产品三氯化苯收率为 750mol/h。

2.2.4 以结点进行衡算

在生产中有些情况下，特别是对大型题目，可以分解为小分流，以便使计算简化。此时要注意利用汇集或分支处的交点（称为结点）来进行计算。当某些产品的组成需要用旁路调节才送往下一工序时，这种计算也要利用结点法。如图 2.3 所示为一般三股物流交点，还有多股物流的情况。这样的例子很多，如新鲜原料加入到循环系统，半成品从系统中取出的结点以及物料混合、溶液配制结点等。

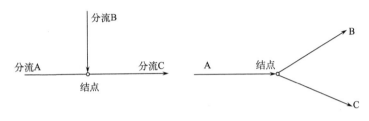

图 2.3 结点示意图

用结点作衡算是一种计算技巧，对于任何过程（不论是反应过程还是非反应过程）的衡算都适用。

例 2.5 某工厂用烃类气体转化制取合成甲醇的原料气。在标准状态下，要求原料气量为 2321 m^3/h，其中一氧化碳与氢气的量（mol）的比为 1∶24。转化制成的气体组成 $x(CO)$ 为 0.4312（摩尔分数，下同），$x(H_2)$ 为 0.542，此组成不符合合成甲醇的要求。为此，需将部分转化气送至 CO 变换反应器变换，变换后气体组成 $x(CO)$ 为 0.0876，$x(H_2)$ 为 0.8975，气体脱 CO_2 后体积缩小 2%，用此气体去调节转化气，使之符合原料气质量要求，转化气、变换气各需多少？要求原料气中 $x(CO+H_2)$ 占 0.98。

解 先画简图（图 2.4）。

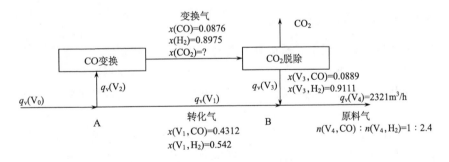

图 2.4 甲醇原料气配制图

转化气 V_0 在 A 点分流为 V_1 和 V_2，V_2 经变换、脱 CO_2 后的 V_3 在 B 点与 V_1 合流成 V_4，合流时无化学反应和体积变化。

从数据看，各物流的"度"皆知，各个"量"除 V_4 外均不知，即 V_1、V_2、V_3 三个未知，需三个独立方程式求解。

取 B 点为结点，基准选择原料气的体积流量为 2321m^3/h。现进行"量"的平衡，设 $x(V_4, i)$ 为

物流 V_4 中 i 组分的摩尔分数，V_3 的组成 $x(V_3, CO)$ 为 $8.76/(8.76+89.75)=0.0889$，$x(V_3, H_2)$ 为 0.9111，因而以 B 点为结点进行物料平衡，则有

总量平衡：　　　　　$q_v(V_1)+q_v(V_3)=q_v(V_4)=2321$　　　　　　　　　(1)

CO 平衡：　　　$0.4312q_v(V_1)+0.0889q_v(V_3)=2321x(V_4, CO)$　　　　　(2)

H_2 平衡：　　$0.542q_v(V_1)+0.9111q_v(V_3)=2321x(V_4, H_2)$　　　　　(3)

现确定 V_4 中的 $x(V_4, CO)$ 与 $x(V_4, H_2)$。已知 $n(V_4, CO):n(V_4, H_2)=1:2.4$，$x(V_4, CO+H_2)$ 占 0.98，因此

$$x(V_4, CO)=\frac{0.98}{2.4+1}=0.2882$$

$$x(V_4, H_2)=\frac{0.98\times2.4}{3.4}=0.6918$$

解联立式 (1)、式 (2) [或式 (1)、式 (3)，因式 (2) 与式 (3) 相关]，则有

$$q_v(V_1)=2321\times0.5822=1351(m^3/h)$$

$$q_v(V_3)=2321\times0.4178=970(m^3/h)$$

由于脱除了 CO_2，体积缩小 2%，故

$$q_v(V_2)=\frac{q_v(V_3)}{1-0.02}$$

$$q_v(V_2)=986\ m^3/h$$

除掉的 CO_2 为

$$q_v(V_2)-q_v(V_3)=986-970=16(m^3/h)$$

再以 A 为结点，得到

$$q_v(V_0)=q_v(V_1)+q_v(V_2)=1351+986=2337(m^3/h)$$

计算结果为　　　　　$\begin{cases}q_v(V_0)=2337m^3/h \\ q_v(V_1)=1351m^3/h \\ q_v(V_3)=970m^3/h\end{cases}$

2.2.5　利用联系组分进行物料衡算

联系组分是指衡算过程中联系衡算系统进、出物流的特定组分。当组分从一个物流进到另一个物流时，如果它的形态和总量未发生变化，只是在不同物流中所占的相对百分数不同，则利用这种特点计算其他组分的量和物流总量。用这种方法可使计算变得简单易行。

当所计算的反应过程同时有几个不参加化学反应的组分时，就可将它们的总量作为联系组分。联系组分的质量（或体积）比例越大，计算误差就越小。相反，当作为联系组分的物料量很少，而且该组分分析相对误差很大时，该组分不宜作为联系组分。当计算的过程中没有上述适宜组分，可以利用经过反应后进入各个生成物的那个元素作为联系组分。如果确实找不到以上这种组分，可以用假想的联系组分代替。

例 2.6　甲烷和氢的混合气与空气完全燃烧以加热锅炉。反应方程式如下：

$$CH_4+2O_2\longrightarrow 2H_2O+CO_2$$　　　　　　(1)

$$H_2+\frac{1}{2}O_2\longrightarrow H_2O$$　　　　　　(2)

经分析产生的烟道气组成（摩尔分数）：$x(N_2)$ 为 0.7219，$x(CO_2)$ 为 0.0812，$x(O_2)$ 为 0.0244，$x(H_2O)$ 为 0.1725。试求：（1）燃料中 CH_4 与 H_2 的物质的量比；（2）空气与（CH_4+H_2）的物质的量比。

解 画衡算简图（图 2.5）。CH_4、H_2 在空气中完全燃烧的反应式分别为式（1）、式（2）。

取 100mol 烟道气作基准。进入燃烧室的空气含 O_2 量可用 N_2 作联系组分求出：

$$n(O_2)=100\times0.7219\times\frac{0.21}{0.79}=19.19(mol)$$

烟道气所含 8.12 mol CO_2 是由 CH_4 燃烧而来，从反应式（1）可知甲烷消耗 8.12 mol 和甲烷燃烧所需 O_2 的量为 $8.12\times2=16.24(mol)$，因此，H_2 燃烧所消耗的 O_2 量为

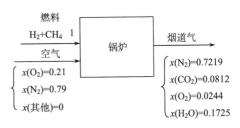

图 2.5 加热锅炉示意图

$$n(H_2 燃烧，O_2)=19.19-2.44-16.24=0.51(mol)$$

由反应式（2）知，燃料中氢的量为

$$n(燃料中，H_2)=0.51\times2=1.02(mol)$$

计算结果见表 2.4。

表 2.4 例 2.6 计算结果

组分	入		出	组分	入		出
	燃料/mol	空气/mol	烟道气/mol		燃料/mol	空气/mol	烟道气/mol
H_2	1.02	0	0	CO_2	0	0	8.12
CH_4	8.12	0	0	H_2O	0	0	17.25
O_2	0	19.19	2.44	总计	9.14	91.38	100
N_2	0	72.19	72.19				

因此，燃料中甲烷与 H_2 的物质的量比为

$$\frac{8.12}{1.02}=7.96$$

空气与（CH_4+H_2）的物质的量比为

$$\frac{91.38}{9.19}=9.94$$

2.2.6 利用化学平衡进行物料衡算

平衡转化率是化学反应达到平衡后反应物转化为产物的百分数，它与转化率的区别在于它是一定条件下反应的最高转化率，则有

$$平衡转化率=\frac{反应平衡后原料转化为产物的物质的量}{投入原料的物质的量}\times100\%$$

平衡转化率依赖于平衡条件，主要是温度、压力和反应物的组成。通常情况下所说的转化率是实际转化率而不是平衡转化率。但是，在一些化工计算中，实际转化率难以测定，通常用平衡转化率来代替，或者把平衡转化率乘以一个系数表示实际转化率。

工业上常使用产率（或称收率）来表示反应进行的程度。它与转化率的不同点在于

前者是以原料的消耗来衡量反应的限度（它可能不完全变成产品），后者则是从获得产品的量来衡量反应限度的。

当反应达到平衡时的产率称为平衡产率。

$$平衡产率 = \frac{平衡时主要产品的物质的量}{原料按反应式全部变成主要产品得到的产品物质的量} \times 100\%$$

平衡产率是化学反应产品的最高产率。

例 2.7 已知 $C_2H_4(g) + H_2O(g) \rightleftharpoons C_2H_5OH(g)$ 在 400K 时，平衡常数 $K_p = 9.87 \times 10^{-4}$ kPa。若原料是由 1 mol 的 C_2H_4 和 1 mol 的 H_2O 组成，试求在该温度和 101.325kPa 下 C_2H_4 的转化率，并计算平衡体系中各物质的浓度（气体可当作理想气体）。

解 设 C_2H_4 的转化率为 α，那么反应平衡时系统内物料的组成为

$$C_2H_4(g) + H_2O(g) \rightleftharpoons C_2H_5OH(g)$$
$$1-\alpha \qquad 1-\alpha \qquad \alpha$$

平衡后混合物的总物质的量为

$$(1-\alpha)+(1-\alpha)+\alpha = 2-\alpha$$

各组分的体积分数 φ 为

$$\varphi(C_2H_4) = (1-\alpha)/(2-\alpha)$$
$$\varphi(H_2O) = (1-\alpha)/(2-\alpha)$$
$$\varphi(C_2H_5OH) = \alpha/(2-\alpha)$$

依据平衡常数式，则有

$$K_p = \frac{p(C_2H_5OH)}{p(C_2H_4) \cdot p(H_2O)} = \frac{\frac{\alpha}{2-\alpha} \cdot p}{\frac{1-\alpha}{2-\alpha}p \cdot \frac{1-\alpha}{2-\alpha}p} = \frac{\alpha(2-\alpha)}{(1-\alpha)^2 p}$$

p 为气体总压，代入已知数值，可得

$$9.87 \times 10^{-4} = \frac{\alpha(2-\alpha)}{(1-\alpha)^2 \times 101.325}$$

解得
$$\alpha = 0.293$$

平衡后各物质的摩尔分数为

$$x(C_2H_4) = \frac{1-\alpha}{2-\alpha} = \frac{1-0.293}{2-0.293} = \frac{0.707}{1.707} = 0.414$$

$$x(H_2O) = \frac{0.707}{1.707} = 0.414$$

$$x(C_2H_5OH) = \frac{0.293}{1.707} = 0.172$$

2.2.7 利用元素原子平衡进行物料衡算

化学反应前后各元素的原子数是相等的。例如，烷类的裂解过程使碳原子数大的烃类裂解成为碳原子数小的烃（如甲烷、乙烷、丙烷、乙烯、丙烯、乙炔等）的混合物，成分变化很大，但裂解前后的碳原子数是不变的，其依据是物质不变定律。反应前后各元素的原子数相等这一原理在物料衡算中经常被用到。

例 2.8 作天然气一段转化炉的物料衡算，天然气的组成如下：

组分	CH_4	C_2H_6	C_3H_8	C_4H_{10}	N_2	合计
摩尔分数/%	97.8	0.5	0.2	0.1	1.4	100

原料混合气中，H_2O 与天然气的物质的量比为 2.5：1，气体转化率为 67%（以 C_1 计），甲烷同系物完全分解，转化气中 CO 和 CO_2 的比例在转化炉出口温度（700℃）下符合 $CO+H_2O \longrightarrow CO_2+H_2$ 的平衡关系。

解　一段转化炉内所进行的天然气转化反应的主反应是

$$CH_4 + H_2O \longrightarrow CO+3H_2$$

还有一些副反应。一段转化炉出口气中含有 CO_2、CO、H_2、H_2O、CH_4 和 N_2 等组分，在出口混合气中，上述组分的物质的量分别用 a、b、c、$(250-d)$、e 和 f 表示，d 为天然气转化反应中水蒸气的消耗量。

以 100mol 天然气进料为衡算基准。e 为一段转化炉出口混合气中 CH_4 的物质的量（mol），即未转化的 CH_4 的物质的量，因此

$$e=(97.8+0.5\times2+0.2\times3+0.1\times4)\times(1-0.67)=32.9(\text{mol})$$

N_2 是惰性的，反应前后物质的量不变，因此

$$f=1.4\text{mol}$$

一段转化炉进、出口物料情况如图 2.6 所示。

图 2.6　转化炉示意图

由碳原子平衡，可得　　　　　　$97.8+0.5\times2+0.2\times3+0.1\times4=a+b+32.9$

由氧原子平衡，可得　　　　　　　　　$250=b+2a+(250-d)$

由氢原子平衡，可得　　　　　$97.8\times4+0.5\times6+0.2\times8+0.1\times10+250\times2$

$$=2c+2(250-d)+32.9\times4$$

化简上面各式，可得

$$a=66.9-b$$

$$a+0.5b-0.5d=0$$

$$c=d+132.6$$

根据 CO 和 CO_2 的比例符合 $CO+H_2O \longrightarrow CO_2+H_2$ 的平衡关系，可得

$$K_p = \frac{p(CO_2)p(H_2)}{p(CO)p(H_2O)} = \frac{ac}{b(250-d)} = 1.54$$

式中，1.54 是反应 $CO+H_2O \longrightarrow CO_2+H_2$ 在 700℃ 的平衡常数。

解上述方程组，可得

$$a=33.1,\ b=33.8,\ c=232.6,\ d=100$$

由计算结果可列出一段转化生产的物理平衡，如表 2.5 所示。

表 2.5　例 2.8 的计算结果

进　料			出　料		
组　分	物质的量/mol	质量/g	组　分	物质的量/mol	质量/g
CH_4	97.8	1564.8	CH_4	32.9	526.4
C_2H_6	0.5	15	H_2	232.6	465.2
C_3H_8	0.2	8.8	CO	33.8	946.4
C_4H_{10}	0.1	5.8	CO_2	33.1	1456.4
N_2	1.4	39.2	N_2	1.4	39.2
H_2O	250	4500	H_2O	150	2700
合计	350	6133.6	合计	483.8	6133.6

　　多种反应同时发生的复杂反应过程（如煤的气化、烃类的热裂解等）用元素原子平衡的方法作物料平衡是很方便的。

2.3　车间（装置）的物料衡算

　　车间或装置的物料衡算一般可按下列程序进行：
　　(1) 按生产工艺流程作出物料流程示意图。
　　(2) 根据车间年生产量及年工作日（或年工作小时）以及车间产率（或每小时投料量），确定每天投料量（或每小时投料量）。
　　(3) 按物料流程示意图，进行各工序的物料衡算。
　　(4) 将物料衡算结果表示为物料平衡表（图）。
　　车间的年工作日一般按 365d 扣除车间每年需要检修的天数来确定。年工作日一般取 300d。对稳定的连续化生产，年工作日可取得高一些，如 330d。当腐蚀情况严重或对生产技术掌握不够成熟时，年工作日可取得低一些，如 250d。也有采用年工作小时作为设计计算依据，如 7000h 或 8000h。
　　当用一套装置进行多种生产时，可按各个品种的年产量来分配各个品种的年工作日。
　　例 2.9　合成氨反应 $3H_2 + N_2 \rightleftharpoons 2NH_3$ 的流程如图 2.7 所示。合成氨经分离器分离后，未反应的合成气循环使用，并部分弛放以防惰性气体积累造成不良影响。新鲜合成气中氢气和氮气体积比为 3:1，即惰性气体，1%；H_2，74.25%；N_2，24.75%。已知单程转化率 22%，总转化率 94%，弛放气含氨 3.75%、含惰性气体 12.5%（均为体积分数）。试通过物料衡算求出：(1) 放空比 F_5/F_1，循环比 F_2/F_1；(2) 在标准状态下，按 100m³/h 进新鲜合成气时，生成合成氨的量；(3) 1000t/d 合成氨装置每小时所需原料量。

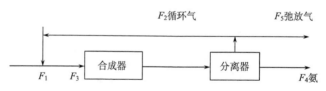

图 2.7　合成氨反应流程示意图

设在标准状态下，F_1、F_2、F_3、F_4、F_5 的单位均为 m^3/h。

解　在标准状态下，计算基准为 $100m^3/h$ 新鲜合成气。

原料气 $F_1 = 100m^3/h$，其组成为

惰性气体　$1m^3/h$

H_2　$74.25m^3/h$

N_2　$24.75m^3/h$

假定弛放气和循环气中氢气和氮气体积比仍为 $3:1$，因为弛放气中惰性气为 12.5%、氨气为 3.75%。由归一化方程得弛放气和循环气中，（氢气＋氮气）总体积百分比

$$1 - 12.5\% - 3.75\% = 83.75\%$$

式中，氢气体积分数为

$$0.8375 \times 3/4 = 0.6281$$

氮气体积分数为

$$0.8375 \times 1/4 = 0.2094$$

为达到放空平衡，放空惰性气体量＝进入体系惰性气体量，则有

$$F_1 \times 1\% = F_5 \times 12.5\%$$

放空量为

$$F_5 = F_1 \times (1/12.5) = 8m^3/h$$

放空比为

$$F_5/F_1 = 8/100 = 0.08$$

由单程转化率 22%，未转化氮气 78%，对合成塔未转化氮气建立衡算关系式，即

$$78\% \times (F_1 \times 24.75\% + F_2 \times 20.94\%) = (F_5 + F_2) \times 20.94\%$$

求得循环量为

$$F_2 = 382m^3/h$$

循环比为

$$F_2/F_1 = 3.82$$

氮气总转化率 94%，假定选择性 100%，据反应式

$$3H_2 + N_2 \rightleftharpoons 2NH_3$$

得生成合成氮气的量为

$$F_4 = 2 \times F_1 \times 24.75\% \times 94\% = 46.53(m^3/h)$$
$$= (46.53/22.4 \times 17) = 35.31(kg/h)$$

通过物料衡算知每小时生成 $35.31kg$ 合成氨，在标准状态下，需进新合成气 $100m^3/h$，故日产 $1000t$，每小时需进新合成气量为

$$100/35.31 \times (1/24) \times 10^6 = 1.18 \times 10^5(m^3/h)$$

例 2.10　某车间生产分散蓝 S-BGL 和分散蓝 2BLN，设计年产量分别为 $240t$ 与 $200t$ 商品染料（含助剂与原料之比为 $2:1$），其合成路线如下：

已知由四钠盐到分散蓝 S-BGL 的阶段产率为 80%，到分散蓝 2BLN 的产率为 77.5%。

根据工艺流程的特点，可以用一套设备生产两个品种，试确定每个品种的年工作日各为多少。

解　分散蓝 S-BGL 商品染料 $240t/a$ 折合成原染料为

$$240 \times 1/3 = 80(t/a)$$

分散蓝 2BLN 商品染料 $200t/a$ 折合成原染料为

$$200 \times 1/3 = 66.7(t/a)$$

磺化　硝化　还原

缩合　脱磺　分散蓝S-BGL

脱磺　溴化

分散蓝2BLN

生产分散蓝 S-BGL 需用四钠盐量为

$$80 \times 518/376/0.8 = 138 \text{(t)}$$

生产分散蓝 2BLN 需用四钠盐量为

$$66.7 \times 518/349/0.775 = 127.5 \text{(t)}$$

四钠盐总需要量：　　　　$138 + 127.5 = 265.5 \text{(t/a)}$

取年工作日为 300 d，则每天需生产四钠盐：

$$265.5/300 = 0.885 \text{(t/d)}$$

分散蓝 S-BGL 的年生产日为

$$138/0.885 = 156 \text{(d)}$$

分散蓝 2BLN 的年生产日为

$$127.5/0.885 = 144 \text{(d)}$$

例 2.11　乙烯直接水合制乙醇过程的物料衡算。

解　（1）流程示意图见图 2.8。

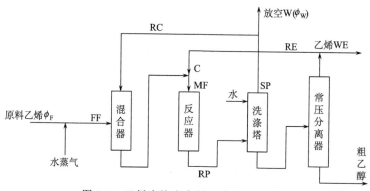

图 2.8　乙烯直接水合制乙醇流程示意图

（2）乙烯直接水合制乙醇的反应方程式如下：

主反应：　　　　　　　$C_2H_4 + H_2O \longrightarrow C_2H_5OH$

副反应：　　　　　$2C_2H_4 + H_2O \longrightarrow (C_2H_5)_2O$

$$nC_2H_4 \longrightarrow 聚合物$$

$$C_2H_4 + H_2O \longrightarrow CH_3CHO + H_2$$

（3）确定计算任务。

通过对该系统进行物料衡算，求出循环物流组成、循环量、放空气体量、C_2H_4 总转化率和乙醇的总收率，生成 1t 乙醇的乙烯消耗定额（乙醇水溶液蒸馏时损失乙醇 2%）。

（4）基础数据。

原料乙烯组成（体积分数）：乙烯，96%；惰性物，4%。

进入反应器的混合气组成（干基，体积分数）：C_2H_4，85%；惰性物，13.98%；H_2，1.02%。

原料乙烯与水蒸气的物质的量比为 1 : 0.6。

乙烯单程转化率（摩尔分数）：5%（其中生成乙醇占 95%，生成乙醚、聚合物各占 2%，生成乙醛占 1%）。

洗涤过程产物气中 C_2H_4 溶解 5%。

常压分离出的乙烯 5% 进入循环气体中，95% 作别用。

（5）确定计算基准。

以 100 mol 干燥混合气为计算基准。

（6）展开计算。

条件中已经给出进入反应器的混合气体的组成及转化率，故以反应器为衡算体系，由前向后推算。

① MF 处混合气（反应器入口）各组分量。C_2H_4，85mol；惰性物，13.98mol；H_2，1.02mol。

② 反应器出口各组分量。

经过反应器转化的乙烯为	$85 \times 5\% = 4.25(mol)$
其中：生成乙醇	$4.25 \times 95\% = 4.04(mol)$
生成乙醚	$4.25 \times 2\% \times 0.5 = 0.04(mol)$
生成聚合物	$4.25 \times 2\% = 0.085(mol)$
生成乙醛	$4.25 \times 1\% = 0.04(mol)$
生成氢气	$4.25 \times 1\% = 0.04(mol)$
出口氢气总量	$1.02 + 0.04 = 1.06(mol)$
未反应的乙烯	$85 \times (1 - 5\%) = 80.75(mol)$
惰性组分量	$13.98mol$

③ SP 处（洗涤塔出口）气体各组分量。

未溶解的乙烯量	$80.75 \times 95\% = 76.71(mol)$
SP 处气体各组分量	$76.71 + 13.98 + 1.06 = 91.75(mol)$
SP 处气体组成（摩尔分数）	C_2H_4，83.6%；惰性物，15.24%；H_2，1.16%

④ RE 处循环的纯乙烯量（溶解乙烯的 5%）。

溶解乙烯量	$80.75 \times 5\% = 4.04(mol)$
纯乙烯循环量	$4.04 \times 5\% = 0.20(mol)$

⑤ WE 处乙烯量。　　　　　　　　$4.04 - 0.20 = 3.84(mol)$

⑥ RC 处循环气体各组分量。

设洗涤塔出口放空气体量为 $\phi_W(mol)$、新鲜原料气加入量为 $\phi_F(mol)$，则 RC 处循环气体各组分：

乙烯	$76.71 - \phi_W \times 83.6\%$
惰性组分	$13.98 - \phi_W \times 15.24\%$
氢气	$1.06 - \phi_W \times 1.16$
结点 C 处平衡	$RC + RE + FF = MF$

乙烯平衡　　　　　　　　　$76.71-\phi_W\times83.6\%+0.20+\phi_F\times96\%=85$

惰性组分平衡　　　　　　　$13.98-\phi_W\times15.24\%+\phi_F\times4\%=13.98$

联立解以上两式得　　　　　$\phi_W=2.87\text{mol}$

　　　　　　　　　　　　　$\phi_F=10.93\text{mol}$

W 处放空气体各组分量：

　　　　　　　　乙烯，2.4mol；惰性组分，0.44mol；氢气，0.03mol

RC 处循环气体各组分量：

　　　　　　　　乙烯，74.31mol；惰性组分，13.54mol；氢气，1.03mol

　　　　　　　　　　　　　　总和为：88.88mol

⑦ 总循环量（RE+RC）　　　$88.88+0.20=89.08(\text{mol})$

⑧ 加入水蒸气量　　　　　　$0.6\times10.93=6.56(\text{mol})$

⑨ 乙烯转化率

原料气中乙烯量　　　　　　$10.93\times96\%=10.49(\text{mol})$

放空乙烯+溶解乙烯的 95%　$2.4+3.84=6.24(\text{mol})$

乙烯转化率　　　　　　　　$[(10.49-6.24)/10.49]\times100\%=40.5\%$

⑩ 乙醇的总收率　　　　　　$40.5\%\times95\%=38.5\%$

⑪ 消耗定额生产每吨乙醇消耗乙烯量（标准状态）

　　　$[1000/(1-2\%)]\times(1/46)\times(1/38.5\%)\times(1/96\%)\times22.4=1344(\text{m}^3)$

2.4　计算机辅助计算方法在物料衡算中的应用

　　物料衡算是通过建立物料衡算方程求解未知的物料量及组成。对于一些比较简单的物料衡算问题，列出的物料衡算方程不太复杂，手工计算并不困难。但是，当遇到过程中单元设备多、流股多或物料中组分多的物料衡算时，通常列出许多联立方程，尤其是一些非线性方程，需要用迭代法求解，手工计算就相当费时，借助计算机解题可以节省计算时间。通常，线性方程组和非线性方程组的部分解法均有现成的程序可采用。不少设计手册、专门著作中都附有求解物料衡算题的源程序可供选用。目前，在化工工艺的复杂计算中，通过对模拟计算中模块的正确选择，可同时完成物料衡算和能量衡算。下面以实例来说明如何根据实际情况利用计算机辅助计算进行物料衡算。

2.4.1　MATLAB 在物料衡算中的应用

　　MATLAB 是一种功能强大的工程计算语言，具有简单、快捷、准确及结果可视化等优点，在解决曲线拟合、线性/非线性方程、常/偏微分方程等方面有着独特的优势。下面通过烟道气组成的求解，讨论其在物料衡算中的应用。

　　例 2.12　丙烷在充分燃烧时供入空气量 125%（摩尔分数），反应式为 $C_3H_8+5O_2\Longrightarrow3CO_2+4H_2O$，以 100mol 燃烧产物为基准，计算烟道气组成。入口空气的量用 A 表示，mol；入口丙烷的量用 B 表示，mol；烟道气中 N_2 的量用 N 表示，mol；O_2 的量用 M 表示，mol；CO_2 的量用 P 表示，mol；H_2O 的量用 Q 表示，mol。

　　解　以 100mol 烟道气为基准，列元素平衡式，得到 6 个线性方程式：

C 平衡：　　　　　　　　$0+3B+0+0-P+0=0$

H_2 平衡：　　　　　　　$0+4B+0+0+0-Q=0$

O_2 平衡：　　　　　　　$0.21A+0+0-M-P-0.5Q=0$

N_2 平衡：　　　　　　　$0.79A+0-N+0+0+0=0$

总平衡：　　　　　　　　$0+0+N+M+P+Q=100$

过剩空气中氧：　　　　　$0.042A+0+0-M+0+0=0$

写成矩阵式：　　　　　　　　　　　　　　$AX=B$

即

$$\begin{bmatrix} 0 & 3 & 0 & 0 & -1 & 0 \\ 0 & 4 & 0 & 0 & 0 & -1 \\ 0.21 & 0 & 0 & -1 & -1 & -0.5 \\ 0.79 & 0 & -1 & 0 & 0 & 0 \\ 0 & 0 & 1 & 1 & 1 & 1 \\ 0.042 & 0 & 0 & -1 & 0 & 0 \end{bmatrix} \begin{bmatrix} A \\ B \\ N \\ M \\ P \\ Q \end{bmatrix} = \begin{bmatrix} 0 \\ 0 \\ 0 \\ 0 \\ 100 \\ 0 \end{bmatrix}$$

于是在命令窗口输入：

$>>A=$ [0 3 0 0 −1 0；0 4 0 0 0 −1；0.21 0 0 −1 −1 −0.5；0.79 0 −1 0 0 0；0 0 1 1 1 1；0.042 0 0 −1 0 0]；

$>>B=$ [0；0；0；0；100；0]；

$>>X=A \backslash B$

回车，并得到

$$X = \begin{bmatrix} 93.7031 \\ 3.1484 \\ 74.0255 \\ 3.9355 \\ 9.4453 \\ 12.5937 \end{bmatrix}$$

故 $A=93.703\text{mol}$；$B=3.148\text{mol}$；$N=74.026\text{mol}$；$M=3.936\text{mol}$；$P=9.445\text{mol}$；$Q=12.594\text{mol}$。

2.4.2　采用单元过程计算软件进行物料衡算

现以 PRO/II 软件为例，说明化工过程的模拟计算即物料衡算和热量衡算的基本过程和步骤，并简要介绍一些单元操作过程的模拟计算。

计算的基本步骤如下：

(1) 确定过程计算所涉及的物质，由物质输入窗口从数据库中选取所需物质或自定义库中缺损物质。

(2) 如有自定义物质，由物质结构窗口选择构造自定义物质。

(3) 通过单位尺度窗口，确定用户所需的各物理量的单位。

(4) 选择适当的热力学估算方法。

(5) 分析实际过程，选择适当的模拟计算单元，连接各物流，构造模拟计算流程。根据各单元模块的特点，拟计算流程有时与实际流程不完全相同。

(6) 对各输入、输出物流进行命名，以方便对输出结果的阅读。

(7) 输入物流参数。

（8）输入各单元操作参数。

（9）对复杂流程（带回路的）确定合理的切断流，给出初值。

（10）进行模拟计算，产生输出文件。

（11）查看输出文件得到模拟计算结果。若计算不收敛，查找原因，进行调整。

在以下的计算示例中，例 2.13 详细说明了操作步骤，以使读者掌握软件的基本使用方法。

例 2.13　平衡闪蒸计算。合成氨过程中，反应器出来的产品为氨、未反应的 N_2 和 H_2 以及原料物流带入的并通过反应器的少量氩、甲烷等杂质。反应器出来的产品在 $-33.3℃$ 和 13.3MPa 下进入分凝器中进行冷却和分离。进料流率为 100kmol/h，计算分凝器出来的各物流流率和组成。进料组成如表 2.6 所示。

表 2.6　合成氨反应器出来的物料组成

组分	编号	进料摩尔分数
N_2	1	0.220
H_2	2	0.660
NH_3	3	0.114
Ar	4	0.002
CH_4	5	0.004

解　实际过程为一分凝器，模拟计算时只需选择一个闪蒸器计算模块，将给定的温度、压力值输入即可完成计算。具体操作如下：

（1）打开 PRO/II，给定文件名，建立新文件 Flash。在未按模拟计算要求将所需数据输入之前，或输入数据不足时，工具栏中有些窗口呈红色，这时无法进行计算，只有当全部工具栏窗口呈蓝色时，方可进行模拟计算。

（2）点开工具栏中的物质窗口（左起第五，呈苯环标志），从数据库中选取计算所涉及的物质，输入本文件。

（3）点开工具栏中的单位标尺窗口（左起第四，呈尺标志），选择适当的单位。

（4）点开工具栏中的热力学计算窗口（左起第七，呈坐标曲线标志），选择适当的计算方法。该过程压力较高，选用 S-R-K 状态方程。

（5）选择闪蒸器计算模块。在右面计算模块工具栏上点一下 Flash，然后将鼠标移到中间再点一下。

（6）连接物流。在右面计算模块工具栏上点一下 STRAM，按需要在闪蒸器上连接 S_1、S_2 和 S_3，并对各物流进行定义说明。此时，计算机显示如图 2.9 所示。

（7）输入物流参数。双击 S_1，输入物流参数。

（8）双击闪蒸器，输入闪蒸器参数值（温度和压力）。

（9）此时工具栏及模拟计算流程中均无提示缺乏数据的红色显示，可点工具栏的运算窗口（箭头标志）进行计算。当计算正常并收敛时流程呈蓝色，若计算未收敛呈红色。

（10）点开主菜单栏中的 Output 产生输出文件，看计算结果，打印所需数据。若不收敛，从输出文件中查找问题，修改参数，再进行计算。

例 2.13 的计算结果如下：

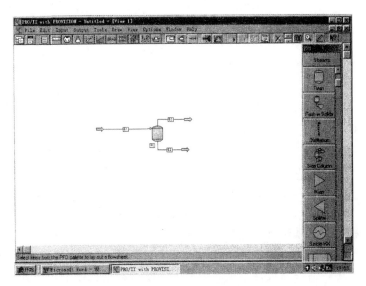

图 2.9　例 2.13 的计算屏幕显示

STREAM ID	S_1	S_2	S_3
NAME	Feed		
PHASE	MIXED	LIQUID	VAPOR
FLUID RATES，KG-MOL/HR			
1 N_2	22.0000	8.1209E-03	21.9919
2 H_2	66.0000	0.0315	69.9685
3 NH_3	11.4000	10.0876	1.3124
4 Ar	0.2000	2.180 87E-05	0.2000
5 METHANE	0.4000	8.1092E-04	0.3992
TOTAL RATE，KG-MOL/HR	100.0000	10.1281	89.8719
TEMPERATURE，K	240.0000	240.0000	240.0000
PRESSURE，KPA	13 300.0000	13 300.0000	13 300.0000
ENTHALPY，M * KJ/HR	1.8162E-03	−0.0315	0.0333
MOLECULAR WEIGHT	9.5790	16.9930	8.7435
MOLE FRAC VAPOR	0.1013	1.0000	0.0000

由输出物流的摩尔流量，可以很快地算出物流组成（摩尔分数）。计算结果如表 2.7 所示。

表 2.7　例 2.13 物流组成

物流号	摩尔流量 /(kmol/h)	物流组成（摩尔分数）				
		N_2	H_2	NH_3	Ar	CH_4
S_1	100	0.22	0.66	0.114	0.002	0.004
S_2	10.13	0.008	0.0031	0.9960	0.0000	0.0001
S_3	89.87	0.2447	0.7340	0.0146	0.0022	0.0044

2.5　能　量　衡　算

化工生产过程的实质是原料在严格控制的操作条件下（如流量、浓度、温度、压力等），经历各种化学变化和物理变化，最终成为产品的过程。物料从一个体系进入另一个体系，在发生质量传递的同时也伴随着能量的消耗、释放和转化。物料质量变化的数量关系可从物料衡算中求得，能量的变化则根据能量守恒定律，利用能量传递和转化的规律，通过平衡计算求得，这样的化工计算称为能量衡算。

在化工生产中，有些过程需要消耗巨大能量，如蒸发、干燥、蒸馏等；而另一些过程则可释放大量能量，如燃烧、放热化学反应过程等。为了使生产保持在适宜的工艺条件下进行，必须掌握物料带入或带出体系的能量，控制能量的供给速率和放热速率。为此，需要对各种生产体系进行能量衡算。能量衡算和物料衡算一样，对于生产工艺条件的确定、设备的设计是不可缺少的一种化工基本计算。

在化工生产中，需要通过能量衡算解决的问题可概括为以下几个方面：

（1）确定物料输送机械（泵、压缩机等）和其他操作机械（搅拌、过滤、粉碎等）所需功率以便于确定输送设备的大小、尺寸及型号。

（2）确定各单元过程（蒸发、蒸馏、冷凝、冷却等）所需热量或冷量，以用于设计及设备的选型。

（3）化学反应常伴有热效应，导致体系温度的上升或下降，可为反应器的设计及选型提供依据。

（4）可以充分利用余热，使生产过程的总能耗降低到最低限度。

（5）最终确定总需求能量和能量的费用，并用来确定这个过程在经济上的可行性。

2.5.1　能量存在的形式

能量守恒定律的一般表达式为

（输入系统的能量）－（输出系统的能量）＋（输入的热量）－（系统输出的功）

$$＝（系统内能量的积累） \qquad (2.9)$$

在能量平衡中，涉及以下几种能量：

（1）动能（E_K）。物体由于运动而具有的能量。

（2）势能（E_P）。物体由于在高度上的位移而具有的能量。

（3）热力学能（U）。物体除了宏观的动能和势能外所具有的能量。它是由于分子的移动、振动、转动、分子间的引力和斥力作用而具有的能量。热力学能的变化也可由焓值的变化计算。

（4）热（Q）。体系与环境之间由于温度差而引起越过体系边界流动的能量。习惯上规定：由环境传递给体系的热，其值为正；反之为负。热的单位用焦［耳］表示。

（5）功（W）。在体系边界上，由矢量力驱动通过矢量位移而在体系和环境之间传递的能量。习惯上规定：体系对环境做功，其值为正；反之为负。功的单位用焦［耳］表示。在化工过程中常见的机械功有体积功、轴功和流动功三种形式。

热和功只在能量传递过程中出现，不是状态函数。

2.5.2　普遍化能量平衡方程式

根据热力学第一定律，能量衡算方程式可写为

$$\Delta E = (U_1 + E_{K1} + E_{P1}) - (U_2 + E_{K2} + E_{P2}) + Q - W \qquad (2.10)$$

式（2.10）中，系统向外界放出了热量 Q，外界对系统做了净功 W（净功 W 包括轴功及流动功），下标 1 和 2 分别代表系统的始态和终态，或分别代表进入和离开系统的物质。Δ 代表参数在始态和终态之差。

2.5.3　封闭体系的能量衡算

封闭体系是指系统与环境之间没有质量交换。在间歇过程中，体系中没有物质流动，因此也没有动能和势能的变化，式（2.10）就可简化为

$$\Delta U = Q - W \qquad (2.11)$$

在应用封闭系统能量衡算式时应注意：

（1）体系的热力学能几乎完全取决于化学组成、聚集态、体系物料的温度。理想气体的 U 与压力无关，液体和固体的 U 几乎与压力无关。因此，如果在一个过程中，没有温度、相、化学组成的变化，且物料全部是固体、液体或理想气体，则 $\Delta U = 0$。

（2）假设体系及其环境的温度相同，则 $Q = 0$，该体系是绝热的。

（3）在封闭体系中，如果没有运动部件或产生电流，则 $W = 0$。

2.5.4　稳态下敞开流动体系的能量衡算

敞开流动体系（或称流动体系）是指过程进行时，物质通过边界连续进、出体系的过程，如连续过程、半连续过程。在物质连续通过体系时，任一截面上的参数不随时间变化的流动体系称为稳定流动体系。若截面上的部分参数或全部参数随时间变化，为非稳定体系或瞬时体系。

1. 连续稳定流动过程的总能量衡算

图 2.10 表示物料的流动过程，它有一段粗细不同的流体输送管路，管路中流体做连续稳定的流动。体系以进口管①、出口管②为基准面。由于体系为连续稳定流动，所以进、出物料量相等。体系输入和输出的能量（以 1kg 物料为基准）见表 2.8。

表 2.8　体系输入和输出的能量

项　目	输　入	输　出	项　目	输　入	输　出
热力学能	U_1	U_2	物料量	$m_1 = 1$	$m_2 = 1$
动能	$E_{K1} = \dfrac{u_1^2}{2}$	$E_{K2} = \dfrac{u_2^2}{2}$	传给每千克流体的热量	Q	
势能	$E_{P1} = gZ_1$	$E_{P2} = gZ_2$	泵输出 1kg 流体的功	W（环境向体系做功）	
流动功	$p_1 V_1$	$p_2 V_2$			

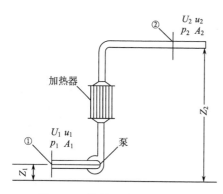

图 2.10　物料流动过程示意图

其中流动功为推动进出所需的功，p_1 为基准面①处的压力，V_1 为比体积（m^3/kg），A_1 为①处截面积。体系内没有能量和物质的积累，体系在其任一时间间隔内的能量平衡关系应为

$$输入的总能量 = 输出的总能量 \qquad (2.12)$$

基准面①处单位质量物料带入体系的总能量：

$$E_1 = U_1 + E_{K1} + E_{P1} + p_1 V_1$$

同理，在截面②处得单位质量物料带出体系的总能量：

$$E_2 = U_2 + E_{K2} + E_{P2} + p_2 V_2$$

从截面①处到截面②处体系的总能量变化为

$$\Delta E = E_2 - E_1 = \Delta U + \Delta E_K + \Delta E_P \qquad (2.13)$$

由图 2.10 可知，引起体系总能量变化的原因为：

(1) 体系从外界吸入了热量 Q。

(2) 外界对体系做了功 W。

$$U_2 + E_{K2} + E_{P2} + p_2 V_2 - (U_1 + E_{K1} + E_{P1} + p_1 V_1) = Q + W \qquad (2.14)$$

因为 $$H = U + pV$$

则有 $$\Delta H + \Delta E_K + \Delta E_P = Q + W \qquad (2.15)$$

对于连续稳定流动过程，这个连续稳定流动过程的总能量衡算式具有普遍意义，是热力学第一定律应用于连续稳定流动过程能量衡算的具体形式。

如果流动过程中的物料不止一个，设 i 组分的物料量为 m_i，如果无混合焓变，则式（2.15）中的各项应为

$$\Delta H = \sum (m_i H_i)_2 - \sum (m_i H_i)_1$$

$$\Delta E_K = \sum \left(\frac{m_i u_i^2}{2}\right)_2 - \sum \left(\frac{m_i u_i^2}{2}\right)_1$$

$$\Delta E_P = \sum (m_i g Z_i)_2 - \sum (m_i g Z_i)_1$$

式中，Q 为传入体系的总热量；W 为输入体系的总功。

式（2.15）在实际应用中，通常并不是各项都存在，因此可以得到相应的简化式。

(1) 绝热过程（$Q=0$），动能和势能差可忽略（$\Delta E_K = 0$，$\Delta E_P = 0$），则式（2.15）简化为

$$\Delta H = W \qquad (2.16)$$

即可采用焓差来计算环境向体系所做的功。

(2) 对无做功的过程（$W=0$），动能和势能差可忽略（$\Delta E_K = 0$，$\Delta E_P = 0$），则式（2.15）变成

$$\Delta H = Q \qquad (2.17)$$

(3) 无功、无热传递的过程($Q=0$, $W=0$), $\Delta E_K=0$, $\Delta E_P=0$, 则式 (2.15) 变为

$$\Delta H = 0 \qquad\qquad (2.18)$$

式 (2.18) 也称焓平衡方程。

2. 热量衡算

对于没有功的传递($W=0$), 并且动能和势能差可以忽略不计的设备, 如换热器, 连续稳定流动过程的总能量衡算式 (2.15) 可简化成式 (2.17), 即

$$Q = \Delta H = H_2 - H_1 \qquad\qquad (2.19)$$

或 $\qquad\qquad Q = \Delta U = U_2 - U_1$ (间歇过程)

热量衡算就是计算在指定条件下进出物料的焓差, 从而确定过程传递的热量。

式 (2.17) 是热量衡算的基本式, 但在实际应用时, 由于进、出设备的物料不止一个, 因此可以改写成

$$\sum Q = \sum H_2 - \sum H_1 \qquad\qquad (2.20)$$

或 $\qquad\qquad \sum Q = \sum U_2 - \sum U_1$ (间歇过程)

式中, $\sum Q$ 为过程热量之和, 常包括热损失一项; $\sum H_2$、$\sum U_2$ 为离开设备的各物料焓、热力学能的总和; $\sum H_1$、$\sum U_1$ 为进入设备的各物料焓、热力学能的总和。

3. 机械能衡算

在反应器、蒸馏塔、蒸发器、换热器等化工设备中, 功、动能、势能的变化较之传热量、热力学能和焓的变化是可以忽略的, 因此作这些设备的能量衡算时, 总能量衡算式可以简化成 $Q=\Delta U$ (封闭系统) 或 $Q=\Delta H$ (敞开系统)。但在另一类操作中, 情况刚好相反, 即传热量与动能的变化、势能变化、功相比是次要的。这些操作大多是流体流入流出储罐、储槽、工艺设备、输送设备、废料排放设备, 或在这些设备之间流动。

连续稳定流动过程的总能量衡算式可写成

$$\frac{\Delta p}{\rho} + \frac{\Delta u^2}{2} + g\Delta Z + (\Delta U - Q) = W \qquad\qquad (2.21)$$

式 (2.21) 是以 1kg 物料为基准建立的, 其中的 W 项是环境对体系所做的功, 即 1kg 流体经过泵时, 泵对液体所做的功。

在液体输送过程中, 热力学能的变化 ΔU 应等于过程中交换的热量(Q)和由于摩擦作用使部分机械能变成的热量 (以 F 表示) 之和, 即

$$\Delta U = Q + F \qquad\qquad (2.22)$$

式中, F 实际上是 1kg 液体在输送过程中因摩擦而损失的机械能转成的热能。

将式 (2.22) 代入式 (2.21), 可得

$$\frac{\Delta p}{\rho} + \frac{\Delta u^2}{2} + g\Delta Z + F = W \qquad (2.23)$$

式 (2.23) 称为 1kg 不可压缩流体流动时的机械能衡算式。

对于没有摩擦损失 $(F=0)$ 和没有输送机械对液体做功 $(W=0)$ 的过程,机械能衡算式可简化成

$$\frac{\Delta p}{\rho} + \frac{\Delta u^2}{2} + g\Delta Z = 0 \qquad (2.24)$$

式 (2.24) 为理想液体的伯努利 (Bernoulli) 方程,即理想液体在稳定流动时,在管路的任意截面上,总能量保持不变,即

$$\frac{p}{\rho} + \frac{u^2}{2} + gZ = 常数$$

对于实际液体,要加上一项摩擦损失,才能保持常数,即

$$\frac{p}{\rho} + \frac{u^2}{2} + gZ + 摩擦损失 = 常数$$

2.5.5　能量衡算问题的分类与求解步骤

1. 无化学反应的能量衡算

在绝大部分的化工生产中,非反应系统的能量衡算表现在两大类问题上。第一类问题是无化学反应的物料间的直接换热或间接换热,如吸收塔 (物理吸收)、蒸发器、热交换器等。这类问题的能量衡算可简单地变成热量衡算。第二类问题是流体在储罐、装置、管道之间的输送。这类问题的能量衡算称为机械能衡算,本章不讨论此类问题。

2. 有化学反应的能量衡算

一般的化工生产过程都带有化学反应过程,并伴随热效应的产生。有些反应过程为放热反应,有些则是吸热反应。这时,对于过程操作条件的控制,就需要向系统补充热量或由系统排出热量。这种过程的能量衡算就是以反应热的计算为中心的热量衡算。

为了提高能量衡算的运算效率,在计算中必须按照一定的步骤进行:

(1) 正确绘制系统示意图,标明已知条件和物料状态。

(2) 确定各组分的热力学数据,如比焓、比热容、相变热等,可以由手册查阅或进行估算。

(3) 选择计算基准,如与物料衡算一起进行,可选用物料衡算所取的基准作为能量衡算的基准,同时还要选取热力学函数的基准态。

(4) 列出能量衡算式,进行求解。

2.6　热力学数据及计算

在进行热量衡算时,常会遇到手册中数据不全的情况。本节介绍常用的比热容、气

化热、熔融热、溶解热、燃烧热的计算方法。

工业过程中因物料温度变化所需供给或移出的热量的计算，由热量衡算方程式可得

$$Q = \Delta U \quad （间歇过程或封闭过程）$$

或

$$Q = \Delta H \quad （连续稳定流动过程）$$

所以，要计算加热或冷却过程的过程热，应先求温度变化过程的 ΔU 或 ΔH。

2.6.1　利用热容计算 ΔU 或 ΔH

1. 恒容过程热 Q_V 或 ΔU 的计算

$$Q_V = \Delta U = n\int_{T_1}^{T_2} C_V \mathrm{d}T \tag{2.25}$$

式中，n 为物质的量，mol；C_V 为恒容摩尔热容；T_1、T_2 分别为初始温度、终了温度。

若物系由初始态 T_1、V_1 变为终态 T_2、V_2，可设计成以下假想的途径：先由初始态 T_1、V_1 变到中间态 T_1、V_2，再变到终态 T_2、V_2。

由于 U 是状态函数，所以 $\Delta U = \Delta U_1 + \Delta U_2$。对于理想气体、液体及固体，温度恒定时 $\Delta U_1 \approx 0$，ΔU_2 可由式（2.25）计算，所以温度从 T_1 变到 T_2 过程的 ΔU_2 应为

$$\Delta U = n\int_{T_1}^{T_2} C_V \mathrm{d}T \tag{2.26}$$

式（2.26）对理想气体是正确的；对固体或液体很接近；对真实气体只有在恒容时才符合。

2. 恒压过程热 Q_p 或 ΔH 的计算

$$Q_p = \Delta H = n\int_{T_1}^{T_2} C_p \mathrm{d}T \tag{2.27}$$

式中，C_p 为恒压摩尔热容。

若物系由初始态 T_1、p_1 变为终态 T_2、p_2，可设计成以下假想的途径：先由初始态 T_1、p_1 变到中间态 T_1、p_2，再变到终态 T_2、p_2。

ΔH_1 为恒温、变压过程的焓差。对于理想气体，$\Delta H_1 \approx 0$（因为 $p_1 V_1 = p_2 V_2$）；对于固体或液体，$\Delta H_1 = \Delta U + \Delta(pV) \approx V\Delta p$。

ΔH_2 为恒压过程的焓差，可按式（2.27）计算。

由 $\Delta H = \Delta H_1 + \Delta H_2$ 可以得出

$$\Delta H = n\int_{T_1}^{T_2} C_p \mathrm{d}T \tag{2.28}$$

式（2.28）对理想气体是正确的；对真实气体则只有在压力不变时才符合。或

$$\Delta H = V\Delta p = n\int_{T_1}^{T_2} C_p \mathrm{d}T \tag{2.29}$$

式（2.29）对固体或液体也适用。

2.6.2　恒压摩尔热容 C_p

C_p 和温度的关系通常用经验公式表示，即

$$C_p = a + bT + cT^2 + dT^3 \tag{2.30}$$

或
$$C_p = a + bT + cT^2 \tag{2.31}$$

式中，a、b、c、d 是物质的特性常数，一般可在有关手册中查得。

在工程计算上，为了避免积分计算的麻烦，常应用物质的平均热容 $\overline{C}_p$，则有

$$Q = \Delta H = n\overline{C}_p(T_2 - T_1) \tag{2.32}$$

在使用平均热容 $\overline{C}_p$ 时，要注意不同的温度范围 C_p 的值是不相同的，平均热容等于 $(T_2 + T_1)/2$ 时物质的恒压摩尔热容或等于 T_2 及 T_1 时的 C_{p2} 和 C_{p1} 的算术平均值 $(C_{p2} + C_{p1})/2$。

化工生产上遇到混合物的机会较多，而混合物的种类和组成又各不相同，除极少数混合物有实验测定的热容数据外，一般都根据混合物内各物质的热容和组成进行加和计算，即

$$C_p = \sum_{i=1}^{n} x_i C_{p,i} \tag{2.33}$$

式中，x_i 为 i 组分的摩尔分数；$C_{p,i}$ 为 i 组分的恒压摩尔热容，J/(mol·K)。

使用热容公式时，要注意单位、物质的聚集状态和温度范围；不要弄错各系数的数量级，并应采用同一表上的数据计算。

化工计算中，C_p 用得最多。C_p 与 C_V 的关系如下：

对理想气体
$$C_p = C_V + R \tag{2.34}$$

对液体和固体
$$C_p \approx C_V \tag{2.35}$$

式中，C_V 为恒容摩尔热容，J/(mol·K)；R 为摩尔气体常量，J/(mol·K)。

2.6.3　潜热计算

潜热按式（2.36）计算

$$Q = n\Delta H_m \tag{2.36}$$

式中，Q 为相变时物料吸收或放出的热，J；n 为物料的物质的量，mol；ΔH_m 为由相变引起的焓差，J/mol。

在一般的有机化工生产中，常遇到的相变化有气化和冷凝、溶解和凝固，而升华和凝华则较少遇到。

许多纯物质在正常沸点下的相变热已有测定，可在手册中查到。要注意不同的相变条件其相变热是不同的。当在所给条件下物质的相变热查不到时，可利用已知数据通过热力学计算求取。

例如，已知 T_1、p_1 条件下某物质 1 mol 的气化潜热为 $\Delta H_{m,1}$，可用下图所示的方法求得在 T_2、p_2 条件下的气化潜热 $\Delta H_{m,2}$，即

$$\Delta H_{m,2} = \Delta H_{m,1} + \Delta H_{m,4} - \Delta H_{m,3} \tag{2.37}$$

式中，$\Delta H_{m,3}$ 为液体的摩尔焓变。忽略压力对焓的影响，则有

$$\Delta H_{m,3} = \int_{T_1}^{T_2} C_{p液} \, dT \tag{2.38}$$

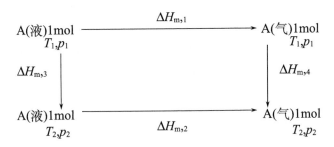

式中，$C_{p液}$ 为液体物料的恒压摩尔热容，J/(mol·K)；$\Delta H_{m,3}$ 为液体物料的摩尔焓差，J/mol。$\Delta H_{m,4}$ 为温度、压力变化时的气体摩尔焓变，如将蒸气看作理想气体，可忽略压力的影响，则有

$$\Delta H_{m,4} = \int_{T_1}^{T_2} C_{p气}\, dT \tag{2.39}$$

式中，$C_{p气}$ 为气体物料的恒压摩尔热容，J/(mol·K)；$\Delta H_{m,4}$ 为气体物料的摩尔焓差，J/mol。

$$\Delta H_{m,2} = \Delta H_{m,1} + \int_{T_1}^{T_2} C_{p气}\, dT - C_{p液}\, dT \tag{2.40}$$

或

$$\Delta H_{m,2} = \Delta H_{m,1} + \int_{T_1}^{T_2} (C_{p气} - C_{p液})\, dT \tag{2.41}$$

工程上常用一些经验方程式来计算气化热随温度的变化，如

$$\Delta H_{m,2} = \Delta H_{m,1} \left(\frac{1 - T_{r2}}{1 - T_{r1}} \right)^{0.38} \tag{2.42}$$

式中，T_{r1}、T_{r2} 分别为 T_2、T_1 所相当的对比温度。

式（2.42）比较简单和准确，在离临界温度 10K 以外，平均误差仅为 1.8%。

2.6.4　化学反应热

化学反应通常都伴随较大的热效应——吸收或放出热量。为使系统的温度恒定，必须供给或移去热量。在化学反应中放出的热量取决于反应条件。

化工生产中，化学反应通常在恒压或恒容条件下进行。若过程在进行时没有非体积功，反应热就是系统反应前后的焓差 ΔH 或热力学能差 ΔU。根据能量守恒定律，此时在恒温、恒压下，则有

$$Q_p = \Delta H \tag{2.43}$$

在恒温、恒容下，则有

$$Q_V = \Delta U \tag{2.44}$$

如果反应物或生成物为气体且符合理想气体定律，则恒容反应热与恒压反应热的关系如下：

$$Q_p - Q_V = \Delta H - \Delta U = \Delta nRT \tag{2.45}$$

式中，Δn 为反应前后气体的量（mol）之差，即

$$\Delta n = n(气态产物) - n(气态反应物)$$

为了更精确地表示反应热和建立计算反应热的基础热数据，人们规定了表示反应热的标准状态，即反应物和产物具有相同温度 T，各物质纯态时压力为 1atm①。标准状态下进行反应的焓差称为标准反应热，习惯用 $\Delta H^{\ominus}$ 表示。例如

$$N_2(g) + 3H_2(g) \longrightarrow 2NH_3(g) \qquad \Delta H^{\ominus}(298K) = -92.39kJ/mol$$

表示在 298K、1atm 下纯气态 N_2（1mol）与纯气态 H_2（3mol）反应生成纯气态 NH_3（2mol）时放出热量 92.39kJ。

当整个反应过程中体积恒定或压力恒定，且系统没做任何体积功时，化学反应热只取决于反应的初始和最终状态，而与过程的具体途径无关，这就是赫斯（Hess）定律。

计算恒温、恒压反应热的基础热数据是标准生成焓及标准燃烧焓。

2.6.5　基准态的选取

显热、潜热和反应热都与温度、压力有关，所以在利用它们进行计算时，必须注意它们的值是在什么温度、压力状态下的，不能乱用。因此，要熟练掌握焓值基准态的选取。

一定数量的物料系统的焓与该系统的物质种类、组成、相态、温度和压力有关，故选取焓的基准态包括确定物料各组分的基准态，即其相态、温度和压力。对不同组分，原则上可选择不同的相态，在有些情况下甚至可选择不同的温度和压力，但必须予以指明。基准态的压力一般选 101.3kPa，基准态温度和相态的选取通常有以下几种情况：

（1）选 298K 为基准温度。由于许多发表的热力学基础数据以 298K 为基准，选此温度作为基准态温度，就可以直接利用从手册中查出数据而不必换算。

（2）选取系统某物流的温度为基准温度，此物流的相态为各组分的基准相态。在压力对焓的影响可以忽略时，该股物流的焓值就为零。这对于物流组分较多、计算较繁的情况，可使计算简化。

选择不同的基准态并不影响计算结果，但基准态选择得当，将使计算过程变得简便。如果在同一个计算里的数据来自不同基准态的热力学图表，就必须先将数据换算到相同的基准态才能进行下一步计算。

2.7　反应过程的能量衡算

例 2.14 已知 $H_2O(l)$ 的 $\Delta_f H_m^{\ominus}(298.15K) = -285.8kJ/mol$，25℃、101.3kPa 下水的蒸发焓 $\Delta_{vap}H_m^* = 44.01kJ/mol$，求 $H_2O(g)$ 的 $\Delta_f H_m^{\ominus}(298.15K)$。

解 列出 $H_2O(l)$ 生成反应的热化学方程式和气化过程的焓变关系式，然后利用赫斯定律将两式相加便得到 $H_2O(g)$ 的 $\Delta_r H_m^{\ominus}(298.15K)$。

$$H_2(g) + \frac{1}{2}O_2(g) \longrightarrow H_2O(l) \qquad \Delta_r H_m^{\ominus}(298.15K) = -285.8kJ/mol$$

$$H_2O(l) \longrightarrow H_2O(g) \qquad \Delta_{vap}H_m^* = 44.01kJ/mol$$

---

① 1atm=1.013 25×10⁵Pa，下同。

$$H_2(g) + \frac{1}{2}O_2(g) \longrightarrow H_2O(g)$$

$$\Delta_r H_m^{\ominus}(H_2O, g, 298.15K) = \Delta H_m^{\ominus}(H_2O, l, 298.15K) + \Delta_{vap} H_m^*$$

$$= -285.8 + 44.04 = -241.8(kJ/mol)$$

例 2.15　利用化合物的标准摩尔生成焓 $\Delta_f H_m^{\ominus}$ 数据，计算下列反应的标准摩尔焓变 $\Delta_r H_m^{\ominus}$。反应式为

(1) $C_6H_6(l) + HNO_3(l) \longrightarrow C_6H_5NO_2(l) + H_2O(l)$

(2) $C_6H_5NO_2(l) + 3H_2(g) \longrightarrow C_6H_5NH_2(l) + 2H_2O(l)$

(3) $4C_6H_5NO_2(l) + 6Na_2S(aq) + 7H_2O(l) \longrightarrow 4C_6H_5NH_2(l) + 3Na_2S_2O_3(aq) + 6NaOH(aq)$

解　由化学手册查得下列化合物的标准摩尔生成焓数据（kJ/mol）如下：

化合物	$C_6H_6(l)$	$C_6H_5NO_2(l)$	$C_6H_5NH_2(l)$	$HNO_3(l)$	$H_2O(l)$	Na_2S	$Na_2S_2O_3$	$NaOH$
$\Delta_f H_m^{\ominus}$	49.07	22.19	35.34	−173.3	−286.1	−1563.8(s)	−1092.8(s)	−427.03(s)
						−439.96(aq)	−1095.7(aq)	−469.94(aq)

计算标准反应热：

(1) $\Delta_r H_m^{\ominus} = (-286.1 + 22.19) - (49.07 - 173.3) = -139.68(kJ/mol)$

(2) $\Delta_r H_m^{\ominus} = 2 \times (-286.1) + 35.34 - (22.19 + 3 \times 0) = -559.05(kJ/mol)$

(3) $\Delta_r H_m^{\ominus} = [4 \times 35.34 + 3 \times (-1095.7) + 6 \times (-469.94)] \div 4 - [4 \times 22.19 + 6 \times (-439.96) + 7 \times (-286.1)] \div 4 = -352.94(kJ/mol)$

例 2.16　从标准摩尔燃烧焓 $\Delta_c H_m^{\ominus}$ 数据计算下列反应在 298.15K 下的标准摩尔焓变 $\Delta_r H_m^{\ominus}$。反应式为

$$CH_3OH(l) + CH_3COOH(l) \longrightarrow CH_3COOCH_3(l) + H_2O(l)$$

式中

$$\Delta_c H_m^{\ominus}(CH_3OH, l, 298.15K) = -726.6kJ/mol$$

$$\Delta_c H_m^{\ominus}(CH_3COOH, l, 298.15K) = -871.7kJ/mol$$

$$\Delta_c H_m^{\ominus}(CH_3COOCH_3, l, 298.15K) = -1595kJ/mol$$

$$\Delta_c H_m^{\ominus}(H_2O, l, 298.15K) = 0$$

解　$\Delta_r H_m^{\ominus} = \Delta_c H_m^{\ominus}(CH_3OH, l, 298.15K) + \Delta_c H_m^{\ominus}(CH_3COOH, l, 298.15K)$

$$- \Delta_c H_m^{\ominus}(CH_3COOCH_3, l, 298.15K) - \Delta_c H_m^{\ominus}(H_2O, l, 298.15K)$$

$$= -726.6 + (-871.7) - (-1595) - 0$$

$$= 3.3(kJ/mol)$$

例 2.17　已知三氯甲烷的标准燃烧热 $\Delta_c H_m^{\ominus}$ 为 −509.6kJ/mol，反应方程式如下：

$$CHCl_3(g) + \frac{1}{2}O_2 + H_2O(l) \longrightarrow CO_2 + 3HCl(稀的水溶液)$$

试计算 $CHCl_3$ 的标准生成热数据。

解　根据反应方程式可知，为求 $\Delta_f H_m^{\ominus}(CHCl_3)$，需查出 CO_2、$H_2O(l)$ 及 HCl(稀的水溶液)的生成热。

(1) $C + O_2 \longrightarrow CO_2$　$\Delta_f H_m^{\ominus}(CO_2) = -393.5kJ/mol$

(2) $\Delta_f H_m^{\ominus}(H_2O, l) = -285.8kJ/mol$

(3) $\frac{1}{2}H_2(g) + \frac{1}{2}Cl_2(g) \longrightarrow HCl(稀的水溶液)$

$\Delta_f H_m^{\ominus}(HCl, 稀的水溶液) = -167.46kJ/mol$

(4) $CHCl_3(g)+\dfrac{1}{2}O_2+H_2O(l)\longrightarrow CO_2+3HCl$(稀的水溶液)

$\Delta_c H_m^{\ominus}(CHCl_3)=-509.6kJ/mol$

$\Delta_c H_m^{\ominus}(CHCl_3)=\Delta_f H_m^{\ominus}(CO_2)+3\Delta_f H_m^{\ominus}(HCl,$稀的水溶液$)-\Delta_f H_m^{\ominus}(H_2O,l)-\Delta_f H_m^{\ominus}(CHCl_3)$

所以　$\Delta_f H_m^{\ominus}(CHCl_3)=(-393.5)+3\times(-167.46)-(-285.8)-(-509.6)=-100.48(kJ/mol)$

即 $CHCl_3$ 的标准生成热为 $-100.48kJ/mol$。

例 2.18　200℃、101.33kPa 下的一氧化碳气体与 500℃的空气以 1∶4.5 的比例进行混合燃烧。燃烧生成混合气以 1000℃放出。假设一氧化碳燃烧是完全的,计算 1kmol 的一氧化碳放热量。

已知:$C_p=a+bT+cT^2$ kJ/(kmol·K)。常数 a、b、c 的值见表 2.9。

表 2.9　常数 a、b、c 的值

气　体	a	b	c
CO	26.587	7.583×10^{-3}	-1.12×10^{-6}
O_2	25.612	13.260×10^{-3}	-4.2079×10^{-6}
N_2	27.035	5.816×10^{-3}	-0.2889×10^{-6}
CO_2	26.541	42.456×10^{-3}	-14.2986×10^{-6}

解　　　　　　　　$CO(g)+\dfrac{1}{2}O_2(g)=\!=CO_2(g)$

以 1kmol CO 为基准,反应前后气体组成的变化如表 2.10 所示。

表 2.10　反应前后气体组成的变化

气　体	燃烧前 $n_{入}$/kmol	燃烧后 $n_{出}$/kmol
CO	1	0
O_2	$4.5\times0.21=0.945$	0.445
N_2	$4.5\times0.79=3.555$	3.555
CO_2	0	1

由手册查出热化学数据,并计算出此反应的标准反应热:

$$\Delta_r H_m^{\ominus}=-283\,191.932kJ/mol$$

$$\Delta H(CO,进)=n(CO,进)\int_{298.15}^{473.15}(C_p)_{CO}dT$$

$$=26.587(473.15-298.15)+\frac{7.583}{2}\times10^{-3}(473.15^2-298.15^2)$$

$$-\frac{1.12}{3}\times10^{-6}(473.15^3-298.15^3)$$

$$=5133.262(kJ)$$

$$\Delta H(O_2,进)=n(O_2,进)\int_{298.15}^{773.15}(C_p)_{O_2}dT$$

$$=[25.612(773.15-298.15)+\frac{13.26}{2}\times10^{-3}(773.15^2-298.15^2)$$

$$-\frac{4.2079}{3}\times10^{-6}(773.15^3-298.15^3)]\times0.945$$

$$=14\,106(kJ)$$

$$\Delta H(N_2,进)=n(N_2,进)\int_{298.15}^{773.15}(C_p)_{N_2}dT=50\,763.188kJ$$

$$\left(\sum n_i H_i\right)_{\text{进}} = 5133.262 + 14\ 106 + 50\ 763.188 = 70\ 002.45(\text{kJ})$$

$$\Delta H(O_2,\text{出}) = n(O_2,\text{出})\int_{298.15}^{1273.15}(C_p)_{O_2}\,dT = 14\ 361.41\text{kJ}$$

$$\Delta H(N_2,\text{出}) = n(N_2,\text{出})\int_{298.15}^{1273.15}(C_p)_{N_2}\,dT = 108\ 849.439\text{kJ}$$

$$\Delta H(CO_2,\text{出}) = n(CO_2,\text{出})\int_{298.15}^{1273.15}(C_p)_{CO_2}\,dT = 48\ 690.623\text{kJ}$$

$$\left(\sum n_i H_i\right)_{\text{出}} = 14\ 361.41 + 108\ 849.439 + 48\ 690.623 = 171\ 901.472(\text{kJ})$$

故　　　　　　$\Delta H = 171\ 901.472 - 283\ 191.932 - 70\ 002.45 = -181\ 292.91(\text{kJ})$

例 2.19　在一连续反应器中进行乙醇脱氢反应：

$$C_2H_5OH(g) \longrightarrow CH_3CHO(g) + H_2(g) \qquad \Delta_r H_m^{\ominus} = 68.95\text{kJ/mol}$$

原料含乙醇 90%（mol）和乙醛 10%（mol），进料温度 300℃，加入反应器的热量为 5300kJ/（100 mol·h），产物的出口温度为 265℃。计算反应器中乙醇的转化率。已知热容值为：$C_2H_5OH(g)$，$C_p = 0.110\text{kJ/(mol·℃)}$；$CH_3CHO(g)$，$C_p = 0.080\text{kJ/(mol·℃)}$；$H_2$，$C_p = 0.029\text{kJ/(mol·℃)}$。并假定这些热容值为常数。

解　物料流程示意如图 2.11 所示。

基准：100 mol 进料气体。

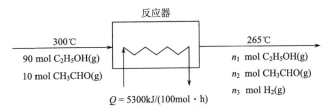

图 2.11　乙醇脱氢反应物料流程示意图

现有三个未知量，即 n_1、n_2、n_3，但本题只能列出两个物料衡算式，另一个未知量要借助于能量衡算方程式来求解。

(1)C 元素衡算：　　　　$90 \times 2 + 10 \times 2 = 2n_1 + 2n_2$

整理得　　　　　　　　　　$n_1 + n_2 = 100$　　　　　　　　　　　　　　　　(1)

(2)H 元素衡算：　　　　$90 \times 6 + 10 \times 4 = 6n_1 + 4n_2 + 2n_3$

即　　　　　　　　　　　$3n_1 + 2n_2 + n_3 = 290$　　　　　　　　　　　　　(2)

(3)能量衡算：能量衡算的参考态为 25℃，$C_2H_5OH(g)$，$CH_3CHO(g)$，$H_2(g)$。焓值计算如下：

$$H_m(C_2H_5OH,g,\text{进}) = 0.110 \times (300 - 25) = 30.3(\text{kJ/mol})$$

$$H_m(CH_3CHO,g,\text{进}) = 0.08 \times (300 - 25) = 22.0(\text{kJ/mol})$$

$$H_m(C_2H_5OH,g,\text{出}) = 0.110 \times (265 - 25) = 26.4(\text{kJ/mol})$$

$$H_m(CH_3CHO,g,\text{出}) = 0.08 \times (265 - 25) = 19.2(\text{kJ/mol})$$

$$H_m(H_2,g,\text{出}) = 0.029 \times (265 - 25) = 7.0(\text{kJ/mol})$$

$$Q = \Delta H = \Delta_r H_m^{\ominus} + \left(\sum n_i H_{m,i}\right)_{\text{出}} - \left(\sum n_i H_{m,i}\right)_{\text{进}}$$

$$5300 = \frac{n_3}{1} \times 68.95 + 26.4n_1 + 19.2n_2 + 7.0n_3 - 90 \times 30.3 - 10 \times 22.0$$

即　　　　　　　　　$26.4n_1 + 19.2n_2 + 76.0n_3 = 8247$　　　　　　　　　(3)

联立解式(1)、式(2)、式(3),得

$$n_1 = 7.5 \text{mol}(\text{C}_2\text{H}_5\text{OH})$$

$$n_2 = 92.5 \text{mol}(\text{CH}_3\text{CHO})$$

$$n_3 = 82.5 \text{mol}(\text{H}_2)$$

乙醇的转化率为

$$x = \frac{(n_1)_{进} - (n_1)_{出}}{(n_1)_{进}} = \frac{90 - 7.5}{90} = 91.7\%$$

2.8　车间(装置)的能量衡算

例 2.20　苯的沸腾连续氯化反应器,物料流程如图 2.12 所示,已知下列条件:

① 进料量苯 2700kg/h,氯气 630kg/h(其中含空气 30kg)。

② 出料氯化液的组成(质量分数)为:

$$\text{C}_6\text{H}_5\text{Cl}\quad 30\% ;\text{C}_6\text{H}_6\quad 68\% ;\text{C}_6\text{H}_4\text{Cl}_2\quad 1\% ;\text{HCl}\quad 1\%$$

③ 进、出物料的温度:原料苯及氯气 20℃,氯化反应液 80℃,冷凝回流液 30℃。

试求:(1)气相输出物料中苯与氯苯的质量(kg/h);(2)输出氯化液的质量(kg/h);(3)需要通过回流冷凝器移除的热量(kJ/h)。

忽略热损失及尾气中带出的苯。

解　(1)用拉乌尔(Raoult)定律根据液相组成求气相组成。

查手册,800℃时苯与氯苯的蒸气压力如下:$p^0(\text{C}_6\text{H}_6) = 101.3\text{kPa}$,$p^0(\text{C}_6\text{H}_5\text{Cl}) = 20.0\text{kPa}$,将液相质量分数换算成为摩尔分数 x,如表 2.11 所示。

表 2.11　例 2.20 液相质量分数与摩尔分数的换算

物料	M	$w/\%$	物质的量($=w/M$)/kmol	x
C_6H_6	78	68	68/78=0.872	0.872/1.146=0.761
$\text{C}_6\text{H}_5\text{Cl}$	112.5	30	30/112.5=0.267	0.267/1.146=0.233
$\text{C}_6\text{H}_4\text{Cl}_2$	147	1	1/147=0.0068	0.0068/1.146=0.006
			1.146	

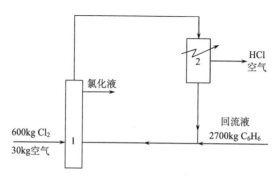

图 2.12　苯氯化反应流程示意图

1. 氯化反应器;2. 回流冷凝器

令气相中 C_6H_6 与 C_6H_5Cl 的物质的量(kmol)分别为 $q_n(C_6H_6)$ 与 $q_n(C_6H_6Cl)$。根据拉乌尔定律与分压定律得

$$\frac{q_n(C_6H_6)}{q_n(C_6H_6Cl)} = \frac{p^0(C_6H_6) \cdot x}{p^0(C_6H_5Cl) \cdot x}$$

将 p^0 与 x 值代入:

$$\frac{q_n(C_6H_6)}{q_n(C_6H_6Cl)} = \frac{101.3 \times 0.761}{20 \times 0.233}$$

$$q_n(C_6H_6) = 16.5 q_n(C_6H_6Cl)$$

(2)计算氯化器输出物料量(以 1h 为基准)。假设全部参加反应,气相中苯与氯苯全部冷凝回流入反应器。

反应式:
$$C_6H_6 + Cl_2 \longrightarrow C_6H_5Cl + HCl$$
$$\quad 78 \qquad 71 \qquad\quad 112.5 \qquad 36.5$$

$$C_6H_6 + 2Cl_2 \longrightarrow C_6H_4Cl_2 + 2HCl$$
$$\quad 78 \quad 2\times71 \qquad\quad 144 \qquad 2\times36.5$$

反应生成 HCl:　　　　　　　$600 \times (36.5/71) = 310(kg)$

输入苯量:　　　　　　　　$2700/78 = 34.6(kmol)$

液相输出物料中含:

C_6H_6:　　　　　　　　$34.6 \times 0.761 = 26.33(kmol) = 2053kg$

C_6H_5Cl:　　　　　　　$34.6 \times 0.233 = 8.06(kmol) = 906kg$

$C_6H_4Cl_2$:　　　　　　$34.6 \times 0.006 = 0.208(kmol) = 30.6kg$

　　　　　　　　　　　　　　　　　　　　　　　　$2990kg$

HCl:　　　　　　　　　$2990 \times 0.01 = 29.9(kg)$

液相输出总量:　　　　　$2990 + 29.9 = 3020(kg/h)$

排出气体中含:

HCl:　　　　　　　　　$310 - 30 = 280(kg)$

空气:　　　　　　　　　$30kg$

排出气体总量:　　　　　$280 + 30 = 310(kg/h)$

(3)求算气相中 C_6H_6 与 C_6H_5Cl 的含量,需借助于热量平衡关系。

查手册可得各项物料的比热容与蒸发潜热数据如下:

物料	C_p/[kJ/(kg·℃)]	蒸发热 ΔH_m /(kJ/mol)	物料	C_p/[kJ/(kg·℃)]	蒸发热 ΔH_m /(kJ/mol)
C_6H_6	1.71(0~30℃),1.80(0~80℃)	30.9	Cl_2	0.50(0~20℃)	—
C_6H_5Cl	1.30(0~30℃),1.42(0~80℃)	35.5	HCl	0.88(0~80℃)	—
$C_6H_4Cl_2$	1.25(0~80℃)				

取基准温度为 0℃,计算氯化器输入输出物料的热 (kJ/h)。

计算输入物料的热量: $m_i \times C_{pi} \times \Delta t_i$

原料苯 C_6H_6:　　　　　$2700 \times 1.71 \times 20 = 92\,340$

回流苯 C_6H_6:　　　　　$q_n(C_6H_6) \times 78 \times 1.71 \times 30 = 4001 q_n(C_6H_6)$

C_6H_5Cl:　　　　　　　$[q_n(C_6H_6)/16.5] \times 112.5 \times 1.30 \times 30 = 265.9 q_n(C_6H_6)$

Cl₂ 写成 Cl_2：

$$630 \times 0.50 \times 20 = 6300$$

$$\Delta H = \sum m_i \times C_{pi} \times \Delta t_i = 98\ 640 + 4266.9 q_n (C_6 H_6)$$

计算输出物料的热量：$m'_i \times C'_{pi} \times \Delta t'_i$

氯化液 $C_6 H_6$：

$$2053 \times 1.80 \times 80 = 295\ 632$$

$C_6 H_5 Cl$：

$$906 \times 1.42 \times 80 = 102\ 921.6$$

$C_6 H_4 Cl_2$：

$$30.6 \times 1.25 \times 80 = 3060$$

HCl：

$$30 \times 0.88 \times 80 = 2112$$

气相物料 Cl_2，空气

$$310 \times 0.88 \times 80 = 21\ 824$$

$C_6 H_6$：

$$78 q_n (C_6 H_6) \times 1.80 \times 80 + 30.9 \times 10^3 q_n (C_6 H_6) = 42\ 132 q_n (C_6 H_6)$$

$C_6 H_5 Cl$：$112.5 \left[q_n (C_6 H_6)/16.5 \right] \times 1.42 \times 80 + \left[q_n (C_6 H_6)/16.5 \right] \times 35.5 \times 10^3 = 2926 q_n (C_6 H_6)$

$$\Delta H' = \sum m'_i \times C'_{pi} \times \Delta t'_i + \sum \Delta H_m = 425\ 550 + 45\ 058 q_n (C_6 H_6)$$

ΔH_p 的计算：

$$\Delta H_p = \Delta H' - \Delta H = 326\ 910 + 40\ 791 q_n (C_6 H_6)$$

反应过程的热焓变化 ΔH_R 的计算。取苯的氯化标准反应热 $\Delta H_R^\ominus = -130.4$（kJ/mol Cl_2）（假设苯的一氯化与二氯化反应热相等）。

$$\Delta H_r = (600/71) \times (-130.4) \times 10^3 = -1\ 101\ 972 \text{ (kJ/h)}$$

忽略热损失，按热量平衡关系：

$$\Delta H_p + \Delta H_R = Q = 0$$

$$326\ 910 + 40\ 791 q_n (C_6 H_6) - 1\ 101\ 972 = 0$$

解得

$$q_n (C_6 H_6) = 19 \text{ (kmol/h) 或 } 1482 \text{ (kg/h)}$$

$$q_n (C_6 H_6 Cl) = 19/16.5 = 1.152 \text{ (kmol/h) 或 } 129.6 \text{ (kg/h)}$$

气相输出：

$C_6 H_6$，1482kg/h；$C_6 H_5 Cl$，129.6kg/h；HCl，280kg/h；空气，30kg/h

（4）回流冷凝器移除热量的计算。

进入冷凝器物料的热量：

$$21\ 824 + 45\ 058 q_n (C_6 H_6) = 21\ 824 + 45\ 058 \times 19 = 877\ 926 \text{ (kJ/h)}$$

离开冷凝器物料的热量：

$$4266.9 q_n (C_6 H_6) + 310 \times 0.88 \times 30 = 4266.9 \times 19 + 8184 = 89\ 255 \text{ (kJ/h)}$$

需要移除的热量：

$$Q = |89\ 255 - 877\ 926| = 788\ 671 \text{ (kJ/h)}$$

2.9 计算机辅助化工流程中的能量衡算

目前，在化工工艺设计中，采用计算机通过流程模拟技术，可以通过整个系统的物料衡算与能量衡算来确定各部位流股的温度、压力及组成，进而显示流程系统的性能。流程模拟技术已成为企业生命周期的主要支撑技术。模拟技术的应用进程如图 2.13 所示。

计算机模拟方法既不是试验方法，也不是理论方法。它是在试验的基础上，通过基本原理，构造成一套模型和算法，从而计算出需要的结果。模拟和模型的分类如图 2.14 所示。

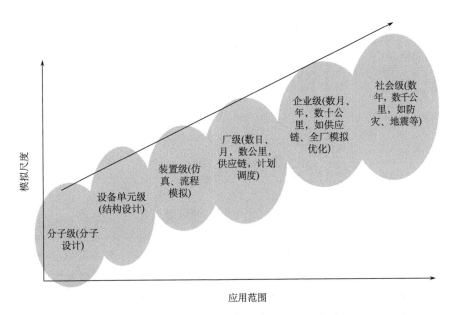

图 2.13　模拟尺度和应用范围的对照示意图

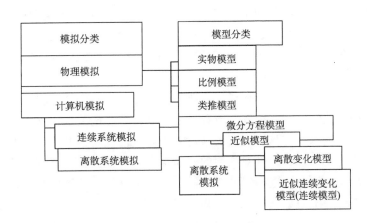

图 2.14　模拟与模型的分类

模型一般分为结构模型（图形、逻辑式、行列矩阵线图）、静态模型（回归方程、代数方程）、动态模型（微分方程、积分方程、差分方程）、概率论模型（概率过程模型、频谱模型）以及其他模型（人工智能推理模型、模糊集合表达演算模型、神经元网络模型）。其方法分别是图论、多变量解析、代数式物理法则、统计学、回归分析、微分方程式物理法则、控制论、概率论、优选法、模糊理论、神经元理论等。

建模是模型建立的过程。模拟是使用模型的过程或模型运行的过程。主要建模方法如图 2.15 所示。

利用通用流程模拟系统软件进行流程模拟，一般分为以下几步：

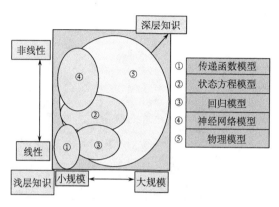

图 2.15 主要建模方法示意图

（1）分析模拟问题。这是进行模拟必须首先要做的一步。针对具体要模拟的问题，确定模拟的范围和边界，了解流程的工艺情况，收集必要的数据（原始物流数据、操作数据、控制数据、物性数据等），确定模拟要解决的问题和目标。

（2）选择流程模拟系统软件，并准备输入数据。针对第一步的情况，选择用于流程模拟的模拟软件系统（看是否包括流程涉及的组分基础物性，是否适合于流程的热力学性质计算方法，是否描述流程的单元模块等情况确定），选择运行流程模拟软件系统后，进行必要的设置（如工作目录、模拟系统选项、输入输出单位制设置等，要根据不同的流程模拟系统情况进行具体设置），针对要模拟的流程进行必要的准备，收集流程信息、数据等。然后准备好软件要求的输入数据。

（3）绘制模拟流程。利用流程模拟系统提供的方法绘制模拟流程，即利用图示的方法建立流程系统的数学模型。绘制的流程描述了流程的连接关系，描述了所包括的单元模型。不同的流程模拟系统具有不同的绘制方法和风格，要参考其用户手册。

（4）定义流程涉及组分。针对绘制的模拟流程，利用模拟系统的基础物性数据库，选择模拟流程涉及的组分。选择组分等于给定这些组分的基础物性数据，只是这些数据库存在于流程模拟系统的数据库中，流程模拟系统自动调用。对于一些流程，可能涉及一些流程模拟系统的数据库中没有的组分，此时需要用户收集或估算这些组分的基础物性，采用用户扩充数据库（用户数据库）的办法，输入物性数据。

（5）选择热力学性质计算方法。流程模拟、分析、优化及设备设计都离不开物性计算，如分离计算要用到平衡参数 K 的计算、能量衡算离不开气液相焓的计算、压缩和膨胀离不开熵的计算等。热力学性质计算方法选择的一般原则是：对于非极性或弱极性物系，可采用状态方程法；对于非极性物系，采用状态方程与活度系数方法相结合的组合法。

（6）输入原始物流及模块参数。通过以上几个步骤，模拟流程的模型完全建立，此时只要使用者提供必要的输入数据即可进行模拟。

（7）运行模拟。一旦模拟工具条处于可运行状态，使用者只需单击模拟工具条即可进行流程模拟计算。此时，模拟系统利用构建的流程模型、提供的基础物性数据、选择的热力学性质计算方法、输入的数据，采用一定的模拟计算方法（常用序贯模块法）进行模拟计算，得到物料、能量衡算结果。

（8）分析模拟结果。对流程模拟得到的结果要进行认真分析，分析结果的合理性和准确性。

（9）运行模拟系统的其他功能。一旦模拟成功，可以利用流程模拟系统的其他功能，如工况分析、设计规定、灵敏度分析、优化、设备设计等功能进行其他计算，直至满足模拟目标为止。

（10）输出最终结果。

现以甲醇精馏工艺物料衡算与能量衡算的模拟计算及分析为例，说明化工过程计算机模拟计算即热量衡算的基本过程和步骤，简要介绍一些单元操作过程的模拟计算。

例 2.21 对甲醇精馏的三塔流程进行模拟计算，掌握物料衡算与能量衡算的基本方法与步骤。

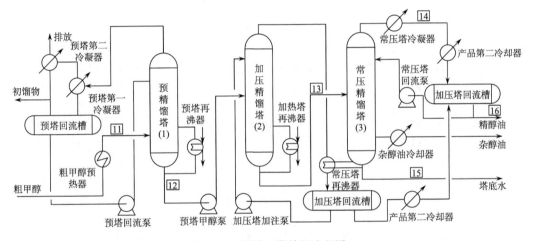

图 2.16 甲醇三塔精馏流程图

解 （1）甲醇三塔精馏流程见图 2.16。

从合成工序得来的粗甲醇进入预精馏塔，在塔顶除去轻组分及不凝气，塔底含水甲醇由泵送加压塔。加压塔操作压力为 5~7bar[①]（表压），塔顶甲醇蒸气全凝后，部分作为回流经回流泵返回塔顶，其余作为精甲醇产品送至产品储槽，塔底含水甲醇则进入常压塔。同样，常压塔塔顶出的精甲醇一部分作为回流，一部分与加压塔产品混合进入甲醇产品储槽。三塔流程的主要特点是，加压塔塔顶冷凝潜热用作常压塔塔釜再沸器的热源，这样既节省加热蒸汽，又节省冷却水，达到节能的目的。

（2）模拟计算。

A 基础数据。

粗甲醇的组成见表 2.12。初始条件：物料（粗甲醇）总流率为 13 431kg/h、温度为 40℃、压力为 4bar（表压）。

---

① 1bar=10⁵Pa，下同。

表 2.12　粗甲醇组成

组分名称	CO_2	CO	H_2	CH_4	N_2	$(CH_3)_2O$	Ar	CH_3OH	H_2O	异丁醇
组成（质量分数）/%	0.57	0.05	0.00	0.05	0.01	0.02	0.03	94.07	5.18	0.05

各精馏塔压力见表 2.13。

表 2.13　精馏塔压力 ［单位：bar（表压）］

部位	塔顶压力	塔底压力
预精馏塔	0.5	0.8
加压塔	5.6	6.0
常压塔	0.03	0.08

B 模拟方法。

计算机模拟是研究化工工艺过程的有效途径，采用化工流程模拟软件 PRO/Ⅱ 来模拟甲醇精馏系统。

（1）热力学方法。物系主要组分为甲醇和水，另外还有二甲醚、少量的 CO_2、CO、H_2、CH_4、N_2、Ar 等气体及高沸物（主要为异丁醇）。正确模拟一个化工过程，使用适当的热力学方法和精确的数据是非常重要的。醇/水系统属于强非理想液体混合物，这里所用的化工流程模拟软件 PRO/Ⅱ 提供一组专门的热力学方法，即把特殊的醇数据库与 NRTL 方程相结合来计算 K 值。NRTL 方程是基于局部组成的理论而导出的液体活度系数方程，它已成功地应用于许多强非理想混合物和部分混溶系统。当使用液体活度方法时，组分的标准态逸度是纯液体的逸度，对于超临界气体以及水中的微量溶质，使用无限稀释下定义的标准状态会更方便，因此选用亨利（Henry）定律以便更准确方便地模拟不凝气在甲醇及水中的溶解度。此外，三塔流程中加压塔的操作压力为 5.6～6.0bar(表压)，选用修改后的非理想气体状态方程 SRKM 来计算逸度系数。

（2）计算模块的组织。甲醇精馏系统主要是塔系的串联计算即三塔串联和双塔串联。常规塔的塔顶冷凝器相当于一块理论板，可以作为塔系的一部分一次性解出，但是甲醇精馏工艺的特点是预精馏塔的塔顶两级冷凝。这种冷凝方式显然不同于每块塔板的蒸馏过程，因此，采用撕裂回流的方法，把塔顶冷凝器作为一个独立的单元模块来模拟，即两台串联换热器的液相产品经过分离罐后作为塔顶进料引入塔系，以此模拟回流。

对于三塔精馏，加压塔塔顶冷凝器同时作为常压塔塔釜再沸器，如果严格规定分离要求分别计算两塔，由于计算值与设计值存在的误差，常压塔再沸器热负荷与加压塔塔顶冷凝器负荷不一定相等，而且只能核算而无法进行流程的优化研究。因此，加压塔同样采用预精馏塔的模拟方法，单独计算塔顶冷凝器，并规定其热负荷绝对值等于常压塔再沸器的热负荷。计算结果表明，这种方法模拟双效精馏是简单可行的。

（3）三塔流程物料及热量衡算计算结果。由三塔流程物热平衡设计值与计算值的结果对比见表 2.14 和表 2.15。由表 2.14 可知，各物流点的温度、压力、组成以及塔顶冷凝器、塔釜再沸器负荷的计算值均与设计值吻合较好，说明该方法完全可以对甲醇精馏系统进行模拟。

表 2.14　三塔流程物料衡算结果 [单位：% (质量分数)]

物流名称 (物流号)	粗甲醇 液 (11)		预精馏后甲醇 液 (12)		加压塔塔底甲 醇/水液 (13)		精甲醇 气 (14)		甲醇精馏污 水液 (15)		精甲醇 液 (16)	
	设计值	计算值	设计值	计算值	设计值	计算值	设计值	计算值	设计值	计算值	设计值	计算值
CO_2	0.57	0.57	0.00	0.00	0.00	0.00	0.00	0.00	0.00	0.00	0.00	0.00
CO	0.02	0.02	0.00	0.00	0.00	0.00	0.00	0.00	0.00	0.00	0.00	0.00
H_2	0.00	0.00	0.00	0.00	0.00	0.00	0.00	0.00	0.00	0.00	0.00	0.00
CH_4	0.05	0.05	0.00	0.00	0.00	0.00	0.00	0.00	0.00	0.00	0.00	0.00
N_2	0.01	0.01	0.00	0.00	0.00	0.00	0.00	0.00	0.00	0.00	0.00	0.00
$(CH_3)_2O$	0.02	0.02	0.00	0.00	0.00	0.00	0.00	0.00	0.00	0.00	0.00	0.00
Ar	0.03	0.03	0.00	0.00	0.00	0.00	0.00	0.00	0.00	0.00	0.00	0.00
CH_3OH	94.07	94.07	94.67	94.69	90.70	90.77	99.90	99.91	4.16	4.79	99.90	99.93
H_2O	5.18	5.18	5.28	5.26	9.22	9.14	0.10	0.09	95.00	94.29	0.10	0.07
异丁醇	0.05	0.05	0.05	0.05	0.08	0.09	10ppm	0.00	0.84	0.92	10ppm	0.00
总流量/(kg/h)	13 431	13 431	13 243	13 240	7537	7537	15 948	15 939	727	727	12 500	12 500
温度/℃	40.00	40.00	82.00	81.51	125.00	125.76	122.00	121.18	105.00	105.00	40.00	40.00
压力/bar(表压)	4.00	4.00	0.80	0.80	6.00	6.00	5.60	5.60	8.00	8.00	0.03	0.03

表 2.15　三塔流程热量衡算结果 (单位：Gcal/h)

位置	塔顶冷凝器		塔釜再沸器	
	设计值	计算值	设计值	计算值
预精馏塔	0.88	0.88	1.24	1.29
加压塔	3.70	3.53	4.20	4.18
常压塔	4.11	3.97	3.70	3.53

注：设计值指国内某装置的设计值；$G=10^9$；1cal$=4.1868$ J。

习　　题

1. 海水淡化稳态过程，设海水含盐分质量分数为 0.034，每小时生产纯水 4000kg，要求排出的废盐水含盐质量分数不超过 0.1，试求需要通过的海水量。

2. 用纯水吸收丙酮混合气中的丙酮。如果吸收塔混合气进料为 200kg/h（其中丙酮质量分数为 0.20)，纯水进料质量流量为 1000kg/h，得到无丙酮的气体和丙酮水溶液，设气体不溶于水中：(1) 确定物流变量和物料平衡方程式数，设计变量数；(2) 写出全部物料平衡方程式；(3) 计算全部未知物流变量。

3. 在精馏塔内，将等物质的量的混合物乙醇、丙醇和丁醇进行精馏，分离出顶流含乙醇（摩尔分数为 0.6666）和丙醇，而无丁醇；底流不含乙醇，只有丙醇和丁醇。试计算进料摩尔流量为 1000mol/h 时，顶流和底流的摩尔流量和组成。

4. 将含 CH_4 为 0.80 （体积分数，下同）、N_2 为 0.20 的天然气送去燃烧，所产生的 CO_2 大部分被清除用来制干冰。已知清除 CO_2 后的尾气中含 CO_2 为 0.012、O_2 为 0.049、N_2 为 0.989，试求：(1) CO_2 被清除的体积分数；(2) 空气过剩系数。

5. 作生产 1t 氯化苯的物料平衡。液态产品的组成（质量分数，下同）：苯为 0.65、氯化苯为 0.32、二氯化苯为 0.025、三氯化苯为 0.005。商品原料苯的纯度为 97.5%，工业用氯气纯度为 98%。

提示：过程中反应比较复杂，主要反应有

$$C_6H_6+Cl_2 \longrightarrow C_6H_5Cl+HCl \tag{1}$$
$$C_6H_6+2Cl_2 \longrightarrow C_6H_4Cl_2+2HCl \tag{2}$$
$$C_6H_6+3Cl_2 \longrightarrow C_6H_3Cl_3+3HCl \tag{3}$$

为防止多氯化苯的生成，必须使苯的反应量少于一半时就停止反应（从液态产品组成便可看出）。

6. 天然气（A）含 CH_4 为 0.85（摩尔分数，下同），C_2H_6 为 0.10，C_2H_4 为 0.05；气体（B）含 C_2H_4 为 0.89，C_2H_6 为 0.11；气体（C）含 C_2H_6 为 0.94，C_2H_4 为 0.06%。编一个计算机程序，计算需要多少摩 A、B、C，原料气可以混合成：(1) 含 CH_4、C_2H_4 与 C_2H_6 物质的量组成相等的混合气 100mol；(2) 含 CH_4 为 0.62、C_2H_6 为 0.23、C_2H_4 为 0.15 的混合气 250mol。

提示：可以设 N 为混合气的摩尔总数，x 和 y 为 CH_4 和 C_2H_4 的摩尔分数，n_A、n_B 与 n_C 分别为原料气 A、B 与 C 的物质的量，列出各组分的物料衡算方程，然后编程序——输入 N，x 与 y 值，计算 n_A、n_B 与 n_C，打印结果。

7. 一蒸馏塔分离戊烷（C_5H_{12}）和己烷（C_6H_{14}）混合物，进料组成：50%（质量分数，下同）C_5H_{12}，50% C_6H_{14}，顶部馏出液含 C_5H_{12} 为 95%，塔底排出液含 C_6H_{14} 为 96%。塔顶蒸出气体经冷凝后，部分冷凝液回流，其余为产物，回流比（回流量/馏出产物量）为 0.6。计算：(1) 每千克进料馏出产物及塔底产物的量；(2) 进冷凝器物料量与原料量之比；(3) 若进料为 100mol/h，计算馏出产物、塔底产物的质量流量（kg/h）。

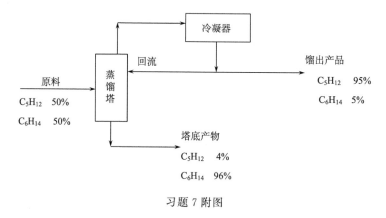

习题 7 附图

8. 用苯、氯化氢和空气生产氯苯，反应式如下：

$$C_6H_6 + HCl + \frac{1}{2}O_2 \longrightarrow C_6H_5Cl + H_2O$$

原料进行反应后，生成的气体经洗涤塔除去未反应的氯化氢、苯以及所有产物，剩下的尾气组成：N_2 为 88.8%（摩尔分数，下同），O_2 为 11.2%。求该过程的每摩空气生成氯苯的物质的量。

9. 1000kg 对硝基氯苯（纯度按 100% 计）用含 20%（质量分数，下同）游离 SO_3 的发烟硫酸 3630kg 进行磺化，反应式如下：

$$ClC_6H_4NO_2 + SO_3 \longrightarrow C_6H_4ClNO_5S$$

反应转化率为 99%。计算：（1）反应终了时废酸浓度；（2）如果改用 22% 发烟硫酸为磺化剂，使废酸浓度相同，求磺化剂用量；（3）用 20% 发烟硫酸磺化至终点后，加水稀释至废酸浓度为 50% 的 H_2SO_4，计算加水量。

10. 甲苯氧化生产苯甲醛，反应式如下：

$$C_6H_5CH_3 + O_2 \longrightarrow C_6H_5CHO + H_2O$$

将干燥空气和甲苯通入反应器，空气的加入量为甲苯完成转化所需理论量过量 100%。甲苯仅 13% 转化成苯甲醛，尚有 0.5% 甲苯燃烧成 CO_2 和 H_2O，反应式为

$$C_6H_5CH_3 + 9O_2 \longrightarrow 7CO_2 + 4H_2O$$

经 4h 运转后，反应器出来的气体经冷却，共收集了 13.3kg 水。计算：（1）甲苯与空气进料量以及进反应器的物料组成；（2）出反应器各组分的物料量及物料组成。

11. CO 与 H_2 合成甲醇，由反应器出来的气体进冷凝器使甲醇冷凝，未冷凝的甲醇及未反应的 CO 和 H_2 循环返回反应器。反应器出来的气体的摩尔流量为 275mol/min，组成为 0.106（摩尔分数，下同）的 H_2、0.64 的 CO 及 0.254 的 CH_3OH。循环气体中甲醇的摩尔分数为 0.004，求新鲜原料中 CO 与 H_2 的摩尔流量及甲醇的产量（mol/min）。

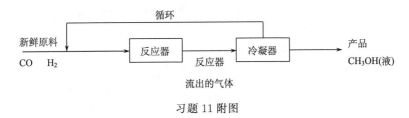

习题 11 附图

12. 合成氨生产的原料中含有少量不反应的组分，如氩或甲烷，这些惰性组分不能冷凝，因而与未反应的 N_2 和 H_2 一起循环，为避免惰性组分在系统内积累，须从循环管线放空一部分循环气。其流程如下图（图中 I 表示惰性组分）所示：

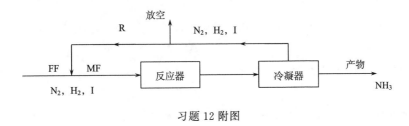

习题 12 附图

已知新鲜原料（FF）组成：N_2 为 0.2475（摩尔分数，下同）；H_2 为 0.7425；I 为 0.01。N_2 的单程转化率为 25%；循环气（R）中惰性组分为 0.125。计算：（1）N_2 的总转化率；（2）放空气体与新鲜原料气的物质的量比；（3）进反应器物料（MF）与新鲜原料（FF）的物质的量比。

13. 室温下氯气与过量的苯（杂质含量忽略不计）反应生产氯苯，副产物为少量二氯苯。生成的氯化液中氯苯质量分数为 40%，二氯苯质量分数为 2%（三氯苯含量忽略不计）。试计算处理 1t 原料苯时的热效应。

14. 乙烯氧化为环氧乙烷的反应方程式如下：

$$C_2H_4(g) + \frac{1}{2}O_2 \longrightarrow C_2H_4O(g)$$

试计算 0.1013MPa、25℃下的反应焓。

已知：乙烯（g）的标准摩尔生成焓 $\Delta_f H_m^\ominus$ 为 52.28kJ/mol，环氧乙烷的标准摩尔生成焓 $\Delta_f H_m^\ominus$ 为 -51kJ/mol。

15. 硝酸生产中，把经过预热的空气和氨在混合器中混合成 600℃含 10%（摩尔分数）氨的混合气体（氨不能预热，因为预热会使其分解成 N_2 和 H_2）。此混合气经催化氧化得 NO_2，然后用水吸收 NO_2 生成硝酸。已知温度为 25℃的氨以 520kg/h 的质量流量进入混合器，混合器的热损失为 7kJ/s。试计算空气进入混合器前应预热到多少摄氏度。

16. 把含 15%（体积分数）CH_4 和 85%（体积分数）空气的混合气体在加热器中从 20℃加热到 350℃。混合气（标准温度和压力）进入加热器的体积流量为 3000L/min，试计算需要供给加热器的热量。

17. 含 50%（质量分数）苯和 50%（质量分数）甲苯的原料液在 80℃加到一连续单级蒸发器中，在蒸发器中原料有 60%的苯被蒸发了。经分析发现蒸气中苯的含量为 63.1%（质量分数）。液体产物和蒸气产物都在 150℃离开蒸发器。试计算该过程处理每千克原料液需要多少热量。

18. 液态的 n-己烷在 25℃、7Pa 下以 100mol/h 的摩尔流量被蒸发，并在该压力下被加热到 300℃。如果忽略压力对焓的影响，试求要以多大的速率供给该过程所需热量。

19. 在一间歇反应器中进行化学反应：

$$C_2H_4(g) + 2Cl_2(g) \longrightarrow C_2HCl_3(g) + H_2(g) + HCl(g)$$

已知该化学反应的反应焓 $\Delta_r H_m^\ominus$（25℃）$= -420.8$kJ/mol，试计算此化学反应的 ΔU。

20. 已知下面两个化学反应的标准反应焓

$$C + O_2 \longrightarrow CO_2 \qquad \Delta_r H_m^\ominus(1) = -393.51\text{kJ/mol} \tag{1}$$

$$CO + \frac{1}{2}O_2 \longrightarrow CO_2 \qquad \Delta_r H_m^\ominus(2) = -282.99\text{kJ/mol} \tag{2}$$

求反应

$$C + \frac{1}{2}O_2 \longrightarrow CO \tag{3}$$

的标准反应焓。

21. 计算反应 $C_2H_6 \longrightarrow CH_4 + H_2$ 的标准反应焓。

22. 试计算生成反应 $5C(s) + 6H_2(g) \longrightarrow C_5H_{12}(l)$ 的标准生成焓。

23. 已知苯胺的生成反应为 $6C(s) + \frac{7}{2}H_2(g) + \frac{1}{2}N_2(g) \longrightarrow C_6H_5NH_2(l)$，试计算苯胺的标准生成焓。

24. 已知 25℃、101.33kPa 下氨氧化时的标准反应焓 $\Delta_f H_m^\ominus$（NH_3）$= -904.6$kJ/mol，则有

$$4NH_3(g) + O_2(g) \longrightarrow 4NO(g) + 6H_2O(g)$$

氨气和氧气在 25℃，分别以 100mol/h 和 200mol/h 的摩尔流量连续稳定地加入反应器，在反应器中氨全部被消耗掉。气态产物的温度为 300℃，假定该反应是在接近 101.33kPa 下进行的，试计算反应器每小时吸收或放出的热量。

25. 某连续等温反应器在 400℃进行下列反应：

$$CO(g) + H_2O(g) \longrightarrow CO_2(g) + H_2(g)$$

假定原料在温度为 400℃时按照化学计量比送入反应器。要求 CO 的转化率为 90%，试计算使反应器内的温度稳定在 400℃时所需传递的热量。

26. 一氧化氮在一连续的绝热反应器中被氧化成二氧化氮：

$$2NO(g) + O_2(g) \longrightarrow 2NO_2(g)$$

原料气中 NO 和 O_2 按化学计量数配比并在 700℃进入反应器。已知 $C_p(NO) = 37.7J/(mol \cdot K)$，$C_p(NO_2) = 75.7J/(mol \cdot K)$，$C_p(O_2) = 35.7J/(mol \cdot K)$。试计算反应器出口产物的温度。

27. 在一绝热反应器内进行下列反应：

$$CO(g) + H_2O(g) \longrightarrow CO_2(g) + H_2(g)$$

反应物在 300℃、101.33kPa 下按化学计量比进入反应器，无惰性物，反应进行完全。试计算该绝热反应器出口物料的温度。

第3章　分离设备与分离过程的优化

化工分离技术与设备广泛应用于化工、石油、冶金、生物、医药、材料、食品等工业以及环境保护等领域。分离设备及分离方案的选择和优化直接影响过程的经济性。一般在选择具体分离方法时,不仅要求技术上可行、经济上合理,还要考虑能耗、环保、设备放大和开发成本等问题。

3.1　概　　述

化工生产中的混合物绝大部分先要加入能量或物质,经过分离提纯才可利用。混合物的分离过程就是混合物在内在推动力与分离剂的作用下,在分离场或分离介质内发生组分物质选择性的反应、相变、传递、迁移或截留而相互分开,得到组成互不相同的两种或几种产品的操作,以达到产品的提取、提纯、净化、浓缩、干燥或"三废"处理等的要求。分离剂是分离过程的辅助物质或推动力,包括能量分离剂(如机械能、光能、电能、磁能、热量、冷量等)和质量分离剂(如溶剂、吸收剂、吸附剂、交换树脂、表面活性剂、化学反应物、过滤介质、助滤剂、膜等)。无论使用哪种形式的分离剂,分离过程都是耗能过程。一般分离设备数量多,规模大,在化工厂的设备投资和操作费用中占很高的比例,对过程的技术经济指标起重要的作用。因此设计时要求选择高效低耗的分离设备。

分离过程在工业生产中可用于以下几个方面:

(1) 石油化工及煤化工。主要用于原料净化、预处理及产物的分离与提纯。原油通过精馏制得的各种燃料油为石油化工提供了原料;通过分离操作制得高纯度的乙烯、丙烯、丁二烯等单体才能合成各种树脂、纤维和橡胶。

(2) 气体净化与分离。包括各种气体的净化,如将空气分离成氧气、氮气及稀有气体,微电子工业中对空气进行净化,从合成氨尾气中提取氩气、氦气等。

(3) 医药、生物化工及食品加工。在医药、食品加工工业中,分离过程主要用于发酵液处理,将发酵液中的产物分离并提纯;生物化工用分离技术对高附加值的产品进行分离。

(4) 农业。在各种肥料生产中均需要分离过程,如合成氨、尿素的生产。

(5) 其他。在环境保护和海水淡化等方面,如"三废"处理或回收。

3.1.1　分离的分类

分离过程可分为机械分离过程和传质分离过程两大类。机械分离过程的分离对象是由两相以上所组成的混合物。其目的是简单地将各相加以分离,如过滤、沉降、离心分离、旋风分离和静电除尘等。传质分离过程用于各种均相混合物的分离,其特点是有质量传递现象发生，按所依据的物理化学原理不同，工业上常用的传质分离过程又可分为两大类，即平衡分离过程和速率分离过程。

(1) 平衡分离过程是借助分离媒介（如热能、溶剂、吸附剂等），使均相混合物系统变成两相系统，再以混合物中各组分在处于相平衡的两相中不等同的分配性质为依据而实现分离。分离媒介可以是能量媒介 (ESA) 或物质媒介 (MSA)，有时也可两种同时应用。ESA 是指传入或传出系统的热，还有输入或输出的功。MSA 可以只与混合物中的一个或几个组分部分互溶。此时，MSA 通常是某一相中浓度最高的组分。基于平衡分离过程的分离单元操作主要有闪蒸、部分冷凝、普通精馏、萃取精馏、共沸精馏、吸收、解吸（含带回流的解吸和再沸解吸）、结晶、凝聚、浸取、吸附、离子交换、泡沫分离、区域熔炼等。

(2) 速率分离过程是在某种推动力（如浓度差、压力差、温度差、电位差等）的作用下，有时在选择性透过膜的配合下，利用各组分扩散速度的差异实现组分的分离。这类过程所处理的原料和产品通常属于同一相态，仅有组成上的差别。速率分离过程可分为两大类：①膜分离，利用选择性透过膜分割组成不同的两股流体，如超滤、反渗透、渗析和电渗析等；②场分离，如电泳、热扩散、高梯度磁力分离等。

3.1.2　分离因子

分离过程是以气、液、固三态物料为对象，使被处理后的物料（组分）变得更纯净，却不产生任何新的物质的物理加工过程。任何一个特定的分离过程所达到的分离程度都可用产品组成之间的关系来表示，定义为通用分离因子：

$$\alpha_{ij}^{s} = \frac{x_{i1}/x_{j1}}{x_{i2}/x_{j2}} \tag{3.1}$$

组分 i 和 j 的通用分离因子 α_{ij}^{s} 为上述两个组分在产品 1 中的摩尔分数的比值除以在产品 2 中相应摩尔分数的比值。显然，x 的单位可以用组分的质量分数、摩尔流量或质量流量，其所得的分离因子值不变。如果原料是二元物系，若 $\alpha_{ij}^{s}=1$，则表示组分 i 和组分 j 得不到分离，说明原料完全未分离；如果原料是多组分物系（由三个以上组分组成的物系），其中两个组分 i、j 的分离因子是 1，不能肯定地说物系未分离，因为其他组成的分离因子可能不等于 1。分离因子是对某两个组分而言的。若 $\alpha_{ij}^{s}>1$，则表示组分 i 在产品 1 中浓缩的程度比组分 j 大，而组分 j 在产品 2 中的浓缩的程度比组分 i 大。反之，若 $\alpha_{ij}^{s}<1$，则组分 j 在产品 1 中优先浓缩，而组分 i 在产品 2 中优先浓缩。习惯上 i、j 的选择是使 $\alpha_{ij}^{s}>1$。α_{ij}^{s} 与 1 差别越大，说明两组分在两股产物中的浓度比相差越大，分离程度越高。分离因子反映了组成的差别及传递速率的不同，与分离设备的结构及流体流动的情况有关。为方便计算，将分离过程理想化，平衡分离过程仅讨论其两组分组成的平衡浓度，速率控制过程只讨论在场的作用下的物理传递机理，把那些较复杂的、不易定量的因素归之于效率，来说明实际过程与理想过程的偏差，于是得到了无上标的分离因子 α_{ij}。对精馏过程来说，理想分离因子就是相平衡常数之比，即相对挥发度，而总板效率是实际精馏设备分离结果与理想情况的偏差。

3.1.3　分离过程的选择

混合物的分离技术的选择应综合考虑混合物相态及其特性、分离的要求、分离设备的性能及分离操作的费用等方面的因素。特别是组合分离过程对提高分离效率，降低生产成本具有重大的意义。

1. 混合物的相态和性质

对于均相混合物，常采用扩散式分离方法或扩散式分离方法与机械分离方法组合来达到分离目的。根据不同组分的气化点、凝固点、溶解度或扩散速率等物理化学方面的特性差异，选用蒸发、蒸馏、干燥、结晶、萃取、气体扩散、热扩散、渗析、超滤或反渗透等。扩散式分离方法有时可以单独完成分离任务，如蒸发、干燥、渗析、渗透和超滤等。但有时扩散式分离只能完成相变，即将均相混合物转变为非均相混合物，而不能完全完成分离任务，如结晶、萃取等。这时，就需要用机械分离方法将不同的相分离，最后达到使产品分离的目的。某些扩散式分离过程，如蒸发、干燥等，通常还要用机械分离方法来处理原料或工艺中夹带的杂质所产生的混合物。

如果混合物是非均相的，应首先考虑采用机械分离的方法。在非均相混合物内，相的组成及其形态决定了相的流动性或截留性；相与相的密度、粒度等差异决定了混合物内潜在的沉降、离析性等。固液系统具有相的形态、密度、挥发性、凝结性、磁性或表面化学性等方面的差异，可用过滤、沉降、蒸发、结晶、磁分离或浮选等方法进行分离。液液系统可以用沉降、蒸发、结晶和萃取等方法分离。气液系统具有相的密度差，因此可用沉降法分离。此外，气液系统也可用闪蒸法来分离。固气混合物可用过滤或沉降法来分离。气体混合物通常根据气体组分在液体中不同的溶解度来分离，这就是所谓的吸收操作，也可用气体渗透法、吸附法，或改变相态后，再用相分离法。固固混合物可用的分离方法很有限，常通过加入流体（空气或水）作为介质以改善其流动性。这样，固体混合物除了可用筛分、磁分离等方法分离外，还可用过滤、沉降等方法分离或分级。固体混合物也可根据相的溶解性差异，用固液萃取法分离。

虽然根据混合物的相态可以选择不同的分离过程，但为了更加准确合适地确定分离过程和操作条件，还必须考虑混合物其他特性：混合物的颗粒凝聚或絮凝性、颗粒床的可压缩性、混合物固体颗粒的浓度、混合物的黏度以及混合物的粒度和两相的密度差等。

2. 分离过程的类别

传质分离过程一般可分为速率控制分离过程和平衡分离过程；而按添加剂来分，又可分为添加能量型分离过程和添加物质型分离过程。它们各有优缺点可酌情选用。由于分离因子不大而采用多级分离过程时，考虑到能量消耗的多少，应首先选择平衡分离过程，再选择速率控制过程。这是因为对于多级速率控制分离过程来说，添加剂将在每一级分别加入而消耗较大；而平衡分离过程却只要一次加入添加剂，例如，蒸馏中塔釜内的加热器可达到多级分离，这是将热量反复利用的缘故。但在平衡分离过程中又应首先选择能量添加型分离过程而次选择物质添加型分离过程。原因在于后者在分离过程中先要加入一溶剂，分离出溶质后又需将该溶剂分离出来（或再生）并循环使用，与能量添加型相比，耗能较大。因此在丙烷-丙烯-丙二烯系统中，往往首先选择蒸馏，萃取蒸馏次之，萃取再次之。当然，也有些过程只能采用多级分离过程。例如，色层分离采用很长的柱来分离混合物，费用也不大，所以特别适用于系统分离因子接近于1而又要求产品纯度十分高的色谱分析。

对于分离因子较大的系统，应尽量采用单级或级数不多的分离过程。此时可利用各种组分的分子在添加剂的影响下具有不同的迁移速率的这一特性，并避免在每一级都要加相同的能量或物质，优先采用速率控制分离过程。例如，海水淡化、食品（果汁、乳制品等）的浓缩等。

3. 物性与分子性质

对于大多数分离过程来说，分离因子对分离方法的选择可起指导作用，但起作用的根本原因还在于分子的特性。其中包括分子的体积、形状、偶极矩、极化强度、电荷和化学性质等。例如，一般认为蒸馏分离的难易为相对挥发度（蒸气压）的差别，但实质为分子间吸引力的强弱。表 3.1 为各种分子性质对分离因子的定性影响。从表 3.1 可以看出：萃取和吸收操作的宏观表现都是混合物中某一溶质在不互溶相中的溶解度大小，但根本原因是分子间的化学反应平衡或分子的偶极矩和极化强度的大小。结晶过程的宏观量为溶质在溶剂中的溶解度，而其本质在于各种分子聚集的能力，即取决于分子的形状、大小以及所带的电荷。

表 3.1　不同的分子性质对分离因子的影响

分离方法	纯物质的性质				物质添加剂的性质			
	相对分子质量	分子体积	分子形状	偶极矩和极化强度	电荷	化学平衡	分子形状和大小	偶极矩和极化强度
蒸馏	2	3	4	2	0	0	0	0
结晶	4	2	2	3	2	0	0	0
萃取与吸收	0	0	0	0	0	2	3	2
一般吸附	0	0	0	0	0	2	2	2
分子筛吸附	0	0	0	0	0	0	1	3
渗析	0	2	3	0	0	0	1	3
超过滤	0	0	4	0	0	0	0	0
超离心分离	1	0	0	0	0	0	0	0
气体扩散	1	0	0	0	0	0	0	0
电渗析	0	0	0	0	1	0	2	0
离子交换	0	0	0	0	0	1	2	0

注：0表示没有影响；1表示决定性影响；2表示主要影响；3表示次要影响；4表示影响很小。

表 3.1 所提供的影响因素的主次关系，可帮助我们正确选择分离方法。例如，丙烷-丙烯-丙二烯系统，它们的分子间最根本的区别在于它们的极性不同，一般由表 3.1

可选用蒸馏。但若其中极性较强的分子的浓度极低，则采用极性吸附剂进行固定床吸附最为合适。图 3.1 给出了一些新的分离方法及其所对应的微粒大小。

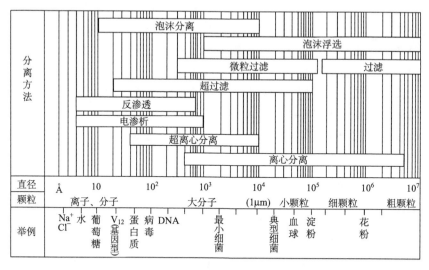

图 3.1　分离过程的应用范围

4. 分离操作的费用

产品的经济价值及生产规模也影响分离过程的选择。适用于产品价值高的分离过程不适宜于低经济价值产品。产品的价值越低，就应选择能耗低、分离剂价格低的分离过程。对难以分离的贵重物质应考虑采用新型的、特殊的分离手段。生产规模也是影响选择分离过程的因素，产品价值低的生产过程多为大规模，因此必须选择耗资低的分离方法。蒸馏、萃取、吸收等较易实行大规模生产。色谱分离最适用于多级分离，在一个分离装置中能提供很多的分离级，因此适用于纯度要求高、需要很多级的分离，但只适合于小规模分离。

价格有时也会影响到对分离方法的取舍。一个分离方法尽管可行，但其分离所得产品成本过高，就很难推广应用。因此，往往要求所选用的方法能耗低、物耗低以保证产品的价格具有竞争能力。大规模生产的产品（分离过程）通常具有上述特点。如果一种分离过程不能高效、经济地完成分离操作，可以采用组合的分离过程，即将几种分离过程有机地组合起来，组成一个最佳的分离过程，既能达到分离的质量要求，又能使费用降低到最低程度。

5. 产品热敏性及污染

有时产品对工艺技术的一些特殊要求也和选择分离方法有关。许多情况下，物料或产品受热后易分解、变质，如生化制品、药品、食物、饮料等常会因受热而变质或失去营养成分，这时可以设法在低压或物流停留时间较短的条件下操作。萃取、吸收、结晶等过程不需要加入热量分离剂，适宜于处理热敏性物料及产品的分离；蒸馏、蒸发等涉及加热气化，则可考虑在真空条件下操作。在生物分离过程中加入物质分离剂可能污染物料或产品，可考虑沉降法或固体吸附等适宜的分离方法。

6. 分离过程的绿色化

分离过程一方面由于过程排放废物，消耗能量而对环境产生污染，甚至产生破坏性的影响；另一方面分离过程又是许多污染控制的手段，有必要在过程设计中考虑分离过程对环境、人体健康可能产生的影响。考虑分离过程绿色化的途径有两种。首先是对传统分离工程进行改进、优化，使过程对环境的影响最小，即对传统分离过程（如蒸馏、干燥、蒸发等）利用系统工程的方法，充分考虑过程对环境的影响，以环境影响最小（或无影响）为目标，进行过程集成。其次是开发及使用新型的分离技术，如膜分离技术，这是一种节能、高效、无二次污染的分离技术，在食品加工、医药、生物化工等领域有其独特的适用性。高效导向筛板、新型高效填料、超临界流体萃取等现代分离技术在化工生产中的实际应用，可大大减少副反应的发生和化学废料的产生，实现分离过程的绿色化，既降低了化工生产的原料消耗，又提高了企业的经济效益。反应-分离耦合技术可以利用反应促进分离或利用分离促进反应，不但可以提高过程产率，还可简化生产工艺过程，节约投资和操作费用。

3.2　气液传质设备

蒸馏和吸收是两种典型的传质操作过程，均属于气液间的相际传质过程。气液传质设备的形式多样，其中塔设备是一类重要的传质设备，它可使气液或液液两相密切接触，通过相际传质、传热，达到分离的目的。塔设备按操作压力分为加压塔、常压塔和减压塔；按功能可分为精馏塔、吸收塔、解吸塔、萃取塔和干燥塔等。最常用的分类是按塔内件的结构，分为板式塔和填料塔。

板式塔内设置一定数量的塔板，气体自下而上通过塔板上的小孔，以鼓泡或喷射的形式与板上的液体进行传质和传热，液体则逐板向下流动。由于板式塔中的气液接触是逐级接触的过程，因此塔内气液相的组成呈阶梯式变化。

填料塔内堆置一定数量的填料，形成一定高度的填料层。液体自上而下沿填料表面向下流动，气体逆流向上（也有并流向下）流动，气液两相在填料表面密切接触，实现传质与传热。与板式塔不同，填料塔内的气液接触是连续接触过程，因此，气液相的组成变化呈连续变化。

3.2.1　板式塔的结构和塔板类型

板式塔已有 100 多年的历史。长期以来，人们围绕高效率、大通量、宽弹性、低压降的宗旨，开发了不少于 80 种的各种类型板式塔，主要集中在对气液接触原件和降液管的结构改进以及对塔内空间的利用等方面。

板式塔的外形是圆筒形的壳体，塔内按一定间距水平安置一定数量的塔板，塔板上的主要部件有降液管、出口（溢流）堰、鼓泡构件（筛孔、浮阀、泡帽等）等。板式塔的典型结构如图 3.2 所示。

　　按照塔板上气、液两相的相对流动状态，可将塔板分为溢流式塔板与穿流式塔板两类，如图 3.3 所示。目前多采用溢流式塔板，故本节只讨论此类塔板。

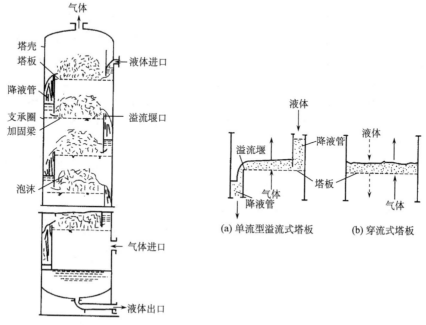

图 3.2　板式塔的典型结构　　　　　　　　　　图 3.3　溢流式与穿流式塔板

　　在溢流式塔板上，气液两相呈错流方式接触，板上降液管的设置方式及堰高可以控制板上液体流径与液层厚度，故这种塔板效率较高，且具有较大的操作弹性，使用较为广泛。在无降液管式塔板上，气液两相呈逆流方式接触，这种塔板的板面利用率高，生产能力大，结构简单，但它的效率较低，操作弹性小，工业应用较少。

1. 泡罩塔板

　　从 1813 年 Cellier 首次提出泡罩塔，到现在经过近 200 年的不断改进和创新，泡罩塔在板式塔发展史上起了重要作用，其典型结构如图 3.4 所示。泡罩塔板上的主要元件为泡罩，分圆形和条形两种，其中圆形泡罩使用较广。泡罩尺寸一般为 Φ80mm、Φ100mm 和 Φ120mm 三种。泡罩直径可根据塔径大小选择，泡罩的底部开有齿缝，泡罩安装在升气管上，从下一块塔板上升的气体由升气管从齿缝中吹出。升气管的顶部应高于泡罩齿缝的上沿，以防止液体从中漏下。由于有了升气管，泡罩塔即使在很低的气速下操作，也不致产生严重的漏液现象，因此这种塔板操作稳定，弹性大，板效率也比较高，在过去很长一段时期内被广泛采用，国内已有部颁标准和完整的设计方法。这种塔板的最大缺点是结构复杂，板压降大，雾沫夹带大，生产强度低，造价高，目前使用较少。

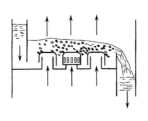 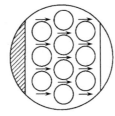 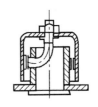

| (a) 泡罩塔板操作 | (b) 泡罩塔板平面图 | (c) 圆形泡罩 |

图 3.4 泡罩塔

2. 筛板塔

筛板早在 1832 年就已问世，其结构如图 3.5 所示。塔板上开有许多均匀的小孔，孔径一般为 3～8mm，筛孔直径大于 10mm 的筛板称为大孔径筛板。筛孔在塔板上做正三角形排列。塔板上设置溢流堰，使板上能保持一定厚度的液层。操作时，气体经筛孔分散成小股气流，鼓泡通过液层，气液间密切接触而进行传热和传质，在正常的操作条件下，通过筛孔上升的气流，应能阻止液体经筛孔向下泄漏。

筛板的优点是结构简单，造价低；板上液面落差小，气体压降低，生产能力较大；气体分散均匀，传质效率较高。其缺点是筛孔易堵塞，操作范围较狭窄，不宜处理易结焦、黏度大的物料。但目前的研究已经表明，造成筛板塔操作范围狭窄的原因是设计不良（主要是设计点偏低、容易漏液），而设计良好的筛板塔是具有足够宽的操作范围的。至

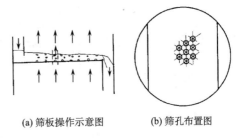

| (a) 筛板操作示意图 | (b) 筛孔布置图 |

图 3.5 筛板

于筛孔容易堵塞的问题，可采用大孔径筛板予以解决。近年来，由于设计和控制水平的不断提高，可使筛板的操作非常精确，故应用日趋广泛。

3. 浮阀塔

浮阀塔板是在第二次世界大战后开始研究的，自 20 世纪 50 年代起使用的一种新型塔板。20 世纪 60 年代初国内也进行了许多试验研究工作，并取得了成果。浮阀塔是在泡罩塔和筛板塔基础上开发的一种新型塔板。它取消了泡罩塔上的升气管与泡罩，改在板上开孔，孔的上方安置可以上下浮动的阀片。浮阀的形式有多种，有圆形的和长方形的，图 3.6 中为几种常用浮阀的结构示意图，其中 F-1 型浮阀是目前用得最普遍的一种，这种浮阀的结构尺寸已定型，阀孔直径 39mm，阀片有三条腿，插入阀孔后将各底脚转 90°，形成限制阀片上升高度和防止被气体吹走的凸肩。阀片可随上升气量的变化而自动调节开度。浮阀一般按正三角形排列，也可按等腰三角形排列。浮阀塔板的开孔率为 5%～12%。

当操作气量大时，阀片上升，开度增大。这样可使塔板上开孔部分的气速不至于随

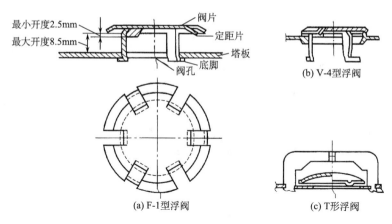

图 3.6　几种浮阀型式

气体负荷变化而大幅度地变化，同时气体从阀片下水平吹出，加强了气、液接触。由于浮阀具有生产能力大、操作弹性大及塔板效率高等优点，且加工方便，故有关浮阀塔板的研究开发远较其他形式的塔板广泛，是目前新型塔板研究开发的主要方向。浮阀塔板的缺点是处理易结焦、高黏度的物料时，阀片易与塔板黏结；在操作过程中有时会发生阀片脱落或卡死等现象，使塔板效率和操作弹性下降。近年来研究开发出的新型浮阀有船形浮阀、导向浮阀、梯形浮阀、条形浮阀、V-V 浮阀等，其共同的特点是加强了流体的导向作用和气体的分散作用，使气液两相的流动更趋于合理，操作弹性和塔板效率得到进一步的提高。

　　4. 喷射型塔板

　　上述几种塔板，气体是以鼓泡或泡沫状态和液体接触，当气体垂直向上穿过液层时，使分散形成的液滴或泡沫具有一定向上的初速度。若气速过高，会造成较为严重的液沫夹带现象，使得塔板效率下降，因而这些塔板的生产能力受到一定的限制。近年来研究开发出了喷射型塔板。在喷射型塔板上，气体沿水平方向喷出，不通过较厚的液层而鼓泡，因而塔板压降降低，液沫夹带量减少，可采用较大的操作气速，提高了生产能力。

　　1）舌形塔

　　舌形塔是 20 世纪 60 年代初提出的一种喷射型塔板，其结构如图 3.7 所示。舌形塔板的基本结构部件是上冲制出的舌孔和舌片，舌片向塔板的溢流出口侧张开，向上张角 φ 为 18°、20°、25°三种，常用的为 20°。舌片尺寸有 50mm×50mm 和 25mm×25mm 两种，一般推荐使用 25mm×25mm 的舌片。图 3.7 中示出舌形孔的典型尺寸，即 $\varphi=20°$，$R=25mm$，$A=25mm$。舌片按正三角形排列，板上不设溢流堰，只保留降液管。操作时，上升的气流沿舌片喷出，气流与液流方向一致。在液体出口侧，被喷射的流体冲至降液管。舌形塔板上气、液并流。塔板上的液面落差较小、液层较低，塔板压降小，处理能力大。舌形塔板的缺点是操作弹性小，板效率较低，因而使用上受到限制。

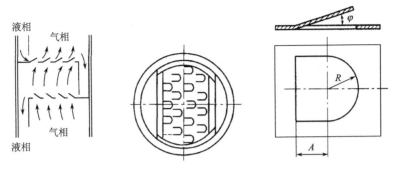

图 3.7　舌形塔板示意图

2）浮舌塔板

浮舌塔板为结合浮阀塔板和舌形塔板的长处发展出来的新型塔板。浮舌塔板兼有浮阀塔板的操作弹性大及固定舌形塔板处理能力大的优点。浮舌塔板是将固定舌形板的舌片改成浮动舌片而成，与浮阀塔类似，随气体负荷改变，浮舌可以开关，调节气流通道面积，从而保证适宜的缝隙气速，强化气液传质，减少或消除了漏液。当浮舌开启后，又与舌形塔板相同，气液并流，利用气相的喷射作用将液相分散进行传质。浮舌塔板结构如图 3.8 所示。浮舌塔板具有处理能力大、压降低、操作弹性大等优点，特别适宜于热敏性物系的减压分离过程。

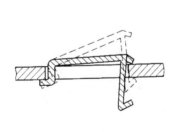

图 3.8　浮舌塔板示意图

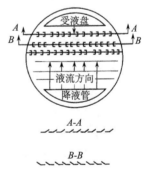

图 3.9　斜孔塔板示意图

3）斜孔塔板

筛板塔板上气流是垂直向上穿过板上液层，浮阀塔板上气流沿阀片周边水平吹出，气流会相互冲击，均容易造成较大的液沫夹带，影响传质效果。在舌形塔板上虽然气、液并流，而且气流水平喷出，减轻液沫夹带量，但气流向一个方向喷出，液体被不断加速，往往不能保证气、液的良好接触，使传质效率下降。斜孔塔板是另一种喷射型塔板，克服了上述的缺点，其结构见图 3.9。与舌形塔板一样，斜孔是在塔板上冲压出来的，孔口与板面成一定角度。但与舌形塔板不同的是，为了避免从斜孔喷出的气流互相干扰，塔板上的斜孔整齐地排成多排。斜孔的开口方向与液流方向垂直，同一排孔的孔口方向一致，相邻两排开孔方向相反，使相邻两排孔的气体反方向喷出，这样，气流不会对喷又能互相牵制，既可得到水平方向较大的气速，又阻止了液沫夹带，使板面上液层低而均匀，气、液接触良好，传质效率高，提高了生产能力。

4）新型垂直筛板

新型垂直筛板为性能优良的并流喷射塔板，由日本三井造船公司在1963～1968年开发成功。新型垂直筛板的结构有多种形式，它在塔板上开有大孔（有圆形、方形、矩形孔等），孔上相应布置有各种形式的帽罩（如圆形、方形、矩形、梯形），并设有降液管。降液管的设置与普通塔板基本一样。它的特点主要体现在帽罩的构造上，其中最普通也是最典型的为圆形帽罩（称为标准帽罩，由罩体、盖板组成），其材料可用碳钢、低合金钢或陶瓷。

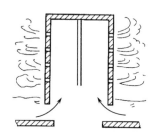

图 3.10 的新型垂直筛板由直径为 100～200mm 的大筛孔和侧壁开有许多小筛孔的圆形泡罩组成。塔板上液体被大筛孔上升的气体拉成膜状沿泡罩内壁向上流动，并与气体一起由筛孔水平喷出。这种喷射型塔板要求有一定的液层高度，以维持泡罩底部的液封，故必须设置溢流堰。垂直筛板集中了泡罩塔板、筛孔塔板及喷射型塔板的特点，具有液沫夹带量小、生产能力大、传质效率高等优

图 3.10　新型垂直筛板示意图

点，其综合性能优于斜孔塔板。

近年来，一些新型塔板应运而生，如立体传质塔板、喷射并流塔板、多溢流复合斜孔塔板、十字旋阀塔板以及微分浮阀塔板等，这些塔板的详细介绍可参考有关文献和书籍。

3.2.2　塔板的性能评价和比较

对各式塔板进行比较，作出正确的评价，对于了解每种塔板的特点，合理选择板型，有重要的指导意义。对各种塔板性能进行比较是一个相当复杂的问题，因为塔板的性能不仅与塔形有关，还与塔板的结构尺寸、处理物系的性质及操作状况等因素有关。塔板的性能评价指标有以下几个方面：

（1）生产能力大，即单位塔截面上气体和液体的通量大。

（2）塔板效率高，即完成一定的分离任务所需的板数少。

（3）压降低，即气体通过单板的压降低，能耗低。对于精馏系统则可降低釜温，这对于热敏性物料的分离尤其重要。

（4）操作弹性大，当操作的气液负荷波动时仍能维持板效率的基本稳定。

（5）结构简单，制造维修方便，造价低廉。

对于现有的任何一种塔板，都不可能完全满足上述的所有要求，它们大多各具特色，而且各种生产过程对塔板的要求也有所侧重。例如，减压精馏塔对塔板的压力降要求较高，其他方面相对来说可降低要求。上述塔板性能评价指标是塔板研究开发的方向，正是人们对于高效率、大通量、高操作弹性和低压力降的追求，推动着塔板新结构形式的不断出现和发展。

基于上述评价指标，对工业上常用的几种塔板的性能进行比较，比较效果列于表3.2。图 3.11 为几种板式塔的压力降比较。

表 3.2　常见塔板的性能比较

塔板类型	相对生产能力	相对塔板效率	操作弹性	压力降	结构	成本
泡罩塔板	1.0	1.0	中	高	复杂	1.0
筛板	1.2~1.4	1.1	低	低	简单	0.4~0.5
浮阀塔板	1.2~1.3	1.1~1.2	大	中	一般	0.7~0.8
舌形塔板	1.3~1.5	1.1	小	低	简单	0.5~0.6
斜孔塔板	1.5~1.8	1.1	中	低	简单	0.5~0.6

　　从表 3.2 和图 3.11 可以看出，浮阀塔在相对生产能力、操作弹性、效率方面与泡罩塔相比都具有明显的优势，因而目前获得了广泛的应用。筛板塔的压降小，造价低，生产能力大，除操作弹性较小外，其余均接近于浮阀塔，故应用也较广。

3.2.3　填料塔的结构与特点

　　填料塔为连续接触式的气、液传质设备，于 19 世纪中期已应用于工业生产，此后，它与板式塔竞相发展，构成了两类不同的气液传质设备。它的结构比板式塔简单，如图 3.12 所示。

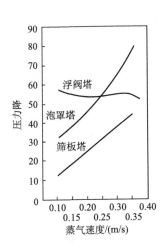

图 3.11　板式塔压力降比较

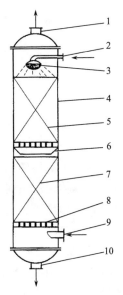

图 3.12　填料塔结构简图

1. 气体出口；2. 液体入口；3. 液体分布装置；4. 塔壳；5. 填料；6. 液体再分布器；7. 填料；8. 支承栅板；9. 气体入口；10. 液体出口

　　在直立式圆筒形的塔体下部，内置一层支承板，支承板上乱堆或整齐放置一定高度的填料。液体由塔体上部的入口管进入，经分布喷淋至填料上，从上而下沿填料的空隙中流过，并润湿填料表面，形成流动的液膜。气体在支承板下方入口进入塔内，在压强差的推动下，自下而上通过填料间空隙，填料层内气、液两相呈逆流流动，传质通常是在填料表面的液体与气相间的界面上进行，两相的组成沿塔高连续变化。传质后，液体由塔底部的排出管流出，气体由塔顶部排出。液体在填料层中倾向于塔壁的流动，故填料层较高时，常将其分段，段与段之间设置液体再分布器，使流到壁面的液体集于液体再分器做重新分布。

与板式塔相比，填料塔具有生产能力大，分离效率高，压力降小，持液量小，操作弹性大的特点。对于直径较小的塔，处理有腐蚀性的物料或要求压降较小的真空蒸馏系统，填料塔都具有明显优势。填料塔也有一些不足之处，如填料造价高；当液体负荷较小时不能有效地润湿填料表面，使传质效率降低；不能直接用于有悬浮物或容易聚合的物料；对侧线进料和出料等复杂精馏不太适合等。因此，在选择塔的类型时，应根据分离物系的具体情况和操作所追求的目标综合考虑上述各因素。

3.2.4　填料的类型与几何特性

填料的种类很多，常见的分类有两种。根据堆放方式的不同，分为乱堆填料和整砌填料。乱堆填料就是将填料无规则地堆放在塔内，而整砌填料则是将填料规整地砌堆于塔内。根据形体特点，填料分为实体填料和网体填料。实体填料由陶瓷、金属或塑料制成，网体填料由金属丝制成。

1. 乱堆填料

1）拉西环填料

拉西（Rasching）环填料于 1914 年由拉西发明，是使用最早的一种填料，为外径与高度相等的圆环，如图 3.13（a）所示，最早采用陶瓷，现也使用金属和其他非金属材料制成。由于拉西环在装填时容易产生架桥、空穴等现象，圆环的内部液体不易流入，所以极易产生液体的偏流、沟流和壁流，气液分布较差，传质效率低。又由于填料层持液量大，气体通过填料层折返的路径长，所以气体通过填料层的阻力大，通量小。因为这种填料结构简单、价格较低，曾在很长一段时间内应用广泛，现已逐渐被其他新型填料所取代。

2）鲍尔环填料

鲍尔（Pall）环由德国 BASF 公司在 19 世纪 40 年代开发而成，是在拉西环填料的基础上改进而得的。鲍尔环是在拉西环的侧壁上开出两排长方形的窗孔，被切开的环壁的一侧仍与壁面相连，另一侧向环内弯曲，形成内伸的舌叶，各舌叶的侧边在环中心相搭，如图 3.13（b）所示。鲍尔环填料的比表面积和空隙率与拉西环基本相当，但由于环壁开孔，大大提高了环内空间及环内表面的利用率，气体流动阻力降低，液体分布比较均匀。在相同的压降下，鲍尔环的气体通量较拉西环增大 50% 以上；在相同气速下，鲍尔环填料的压强降仅为拉西环的一半。鲍尔环填料以其优良的性能得到了广泛的应用。鲍尔环可用陶瓷、金属、塑料等制造，其中金属和塑料制的鲍尔环在工业上被广泛采用。

3）阶梯环填料

阶梯环填料是在鲍尔环基础上加以改造而得出的一种高性能的填料，由美国传质公司在 20 世纪 70 年代所开发，如图 3.13（c）所示。阶梯环与鲍尔环相似之处是环壁上也开有窗孔，但其高度减少了一半。由于高径比减少，使得气体绕填料外壁的平均路径大为缩短，减少了气体通过填料层的阻力。阶梯环填料的一端增加了一个锥形翻边，其高度约为总高的 1/5，不仅增加了填料的机械强度，而且使填料之间由线接触为主变成以点接触为主。这样不但增加了填料间的空隙，同时成为液体沿填料表面流动的汇集分散点，可以促进液膜的表面更新，有利于传质效率的提高。与鲍尔环相比，阶梯环传质效率可提高 10%～20%，压降则减少 30%，成为目前所使用的环形填料中最为优良的一种。

4）弧鞍填料

弧鞍填料属鞍形填料的一种，其形状如同马鞍，一般采用瓷质材料制成，如图 3.13（d）所示。弧鞍填料的特点是表面全部敞开，不分内外，液体在表面两侧均匀流动，表面利用率高，流道呈弧形，流动阻力小。其缺点是局部易发生重叠或架空现象，致使一部分填料表面被重合，不能被液体润湿，使传质效率降低。弧鞍填料强度较差，容易破碎，工业生产中应用不多。

5）矩鞍填料

为克服弧鞍填料容易套叠的缺点，将弧鞍填料两端的弧形面改为矩形面，且两面大小不等，即成为矩鞍填料，如图 3.13（e）所示。矩鞍填料堆积时不会相互叠合，液体分布较均匀。矩鞍填料一般采用瓷质材料制成，其性能优于拉西环而稍逊于鲍尔环。目前国内绝大多数应用瓷拉西环的场合均已被瓷矩鞍填料所取代。

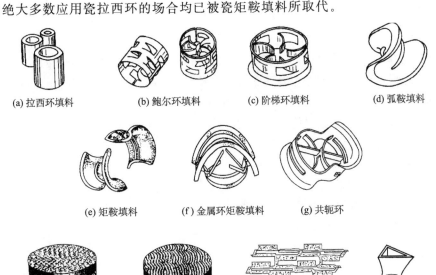

(a) 拉西环填料　　　　(b) 鲍尔环填料　　　　(c) 阶梯环填料　　　　(d) 弧鞍填料

(e) 矩鞍填料　　　　(f) 金属环矩鞍填料　　　　(g) 共轭环

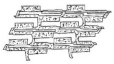

(h) 金属板波纹填料　　(i) 金属网波纹填料　　(j) 格里奇栅格填料　　(k) 脉冲填料

图 3.13　几种填料的形状

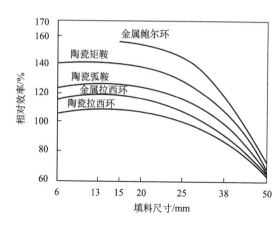

图 3.14　几种乱堆填料的相对效率

以上几种乱堆填料的相对效率如图 3.14 所示。

图 3.14 中纵坐标的相对效率是填料的实际分离效率与 25.4mm 陶瓷拉西环的分离效率之比。由图 3.14 可见，鲍尔环与矩鞍形填料的分离效率均高于拉西环。还可看出，当填料的名义尺寸小于 20mm 时，各种填料本身的分离效率都差不多，而当填料尺寸大于 25mm 时，各种填料的分离效率都明显下降。因此，25mm 的填料可以认为是工业填料塔中选用的合适填料。

6）金属环矩鞍填料

将环形填料和鞍形填料两者的优点集中于一体，而设计出的一种兼有环形和鞍形结构特点的新型填料称为环矩鞍填料（国外称为 Intalox），该填料一般以金属材料制成，故又称为金属环矩鞍填料，如图 3.13（f）所示。这种填料既有类似开孔环形填料的圆孔、开孔和内伸的舌叶，也有类似矩鞍形填料的侧面。敞开的侧壁有利于气体和液体通过，减少了填料层内滞液死区。填料层内流通孔道增多，使气液分布更加均匀，传质效率得以提高。金属环矩鞍的综合性能优于鲍尔环和阶梯环。因其结构特点，可采用极薄的金属板轧制，仍能保持良好的机械强度，故该填料是散装填料中应用较多、性能优良的一种填料。

7）共轭环

共轭环是华南理工大学自行研制开发的一种散堆填料，如图 3.13（g）所示。它糅合了鞍形、环形填料的优点，结构更加对称紧凑。它相当于将阶梯环沿轴向对半剖开，然后将其中的一半倒转 180°连接而成，每个半圆形构件中间又有一个半环形肋片，除起加强筋的作用外，还可增加传质表面积和防止填料相互重叠。共轭环的最大特点是其结构的对称性，在塔中、填料间或填料与塔壁间均为点接触，不会发生重叠套合现象而造成孔隙分布不均。共轭环散堆时会取定向排列，故又带有规整填料的一些特点，有较好的流体力学和传质性能。

此外，在相同传质单元高度及塔径下，制造共轭环填料所需金属和塑料用量比目前工业上使用的各种国产散堆填料的用量少。

2. 规整填料

规整填料是一种在塔内按均匀几何图形排列、整齐堆砌的填料。该填料的特点是规定了气液流径，改善了填料层内气液分布状况，在很低的压降下可以提供更多的比表面积，使得处理能力和传质性能均得到较大程度的提高。

规整填料种类很多，根据其几何结构可以分为波纹填料、栅格填料、脉冲填料等，下面介绍几种较为典型的规整填料。

1）金属板波纹填料

金属板波纹填料 [图 3.13（h）] 是由若干波纹薄板组成的圆盘状填料，其直径略小于塔壳内径，波纹与水平方向成 45°倾角，相邻二板反向靠叠，使波纹倾斜方向互相垂直。圆盘的高度为 40~60mm，各盘垂直叠放于塔内，相邻的上下两盘之间，波纹半片排列方向互成 90°。由于结构紧凑，具有很大的比表面积，且相邻两盘间板片相互垂直，流动阻力减小，从而可以提高空塔气速。波纹填料的缺点是不适于处理黏度大、易聚合或有悬浮物的原料。此外，填料的装卸、清理较困难，造价高。

2）金属网波纹填料

金属网波纹填料是由金属网波纹片排列组成的波纹填料 [图 3.13（i）]，因丝网细密，故网波纹填料的空隙率很高，比表面积很大（可达 $700m^2/m^3$），表面利用率很高，每米填料相当于 10 块理论板，且压降小（每层理论板压降仅为 40~70Pa）。丝网独具的毛细作用，使表面具有很好的润湿性能，故分离效率很高。网波纹填料是一种高效整规填料，特别适用于精密精馏及真空精馏装置，对难分离物系、热敏性物系及高纯度产品的精馏提供了有效的分离手段。尽管造价昂贵，但优良的性能使网波纹填料在工业上的应用日趋广泛。

3）栅格填料

栅格填料的几何机构主要由以条状单元机构为主、以大峰高板波纹单元为主或斜板状单元为主进行单元规则组合而成，因此结构变化颇多，但其基本用途相近。其中，美国格里奇（Koch-Glitsch）公司于 20 世纪 60 年代首先开发成功的格里奇栅格填料 [图 3.13（j）] 最具有代表性。我国 20 世纪 90 年代研制的蜂窝状栅格填料也可达到同样的分离效果。栅格填料的比表面积较低，因此主要用于大负荷、防堵及要求低压降的场合。

4）脉冲填料

脉冲填料是 1976 年由德国开发成功的一种由带缩颈的中空棱柱形单体，按一定方式拼装而成的规整填料，如图 3.13（k）所示。脉冲填料组装后，会形成带缩颈的多孔棱形通道，其纵面流道交替收缩和扩大，气液两相通过时产生强烈的湍动。在缩颈段，气速最高，湍动剧烈，从而强化传质。在扩大段，气速减到最小，实现两相的分离。流道收缩、扩大的交替重复，实现了"脉冲"传质过程。脉冲填料的特点是处理量大、压力降小，是真空精馏的理想填料。因其优良的液体分布性能使放大效应减少，故特别适用于大塔径的场合。

3. 填料的几何特性

填料性能的优劣通常根据效率、通量及压降三要素衡量。在相同的操作条件下，填料的比表面积越大，气液分布越均匀，表面的润湿性能越优良，则传质效率越高；填料的空隙率越大，结构越开敞，则通量越大，压降也越低。填料的几何特性是评价填料性能的基本参数，主要包括比表面积、空隙率、填料因子等。

（1）比表面积 a 是指单位体积的填料层所具有的填料表面积，单位为 m^2/m^3，在填料塔中液体沿表面流动与气体接触,被液体润湿的填料表面就是气、液两相的接触面。因此,比表面积是评价填料性能优劣的一个重要指标。

(2) 空隙率 ε 是指单位体积填料层所具有的空隙体积,单位为 m^3/m^3。填料的空隙率越大,气体通过的能力越大且压降越低。因此,空隙率是评价填料优劣的又一个重要指标。

(3) 填料因子 a/ε^3。填料的比表面积与空隙率三次方的比值称为填料因子,以 Φ 表示,其单位为 $1/m$。填料因子有干填料因子与湿填料因子之分,填料未被液体润湿时的 a/ε^3 称为干填料因子,它反映填料的几何特性;填料被液体润湿时,填料表面覆盖了一层液膜,此时的 a/ε^3 称为湿填料因子,它表示填料的流体力学性能,Φ 值越小,表明流动阻力越小。

3.3　分离过程的节能

混合物(原料)的分离过程是在内因和外因共同作用下发生的,内因是混合物分离的内在推动力,外因是相应形式分离剂(质量或能量)的加入,而需要以热和(或)功的形式加入能量,其能耗费用总是大于设备折旧费用。随着世界能源日趋紧张,化工节能问题日趋重要。因此,分离过程的节能研究有着重要意义。

过程优化的目标在很大程度上是使过程的物耗、能耗最小。在目前世界上能源日趋紧张的情况下,研究分离过程影响能耗的因素,讨论降低能耗的因素,对化工单元操作的实现以及企业的经济利益有着至关重要的影响。

3.3.1　分离过程节能的基本概念

纯组分的混合是一个熵增的自发过程,而分离是混合的逆过程,必须消耗功或热才能把各组分分离出来。把一个混合物分离可假想用一个可逆的过程去执行,所需的功就是分离所需的最小功,根据热力学第二定律,这个最小功与所采取的过程无关,只与被分离混合物和产物的状态有关,但实际上化工分离过程所需的分离功的差别很大。在大多数情况下,实际分离过程所需能量是最小功的若干倍,最小功的大小标志着物质分离的难易程度,为了使实际的分离过程更为经济,要设法使能耗尽量接近最小功,同时能耗的大小也是评价分离过程优劣的一个重要指标。

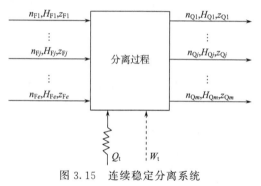

图 3.15　连续稳定分离系统

1. 有效能(熵)衡算

考察图 3.15 所示的连续稳定分离过程,此系统中有 e 股单相物流流入系统,设第 j 个进料物流的物质的量为 n_{Fj},摩尔组成为 z_{Fj},摩尔焓为 H_{Fj},在无化学反应的情况下,分成 m 股单相物流产品,设第 j 个出料物流的物质的量为 n_{Qj},摩尔组成为 z_{Qj},摩尔焓为 H_{Qj}。与外界发

生热量 Q_t 和功 W_t 的交换（规定从环境向系统传入热量和做功为正）。若忽略过程引起的动能、势能、表面能等的变化，由热力学第一定律可得

$$\sum_{j=1}^{e} n_{Fj} H_{Fj} + Q_t + W_t = \sum_{j=1}^{m} n_{Qj} H_{Qj} \tag{3.2}$$

由热力学第二定律可得

$$\sum_{j=1}^{m} n_{Qj} S_{Qj} \geqslant \sum_{j=1}^{e} n_{Fj} S_{Fj} + \frac{Q_t}{T} \tag{3.3}$$

式中，S 为物流的摩尔熵。

假设分离过程等温进行，温度为 T_0，式（3.3）中等号仅适用于可逆分离过程。如以 σ 表示系统的熵产生（可逆过程 $\sigma=0$），式（3.3）改写为

$$\sum_{j=1}^{e} n_{Fj} S_{Fj} - \sum_{j=1}^{m} n_{Qj} S_{Qj} + \frac{Q_t}{T} + \sigma = 0 \tag{3.4}$$

将式（3.4）各项乘以环境温度 T_0，并与式（3.2）相减后整理得

$$\sum_{j=1}^{e} n_{Fj}(H_{Fj} - T_0 S_{Fj}) - \sum_{j=1}^{m} n_{Qj}(H_{Qj} - T_0 S_{Qj}) + Q_t\left(1 - \frac{T_0}{T}\right) + W_t = T_0\sigma \tag{3.5}$$

已知温度为 T 的热能 Q_t 的有效能为

$$B_Q = \left(1 - \frac{T_0}{T}\right) Q_t \tag{3.6}$$

不计动能和势能时物流的物理有效能为

$$B_{ph} = (H - H_0) - T_0(S - S_0) \tag{3.7}$$

不可逆过程的有效能损耗为

$$D = T_0\sigma \tag{3.8}$$

因此，连续稳定分离过程的有效能衡算式为

$$\sum_{j=1}^{e} n_{Fj} B_{Fj} - \sum_{j=1}^{m} n_{Qj} B_{Qj} + B_Q + W_t = D \tag{3.9}$$

式（3.9）可以推广应用到不发生化学反应的任何定态过程。

2. 分离最小功

分离最小功是分离过程必须消耗的功的下限，只有当分离过程完全可逆时，分离消耗的功才是分离最小功。因为过程可逆，有效能损耗 $D=0$，根据有效能衡算式（3.9）得

$$W_{min} = W_t + B_Q = \sum_{j=1}^{m} n_{Qj} B_{Qj} - \sum_{j=1}^{e} n_{Fj} B_{Fj} \tag{3.10}$$

分离最小功可以是外界提供的功或热能，它等于产物流的有效能与原料有效能之差。

代入物流的有效能定义式（3.7）得

$$W_{min} = \sum_{j=1}^{m} n_{Qj}(H_{Qj} - T_0 S_{Qj}) - \sum_{j=1}^{e} n_{Fj}(H_{Fj} - T_0 S_{Fj}) \tag{3.11}$$

热力学定义的吉布斯自由焓 $G=H-TS$。当 $T=T_0$ 时，式（3.11）变为

$$W_{\min} = \sum_{j=1}^{m} n_{Qj}G_{Qj} - \sum_{j=1}^{e} n_{Fj}G_{Fj} \qquad (3.12)$$

1mol 混合物的吉布斯自由焓是各组分化学势（偏摩尔自由焓）与摩尔分数乘积之和，即

$$G = \sum_{i=1}^{c} z_i \overline{G}_i = \sum_{i=1}^{c} z_i \mu_i \qquad (3.13)$$

式中，c 为进料中的组分数。

在温度 T_0 时，化学势 μ_i 为

$$\mu_i = \mu_i^0 + RT_0 (\ln \hat{f}_i - \ln f_i^0) \qquad (3.14)$$

式中，μ_i^0 和 f_i^0 分别为纯 i 组分在系统压力 p 和温度 T_0 下的标准态化学势和逸度。如果进料和产品都处于同一压力 p 下，对同一组分 i 的 μ_i^0 和 f_i^0 是唯一的。将式（3.13）、式（3.14）和式（3.12）结合整理得

$$W_{\min} = RT_0 \Big[\sum_{j=1}^{m} n_{Qj} \big(\sum_{i=1}^{c} z_{Qi} \ln \hat{f}_{Qi} \big) - \sum_{j=1}^{e} n_{Fj} \big(\sum_{i=1}^{c} z_{Fi} \ln \hat{f}_{Fi} \big) \Big] \qquad (3.15)$$

式中，R 为摩尔气体常量。当物流是理想气体混合物时

$$\hat{f}_i = pz_i$$

以 p_i^s 表示 i 组分的饱和蒸气压，则当物流是理想溶液时

$$\hat{f}_i = p_i^s z_i$$

代入式（3.15）得

$$W_{\min} = RT_0 \Big[\sum_{j=1}^{m} n_{Qj} \big(\sum_{i=1}^{c} z_{Qi} \ln z_{Qi} \big) - \sum_{j=1}^{e} n_{Fj} \big(\sum_{i=1}^{c} z_{Fi} \ln z_{Fi} \big) \Big] \qquad (3.16)$$

将 1mol 组成为 z_{Fi} 的物料分离成纯组分产品时，所需的分离最小功为

$$W_{\min} = -RT_0 \sum_{i=1}^{c} (z_{Fi} \ln z_{Fi}) \qquad (3.17)$$

当分离实际溶液时

$$\hat{f}_i = r_i z_i f_i^0$$

于是

$$W_{\min} = RT_0 \Big\{ \sum_{j=1}^{m} n_{Qj} \Big[\sum_{i=1}^{c} z_{Qi} (\ln r_{Qi} z_{Qi}) \Big] - \sum_{j=1}^{e} n_{Fj} \Big[\sum_{i=1}^{c} z_{Fi} (\ln r_{Fi} z_{Fi}) \Big] \Big\} \qquad (3.18)$$

将 1mol 实际溶液分离为纯组分时

$$W_{\min} = -RT_0 \Big[\sum_{i=1}^{c} z_{Fi} (\ln r_{Fi} z_{Fi}) \Big] \qquad (3.19)$$

由式（3.16）和式（3.18）可见，分离最小功与分离过程的分离因子无关。比较式（3.17）和式（3.19）可见，等温分离正偏差溶液的最小功比分离理想溶液时所需的要小，对负偏差溶液的分离，情况恰巧相反。

3.3.2　热力学效率

分离最小功是分离过程必须消耗的有效能的下限，其值大小可用来比较具体分离任务分离的难易。实际分离过程的有效能消耗要比分离最小功大许多倍。为了分析和比较实际分离过程的能量利用情况，广泛采用热力学效率来衡量有效能的利用率。分离过程热力学效率 η 的定义是

$$\eta = \frac{W_{\mathrm{min}, T_0}}{W_{\mathrm{n}}} \qquad (3.20)$$

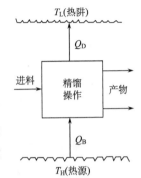

图 3.16　精馏过程示意图

式中，W_{n} 为实际分离过程的有效能消耗，简称为净功耗。

对于精馏操作，分离消耗的是热能，而不是机械能，图 3.16 简要示明了此分离过程。精馏操作受温度 T_{H} 下向塔釜加入的热量 Q_{B} 驱动，同时在冷凝器中于温度 T_{L} 下取走热量 Q_{D}。两者的有效能之差为精馏操作的净功耗：

$$W_{\mathrm{n}} = Q_{\mathrm{B}} \frac{T_{\mathrm{H}} - T_0}{T_{\mathrm{H}}} - Q_{\mathrm{D}} \frac{T_{\mathrm{L}} - T_0}{T_{\mathrm{L}}} \qquad (3.21)$$

3.3.3　分离过程中有效能损失的主要形式

为提高分离过程的热效率，必须减少有效能损失。分离过程中有效能损失主要有以下几种形式。

1. 由于流体流动阻力造成的有效能损失 $D_{\Delta p}$

在定态流动过程中，如果物系和环境间不发生热和功的交换，则根据热力学第一定律：

$$\mathrm{d}H = 0$$

等焓过程从热力学第一定律看，热效率为 100%，但却有相当数量的有效能损耗掉。因为 $\mathrm{d}H = T\mathrm{d}S + V\mathrm{d}p$，所以熵变 $\mathrm{d}S$ 为

$$\mathrm{d}S = -\frac{V}{T}\mathrm{d}p \qquad (3.22)$$

因此，有效能损耗为

$$\delta D_{\Delta p} = nT_0\mathrm{d}S = -n\frac{T_0 V}{T}\mathrm{d}p \qquad (3.23)$$

式中，n 为摩尔流率。

可见阻力越大，有效能损失越多。

2. 节流膨胀过程的有效能损失

从本质上说，节流膨胀过程的有效能损失与上项损失类同。节流膨胀均引起物系熵增加，损失有效能。节流过程的有效能损失 $D_{节}$ 可按阀前和阀后物流的状态计算：

$$D_{节} = n(B_{前} - B_{后}) \tag{3.24}$$

式中，$B_{前}$ 为 1kmol 物流在阀前的有效能；$B_{后}$ 为 1kmol 物流在阀后的有效能。

一般来说，在相同节流压降下，节流初始温度越低，熵增越小，有效能损失也越小。

3. 由于热交换过程中推动力温差存在造成的有效能损失 $D_{\Delta T}$

在塔顶冷凝器、塔底再沸器和其他一些辅助换热设备中，均需有一定的传热推动力温差存在。当 δQ 的热量从温度为 T_H 的热源传到温度为 T_L 的热阱时，其有效能损失为

$$\delta D_{\Delta T} = T_0 \left(\frac{\delta Q}{T_L} - \frac{\delta Q}{T_H} \right) = T_0 \left(\frac{T_H - T_L}{T_H T_L} \right) \delta Q \tag{3.25}$$

可见，有效能损失与传热温差成正比。

4. 由于非平衡的两相物流在传质设备中混合和接触传质造成的有效能损失 D_{mt}

以板式精馏塔为例，从下面上升进入某块板的气相温度比上面板上流下来的液相温度要高些，而易挥发组分的含量则低于与下降液相浓度相平衡的浓度，两股物流在温度和组成上均不平衡，在塔板上发生的热量和质量传递过程均是不可逆的，必然造成有效能损失，这是精馏塔内有效能损失的主要部分。

当物质 dn 由化学势 μ_i^{I} 的相 I 传到相 II 时，产生的有效能损失分析如下：

由热力学可知，与环境有物质交换的开放系统，其总热力学能 $n\hat{U}$ 的微分式为

$$d(n\hat{U}) = Td(n\hat{S}) - pd(n\hat{V}) + \sum_i \mu_i dn_i \tag{3.26}$$

因此，当相 I 和相 II 间发生 dn 的质量传递时，熵产生量为

$$d\sigma = \left(\frac{1}{T^{\mathrm{I}}} - \frac{1}{T^{\mathrm{II}}} \right) d(n\hat{U}) + \left(\frac{p^{\mathrm{I}}}{T^{\mathrm{I}}} - \frac{p^{\mathrm{II}}}{T^{\mathrm{II}}} \right) d(n\hat{V}) - \sum_i \left(\frac{\mu_i^{\mathrm{I}}}{T^{\mathrm{I}}} - \frac{\mu_i^{\mathrm{II}}}{T^{\mathrm{II}}} \right) dn_i \tag{3.27}$$

当质量传递在等温等压下进行时，式（3.27）简化为

$$d\sigma = -\sum_i \left(\frac{\mu_i^{\mathrm{I}}}{T^{\mathrm{I}}} - \frac{\mu_i^{\mathrm{II}}}{T^{\mathrm{II}}} \right) dn_i = \sum_i (\mu_i^{\mathrm{I}} - \mu_i^{\mathrm{II}}) \frac{dn_i}{T} \tag{3.28}$$

于是有效能损耗为

$$d\sigma = T_0 \sigma = -T_0 \sum_i (\mu_i^{\mathrm{I}} - \mu_i^{\mathrm{II}}) dn_i \tag{3.29}$$

化学势是传质的推动力，正是由于两相间化学势有差异而导致传质过程，从而发生有效能损失。

根据上述讨论可见，减少每块板上传热和传质推动力，即使得操作线与平衡线尽量接近，过程趋于可逆，是降低塔内有效能损失的主要途径。

3.4　精馏节能技术

精馏过程是流程工业中应用最成熟和最广泛的分离技术。由于它技术成熟、可靠和

有效，精馏过程在工业上的应用远远超过其他任何一种分离技术，是大型流程工业中的首选通用分离技术。在流程工业领域，特别是在化工以及石化、炼油等工业，在可预见的未来尚不可能被其他技术所替代。然而，精馏过程也是高能耗的过程，在大型流程工业中所占能耗比例可超过 40%。同时，精馏又在热力学上是低效的耗能过程，有极高的热力学不可逆性。精馏过程的节能主要有以下几种基本方式：提高塔的分离效率，降低能耗和提高产品回收率，采用多效精馏技术、热泵技术、热偶精馏技术、新塔型和高效填料等。

3.4.1　多股进料和侧线出料

1. 多股进料

当两种或多种组分相同、浓度不同的料液进行分离时，如易挥发组分浓度分别为 x_{F_1}、x_{F_2} 的 A、B 二组分体系混合液，流率分别为 F_1 和 F_2，要把这两种原料液精馏分离成 A、B 纯组分产品，可考虑以下三种方式，如图 3.17 所示。

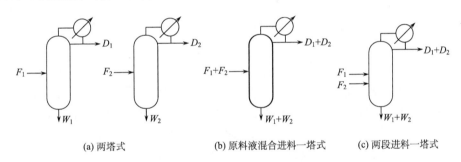

(a) 两塔式　　　　(b) 原料液混合进料一塔式　　　　(c) 两段进料一塔式

图 3.17　两种不同浓度进料的精馏流程

（1）两塔式。用两个常规的精馏塔分别处理两股原料液。

（2）原料液混合进料一塔式。把浓度不同的 F_1、F_2 两种原料液混合，用一个常规的精馏塔分离。

（3）两段进料一塔式。采用具有两个进料板的一个复杂塔，两股原料液分别在适当的位置加入塔内，即多股进料，进行精馏。

采用两塔式，虽然所需的热量未必比其

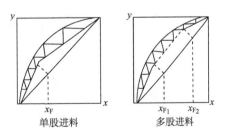

图 3.18　精馏塔的麦凯布-蒂尔
（McCabe-Thiele）图

他方式多，但由于需要两个塔，设备费用高于方式（3）。后两种方式都采用一个塔，但从图 3.18 可知，采用两段进料的复杂塔时，操作线较接近平衡线，不可逆损失降低，因而热能消耗降低。但该方式由于精馏段操作线斜率减小，回流比减小，所需塔板数增加。

2. 侧线出料

当需要组成不同的两种或多种产品时，可在塔内相应组成的塔板上安装侧线，抽出产品，即用一个复杂塔代替多个常规塔。侧线抽出的产品可为塔板上的泡点液体或饱和蒸气。这种方式既减少了塔数，也减少了所需热量，是一种节能的方法。

具有一股侧线出料的系统如图 3.19（a）所示，图 3.19（b）为侧线产物为组成 $x_{D'}$ 的饱和液体，图 3.19（c）为侧线产物为组成为 $y_{D'}$ 的蒸气。无论哪种情况，中间段操作线斜率必小于精馏段。在最小回流比下，恒浓区一般出现在 q 线与平衡线的交点处。

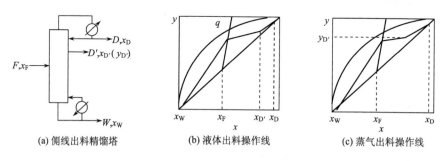

(a) 侧线出料精馏塔　　　(b) 液体出料操作线　　　(c) 蒸气出料操作线

图 3.19　具有侧线出料的精馏塔

在采用一个常规塔将 F_1（A，B）分离成 A、B 两组分，另一个常规塔将 F_2（B，C）分离成 B、C 两组分的情况下，如果两个精馏塔的处理量和内部回流比差别不大，就可以采用如图 3.20（a）所示精馏工艺取而代之。不过这种情况是以塔内相对挥发度顺序不变为前提的，并应按沸点由低到高的次序自上而下进料。

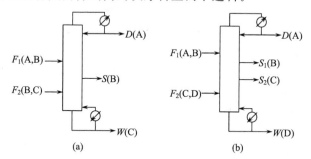

图 3.20　用侧线出料进行多组分精馏

在该工艺中，当原料液量 $F_1 \approx F_2$，进料组成 $x_{F_{1(B)}} \approx 0.5$、$x_{F_{2(B)}} \approx 0.5$ 时，与采用两个常规塔分离相比，所需热量只有两个常规塔的一半，而且设备投资也减少了（塔减少了一个）。当进料量 F_1 和 F_2 有很大差别时，如 $F_1 \gg F_2$ 时，应设置中间再沸器；若 $F_1 \ll F_2$，则把侧线馏分 S 以气态形式引出，一部分回流。

如果分离 A、B 和 C、D 的两个精馏塔的内部回流比大致相同，而 B、C 间的相对挥发度比 A、B 间及 C、D 间的相对挥发度大，也可考虑如图 3.20（b）所示的工艺。

侧线出料必须严密地设定设计条件，且当侧线馏分要求纯度高时，要进行详细的设计计算。

3.4.2　适宜回流比

回流比越小，则净功耗越小。为此，应在可能条件下减小操作的回流比。塔径将随 R 的增加而加大。因此，最优回流比反映了设备费用与操作费用之间的最佳权衡。研究得到的苯-甲苯精馏各项费用与 R 的关系见图 3.21，适宜的回流比应根据总费用最小来确定，由图 3.21 可知 $R_{opt}/R_m = 1.25/1.14 = 1.1$。由于总费用在适宜回流比 R_{opt} 附近变化缓慢，有时并不取 R_{opt} 作为操作回流比，而取 $R = (1.2 \sim 1.3)R_m$，这样做总费用仅增加 $2\% \sim 6\%$，但操作弹性增大较多。

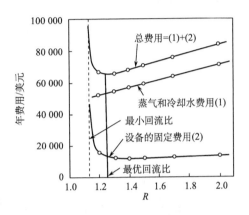

图 3.21　苯-甲苯精馏各项费用与 R 的关系

在一般情况下，若在 R_{opt} 下操作，总费用大部分是加热蒸汽的费用，约占 70%，而冷却水的费用只占百分之几。但当塔顶冷凝器温度低于大气温度时，即在低温冷凝时，冷冻费用便是主要的了。对于已定的精馏塔和分离物系，回流比和产品纯度密切相关。为了确保得到纯度合格的产品，设计时有一定的回流余量，余量越大，能耗越高。对于回流余量设置较大的精馏塔，在不降低产品质量等级的条件下，只要降低回流量，即可降低塔底再沸器的能耗。

3.4.3　热泵精馏

热泵实质上是一种把冷凝器的热"泵送"到再沸器里去的制冷系统。热泵精馏是依据热力学第二定律，给系统加入一定的机械功，将温度较低的塔顶蒸汽加压升温，作为高温塔釜的热源。热泵精馏的效果一般由性能系数 C.O.P. 来衡量，它表示消耗单位机械能可回收的热量。

根据热泵所消耗外界能量不同，热泵精馏的应用形式分类如图 3.22 所示。

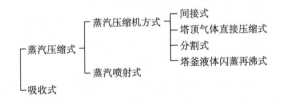

图 3.22　热泵精馏的应用形式分类

图 3.23～图 3.28 为各种方式的热泵精馏具体流程图。

间接式热泵精馏见图 3.23。该流程利用单独封闭循环的工质（冷剂）工作，塔顶的能量传给工质，工质在塔底将能量释放出来，用于加热塔底物料。该形式可使用标准精馏系统，易于设计和控制，主要适用于精馏介质具有腐蚀性、对温度敏感的情况，或

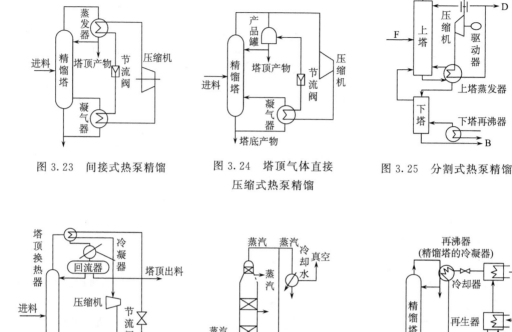

图 3.23　间接式热泵精馏　　　　　图 3.24　塔顶气体直接　　　　　图 3.25　分割式热泵精馏
　　　　　　　　　　　　　　　　　　　压缩式热泵精馏

图 3.26　闪蒸再沸　　　　　　图 3.27　蒸汽喷射　　　　　图 3.28　吸收式热泵精馏
　　式热泵精馏　　　　　　　　式热泵精馏

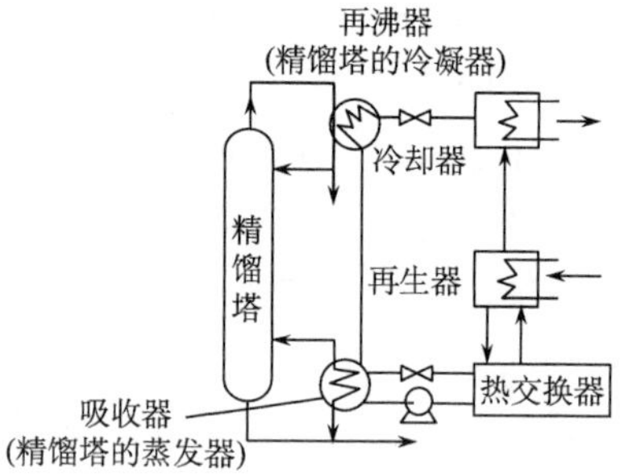

者是顶部压力低需要大型蒸汽再压缩设备的精馏塔。

　　塔顶气体直接压缩式热泵精馏（图 3.24）是以塔顶气体作为工质的热泵，利用塔顶蒸气经压缩机达到较高的温度，在再沸器中冷凝将热量传给塔底物料。这种形式的系统简单、稳定、可靠、所需的载热介质是现成的，只需要一个换热器（再沸器），所以压缩机的压缩比通常低于单独工质循环式的压缩比，适用于塔顶与塔底温差小，各组分间因沸点接近难以分离而需要采用较大回流比，消耗大量加热蒸汽或塔顶冷凝物需低温冷却的精馏系统。

　　分割式热泵精馏（图 3.25）流程分为上、下两塔，上塔类似于直接式热泵精馏，只是多了一个进料口；下塔则类似于常规精馏的提馏段（蒸出塔），进料来自上塔的釜液，蒸气则进入上塔塔底。其特点是通过控制分割点浓度来调节上塔温差从而选择合适的压缩机。该形式适用于分离低组分区相对挥发度大，而高组分区相对挥发度很小（或有可能存在恒沸点）的物系，如乙醇水溶液、异丙醇水溶液等。

　　闪蒸再沸式热泵精馏（图 3.26）以釜液为工质，与塔顶气体直接压缩式相似，它也比间接式少一个换热器，适用场合也基本相同。不过，闪蒸再沸在塔压高时有利，而塔顶气体直接压缩式在塔压低时更有利。

蒸汽喷射式热泵精馏形式（图 3.27）是专门提高低压蒸汽压力的热泵，塔顶蒸汽是稍含低沸点组成的水蒸气，其一部分用蒸汽喷射泵加压升温，随驱动蒸汽一起进入塔底作为加热蒸汽，低压蒸汽的压力和温度都提高到工艺能使用的指标，从而达到节能的目的。该形式设备费用低、易维修、主要用于利用蒸汽的企业。

吸收式热泵（图 3.28）由吸收器、再生器、冷却器和再沸器等设备组成，常用溴化锂水溶液或氯化钙水溶液为工质。由再生器送来的浓溴化锂溶液在吸收器中遇到从再沸器送来的蒸汽，发生强烈的吸收作用，不但升温而且放出热量，该热量即可用于精馏塔蒸发器。该形式可以利用温度不高的热源作为动力，较适用于有废热或可通过煤、气、油及其他燃料可获得低成本热能的场合。

热泵精馏在下述场合应用，有望取得良好效果：

（1）塔顶和塔底温差较小。因为压缩机的功耗主要取决于温差，温差越大，压缩机的功耗越大。据国外文献报道，只要塔顶和塔底温差小于 36℃，就可以获得较好的经济效果。

（2）沸点相近组分的分离。按常规方法，蒸馏塔需要较多的塔板及较大的回流比，才能得到合格的产品，而且加热用的蒸汽或冷却用的循环水都比较多。若采用热泵技术，一般可取得较明显的经济效益。

（3）工厂蒸汽供应不足或价格偏高，有必要减少蒸汽用量或取消再沸器。

（4）冷却水不足或者冷却水温偏高、价格偏贵，需要采用制冷技术或其他方法解决冷却问题。

（5）一般蒸馏塔塔顶温度为 38～138℃，如果用热泵流程对缩短投资回收期有利就可以采用，但是如果有较便宜的低压蒸汽和冷却介质来源，用热泵流程就不一定有利。

（6）蒸馏塔底再沸器温度在 300℃ 以上，采用热泵流程往往是不合适的。

以上只是对一般情况而言，对于某个具体工艺过程，还要进行全面的经济技术评定之后才能确定。

3.4.4　设置中间冷凝器和中间再沸器

如图 3.29（a）所示的二级再沸和二级冷凝精馏塔，即在提馏段设置第二蒸馏釜，在精馏段设置第二冷凝器，则精馏段和提馏段各有两条操作线，如图 3.29（b）所示。此时，靠近进料点的精馏操作线斜率大于更高的精馏操作线，靠近进料点的提馏操作线斜率小于更低的提馏操作线，与没有中间再沸器和中间冷凝器的精馏塔［图 3.29（b）中的虚线］相比，减小了蒸馏过程的可逆性，提高了热力学效率。然而，也正是由于操作线靠近平衡线，完成同样的分离任务需要更多的塔板。故中间换热器的节能是以塔板数增加为代价的，但塔板数的增加并不多，通常都在几块范围内；并且操作费用的节省带来的效益远远大于设备费用的增加。因而只要有可能，增设中间换热器总是可以取得良好的经济效益。

增设中间换热器是有条件的。首先要考虑有无适当的、可匹配的冷剂或热源。因而必须首先进行蒸馏塔的严格逐板计算，得到塔内逐板的温度剖面，作为添加中间换热器的基础温度数据。通常换热器的冷、热物料温差需要保持在 10℃ 以上，以便有足够的

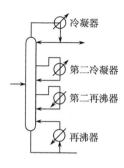
(a) 二级再沸和二级冷凝流程

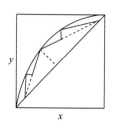
(b) 二级再沸和二级冷凝麦凯布-蒂尔图

图 3.29　二级再沸和二级冷凝精馏

推动力，而对于－100℃左右的低温换热，该温差可以小到3℃左右。

设置中间冷凝器和中间再沸器后，原来的精馏塔没有变化，只不过增设的中间换热器改变了操作线斜率，利用了低品位能源。即两个再沸器的热负荷之和与原来一个再沸器相同，两个冷凝器的热负荷之和与原来一个冷凝器相同。增设中间换热器的流程与原再沸器相比，在设置中间再沸器后，部分热量可以采用低于塔底再沸器的廉价的废热蒸汽提供，塔的热能有效降级，这使得热效率提高。对于给定的精馏塔，通过合理设置和使用中间再沸器，可以提供最大的热效率，达到最大的节能效果。若与原冷凝器相比，第二冷凝器可以在较高温度下排出热量，也降低了能量的降级损失。

这种配置的另一个优点是：由于进料处上升气体流量大于塔顶，进料处下降液体流量大于塔底，与常规塔相比，塔两端气液流量减小，可以缩小相应段塔径，在设计新设备时，可以达到节省设备费用的效果。

3.4.5　多效精馏

多效精馏过程是以多塔代替单塔，各塔的能位级别不同，能位较高塔排出的能量用于能位较低的塔，从而达到节能目的。由于多效精馏要求后效的操作压强和溶液的沸点均较前效的低，因此可引入前效的二次蒸汽作为后效的加热介质，即后效的再沸器为前效二次蒸汽的冷凝器，仅第一效需要消耗蒸汽；多效精馏中，随着效数的增加，单位蒸汽的消耗量减少，操作费用降低。多效精馏的节能效果 η 与效数 N 的关系为

$$\eta = \frac{N-1}{N} \times 100\% \tag{3.30}$$

多效精馏按进料与操作压力梯度方向是否一致划分，可归纳为并流 [图 3.30 (a)、(b)]、逆流 [图 3.30 (c)] 和平流流程 [图 3.30 (d)]。但由于精馏过程可以是塔顶产品也可是塔底产品经各效精馏，多效流程有更多的选择。

图 3.30 (a) 所示的串联并流装置是最常见的。此时，外界只向第 2 塔供热，塔 2 顶部气体的冷凝潜热供塔 1 塔底再沸用。在第 1 塔塔底处，其中间产品的沸点必然高于由第 2 塔塔顶引出的蒸汽的露点。为了由第 2 塔向第 1 塔传热，第 2 塔必须工作在较高的压力下。

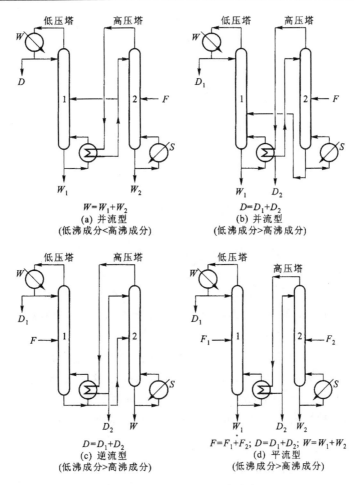

图 3.30　多效精馏的基本流程

　　图 3.30（c）所示的双级逆流精馏操作中，物料从低压塔进料，低压塔的釜液作为高压塔的进料。加热蒸汽从高压塔再沸器进入，产生的高压塔顶蒸汽作为低压塔再沸器的热源。图 3.30（d）平流型流程中，原料被分成大致均匀的两股分别送入高、低压两塔中，以高压塔塔顶蒸汽向低压塔塔釜提供热量，两塔均从塔顶、塔釜采出产品。

　　多效精馏在应用中受许多因素的影响。首先，效数受投资的限制。效数增加，塔数相应增加，设备费增高；效数增加使得热交换器传热温差减小，传热面积增大，故热交换器的投资费用也增加。因此，初投资的增加与运行费用的降低相互矛盾，制约了多效装置的效数。其次，效数受到操作条件的限制。第 2 塔中允许的最高压力与温度，受系统临界压力和温度、热源的最高温度以及热敏性物料的允许温度等限制；而操作压力最低的塔通常受塔顶冷凝器冷却水温度的限制。由于这些限制，一般多效精馏的效数为 2，个别也有用三效的。

　　多效精馏各塔的操作压力的组合方式有：①加压-常压；②加压-减压；③常压-减压；④减压-减压。不论采用哪种多效方式，其两效精馏操作所需热量与单塔精馏相比较，都可以减小 30%～40%。

3.4.6　热偶精馏

在单塔中，塔内两相流动要靠冷凝器提供液相回流和再沸器提供气相回流来实现。但在设计多个塔时，如果从某个塔内引出一股液相物流直接作为另一塔的塔顶回流，或引出气相物流直接作为另一塔的气相回流，则在某些塔中可避免使用冷凝器或再沸器，从而直接实现热量的偶合。热偶精馏就是这样一种通过气、液互逆流动接触来直接进行物料输送和能量传递的流程结构。

1. 热偶精馏流程

热偶精馏流程主要用于三组分混合物的分离，同时也可用于三组分以上混合物的分离。为了提高能量利用率，Petlyuk 提出了热偶精馏塔的概念，在此概念下，发展了一系列的热偶精馏塔流程，主要分为以下几类。

1）完全热偶精馏塔及其热力学等价塔

完全热偶精馏流程（FC）如图 3.31（a）所示。它由主塔和预分塔组成，预分塔的作用是将物料预分为 AB 和 BC 两组混合物，其中轻组分 A 从塔顶蒸出，重组分 C 全从塔釜分出，物料进入主塔后，进一步分离，塔顶得到产物 A，塔底得到产物 C，在塔中部 B 组分液相浓度达到最大，此处采出中间产物。热偶精馏塔完全不存在组分再混合的问题，并且在预分塔塔顶和塔底 B 的组成完全和主塔这两股物料进料板上的组成相匹配。在热力学上与完全热偶精馏塔相同的还有分隔壁精馏塔（DWC），如图 3.31（b）所示。分隔壁精馏塔在精馏塔中部设一垂直壁，将精馏塔分成上段、下段及由隔板分开的精馏进料段及中间采出段四部分，这一结构可认为是 FC 的主塔和预分塔置于同一塔内。

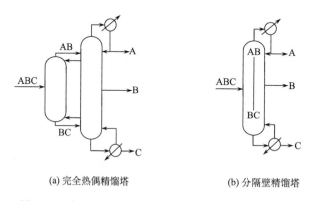

(a) 完全热偶精馏塔　　　　　(b) 分隔壁精馏塔

图 3.31　完全热偶精馏塔（a）及其热力学等价塔（b）

完全热偶精馏流程虽然比传统的二塔流程减少一个再沸器、一个冷凝器，但由于预分塔与主塔间的四股气液相流量难以控制，在工业上几乎没有使用价值，但与其热力学上完全相同的分隔壁精馏塔的工业前景却被看好。用分隔壁精馏分离三组分混合物时，得到纯的产物与传统的二塔常规流程相比只需要一个精馏塔、一个再沸器、一个冷凝器。这样不论是设备投资还是能耗都能节省至少 30%，且可通过加入液体分配器来控制分隔壁两边的液体流量，通过分隔壁两边的填料高度或分隔壁的形状来控制气体流量，在当今技术条件下，这些控制手段都已成熟，故分隔壁精馏塔已开始工业应用。

2）侧线蒸馏流程及其热力学等价塔

侧线蒸馏流程（SR）是不完全热偶精馏流程，如图 3.32（a）、（b）所示。在侧线蒸馏塔流程中，可减少一个再沸器，且关联两塔的气液相流量相对较易控制，由 SR 流程可得到具有工业应用价值的 DWC 塔，如图 3.32（c）所示。此时，分隔壁从塔顶延伸到塔的下部，将塔分为三部分，塔顶两侧均有冷凝器。在分隔壁两侧的气相流量可分别控制。液体流量仍通过液体分配器来控制。

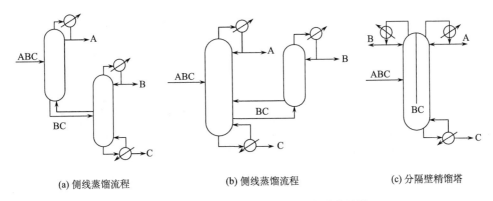

(a) 侧线蒸馏流程　　　　(b) 侧线蒸馏流程　　　　(c) 分隔壁精馏塔

图 3.32　侧线蒸馏流程（a，b）及其热力学等价塔（c）

3）侧线提馏流程及其热力学等价塔

侧线提馏流程（SS）如图 3.33（a）、（b）所示，在 SS 流程中可减少一个冷凝器，且气液相流量较易控制，同样，由 SS 可得到相应的 DWC 塔，如图 3.33（c）所示。此时，分隔壁从塔底向上延伸至塔的上部，将塔分为三部分，塔顶有一共用冷凝器，塔釜两侧均有再沸器，能提供达到分离要求所需的上升蒸气，液体流量仍需液体分配器来控制。

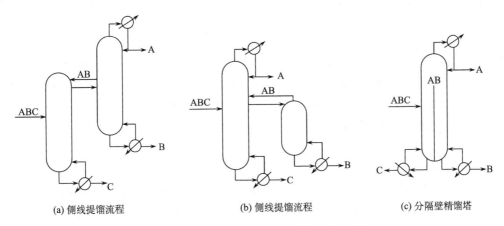

(a) 侧线提馏流程　　　　(b) 侧线提馏流程　　　　(c) 分隔壁精馏塔

图 3.33　侧线提馏流程（a，b）及其热力学等价塔（c）

化 工 设 计

2. 热偶精馏流程的适用范围

热偶精馏流程尚未在工业生产中获得广泛的应用，这是由于主、副塔之间气液分配难以在操作中保持设计值；分离难度越大，其对气液分配偏离的灵敏度越大，操作难度难以稳定。热偶精馏流程对所分离物系的纯度、进料组成、相对挥发度及塔的操作压力都有一定的要求：

（1）产品纯度。热偶精馏流程所采出的中间产品的纯度比一般精馏塔侧线出料达到的纯度更大，因此，当希望得到高纯度的中间产品时，可考虑使用热偶精馏流程。如果对中间产品的纯度要求不高，则直接使用一般精馏塔侧线采出即可。

（2）进料组成。若分离 A、B、C 三个组分，且相对挥发度依次递增，采用该类塔型时，进料混合物中组分 B 的量应最多，而组分 A 和 C 在量上应相当。

（3）相对挥发度。当组分 B 是进料中的主要组分时，只有当组分 A 的相对挥发度和组分 B 的相对挥发度的比值与组分 B 的相对挥发度和组分 C 的相对挥发度的比值相当时，采用热偶精馏具有的节能优势最明显。如果组分 A 和组分 B（与组分 B 和组分 C 相比）非常容易分离，从节能角度来看就不如使用常规的两塔流程了。

（4）塔的操作压力。整个分离过程的压力不能改变。当需要改变压力时，则只能使用常规的双塔流程。

3.5 分离流程的优化

化工生产中通常包括有多组分混合物的分离操作，单从能耗来看，分离过程（蒸馏、干燥、蒸发等）在化工生产中约占 30%，而设备费用则占总投资的 50%～90%。所以改进分离过程的设计与操作非常重要。选择合理的分离方法，确定最优的分离序列，是分离流程优化的目的。

分离序列的确定是从可能的分离序列中找出在产品的技术经济指标上最优的流程方案。技术经济指标包括设备投资费、公用工程（水、电、气）的能源消耗、操作管理等各方面，这些指标又综合体现在产品的成本上。目前，确定分离序列的方法有三类：试探合成、调优合成和最优分离合成。最优分离合成属于非线性混合整数规划问题，既要对可能构成的序列作出离散决策，又要对每个分离器（塔）的设计变量作出连续决策；既要找出最优分离序列，又要找出其中每个分离器的设计变量最优值。对组分数较多的分离问题，利用最优分离合成确定分离序列至今尚未实现。本节主要介绍选择分离方法时的试探法和确定分离序列时的试探合成法与调优合成法。

3.5.1 分离流程方案数

工业上广泛采用的精馏塔是一股进料和两股出料的简单分离塔，应用这种塔将组分数为 c 的物料分离为 c 个高纯度产品，需要 $c-1$ 座分离塔。分离 c 个组分料液的 $c-1$ 座塔可能排列的流程方案（序列）数 S_F 由式（3.31）计算：

$$S_F = \frac{[2(c-1)]!}{c!(c-1)!} \tag{3.31}$$

独立分离塔数 S_c 由式（3.32）计算：

$$S_c = \frac{(c-1)(c+1)c}{6} \tag{3.32}$$

独立物流股数 S_s 由式（3.33）计算：

$$S_s = \frac{c(c+1)}{2} \tag{3.33}$$

组分数为 2～10 时的对应的 S_F、S_c 和 S_s 值见表 3.3。

表 3.3　不同组分数的 S_F、S_c 和 S_s 值

c	2	3	4	5	6	7	8	9	10
S_F	1	2	5	14	42	132	429	1430	4862
S_c	1	4	10	20	35	56	84	120	165
S_s	3	6	10	15	21	28	36	45	55

由表 3.3 可见，随组分数的增加，S_F 急剧增大，S_c 增大次之，而 S_s 增加较缓。

3.5.2　试探法

从 3.4 节可知，可能的分离方案数随着分离方法的增加而显著增加。因此，选择合适的分离方法，用所选分离方法合成分离序列非常重要。但目前选择分离方法尚无严格的规则可遵循，而是采用试探规则。这些试探规则是根据过去的经验和对研究对象的热力学性质进行定量分析所得到的结论。显然，根据试探规则得出的结论不一定是最佳方案，但是它能大量减少可能的方案数，以提高设计速度。

试探法能够帮助我们确定工艺条件和结构。部分试探法则可以列举如下：最佳回流比为最小回流比的 1.2～1.4 倍；返回到冷却水塔的冷却水温度不应超过 50℃；热交换器中的最小温度差应以 10℃ 为限等。这些法则对于设计师来说是有用的，它有助于弥补所缺少的研究条件。假定我们面临的任务是要进行分离，采用试探法会大大缩小所研究过程的范围。

选择分离方法的试探规则如下：

（1）在选择分离方法时应首先考虑采用精馏，只有在精馏方案被否定后才考虑其他分离方案，因为精馏分离具有突出的优势：①精馏是一个使用能量分离剂的平衡分离过程；②系统内不含有固体物料，操作方便；③有成熟的理论和实践；④没有产品数量的限制，适合于不同规模的分离；⑤通常只需要能位等级很低的分离剂。但当关键组分间的相对挥发度 $\alpha \leqslant 1.05$ 时，则不宜采用普通精馏，而应考虑采用加入第三组分的分离方法。分离时，应优先采用常温常压操作。如果精馏塔塔顶冷凝器需用制冷剂，则应考虑以吸收或萃取代替精馏。如果精馏需用真空操作，可以考虑用萃取替代。

（2）应优先选择平衡分离过程而不选择速度控制过程。速度控制过程如电渗析、气体扩散过程，需要在每个分离级加入能量；而精馏、吸收、萃取等平衡分离过程，只需一次加入能量，分离剂在每一级重复使用。

（3）选择具有较大分离因子的分离过程。具有较大分离因子的过程需要比较少的平衡级和分离剂，因而分离费用较少。表 3.1 为各种分子性质对分离因子的定性影响。可以根据混合物各组分分子性质的差异程度来选择有较大分离因子的分离过程。例如，若各组分的偶极矩或极性存在显著差异，则采用以极性溶液为溶剂的萃取精馏可能是合适的。

（4）当分离因子相同时，选择能量分离剂而不选择质量分离剂。当采用质量分离剂时，需要后续流程增设一个分离器用于分离剂和产品再分离，因而增加了分离过程的费用。

（5）如果一个分离过程需要极端的温度或压力，耐腐蚀的设备材料，或者高电场等条件，则可能使分离过程的费用高昂。若有其他可行的方案，应进行经济评价后决定其取舍。

虽然这些试探法在许多实际情况下是互相矛盾，但它至少可以缩小所考虑过程的范围，并减少需要研究的过程数目。

3.5.3 分离序列法则

1. 通用的试探法则

在对产品进行分离时，应尽量采用以下通用法则：

（1）尽快除去热稳定性差的和有腐蚀性的组分。腐蚀性组分对设备有腐蚀作用，除去腐蚀性组分可以使后续的设备使用普通的材料，降低设备投资费用。

（2）宜选用使料液对半分开的分离，即 $D \approx W$。当 D 与 W 接近时，两塔段中呈现等同情况，塔的总体可逆程度增大，有效能损耗达到减小。宜将高回收率的分离留到最后进行。因为此时要求有很多塔板，塔较高，如果这时还有其他非关键组分存在，塔中气相流率将增大，塔径也将增大，又高又大的塔将增大投资。宜将原料中含量最多的组分首先分出，含量最多的组分分出后，就避免了这个组分在后继塔中的多次蒸发、冷凝，减小了后继塔的负荷，比较经济。

（3）尽快除去反应性组分或单体。反应性组分会对分离问题产生影响，所以要尽快除去。单体会在再沸器中结垢，因此应该在真空条件下操作，以便降低塔顶和塔釜的温度，使聚合速率下降，而真空塔比加压塔的操作费用高。

（4）避免采用真空蒸馏或冷冻等较为极端的操作方式。

2. 简单塔排序的推理法则

对于有一股塔顶产品物流和一股塔底物流的情况，其分离顺序如下：

（1）进料中含量高的组分尽量提前分出。当进料中某一组分的含量很大，即使它的挥发度不是各组分中最大的，一般也应将它提前分出，这有利于减少后续各塔的直径和再沸器的负荷。

（2）当产品是多元混合物时，能由分离塔直接得到产品是最好的。按照料液中各组分挥发度递减的次序，依次使各组分从塔顶分出最为经济，因为料液中的各组分仅需经受一次气化和一次冷凝，耗能最少。

（3）高收率的组分最后分离。达到高纯度或高回收率需要较多的理论板，但当达到一定纯度后，理论板数增加变缓。当有非关键组分存在时增大了级间流率，从而增大了塔径，对于板数多的塔，增大塔径将显著增加设备投资。因此，应先除去非关键组分，把回收率要求高的塔放在最后。

（4）分离困难的组分放在最后，最容易的分离首先进行。当 α 接近 1 时，所需 R_m 很大，R 也必然很大，相应的再沸器和冷凝器的热负荷也大。如果此时还存在轻组分或（和）重组分，塔底和塔顶的温差将增大，由式（3.20）可知，精馏的净功耗加大，不经济。分离困难的组分放到最后，才能节省净功耗。

（5）进入低温分离系统的组分尽量少。对于各组分沸点相差很大的混合物，若有组分需在冷冻条件下进行分离，应使进入冷冻系统或冷冻等级更高的系统的组分数尽量减少。温度越低，制冷所耗的功越大，价格也越贵。

上述各条经验规则在实际中常相互冲突。针对具体物系设计时需要对若干不同方案进行对比，以明确具体条件下的主要影响因素，缩小可选方案的范围，选择合适的方案。

3. 多级分离顺序

为了清晰分离一个三组分的混合物（无共沸物），既可以先回收最轻的组分，也可以先回收最重的组分，如图 3.34 所示。

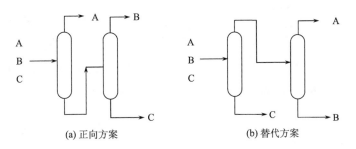

(a) 正向方案　　　　　　　　(b) 替代方案

图 3.34　三元混合物蒸馏方案

当组分数增多时，替代方案的数量急剧上升，当有四种组分时，有 5 种替代方案。当有五种组分时，有 14 种替代方案。当有六种组分时，将有 42 种替代方案。图 3.35 是五种组分的一个分离方案。表 3.4 列出了分离五种组分混合物时可以采用的 14 种替代方案。

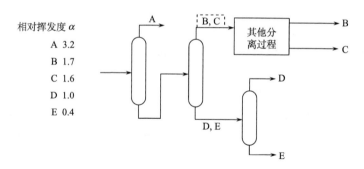

图 3.35 五组分混合物的一个蒸馏分离方案

表 3.4 五股产品流的塔序

序号	塔 1	塔 2	塔 3	塔 4
1	A/BCDE	B/CDE	C/DE	D/E
2	A/BCDE	B/CDE	CD/E	C/D
3	A/BCDE	BC/DE	B/C	D/E
4	A/BCDE	BCD/E	B/CD	C/D
5	AB/CDE	BCD/E	BC/D	B/C
6	AB/CDE	A/B	C/DE	D/E
7	AB/CDE	A/B	CD/E	C/D
8	ABC/DE	D/E	A/BC	B/C
9	ABC/DE	D/E	AB/C	A/B
10	ABCD/E	A/BCD	B/CD	C/D
11	ABCD/E	A/BCD	BC/D	B/C
12	ABCD/E	AB/CD	A/B	C/D
13	ABCD/E	ABC/D	A/BC	B/C
14	ABCD/E	ABC/D	AB/C	A/B

将一个五种组分的混合物分离成为五股纯物流需要四个简单塔（顶部和底部都只有一股物流），但是，如果有相近沸点的两个组分留在同一股物流中，则六种组分的分离也只需四个塔。

3.5.4 调优合成法

调优合成法是以一个由试探法确定的初始流程为基础，对分离方案进行修正，使之接近于最优流程的方法。

1. 调优合成的步骤

（1）确定一个初始流程：可取由试探法确定的流程。
（2）根据调优规则来考虑初始流程可以允许的结构变化。
（3）对各种可能改变的结构进行分析，确定改进方案。
（4）以改进方案为基础，再进行分析，做进一步的改进。

2. 改变流程结构应具备的特性

（1）有效性：根据调优规则拟定的分离顺序应当是可行的。

（2）完整性：从任意初始流程开始，运用调优规则进行反复调优，能产生所有可能组合的分离流程。

（3）直观合理性：根据调优规则产生的新流程应与原调优流程没有显著差别。

3. 调优规则

（1）在调优时，可将一个分离任务移至所在分离序列的前一个位置。

（2）在调优时，允许改变一个分离任务的分离方法。

例 3.1　有一个混合物中含有丙烷（A）、丁烯-1（B）、正丁烷（C）、反丁烯-2（D）、顺丁烯-2（E）和正戊烷（F）共 6 种组分。用调优合成法来寻找最优分离流程。

混合物组成如下：

物质	A	B	C	D	E	F
$x/\%$	1.48	14.76	50.28	15.64	11.94	5.9

进料条件：

进料摩尔流量 q_n	压力	温度
308.25kmol/h	1.03 MPa	40℃

对产品的分离要求：（1）回收率；（2）分离成 A、BDE、C、F 四个产品。

解　可采用的分离方法：①常规精馏；②以糠醛为溶剂的萃取精馏。

相邻组分的相对挥发度数据（在 60℃ 以下）如下：

对于方案①：$\alpha_{AB}=2.45$，$\alpha_{BC}=1.18$，$\alpha_{CD}=1.03$，$\alpha_{EF}=2.50$。

对于方案②：$\alpha_{CB}=1.70$，$\alpha_{CD}=1.17$。

按常规精馏时各组分的沸点的排列顺序为

$$A\ B\ C\ D\ E\ F$$

按萃取精馏时各组分在溶剂中的分配系数大小的排列顺序为

$$A\ C\ B\ D\ E\ F$$

（1）根据试探规则拟订初始分离流程。

① 组分 C 和 D 的相对挥发度 $\alpha_{CD}=1.03$，小于 1.05。应考虑常规精馏以外的分离方法，可采用萃取精馏；而其余组分的分离，则采用常规精馏。

② 组分 A 和 B 与组分 E 和 F 的相对挥发度最大，它们分别为 $\alpha_{AB}=2.45$，$\alpha_{EF}=2.50$，可以考虑把它们的分离放在流程之前。

③ 分离了组分 A 和 F 后，剩余的 B、C、D、E 四组分混合物中，D 和 E 在同一产品的流股中，不需要分离，而需要分离的组分只有 B 和 C 以及 C 和 D。由于 $(\alpha_{BC})_{(1)}=1.18$，而 $(\alpha_{CD})_{(2)}=1.17$，两者的数据相近，但萃取精馏必须增加溶剂回收塔，因此第一步分离的组分应为 B 和 C，而最后分离的组分为 C 和 D。

根据以上分析，初步合成的分离顺序用图 3.36 表示。

（2）调优合成。

调优合成的步骤如下：

① 根据调优规则，可将 E 和 F 的分离移至 A 和 B 的分离前面，也可将 B 和 C 的分离移至 E 和 F 分离的前面。

若采用将 E 和 F 的分离移至 A 和 B 的分离前面，以后的分离顺序保持不变。这样的流程同样符合试探规则，但对整个流程运行的费用不会带来变化。如果采用将 B 和 C 的分离移至 E 和 F 分离的前面，这一变动符合把轻组分先分离的顺序，可使混合物分成塔顶和塔釜内两股摩尔流量相接近的物料流股，不会因塔釜和提馏段蒸出量过大而降低热效率。显然这一移动有利于降低流程运行的费用。

以上是对初始流程的第一次调优，调优后确定的分离流程只在 B 和 C 的分离与 E 和 F 的分离序位上作了互换，其余组分分离则依初始流程顺序不变，如图 3.37 所示。

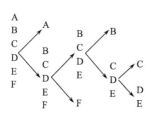

图 3.36　初步合成分离顺序

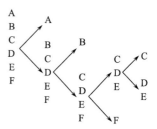

图 3.37　第一次调优后的分离顺序

② 在第一次调优方案的基础上，再做第二次调优。

根据调优规则，可以采用两种结构变化，即将 B 和 C 的分离移至 A 和 B 的分离前面，或者将 C 和 D 的分离移至 E 和 F 分离的前面。

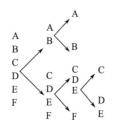

图 3.38　第二次调优后的分离顺序

如果采用 B 和 C 的分离移至 A 和 B 的前面的结构变化，由于混合物中 B 含量较高，则可以克服原来第一步分离 A 时塔顶物流量和塔釜物流量相差过于悬殊的缺陷；而把 C 和 D 的分离移至 E 和 F 的分离前面，虽然符合气液相平衡常数大小的顺序，但对于生产费用的降低作用不大。故调优流程可采用前者而舍弃后者（图 3.38）。

由于在调优中考虑了精馏塔内上升物流量和下降物流量的平衡，再沸器和冷凝器的负荷也相应平衡，能的利用比较合理。显然调优后的流程运行费用比调优前低。至此分离流程已无其他结构改变值得考虑，流程分离顺序也趋于合理。

习 题

1. 分离过程有效能损失的形式有哪些？
2. 精馏过程的节能有哪些途径？
3. 试述热偶精馏的特点。
4. 将以下五组分混合物分离成单组分（表 3.5）。

表 3.5　混合物组成和沸点

组分	$x/\%$	沸点/℃
A：己烷	0.25	69.0
B：庚烷	0.25	98.4
C：辛烷	0.30	125.7
D：乙基苯	0.10	136.2
E：C_9	0.10	165.2

请用试探法拟出精馏塔分离网络，并确定分离顺序。

5. 制取乙烯和丙烯的裂解气是一多组分混合物，如表 3.6 所示。

表 3.6　多组分裂解气组分

组分	$x/\%$	沸点/℃	与上馏分温度差/℃
A：氢	18	-253	—
B：甲烷	5	-161	92
C：乙烯	24	-104	57
D：乙烷	15	-88	16
E：丙烯	14	-48	40
F：丙烷	6	-42	6
G：重组分	8	-1	41

要求将裂解气分离为 AB、C、D、E、F 和 G 六种产品。请用试探法确定分离顺序。若对分离顺序进行调优，可能出现几种分离网络？它们各有何特点？

第4章 换 热 器

换热器是化工、石油、能源等各工业中应用相当广泛的单元设备之一，可作为加热器、冷却器、冷凝器、蒸发器和再沸器。目前，大部分换热器已经标准化、系列化。进行换热器的设计，首先是根据工艺要求选用适当的类型。对于非标准换热器的设计，可参考有关设计手册。

4.1 换热器的分类

4.1.1 按作用原理和实现传热的方式分类

（1）混合式换热器。它是利用两种换热流体的直接接触与混合的作用来进行热量交换的。为了获得大的接触面积，可在设备中放置搁栅或填料，有时还把液体喷成细滴。

（2）蓄热式换热器。它是让两种温度不同的流体轮流通过同一种固体填料的表面，使填料相应地被加热和被冷却，从而进行热流体和冷流体之间的热量传递。为了使过程连续，这种换热器都是成对使用。生产中热、冷流体会有少量混合。

（3）间壁式换热器。它是利用一种固体壁面将进行热交换的两种流体隔开，使它们通过壁面进行传热。这类换热器使用最广泛。

4.1.2 按使用目的分类

（1）冷却器。冷却工艺物流的设备。一般冷却剂多采用水。当冷却温度较低时，可采用氨或氟利昂作为冷却剂。

（2）加热器。加热工艺物流的设备。一般采用水蒸气、热水和烟道气等作为加热介质，当温度要求高时，可采用导热油、熔盐等作为加热介质。

（3）再沸器。用于蒸馏塔底气化物料的设备。

（4）冷凝器。将气态物料冷凝变成液态物料的设备。

（5）过热器。对饱和蒸汽再加热升温的设备。

（6）废热锅炉。由高温物流或者废气中回收其热量而生产蒸汽的设备。

4.2 间壁式换热器的特性

间壁式换热器是换热器中使用最为普遍的一类换热器，因而最具代表性。间壁换热器包括如下类型：

$$\text{间壁式换热器} \begin{cases} \text{管壳式（固定管板式、浮头式、填料函式、U形管式）} \\ \text{板式（板翅式、螺旋板式、伞板式、波纹板式）} \\ \text{管式（空冷器、套管式、喷淋管式、箱管式）} \\ \text{液膜式（升降膜式、括板薄膜式、离心薄膜式）} \\ \text{其他形式（板壳式、热管）} \end{cases}$$

各类间壁式换热器的特性列于表 4.1。

表 4.1　间壁式换热器的分类与特性

分　类	名　称	特　性	相对费用	耗用金属量 /(kg/m²)
管壳式	固定管板式	使用广泛，已系列化；壳程不易清洗，管壳两物流温差＞60℃时应设置膨胀节，最大使用温差不应＞120℃	1.0	30
	浮头式	壳程易清洗；管壳两物料温差可＞120℃；内垫片易渗漏	1.22	46
	填料函式	优缺点同浮头式；造价高，不宜制造大直径设备	1.28	
	U形管式	制造、安装方便，造价较低，管程耐高压；但结构不紧凑、管子不易更换和不易机械清洗	1.01	
板式	板 翅 式	紧凑、效率高，可多股物料同时热交换，使用温度＜150℃	0.6	16
	螺旋板式	制造简单、紧凑，可用于带颗粒物料，温位利用好；不易检修		50
	伞 板 式	制造简单、紧凑、成本低、易清洗，使用压力＜1.18×10⁶Pa，使用温度＜150℃		
	波纹板式	紧凑、效率高、易清洗，使用温度＜150℃，使用压力＜1.47×10⁶Pa		16
管式	空 冷 器	投资和操作费一般较水冷低，维修容易，但受周围空气温度影响大	0.8～1.8	
	套 管 式	制造方便、不易堵塞，耗金属多，使用面积不宜＞20m²	0.8～1.4	150
	喷淋管式	制造方便，可用海水冷却，造价较套管式低，对周围环境有水雾腐蚀	0.8～1.1	60
	箱 管 式	制造简单，占地面积大，一般作为出料冷却	0.5～0.7	100

续表

分类	名称	特性	相对费用	耗用金属量/(kg/m²)
液膜式	升降膜式	接触时间短、效率高，无内压降，浓缩比≤5		
	括板薄膜式	接触时间短，适于高黏度、易结垢物料，浓缩比 11～20		
	离心薄膜式	受热时间短、清洗方便，效率高，浓缩比≤15		
其他形式	板壳式	结构紧凑、传热好、成本低、压降小，较难制造		24
	热管	高导热性和导温性，热流密度大，制造要求高		

4.3　换热器的设计与选型

4.3.1　换热器的系列化

化工设备的标准化是促进化学工业及化工机械制造工业发展的一项重要工作。有了统一的标准，可以根据它制定出标准的施工图，这可以大大减少设计部门的设计工作量，节约大量的工作时间；而制造部门则可以组织厂际协作与专业分工，有可能进行成批生产，提高产品质量，降低生产成本。有了标准系列，设备零件的互换性能强，便于设备的检修和维护。

由于换热设备应用广泛，国家现在已将多种换热器包括管壳式、板式换热器和石墨换热器系列化，采用标准图纸进行系列化生产。各型号标准图纸可到有关设计单位购买，有的化工机械厂已有系列标准的各式换热器供应，这给换热器的选型带来了很多方便。已形成标准系列的换热器主要有以下几种。

1. 固定管板式换热器

固定管板式换热器（JB/T 4715—92）的公称压力 PN 0.25～6.4MPa，公称直径 DN 钢管制圆筒 159～325mm，卷制圆筒 400～1800mm，换热管长度 $L = 1500～9000$mm。换热管直径有 Φ19mm、Φ25mm 两种。换热面积 1～2100m²。管程数有单管程，2、4、6 管程。安装形式有卧式、立式、卧式重叠式。

2. 立式热虹吸式重沸器

立式热虹吸式重沸器（JB/T 4716—92）的公称压力 PN 0.25～1.6MPa，公称直径 DN 卷制圆筒 400～1800mm，换热管长度 $L = 1500～3000$mm。换热管直径有 Φ25mm、Φ38mm 两种。换热面积 8～400m²。管程数为单管程。

3. 钢制固定式薄管板换热器

固定式薄管板换热器（HG 21503—92）公称压力 PN 0.6～2.5MPa（真空按 1.0MPa 级），公称直径 DN 150～1000mm，设计温度 -19～+350℃，公称换热面积 FN 1.0～365m²。换热管直径：碳钢 Φ 25mm×2.5mm，Φ 25mm×2mm，不锈钢 Φ 25mm×2mm。换热管长度 L=1500～6000mm。

(1) 主要材料包括：壳体材料，碳钢 20，Q235—A，20R，16MnR，不锈钢 0Cr19Ni9，0Cr17Ni12Mo2；换热管材料，碳钢 20，不锈钢 0Cr18Ni9Ti，0Cr18Ni12Mo2Ti。

(2) 结构形式有焊入式（管板焊于法兰面下方的筒体上）、贴面式（管板贴于法兰密封面下）。安装形式有立式、卧式、重叠式。

4. 浮头式换热器和冷凝器（JB/T 4714—92）

公称压力：浮头式换热器 1.0～6.4MPa，浮头式冷凝器 1.0～4.0MPa。公称直径：内导流式换热器，卷制圆筒 400～1800mm、钢管制圆筒 325～426mm；外导流式换热器，卷制圆筒 500～1000mm；冷凝器，卷制圆筒 400～1800mm、钢管制圆筒 426mm。换热管种类有光管及螺纹管。换热器长度 3～9m。安装形式有卧式、重叠式。

5. U 形管换热器

U 形管式换热器（JB/T 4717—92）的公称压力 RN 1.0～6.4MPa。公称直径：卷制圆筒 400～1200mm，钢管制圆筒 325mm、426mm。换热管种类有光管及螺纹管。换热器长度 3.6m。安装形式有卧式、重叠式。

6. 螺旋板式换热器

螺旋板换热器（JB/T 4723—92）是一种高效热交换器，其优点有：传热效率高，传热系数最高可达 3838W/(m²·K)，比列管式热交换的换热效果高 1～3 倍；操作简便，流体压力降小，通道具有自洁能力不易堵塞；结构紧凑，具有体积小及用材料省等特点。其形式有不可拆及可拆式两种。不可拆式螺旋板热交换器其公称压力有 PN 0.6MPa、1.0MPa、1.6MPa（指单通道能承受的最大工作压力）。材质有碳钢与不锈钢。公称换热面积碳钢为 6～120m²，不锈钢为 6～100m²，公称直径碳钢为 500～1600mm，不锈钢为 300～1600mm。

7. 板式换热器

板式换热器（GB 16409—1996）为一种新型的换热设备。它具有结构紧凑、占地面积小、传热效率高和操作方便等优点，并有处理微小温差的能力。公称压力 PN≤2.5MPa，按垫片材料确定允许的使用温度。单板计算换热面积为垫片内侧参与传热部分的波纹展开面积，单板公称换热面积为圆整后的单计算换热面积。

此外，还有空冷式换热器、石墨换热器、搪玻璃系列列管式换热器等。

在工程设计中，应尽量选用标准系列的换热器，这样做不仅给设计工作带来方便，而且对于工程进度和投资也是有利的。

4.3.2　管壳式换热器选择中应注意的问题

1. 流体在管内的选择

一般应考虑以下几个方面：

（1）不清洁、黏度大的流体应在管内，以便于清洗。

（2）腐蚀性强的流体尽可能走管程，以免管束与壳体同时被腐蚀。

（3）具有压力的流体应在管内，以免制造较厚的壳体。

（4）流量大的流体走壳程，流量少的走管程。因壳程折流挡板的作用，在低 Re 下（$Re>100$），壳程流体可达到湍流。

（5）饱和蒸汽宜走壳程，以利于冷凝液的排除。

（6）与外界温差大的流体宜通入管内，与外界温差小的宜通入管间。这样可减少温差效应，以减少管、壳间的相对伸长。两流体温差不大，而对流传热系数相差很大，则宜使对流传热系数大的流体走管程，因为在管外加翅或螺旋片比较方便。

2. 补偿的选择

当壳体与管壁温差在50℃以上时，为避免温差效应而导致的结构变形或破坏，应考虑热补偿问题。通常采用的补偿方法有补偿圈补偿、U形管补偿、垫塞补偿、浮头补偿等，一般采用U形膨胀节。

3. 管程数、壳程数的选择

（1）管程数。管程数是指介质沿换热管长度方向往、返的次数。当管间为恒温时，管程数多有利。当管内走小流量时，适当增加管程数可达理想流速。按我国《钢制管壳式换热器》标准（GB 151—89），管程数分为 1、2、4、6、8、10、12 七种。在分程中，应尽可能使各程的换热管数大致相等。

（2）壳程数。壳程数是指介质在壳程内沿壳体轴向往、返的次数。一般按纵向隔板分成的程数计算。仅有横向折流挡板者仍作单程。只有当壳方污垢热阻小于 0.000 837 4kJ/(m·h·K)时，才宜用纵向隔板。最多的壳程数可达6程以上。

4. 管壳长径比的选择

管壳长径比为4～25。对卧式管壳式换热器，以 6～10 为最常见。加热管细长者，投资较省。对立式管壳换热器，从稳定性考虑，长径比以 4～6 为宜。

5. 折流板的选择

折流板的常见形式有弓形和圆盘-圆环形两种。弓形折流板有单弓形、双弓形和三弓形三种。切去弓形的高度一般为圆筒内直径的 20%～45%。无相变时切去面积通常为 25%，蒸发切去 45% 左右，冷凝有时切去 50% 左右。为减少压降损失，应使缺口处的流量与折流板间的流道面积接近。

折流板间的间距应不小于圆筒内直径的 1/5，且不小于 50mm。最大间距应不大于圆筒内直径，且应满足表 4.2 的要求。板间距过小，不便制造及检修，阻力也增大；板间距过大，则流向与管轴之间的交角＜60°，对传热不利。必要时，可采用不同的板间距。

表 4.2 折流板间距要求

换热管外径/mm	10	14	19	25	32	38	45	57
最大支撑跨距/mm	800	1100	1500	1900	2200	2500	2800	3200

4.3.3 管壳式换热器设计中有关参数的确定

选用的换热器首先要满足工艺及操作条件要求，在工艺条件下长期运转，安全可靠，不泄漏，维修清洗方便，满足工艺要求的传热面积，尽量有较高的传热效率，流体阻力尽量小，并且满足工艺布置的安装尺寸等。

1. 壁温与温度

传热壁温是确定定性温度的依据，而定性温度则是在传热计算中确定物性的依据。

传热壁温过高，容易引起物料变质；过低，则会使物料凝固。在一般情况下，凝固层对传热不利（利用凝固层以减少器壁的腐蚀和热损失不在此列）。

传热壁（如管子）和器壁（壳体）温度相差较大时，要根据其开车、清洗等作业中的最大温差考虑膨胀节。

在高温（如电热）设备中，正确计算传热壁温，有助于选用较适宜的材料及操作条件，避免设备损坏。

冷却水的出口温度不宜高于 60℃，以免结垢严重。高温端的温差不应小于 20℃，低温端的温差不应小于 5℃。当在两工艺物流之间进行换热时，低温端的温差不应小于 20℃。

当采用多管程、单壳程的管壳式换热器，并用水作为冷却剂时，冷却水的出口温度不应高于工艺物流的出口温度。

在冷却或者冷凝工艺物流时，冷却剂的入口温度应高于工艺物流中易结冻组分的冰点，一般高 5℃。

在对反应物进行冷却时，为了控制反应，应维持反应物流和冷却剂之间的温差不低于 10℃。

当冷凝带有惰性气体的工艺物料时，冷却剂的出口温度应低于工艺物料的露点，一般低 5℃。

换热器的设计温度应高于最高使用温度，一般高 15℃。

2. 流速选择

在选择流速时，为有利于传热，宜采用较高流速。但是，加大流速将使压力降增加，动力消耗也随之增大，且易使管子产生振动。

对高密度流体，适当提高流速对传热有利；反之，对低密度流体，由于其传热系数低，而克服阻力所需的动力又较大，因此在考虑提高流速时，应注意合理性。

对黏度高的流体一般按滞留设计。

在传热计算中，一般参照换热器内常用流速范围选择（表 4.3、表 4.4）。

表 4.3 列管式换热器内常用的流速范围

流体种类	流速/(m/s)	
	管　程	壳　程
一般液体	0.5~3	0.2~1.5
易结垢液体	>1	>0.5
气体	5~30	3~15

表 4.4 不同黏度液体的流速（以普通钢壁为例）

液体黏度 $\mu \times 10^3/(N \cdot s/m^2)$	最大流速/(m/s)
>1500	0.6
500~1500	0.75
100~500	1.1
35~100	1.5
1~35	1.8
<1	2.4

3. 压力降

压力降一般考虑随操作压力不同而有一个大致的范围。压力降的影响因素较多，但通常希望换热器的压力降在表 4.5 所表示的参考范围内或附近。

表 4.5 允许的压力降范围

操作压力 p	压力降 Δp
真空（0~0.1 MPa 绝压）	$\Delta p = p/10$
0~0.07（MPa 表压，下同）	$\Delta p = p/2$
0.07~1	$\Delta p = 0.035$ MPa
1.0~3.0	$\Delta p = 0.035 \sim 0.18$ MPa
3.0~8.0	$\Delta p = 0.07 \sim 0.25$ MPa

4. 对流传热系数与总传热系数 K

传热面两侧的对流传热系数 α_1、α_2 如相差很大，α 值较小的一侧将成为控制传热效果的主要因素，设计换热器时，应尽量增大 α 较小这一侧的对流传热系数，最好能使两侧的 α 值大体相等。计算传热面积时，常以 α 小的一侧为基准。

增大 α 值的方法有:

(1) 缩小通道截面积,以增大流速。

(2) 增设挡板或促进产生湍流的插入物。

(3) 管壁上加翅片,提高湍流程度,也增大了传热面积。

(4) 糙化传热表面,用沟槽或多孔表面,对于冷凝、沸腾等有相变化的传热过程来说,可获得大的对流传热系数。

除基本条件(如设备形式、物性、Re 等)相同时的总传热系数 K 值可直接用外,总传热系数 K 应由对流传热系数及其他热阻计算的结果求得。但在实际设计中,往往先选定 K 值,再求得传热面积 A,而后选用合适的换热器,再根据此换热器所确定的工艺条件计算各流体的对流传热系数,通过求得 α 值校核所选定的 K 值是否合适。最初选定 K 值时,可参考工厂同类型设备的 K 值,或选用 K 值的经验数据。

5. 传热面积 A

传热面积 A 为表示 K 的基准传热面积,通常以 α 值较小的一侧的传热面积为基准;当 α_i(内侧 α)和 α_o(外侧 α)相差不大时,即以平均面积 A_m 为基准。实际选用的面积通常比计算结果大 $10\% \sim 20\%$,计算公式误差大或操作波动幅度大者,A 有时增大 30%。

6. 污垢热阻系数 R

传热过程中,热阻是导致换热器传热能力急剧下降的主要因素,因此在生产操作中应尽可能将流体中所带杂质等在壁面上沉积形成的垢层清扫除去。此外,在生产中还可采取加强水质处理等净化流体的措施来降低污垢热阻,并在设计时除合理决定流体的流速和操作温度以确定污垢的热阻外,应尽可能引用经验数据。

4.3.4 管壳式换热器设计及选用

目前,管壳式换热器具有结构坚固、操作弹性大、可靠程度高、使用范围广等优点,所以在工程中仍得到普遍使用。尽管设计人员已能用专用软件 HTFS 进行设计计算,但为了使设计出来的换热器能更好地满足各种工况,仍然有下述方面的问题需在设计时充分加以考虑。

1. 分析设计任务

根据工艺衡算和工艺物料的要求、特性,掌握物料流量、温度、压力和介质的化学性质、物性参数等(可以从有关设计手册中查得),掌握物料衡算和热量衡算得出的有关设备的负荷、流程中的位置、与流程中其他设备的关系等数据。根据换热设备的负荷和它在流程中的作用,明确设计任务。

2. 设计换热流程

换热器的位置,在工艺流程设计中已得到确定,在具体设计换热时,应将换热的工艺流程仔细探讨，以利于充分利用热量，充分利用热源。

（1）在设计换热流程时，应考虑到换热和发生蒸汽的关系，有时应采用余热锅炉，充分利用流程中的热量。

（2）换热中把冷却和预热相结合，如有的物料要预热，有的物料要冷却，将二者巧妙结合，可以节省热量。

（3）安排换热顺序。有些换热场所可以采用二次换热，即不是将物料一次换热（冷却）而是先将热介质降低到一定的温度，再一次与另一介质换热，以充分利用热量。

（4）合理使用冷介质。化工厂常使用的冷介质一般是水、冷冻盐水和要求预热的冷物料，一般应尽量避免使用冷冻盐水，或减少冷冻盐水的换热负荷。

（5）合理安排管程和壳程的介质，以利于传热、减少压力损失、节约材料、安全运行、方便维修为原则。具体情况具体分析，力求达到最佳选择。

3. 选择换热器的材质

根据介质的腐蚀性能和其他有关性能，按照操作压力、温度、材料规格和制造价格，综合选择换热器的材质。除了碳钢（低合金钢）材料外，常见的有不锈钢、低温用钢（低于 $-20℃$）、有色金属（如铜、铅）。非金属作换热器具有很强的耐腐蚀性能，常见的耐腐蚀换热器材料有玻璃、搪瓷、聚四氟乙烯、陶瓷和石墨，其中应用最多的是石墨换热器，我国已有多种系列，近年来聚四氟乙烯换热器也得到重视。此外，一些稀有金属（如钛、钽、锆等）也被人们重视，虽然价格昂贵，但其性能特殊，如钽能耐蚀除氢氟酸和发烟硫酸以外的一切酸和碱。钛的资源丰富，强度好，质轻，对海水、含氯水、湿氯气、金属氯化物等都有很高的耐蚀性能，是不锈钢无法比拟的，虽然价格高，但用材少，造价也未必昂贵。

4. 选择换热器类型

根据热负荷和选用的换热器材料，选定某一种类型。

5. 确定换热器中介质的流向

根据热载体的性质、换热任务和换热器的结构，决定采用并流、逆流、错流、折流等。

6. 确定和计算平均温差 Δt_m

确定终端温差，算出平均温差。

7. 计算热负荷 Q、流体对流传热系数

估算管内和管间流体的对流传热系数 α_1、α_2。

8. 估计污垢热阻系数 R，并初算总传热系数 K

在许多设计工作中，K 通常取一些经验值，作为粗算或试算的依据，许多手册书籍中都罗列出各种条件下的 K 的经验值，但经验值所列的数据范围较宽，作为试算，应与 K 值的计算公式结果参照比较。

9. 算出总传热面积 A

总传热面积 A 表示以 K 为基准的传热面积，但通常实际选用的面积比计算结果要适当放大。

10. 调整温度差，再次计算传热面积

在工艺的允许范围内，调整介质的进出口温度，或者考虑到生产的特殊情况，重新计算 Δt_m，并重新计算 A 值。

11. 选用系列换热器的某一个型号

根据两次或三次改变温度算出的传热面积 A，并考虑 $10\% \sim 25\%$ 的安全系数裕度，确定换热器的选用传热面积 A。根据国家标准系列换热器型号，选择符合工艺要求和车间布置（立或卧式、长度）的换热器，并确定设备的台件数。

12. 验算换热器的压力降

一般利用工艺算图或由摩擦系数通过公式计算，如果核算的压力降不在工艺允许范围之内，应重选设备。

13. 试算

如果不是选用系列换热器，则在计算出总传热面积时，按下列顺序反复试算：

（1）根据上述程序计算传热面积 A 或者简化计算，取一个 K 的经验值，计算出热负荷 Q 和平均温差 Δt_m 之后，算出一个试算的传热面积 A'。

（2）确定换热器基本尺寸和管长、管数。根据（1）试算出的传热面积 A'，确定换热管的规格和每根管的管长（有通用标准和手册可查），由 A' 算出管数。

（3）根据需要的管子数目，确定排列方法，从而可以确定实际的管数，按照实际管数可以计算出有效传热面积和管程、壳程的流体流速。

（4）计算设备的壳程、管程流体的对流传热系数（α_1 和 α_2）。

（5）根据经验选取污垢热阻。

（6）计算该设备的总传热系数。此时不再使用经验数据，而是用式（4.1）计算。

$$K = \cfrac{1}{\cfrac{1}{\alpha_1} + R_{d1} + \cfrac{b}{\lambda}\cfrac{d_1}{d_m} + R_{d2}\cfrac{d_1}{d_2} + \cfrac{d_1}{\alpha_2 d_2}} \tag{4.1}$$

式中，R_{d1}、R_{d2} 为管内、管外污垢热阻；b 为管壁厚度；λ 为管壁热导率；d_1、d_2、d_m

分别为管内、管外传热面积和平均传热面积，$d_m = (d_1 + d_2)/2$。

（7）求实际所需传热面积。用计算出的 K 和热负荷 Q、平均温差 Δt_m 计算传热面积 $A_计$，并在工艺设计允许范围内改变温度重新计算 Δt_m 和 $A_计$。

（8）核对传热面积。将初步确定的换热器的实际传热面积与 $A_计$ 相比，实际传热面积比计算值大 $10\%\sim25\%$ 则可靠，如若不然，则要重新确定换热器尺寸、管数，直到计算结果满意为止。

（9）确定换热器各部尺寸、验算压力降。如果压力降不符合工艺允许范围，也应重新试确定，反复选择计算，直到完全合适时为止。

（10）画出换热器设备草图。工艺设计人员画出换热器设备草图，再由设备机械设计工程师完成换热器的详细部件设计。

在设计换热器时，应当尽量选用标准换热器形式。根据《管壳式换热器》（GB 151—1999）规定，标准换热器形式为固定管板式、浮头式、U 形管式和填料函式。这些换热器的主要部件的分类及代号见图 4.1。

标准换热器型号的表示方法

$$\times\times\times DN\text{-}\frac{p_t}{p_s}\text{-}A\text{-}\frac{LN}{d}\ \frac{N_t}{N_s}\ \text{I （或 II）}$$

式中，$\times\times\times$ 由三个字母组成，第一个字母代表前端管箱形式，第二个字母代表管壳形式，第三个字母代表后端结构形式，详见图 4.1；DN 为公称直径，mm，对于釜式重沸器，用分数表示，分子为管箱内直径，分母为圆筒内直径；p_t/p_s 为管/壳程设计压力，MPa，压力相等时，只写 p_t；A 为公称换热面积，m^2；LN 为公称长度，m；d 为换热管外径，mm；N_t/N_s 为管/壳程数，单壳程时只写 N_t；I （或 II）为 I 级换热器（或 II 级换热器）。

示例：

（1）浮头式换热器。平盖管箱，公称直径 500mm，管程和壳程设计压力均为 1.6MPa，公称换热面积为 $54m^2$，较高级冷拔换热管外径 25mm，管长 6m，4 管程，单壳程的浮头式换热器。其型号为

AES500-1.6-54-6/25-4 I

（2）固定管板式换热器。封头管箱，公称直径 700mm，管程设计压力 2.5MPa，壳程设计压力 1.6MPa，公称换热面积 $200m^2$，较高级冷拔换热管外径 25mm，管长 9m，4 管程，单壳程的固定管板式换热器。其型号为

BES700-2.5/1.6-200-9/25-4 I

（3）U 形管式换热器。封头管箱，公称直径 500mm，管程设计压力 4.0MPa，壳程设计压力 1.6MPa，公称换热面积 $75m^2$，较高级冷拔换热管外径 19mm，管长 6m，2 管程，单壳程的 U 形管板式换热器。其型号为

BIU500-4.0/1.6-75-6/19-2 I

（4）填料函式换热器。平盖管箱，公称直径 600mm，管程和壳程设计压力均为 1.0MPa，公称换热面积为 $90m^2$，较高级冷拔换热管外径 25mm，管长 6m，2 管程，2 壳程的填料函式浮头换热器。其型号为

AFP600-1.0-90-6/25-2/2Ⅰ

（5）浮头式冷凝器。封头管箱，公称直径 1200mm，管程设计压力 2.5MPa，壳程设计压力 1.0MPa，公称换热面积 610m²，普通级冷拔换热管外径 25mm，管长9m,4 管程，单壳程的浮头式冷凝器。其型号为

BJS1200-2.5/1.0-610-9/25-4Ⅱ

（6）釜式重沸器。平盖管箱，管箱内直径 600mm，圆筒内直径 1200mm，管程设计压力 2.5MPa，壳程设计压力 1.0MPa，公称换热面积 90m²，普通级冷拔换热管外径

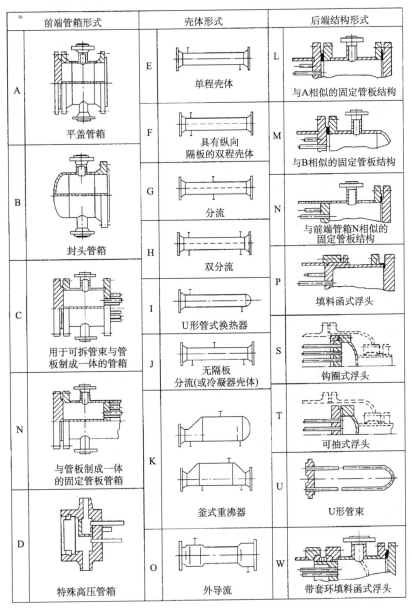

图 4.1 管壳式换热器的主要组合部件的分类及代号

25mm，管长 6m，2 管程的釜式重沸器。其型号为

$$AKT600/1200\text{-}2.5/1.0\text{-}90\text{-}6/25\text{-}2\,\text{II}$$

4.3.5 换热器的最优设计

对于完成某一任务的换热器，往往有多个选择，如何确定最佳的换热器，是换热器优化的问题，即采用优化方法使设计的换热器满足最优的目标函数和约束条件。换热器优化设计的主要内容包括设备形式选择、换热表面确定和设备参数最佳设计三个方面。冷却水出口温度的确定是参数最佳设计的重要内容。

本节主要针对管壳式水冷却器冷却水出口温度的优化问题，介绍一般优化设计的原理和方法，以操作费用最小为优化目标，给出相应的目标函数，并用 Matlab 语言编写计算程序，给出计算实例。

1. 目标函数

对于以水为冷却介质的管壳式冷却器，进口水温一定时，由传热学的基本原理分析可知，冷却水的出口费用将影响传热温差，从而影响换热器的传热面积和投资费用。若冷却水出口温度较低，所需的传热面积可以较小，即换热器的投资费用减少；但此时的冷却水的用量则较大，所需的操作费用增加，所以存在使设备费用和操作费用之和为最小的最优冷却水出口温度。

设换热器的年固定费用为

$$F_A = K_F C_A A \tag{4.2}$$

式中，F_A 为换热器的年固定费用，元；K_F 为换热器的年折旧率，$1/a$；C_A 为换热器单位传热面积的投资费用，元$/\text{m}^2$；A 为换热器的传热面积，m^2。

换热器的年操作费用为

$$F_B = C_u \cdot \frac{WH_y}{1000} \tag{4.3}$$

式中，F_B 为换热器的年操作费用，元；C_u 为单位质量冷却水费用，元$/\text{t}$；W 为换热器冷却水用量，kg/h；H_y 为换热器每年运行时间，h。

因此换热器的年总费用，即目标函数为

$$F = F_A + F_B = K_F C_A A + C_u \cdot \frac{WH_y}{1000} \tag{4.4}$$

2. A 与 W 的数学模型——热平衡方程

换热器的热负荷为

$$Q = GC_{pi}(T_1 - T_2) \tag{4.5}$$

式中，Q 为换热器的热负荷，kJ/h；G 为换热器热介质处理量，kg/h；C_{pi} 为热流体介质比热容，kJ/(kg·℃)；T_1、T_2 为热流体的进出口温度，℃。

当换热器操作采用逆流换热时，则热平衡方程为

$$Q = WC_{pw}(t_2 - t_1) = GC_{pi}(T_1 - T_2) = KA\Delta t_m \tag{4.6}$$

式中，C_{pw} 为冷却水比热容，kJ/（kg·℃）；t_1、t_2 为冷却水的进、出口温度，℃；Δt_m 为对数平均温度差，℃；K 为总传热系数，kJ/（m²·h·℃）。

$$\Delta t_m = \frac{(T_1 - t_2) - (T_2 - t_1)}{\ln \dfrac{T_1 - t_2}{T_2 - t_1}} \tag{4.7}$$

由此可得

$$W = \frac{Q}{C_{pw}(t_2 - t_1)} \tag{4.8}$$

$$A = \frac{Q}{KA\Delta t_m} \tag{4.9}$$

将式（4.5）和式（4.7）代入式（4.8）和式（4.9），然后再代入式（4.4），可得到最终的优化设计模型的目标函数。

一般来说，对于设计的换热器，G、T_1、T_2、t_1 及 H_y 均为定值；水的比热容 C_{pw} 和热介质的比热容 C_{pi} 变化不大，可取为常数；C_u、C_A、F_A 可由有关资料查得；总传热系数 K 通常也可由经验确定，所以换热器的年总费用 F 仅是冷却水出口温度 t_2 的函数。当 F 取最小值时，相应的 t_2 即为最优冷却水出口温度，进而可由式（4.8）、式（4.9）得到所需的冷却水量和最优的传热面积。

3. 程序设计

由上面分析可知，以上问题属于单变量最优化问题。对于此类问题求解可以用解析法和黄金分割法或函数逼近法等数值方法求解。采用 Matlab 语言计算，用其工具箱中 Nelder-Mead 单纯形法函数 fminsearch 优化。以上分析尽管是针对管壳式水冷却器而得出的结果，由于分析方法和传热机理相似，对于其他介质的管壳式换热器只要在公式上稍作变形即可得出类似的结论。因此，对管壳式换热器问题的优化具有一定的普遍性，其求解结果可以作为设计管壳式换热器的重要依据，从而可节约生产成本。

4. 设计实例

某石化公司需将处理量为 $G = 4 \times 10^4$ kg/h 的煤油产品从 $T_1 = 135$℃冷却到 $T_2 = 40$℃，冷却介质是水，初始温度 $T_1 = 30$℃。要求设计一台管壳式水冷却器（采用逆流操作），使该冷却器的年度总费用最小。已知数据如下：冷却器单位面积的总投资费用 $C_A = 400$ 元/m²；冷却器年折旧率 $K_F = 15\%$；冷却器总传热系数 $K = 840$kJ/（m²·h·℃）；冷却器每年运行时间 7900h；冷却水单价 $C_u = 0.1$ 元/t；冷却水比热容 $C_{pw} = 4.184$kJ/（kg·℃）；煤油比热容 $C_{pi} = 2.092$kJ/（kg·℃）。

按已知条件编制数据，启动优化设计程序，计算结果如表 4.6 所示。

表 4.6　计算结果

最优出口温度 T_2/℃	最小年费用 F/元	传热面积 A/m²	每小时用水量 W/(kg/h)
93.19	49 289.98	425.624	30 066.5

4.4　夹点技术基础

许多过程工业中，一些物流需要加热，而另一些物流则需要冷却，合理地把这些换热物流匹配在一起组成换热器网络，充分利用热物流去加热冷物流，提高系统的热回收程度，尽可能地减少公用工程（如蒸汽、冷却水等）辅助加热和冷却负荷，对提高整个过程系统的能量利用率，降低企业能耗有重要意义。换热器网络综合就是要确定出具有较小或最小的设备投资费用和操作费用，并满足把每个过程物流由初始温度达到规定的目标温度的换热器网络。其中设备的投资费用主要与换热面积及换热设备的台数有关，而操作费用主要与公用工程消耗量有关。

近 30 年来，众多研究者提出了多种换热网络综合方法。根据综合方法的性质和侧重面的不同，大体上可分为启发式的经验规则法、以夹点技术为代表的热力学目标法、基于优化算法的数学规划法和以遗传算法为代表的人工智能法。这几种方法的划分并不是绝对的，通常是几种方法结合起来使用。换热器网络综合问题已成为过程系统综合的一个重要的研究分支。以夹点技术为代表的启发试探法，在工程上和学术上取得了重大的成就，但是由于它仅以夹点温差作为优化的决策变量，缺乏严格的模型、分步求解的特点，使其很难获得最优的换热网络。它的局限性还在于不能全面考虑换热过程传热系数、压力损失、换热器特性（如几何形状、材质和价格等）对换热网络的影响。尽管夹点技术存在一些局限性，但它仍然是目前常用的有效的方法，它的简洁和实用性在过程设计之前确定最优目标的思想和在过程能量综合中具有重要的地位，是其他诸如数学规划法，乃至人工智能法的重要基础。本节将阐述夹点设计法的基本知识和基础理论。

夹点技术是英国 Linnhoff 教授等于 20 世纪 70 年代末提出的换热网络优化设计方法，后来又逐步发展成为化工过程综合的方法论。夹点技术是从装置的热流分析入手，以热力学为基础，从宏观的角度分析系统中能量流沿温度的分布，从中发现系统用能的"瓶颈"所在。因为夹点技术具有简单、直观、实用和灵活等特点被广泛应用于新过程的设计和旧系统的改造。项目改造后老厂运行能耗平均降低 20% 以上，并且投资回收期平均少于 2 年。夹点技术现已成功地用于各种工业生产的连续和间歇工艺过程，应用领域十分广阔，在世界各地产生了巨大的经济效益。

4.4.1　*T-H* 图

在 *T-H* 图（temperature-enthalpy graph）上能够简单明了地描述过程系统中的工艺物流及公用工程物流的热特性。该图的纵轴为温度 *T*（单位为 K 或℃），横轴为焓 *H*（单位为 kW），这里的焓具有热流量的单位，kW，这是因为在工艺过程中的物流都具有一定的质量流量，单位是 kg/s，所以这里 T-H 图中的焓相当于物理化学中的焓（单位是 kJ/kg）再乘以物流的质量流量，即其单位是

$$kJ/kg \times kg/s = kJ/s = kW$$

物流在 T-H 图上可以用一线段（直线或曲线）来表示，当给出该物流的质量流量 W、状态、初始温度 T_s、目标（或终了）温度 T_t，就可以标绘在 T-H 图上。例如，一质量流量为 W 的冷物流由 T_s 升至 T_t 且没有发生相的变化，在该温度区间的平均比热容为 C_p [kJ/(kg·℃)]，则该物流由 T_s 升至 T_t 所吸收的热量为 $Q = W \times C_p(T_t - T_s) = \Delta H$。该热量即为 T-H 图中的焓差 ΔH，该冷物流在 T-H 图上的标绘结果如图 4.2 中的线段 AB，并以箭头表示物流温度及焓变化。线段 AB 具有两个特征：一是 AB 的斜率为物流比热容流率（物流的质量流量乘以比热容）的倒数，即 $\dfrac{\Delta T}{\Delta H} = \dfrac{T_t - T_s}{\Delta H} = \dfrac{1}{WC_p}$；另一特征是线段 AB 可以在 T-H 图中水平移动并不改变其对物流热特性的描述，这是因为线段 AB 在 T-H 图中水平移动时，并不改变物

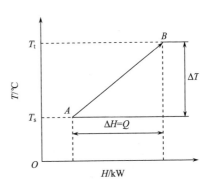

图 4.2　一无相变的冷物流
在 T-H 图上的标绘

流的初始和目标温度以及 AB 在横轴上的投影长度，即热量 $Q = \Delta H$ 不变。实际上，对于横轴 H，我们关注的是焓差-热流量。在 T-H 图上能够简明地描述过程系统中的工艺物流及公用工程物流的热特性。

4.4.2　组合曲线与 T-H 图上的夹点

在一过程系统中，包含有多股热物流和冷物流，在 T-H 图上孤立地研究一个物流，是研究工作的基础，更重要的是应当把它们有机地组合在一起，同时考虑热、冷物流间的匹配换热问题，从而提出了在 T-H 图上构造热物流组合曲线和冷物流组合曲线及其应用问题。

在 T-H 图上，多个热物流和多个冷物流可分别用热组合曲线和冷组合曲线进行表达。例如，图 4.3 (a) 热过程物流 H_1 和 H_2 在 T-H 图上分别表示为线段 AB 和 CD。图 4.3 (a) 同时表示 H_1 和 H_2 两个热物流的组合曲线的构造过程。首先将线段 CD 水平移动到点 B 与点 C 在同一垂线上，即物流 H_1 和 H_2 "首尾相接"，然后沿点 B、点 C 分别作水平线，交 CD 于点 F，交 AB 于点 E，这表明物流 H_1 的 EB 部分与物流 H_2 的 CF 部分位于同一温度间隔，则可以用一个虚拟物流，即线段 EF（对角线），表示该间隔的 H_1 和 H_2 两个物流的组合。因为 EF 的热负荷等于（$EB + CF$）的热负荷，且在同一温度间隔，图 4.3 (b) 表示最终得到的热物流 H_1 和 H_2 的组合曲线 $AEFD$。

在 T-H 图上可以形象、直观地表达过程系统的夹点位置。为了确定过程系统的夹点，需要给出下列数据：所有过程物流的质量流量、组成、压力、初始温度、目标温度，以及选用的热、冷物流间匹配换热的最小允许传热温差 ΔT_{min}。用作图的方法在 T-H 图上确定夹点位置的步骤如下（图 4.4）：

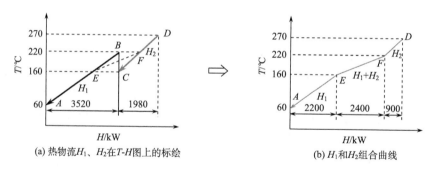

(a) 热物流H_1、H_2在T-H图上的标绘   (b) H_1和H_2组合曲线

图 4.3 组合曲线的构造过程

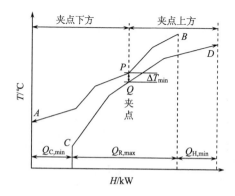

图 4.4 在 T-H 图上描述夹点

（1）根据给出的热、冷物流数据，在 T-H 图上分别作出热物流组合曲线 AB 及冷物流组合曲线 CD。

（2）热物流组合曲线置于冷物流组合曲线上方，并且两者在水平方向相互靠拢，当两组合曲线在某处的垂直距离正好等于 ΔT_{min} 时（如图 4.4 中所示的 PQ），则该处即为夹点。

应当强调指出，凡是等于 P 点温度的热流体部位以及凡是等于 Q 点温度的冷流体部位都是夹点，即从温位来讲，热流体夹点的温度与冷流体夹点的温度刚好相差 ΔT_{min}。

过程系统的夹点位置确定之后，相应地在 T-H 图上可以得出下列信息：

（1）该过程系统所需的最小公用工程加热负荷 $Q_{H,min}$ 及最小公用工程冷却负荷 $Q_{C,min}$。

（2）该过程系统所能达到的最大热回收 $Q_{R,max}$。

（3）夹点 PQ 把过程系统分隔为两部分：一部分是夹点上方，包含夹点温度以上的热、冷工艺物流，称为热端。热端只需要公用工程加热，故也称为热阱；另一部分是夹点下方，包含夹点温度以下的热、冷工艺物流，称为冷端。冷端只需要公用工程冷却，故也称为热源。

由上可知，选用的热、冷物流间匹配换热的最小允许传热温差 ΔT_{min} 的大小，直接影响夹点的位置。

4.4.3 问题表格算法

上述 T-H 图法确定夹点温度的方法虽然直观，但不适用大规模换热器网络问题的夹点确定。确定多物流夹点位置的常用方法为"问题表格法"，其可以深刻地理解夹点的实质及特征，下面结合例题进行说明。

例 4.1 一过程系统含有两个热物流和两个冷物流，给定数据列于表 4.7 中，并选热、冷物流间最小传热温差 $\Delta T_{min}=20℃$，试确定该过程的夹点位置。

表 4.7 例 4.1 的物流数据

物流标号	初始温度 T_s/℃	终了温度 T_t/℃	热负荷 Q/kW	热容流率 CP/(kW/℃)
H_1	150	60	180.0	2.0
H_2	90	60	240.0	8.0
C_1	20	125	262.5	2.5
C_2	25	100	225.0	3.0

根据例 4.1 中的物流的初温、终温和冷、热物流的最小传热温差 20℃，可以画出如表 4.8 所示的问题表格。在表 4.8 中，本网络按照温位共被划分为 6 个子网格 (SN)，采用式 (4.10) 对网络进行逐个热衡算：

$$O_k = I_k - D_k$$
$$D_k = \left(\sum CP_C - \sum CP_H \right)(T_k - T_{k+1}) \qquad k = 1, 2, \cdots, k \qquad (4.10)$$

式中，D_k 为第 k 个子网络本身的赤字 (deficit)，表示该网络为满足热平衡时所需外加的热量，D_k 值为正，表示需要由外部供热，D_k 值为负，表示该子网络有剩余热量可输出；I_k 为由外界或其他子网络供给第 k 个子网络的热量；O_k 为第 k 个子网络向外界或向其他子网络排出的热量；$\sum CP_C$ 为子网络 k 中包含的所有冷物流的热容流率之和；$\sum CP_H$ 为子网络 k 中包含的所有热物流的热容流率之和；k 为子网络数；$T_k - T_{k+1}$ 为子网络 k 的温度间隔，用该间隔的热物流温度之差或冷物流温度之差皆可。

表 4.8 例 4.1 的问题表格 (1)，$\Delta T_{min} = 20℃$

子网络序号 k	冷物流及其温度			℃	℃	热物流及其温度		
	C_1	C_2			150	H_1	H_2	
SN₁				125	145			
SN₂				100	120			
SN₃				70	90			
SN₄				40	60			
SN₅				25				
SN₆				20				

计算结果列于表 4.9。

表 4.9 例 4.1 的问题表格 (2)，$\Delta T_{min} = 20℃$

子网络序号	赤字 D_k/kW	无外界输入热量/kW		外界输入最小热量/kW	
		I_k	O_k	I_k	O_k
SN₁	−10.0	0	10.0	107.5	117.5
SN₂	12.5	10.0	−2.5	117.5	105.0
SN₃	105.0	−2.5	−107.5	105.0	0
SN₄	−135.0	−107.5	27.5	0	135.0
SN₅	82.5	27.5	−55.0	135.0	52.5
SN₆	12.5	−55.0	−67.5	52.5	40.0

由上面计算结果可以看出，在某些子网络中出现了供给热量 I_k 及排出热量 O_k 为负值的现象。例如，$O_2 = -2.5$，又 $I_3 = O_2 = -2.5$，负值表明 2.5kW 的热量要由子网络 3 流向子网络 2，但这是不

能实现的,因为子网络 3 的温位低于子网络 2 的温位。所以一旦出现某个子网络中排出热量 O_k 为负值的情况,说明系统中的热物流提供不出系统中冷物流达到终温所需的热量(在指定的允许的最小传热温差 $\Delta T_{\min}$ 前提下),也就是需要采用外部公用工程物流(如加热蒸汽或燃烧炉等)提供热量,使 O_k(或 I_k)消除负值。所需外界提供的最小热量就是使子网络中所有的 O_k 或 I_k 消除负值,即使 O_k 或 I_k 负值最大者变成零。

该例题中,$I_4 = O_3 = -107.5\text{kW}$,为 O_k 或 I_k 中负值最大者,所以需从外部提供热量 107.5kW,即向第一个子网络输入 $I_1 = 107.5\text{kW}$,使得 $I_4 = O_3 = 0$。

当 I_1 由 0 改为 107.5kW 时,各子网络依次作热量衡算,结果列于表 4.9 中的第四列和第五列。实际上,该表中的第二列、第三列中各值分别加上 107.5,即得表 4.9 中第四列、第五列的值。

由表 4.9 中数字的第四列、第五列可见,子网络 SN_3 输出的热量,即子网络 SN_4 输入的热量为零,其他子网络的输入、输出热量皆无负值,此时 SN_3 与 SN_4 之间的热流量为零,即为夹点,该处传热温差刚好为 $\Delta T_{\min}$。由表 4.8 知,夹点处热物流的温度为 90℃,冷物流的温度为 70℃,夹点温度可以用该界面的虚拟温度 $(90+70)/2 = 80$(℃)来表示。表 4.9 中数字的第四列第一个元素为 107.5,即为系统所需的最小公用工程加热负荷 $Q_{\text{H,min}}$。表 4.9 中数字的第五列最后的一个元素为 40,即子网络 SN_6 向外界输出的热量,也就是系统所需的最小公用工程冷却负荷 $Q_{\text{C,min}}$。

下面再看一下选用不同的 $\Delta T_{\min}$ 值对计算结果有何影响。现选用 $\Delta T_{\min} = 15℃$,物流数据不变,计算如下:

(1)按 $\Delta T_{\min} = 15℃$,得到问题表格(表 4.10)。

表 4.10 例 4.1 的问题表格 (1),$\Delta T_{\min} = 15℃$

子网络序号 k	冷物流及其温度 C₁ C₂	℃	℃	热物流及其温度 H₁ H₂
SN₁			150	
SN₂		125	140	
SN₃		100	115	
SN₄		75	90	
SN₅		45	60	
SN₆		25		
		20		

(2)按式(4.10)依次对每一个子网络作热量衡算,得出结果列于表 4.11。

从表 4.11 可以得出:夹点位置在第三与第四子网络的界面处,夹点的温度是:热物流 90℃,冷物流 75℃;最小公用工程加热负荷 $Q_{\text{H,min}} = 80\ \text{kW}$;最小公用工程冷却负荷 $Q_{\text{C,min}} = 12.5\ \text{kW}$。

表 4.11 例 4.1 的问题表格 (2),$\Delta T_{\min} = 15℃$

子网络序号	赤字 D_k/kW	无外界输入热量/kW		外界输入最小热量/kW	
		I_k	O_k	I_k	O_k
SN₁	−20.0	0	20.0	80	100.0
SN₂	12.5	20	7.5	100.0	87.5
SN₃	87.5	7.5	−80	87.5	0
SN₄	−135.0	−80	55	0	135.0
SN₅	110	55	−55.0	135.0	25.0
SN₆	12.5	−55	−67.5	25.0	12.5

上述计算结果的对比列于表 4.12。从中可见，ΔT_{min} 值对 $Q_{H,min}$、$Q_{C,min}$ 以及夹点位置均有影响。从而可以看出一个特征，即当 ΔT_{min} 变化时，$Q_{H,min}$、$Q_{C,min}$ 在数值的变化上是相等的，即该题中 $107.5-80=40-12.5=27.5$（kW），以此也可以检验当 ΔT_{min} 改变时的计算结果是否有误。

表 4.12 选用不同 ΔT_{min} 值，例 4.1 的计算结果比较

ΔT_{min} /℃	$Q_{H,min}$ /kW	$Q_{C,min}$ /kW	夹点位置/℃	
			热物流	冷物流
20	107.5	40.0	90	70
15	80.0	12.5	90	75

上述计算结果表明 ΔT_{min} 值对 $Q_{H,min}$、$Q_{C,min}$ 以及夹点位置均有影响。ΔT_{min} 越小，热回收量越多，则所需的加热和冷却公用工程量越少，即运行能量费用越少。但相应换热面积加大，造成网络投资费用增大，因此需要确定最优的 ΔT_{min}。

4.4.4 夹点的意义

由上述确定夹点位置的方法可以看出，夹点具有两个特征：一是该处热、冷物流间的传热温差最小，刚好等于 ΔT_{min}；二是该处（温位）过程系统的热流量为零。由这些特性，可理解夹点的意义如下：

（1）夹点处热、冷物流间传热温差最小，等于 ΔT_{min}，它限制了进一步回收过程系统的能量，构成了系统用能的"瓶颈"所在，若想增大过程系统的能量回收，减小公用工程负荷，就需要改善夹点，以解"瓶颈"。

（2）夹点处过程系统的热流量为零，从热流量的角度（或从温位的角度），它把过程系统分为两个独立的子系统。为保证过程系统具有最大的能量回收，应该遵循三条基本原则：夹点处不能有热流量穿过；夹点上方不能引入冷却公用工程；夹点下方不能引入加热公用工程。

现在进一步分析以下三种情况：夹点处有热流量通过；在热端（热阱）引入公用工程冷却物流；在冷端（热源）引入公用工程加热物流。

（1）结合例 4.1，如图 4.5（b）所示，如果加入子网络 SN_1 的公用工程加热负荷比最小所需值 107.5kW 还多了 x kW，则按热级联逐级作热衡算可得到如图 4.6（a）所示的结果，即有 x kW 的热流量通过夹点，而且所需的公用工程冷却负荷也比最小的所需值 40 kW 增加了 x kW，所以，一旦有热流量通过夹点，这意味着该系统增大了公用工程加热及冷却负荷，即增加了操作费（加大了加热蒸汽或燃料及冷却介质用量），减少了系统的热回收量，这就说明应该尽量避免有热流量通过夹点，这是设计中的基本原则之一。

（2）如果在夹点上方（热端，即热阱）引入公用工程冷却负荷 y kW，见图 4.6（b），则由热端中各子网络的热衡算可知，加入热端第一个子网络的公用工程加热负荷也需增加 y kW，所以，此时增加了公用工程加热与冷却负荷，增大了操作费，因此，应当尽量避免在夹点上方引入公用工程冷却物流，这是设计中的第二个基本原则。

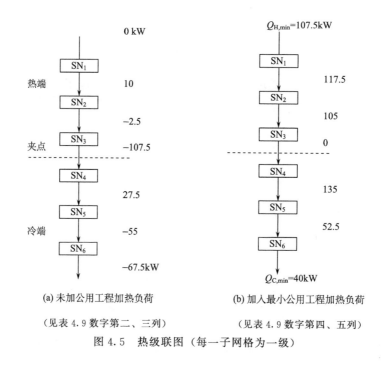

(a) 未加公用工程加热负荷　　　　(b) 加入最小公用工程加热负荷

（见表 4.9 数字第二、三列）　　　（见表 4.9 数字第四、五列）

图 4.5　热级联图（每一子网格为一级）

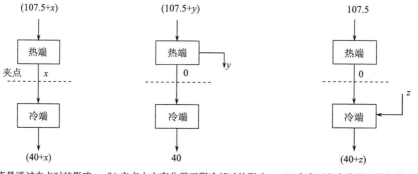

(a) 热流量通过夹点时的影响　(b) 夹点上方有公用工程冷却时的影响　(c) 夹点下方有公用工程加热时的影响

图 4.6　夹点的意义

（3）如果在夹点下方（冷端，即热源）引入公用工程加热负荷 z kW，见图 4.6（c），则由冷端中各子网络的热衡算可知，所需的公用工程冷却负荷也需增加 z kW。所以，应当尽量避免在夹点下方引入公用工程加热物流，这是设计中的第三个基本原则。

综上所述，为得到最小公用工程加热及冷却负荷（或达到最大的热回收）的设计结果，应当遵循上述三条基本原则。

4.4.5　换热网络夹点位置的确定

从夹点的特征及其意义可知，夹点位置的确定是至关重要的，如果确定的夹点位置不准确，采用夹点分析得到的换热网络设计或改造方案就会出现偏差，难以达到预期的效果。夹点位置的确定可分为操作型夹点和设计型夹点两大类。操作型夹点就是确定现有过程系统中热流量沿温度的分布,热流量等于零处即为夹点。通常有两种方法来确定操作型夹点的位置:一种是全过程采用单一的 ΔT_{min} 来确定夹点的位置;另一种是采用实际过程系统中冷热物流间匹配换热的传热温差,此时的传热温差各不相同。

设计型夹点计算是改进各物流匹配换热的传热温差以及对物流工艺参数进行调优,得到合理的过程系统热流量沿温度的分布,从而减少公用工程的用量,达到节约能量的目的。在设计型夹点计算中,如何确定各物流的传热温差贡献值是重要方面。当每一物流的传热温差贡献值确定后,可以按照操作型夹点计算方法和步骤进行计算,此时就能得到各物流在具有适宜传热温差贡献值情况下过程系统中热流量沿温度的分布。

4.4.6 总组合曲线

在组合曲线的基础上,通过水平移动冷热物流热负荷线在某点处接触,该接触点为夹点。在冷热组合曲线的端点和折点作水平线,划分温度间隔,计算出(或在图上读出)各温度间隔界面处的热流量,也即各温度界面上冷热两组合曲线水平线段差,将这些水平线段的左端点都水平移至与纵坐标轴相交,将移动后的所有水平线段的右端点相连接,构成冷热物流的总组合曲线。如图 4.7 所示,图中 C 点为夹点,夹点处的热流量为零,从能量流动角度来讲,夹点把过程系统分割成两个独立的子系统,即夹点上方的热端和夹点下方的冷端。在热端只需要公用工程加热,没有热量向系统外流出;在冷端只需要公用工程冷却,不需要从系统外吸收热量。总组合

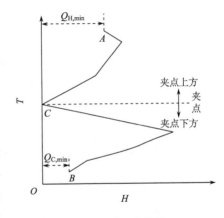

图 4.7 总组合曲线

曲线的实质是在 T-H 图上描述出过程系统中热流沿温度的分布,它能从宏观上形象地描述过程系统中不同温位处的能量流,提供出在什么温位需要补充外加能量,以及在什么温位可以回收能量的定量信息。

4.5 夹点设计法

夹点设计是经过近 30 年来的发展而形成的一种分析、判断、筛选各种候选方案并且实用性很强的方法。夹点设计法以能量分析为基础,综合考虑了热力学可行性和经济上的合理性。图 4.8 说明了夹点分析法在能量回收系统设计中的步骤。

4.5.1 预先确定换热网络的最优 ΔT_{min}

在用夹点技术对换热网络进行优化设计时,首先应确定换热网络的最优 ΔT_{min}。换热网络在不同的最小允许传热温差 ΔT_{min} 下,可产生不同的经济效果。一般当 ΔT_{min} 减小时,回收热量增多,公用工程冷热负荷减少,换热面积增加,投资增加,反之亦然。

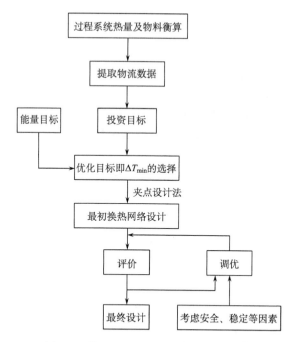

图 4.8　能量回收系统夹点设计法的步骤

对于不同的 ΔT_{min} 将产生不同的夹点位置，因而产生不同的换热网络结构。如果始于不佳的初始换热网络结构，用常规的优化技术对换热网络进行调优则很难使它逼近最佳网络。这意味着 ΔT_{min} 的选择对于获得接近最优的换热网络结构至关重要。如果选择不同的 ΔT_{min}，就需要对每一 ΔT_{min} 条件下的换热网络综合一次，这样工作量将会很大。一般最优夹点的确定有以下三种主要方法：

（1）根据经验确定。此时需要考虑冷热公用工程和换热器设备的价格、换热工质热物理属性、物流流率、传热系数等因素的影响。当换热器材质价格较高而能源价格较低时，可取较高的 ΔT_{min} 以减少换热面积。例如，对钛材或不锈钢换热系统，材质昂贵，可取 $\Delta T_{min} = 50℃$。反之，当能源价格较高时，则应取较低的 ΔT_{min}，以减少对公用工程的需求。例如，对冷冻换热系统，因冷冻公用工程的费用较高，此时取 $\Delta T_{min} = 5 \sim 10℃$。

另外换热工质热物理属性与传热系数对 ΔT_{min} 也有较大影响，当传热系数较大时，可取较低的 ΔT_{min}，因为在相同的换热负荷下，换热面积与传热系数与传热温差的乘积成反比。

（2）在不同的夹点温差下，综合出不同的换热网络，然后比较各网络的总费用，选取总费用最低的网络所对应的夹点温差。

（3）在网络综合之前，依据冷热物流的组合曲线，通过数学优化方法计算最优夹点温差。一般步骤如下：①输入物流和费用等数据，指定一个初始的 ΔT_{min}；②作出冷热组合曲线；③求出能量目标、换热单元数目和换热面积目标等，计算总费用目标；④判断是否达到最优，若是则输出结果；否则按一定的算法改变 ΔT_{min}，转到步骤②，重新进行计算，如此循环直至获得最优 $\Delta T_{\min}$。

第（1）和第（2）种方法经验性和随机性很强，所获得的 $\Delta T_{\min}$ 未必最优或接近最优。第（3）种方法热力学概念清晰，逻辑性强，借助数学优化法能够获得最优的 $\Delta T_{\min}$。

4.5.2 初始网络的设计

根据夹点的特性，夹点将换热网络分为相互独立的热端和冷端两个子网络，并各自形成相应的设计问题，即热端网络设计和冷端网络设计。由于在夹点处的传热温差处于最小允许传热温差 $\Delta T_{\min}$，匹配条件最为苛刻，如果不能满足该处的匹配条件就不能达到最低能耗的目的，而别处的条件就宽松多了。因此，夹点技术的匹配规则要求对夹点附近的匹配给予优先考虑，即首先从夹点开始匹配，并分别向两端展开。

为了使公用工程负荷消耗最小，设计时需遵循以下三个基本原则：一是尽量避免热量穿过夹点；二是在夹点上方（或称热端）尽量避免引入公用工程冷却介质；三是在夹点下方（或称冷端）尽量避免引入公用工程加热介质。这三条设计基本原则不只是局限用于换热网络系统，也同样适用于热-动力系统、换热-分离系统以及全流程系统的最优综合问题。

如果夹点附近的物流匹配不恰当，必将导致有热量从夹点处跨越，从而增加公用工程的消耗。一般采用如下可行性准则或规则来确定物流匹配：

（1）夹点匹配可行性规则一。对于夹点上方（热端），热流体（包括其分支流体）数目 N_H 不大于冷流体（包括其分支流体）数目 N_C，即 $N_H \leqslant N_C$；对于夹点下方（冷端），可行性规则一可描述为热流体（包括其分支流体）数目 N_H 不小于冷流体（包括其分支流体）数目 N_C，即 $N_H \geqslant N_C$。可行性规则一可以理解为夹点上方不能引入公用工程冷负荷，夹点下方不能引入公用工程热负荷，否则会造成公用工程负荷冷、热的双重浪费。在夹点上方，当冷流体数目多于热流体数目时，若冷流体找不到与其匹配的热流体，可引入公用工程热负荷将其加热至目标温度；在夹点下方，当热流体数目多于冷流体数目时，若热流体找不到与其匹配的冷流体，可引入公用工程冷负荷将其冷却到目标温度，这是不违反可行性原则的。

（2）夹点匹配可行性规则二。对于夹点上方，每一夹点匹配中热流体（或其分支）的热容流率 CP_H 要小于或等于冷流体（或其分支）的热容流率 CP_C，即 $CP_H \leqslant CP_C$。对于夹点下方，和夹点上方情况相反，即 $CP_H \geqslant CP_C$。这一规则是为了保证夹点匹配的传热温差不小于允许的最小传热温差 $\Delta T_{\min}$，远离夹点后，流体间的传热温差都增大了，不必一定遵循该规则。

以上的两个可行性规则对于夹点匹配来说是必须遵循的，但在满足这两个规则的前提下还存在着多种匹配选择。基于热力学和传热学原理，从减少设备投资费用出发还有如下一些经验规则具有一定的实用价值。

（1）经验规则一。选择每个换热器的热负荷等于该匹配的冷、热流体中的热负荷较小者，使之一次匹配换热可以使一个流体（热负荷较小者）由初始温度达到目标温度。这样的匹配关系能使系统所需的换热设备数目减少，降低投资费用。

（2）经验规则二。在考虑经验规则一的前提下，如有可能，应尽量选择热容流率值相近的冷热流体进行匹配换热，这就使得所选的换热器在结构上相对简单，费用降低。同时，由于冷热流体热容流率接近，换热器两端传热温差也接近，所以在满足最小传热温差 $\Delta T_{\min}$ 的前提下，传热过程的不可逆因素最小，相同热负荷情况传热过程的有效能损失最小。

在采用经验规则时，选用规则一优于规则二，同时还要兼顾换热系统的可操作性、安全性等因素。经验规则不仅适用于夹点匹配，而且适用于远离夹点的流体匹配换热。

根据上述夹点特性及设计基本原则，夹点设计法初始网络设计的要点可归纳如下：

（1）选定最优最小允许传热温差 $\Delta T_{\min}$，确定夹点位置。

（2）在夹点处把网络分隔开，形成的两个独立子系统（热端和冷端）分别处理。

（3）对每个子系统，设计先从夹点开始进行，采用夹点匹配可行性规则及经验规则，选择冷热流体匹配，决定流体是否需要分支。

（4）离开夹点后，约束条件减少，选择匹配流体自由度较大，可采用经验规则，允许设计者更灵活地选择换热方案。但在传热温差约束仍较紧张的场合（某处传热温差比允许的 $\Delta T_{\min}$ 大不了多少的情况），仍需遵循可行性规则。

（5）设计时需要兼顾考虑系统的可操作性、安全性及生产工艺中有无特殊规定等。

（6）将得到的两个子系统相加，即可形成具有最大能量回收的初始网络。

4.5.3　对初始网络的调优

按上述方法得到的初始网络能量回收较多，但换热设备往往也较多，设备投资费用及操作费用较多，初始换热网络未必是最优的网络结构，还需要对整个网络进行调优，可以通过断开换热网络的某些热负荷回路来减少换热单元数目。

一级热负荷回路是指在换热网络中，如果两个换热单元的冷热流体分别相同，那么这两个换热单元及冷热流体构成一级热负荷回路［图 4.9 中（a）］。

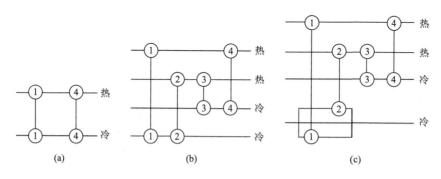

图 4.9　热负荷回路

二级热负荷回路是指在换热网络中，如果存在四个换热单元 1、2、3、4，它们存在如下关系：1 的冷流体与 2 的冷流体相同，2 的热流体与 3 的热流体相同，3 的冷流体与 4 的冷流体相同，4 的热流体与 1 的热流体相同，那么换热单元 1、2、3、4 及冷热流体构成二级热负荷回路［图 4.9 中（b）］。二级以上热负荷回路的定义与二级热负荷回路的定义类似。更为复杂换热网络中的热负荷回路可能会出现带有分支的热负荷回路的情况，如图 4.9 中（c）所示。图 4.9（c）中换热单元 1、2、3、4 及它们之间的流体组成二级热负荷回路，和图 4.9（a）和（b）不同的是换热单元 1 和 2 下面的流体并不完全是同一流体，而是在同一流体的不同分支上。

一级热负荷回路的断开方法是将其中某一换热单元（一般选择热负荷较小者）的热负荷加到另一换热单元上。

二级以上的热负荷回路断开方法是将热负荷回路的各个换热单元按顺序依次进行奇、偶标注，若取消的某一换热单元（一般选择热负荷较小者）处于奇数位置，热负荷为 Q，按照偶数加上 Q、奇数减去 Q 的规则，分别改变热负荷回路各换热单元的热负荷。

热负荷回路断开后，还应进行传热温差的检验，若所有传热温差大于给定的允许匹配温差，则热负荷回路断开，调优成功；若某一传热温差小于给定的允许匹配温差，则该次调优失败，恢复本次调优前的网络流程，继续寻找其他热负荷回路；或者进行换热网络能量松弛以满足给定的传热温差要求。全部热负荷回路断开后，再改变 ΔT_{min}，并将其作为初始最小允许传热温差，重复夹点设计法初始网络设计的要点步骤（2），直到得出具有最小公用工程负荷和最小换热设备数目（或最小换热面积）的设计方案，也即为总费用最小的最优设计方案。

习 题

1. 换热器是如何分类的？
2. 换热器设计与选型应注意的问题是什么？
3. 如何理解 T-H 图中横坐标 H（焓）的物理意义？
4. 什么是过程系统的夹点？
5. 如何准确地确定过程系统夹点的位置？

第5章 化工工艺流程设计

化工工艺流程设计是工艺设计的基础，主要涉及对象包括化工设备、工艺物流和输送管路，它是进行工厂、管道、控制、设备和公用工程系统设计的依据。工艺流程设计所涉及的各个方面的变化会使最终的工艺流程发生改变。化工工艺流程图用于表示整个生产过程的全貌，是化工工艺设计和施工图的核心图。

5.1 概　　述

工艺流程设计是以工艺流程图的形式，反映化工生产过程中当原料经过各个单元操作过程制得产品时，物料和能量发生的变化及其流向，以及生产中经历的工艺过程和使用的设备、仪表。

工艺流程设计的任务包括以下两个部分：

(1) 确定生产流程中各个生产过程的具体内容、顺序和组合方式，达到由原料制得所需产品的目的：①工艺流程组织设计；②物料衡算与能量衡算；③设备工艺计算和选型，对于标准设备如泵、压缩机等在能量衡算的基础上选型，当无标准设备可供选择时，由设计人员根据要求进行设计；④确定控制方案、选用合适的控制仪表；⑤确定"三废"治理和综合利用方案；⑥确定安全生产措施，如设置安全阀、阻火器、事故储槽，危险状态下发出信号或自动开启空阀或自动停车连锁等。

(2) 在工艺流程设计的不同阶段，绘制不同的工艺流程图。

由于生产工艺流程设计过程复杂，在各个方面相互联系，因此它不可能一次设计完成，而是最先设计，几乎最后完成；同时由浅入深，由定性至定量，分成几个阶段进行设计。

5.2 工艺流程设计的分类

工艺流程设计涉及面很广，内容往往比较复杂，在设计的不同阶段，流程图的深度也有所不同。

工艺流程设计的各个阶段的设计成果都是用各种工艺流程图和表格表达出来的，按照设计阶段的不同，先后有方框流程图、工艺流程草（简）图、工艺物料流程图、带控制点工艺流程图和管道仪表流程图等种类。方框流程图是在工艺路线选定后，工艺流程进行概念性设计时完成的一种流程图，不编入设计文件；工艺流程草（简）图是一个半图解式的工艺流程图，它实际上是方框流程图的一种变体或深入，只带有示意的性质，供化工计算时使用，也不列入设计文件；工艺物料流程图和带控制点工艺流程图列入初步设计阶段的设计文件中；管道仪表流程图列入施工图设计阶段的设计文件中。

管道仪表流程图与初设阶段的带控制点的工艺流程图的主要区别在于：它不仅更为详细地描述了该装置的全部生产过程，而且着重表达全部设备的全部管道连接关系和测量、控制及调节的全部手段。现在一般只绘制管道仪表流程图而不再绘制带控制点的工艺流程图。二者的称谓往往也互用。

5.3 工艺路线选择

选择工艺路线也就是选择合理的生产方法，它决定了最终设计质量的优劣，要求设计人员必须认真对待。化工厂生产同一种产品，可以采用不同的原料，经过不同生产路线而制得；即使采用同一原料，也可以采用不同生产路线；而采用同一生产路线，又可以采用不同的工艺流程。如果某产品有几种不同的生产方法，就应该逐个进行分析、比较，从中筛选出一个最优的生产方法，作为下一步工艺流程设计的依据。

5.3.1 选择原则

1. 先进性

先进性是指在化工设计过程中工艺路线同时具有技术上的先进性和经济上的合理性。技术上先进是指项目建设投资后，生产的产品质量指标、产量、运转的可靠性及安全性等既先进又符合国家标准；经济上的合理性是指生产的产品具有经济效益或社会效益。在设计中，既不能片面地考虑技术上的先进而忽视经济合理的一面，也不能片面地追求经济上的合理而忽视技术上是否先进。

2. 可靠性

可靠性主要是指所选择的技术路线的成熟程度，只有具备工业化生产的工艺技术路线才称得上是成熟的工艺技术路线。如果采用的技术不成熟，将会导致装置不能正常运行，达不到预期技术指标，甚至无法投产，从而造成极大的浪费。因此，对于尚处在试验阶段的新技术、新工艺、新方法，应该慎重对待；同时要防止只考虑先进性的一面，而忽视不成熟、不稳妥的一面。工厂设计必须坚持一切经过试验的原则，未经生产实践考验的新技术不能用于工厂设计。只有经过一定时间的试验生产，并证明技术成熟、生产可靠、有一定经济效益的，才能进行正式设计，不允许把未来的生产工厂当作试验工厂来进行设计，也不允许把不成熟的技术运用到工厂设计中去。

3. 合理性

从技术角度上看，对于工艺路线的选择，应尽量采用新工艺、新技术，吸收国外的先进生产装置和专门技术，但在具体选择一条工艺路线时，还要结合我国国情和建厂所在地的具体条件。

在化工设计过程中选择技术路线和工艺流程时，必须综合考虑上述三项原则，即遵从"技术上先进、经济上合理"全局性考虑问题的原则。无论哪一种技术，在实际应用过程中都会存在一定的优缺点。设计人员应该采取全面分析对比的方法，根据建设项目的具体要求，选择的工艺技术不仅对现在有利，而且对将来也有利，同时应竭力发挥其有利的一面，设法减少其不利的因素。在进行对比选择时，要仔细领会设计任务书提出的各项原则要求，对收集到的资料进行系统的加工整理，提炼出能够反映本质、突出主要优缺点的数据材料，作为比较的依据。必要时应运用流程模拟软件对各种生产方法或工艺流程进行详细的技术经济分析，对工艺流程进行全面优化。经过全面分析、反复对比后选出优点较多、符合国情、切实可行的技术路线和工艺流程。

5.3.2　确定步骤

1. 资料收集与调研

资料收集与调研是确定生产方法和选择工艺流程的准备阶段。在此阶段，要根据建设项目的产品方案及生产规模，有计划、有目的地搜集国内外同类型生产厂家的有关资料，其内容包括各国生产情况、各种生产方法及工艺流程、原料来源及成品应用情况；试验研究报告，原料、中间产品、产品和副产品的规格和性质以及消耗定额；安全技术和劳动保护措施，综合利用及"三废"治理，生产技术是否先进，生产机械化、自动化程度，装备大型化与制造、运输情况，基本建设投资、产品成本、占地面积；水、电、汽（气）、燃料的用量及供应，主要基建材料的用量及供应；厂址、地质、水文、气象等方面资料；车间（装置）环境与周围的情况等。

2. 落实关键设备

设备是完成生产过程的重要条件，在确定工艺路线和工艺流程时，必然涉及设备，而对关键设备的研究分析，对保证执行工艺路线和完成工艺流程的设计具有十分重要的意义。对各种生产方法中所用的设备，应该分清国内已有的定型设备、需要进口的设备及国内需重新设计制造的设备三种类型，同时应了解和掌握设计制造单位的技术力量、加工条件、材料供应与设计、制造的进度等情况。

3. 对各种生产方法进行技术、经济、安全性等方面的综合比较

根据几种工艺路线和工艺流程，进行技术、经济、安全等方面的全面对比。比较时要仔细领会设计任务书提出的各项原则和要求，对搜集到的资料进行加工整理，提炼出能够反映本质的、突出主要优缺点的数据材料，作为比较的依据。全面对比的内容很多，一般主要从以下几个方面进行比较：

（1）各种工艺路线在国内外采用的现状及其发展趋势。
（2）产品的质量指标及产品规格。
（3）生产能力和工艺技术条件，是否具备工业化生产的条件。
（4）主要原材料及能量消耗。
（5）建设费用及产品成本，多项技术经济指标的比较。

（6）工艺能否连续化及装置能否大型化问题。

（7）"三废"的产生及治理。

（8）安全生产及劳动保护。

5.4　工艺流程设计

5.4.1　工艺流程设计原则与方法

1. 工艺流程设计的原则

尽可能采用先进设备、先进生产方法及成熟的科学技术成果，以保证产品质量；"就地取材"，充分利用当地原料，以便获得最佳的经济效益；采用高效率的设备，降低原材料消耗及水、电、汽消耗，以使产品的成本降低，经济效益提高；充分预计生产的故障，以便及时处理，保证生产的稳定性。

工艺流程设计的主要依据是原料性质、产品质量和品种、生产能力以及今后的发展余地等。

设计工艺流程是一项复杂的技术工作，需要从技术、经济、社会、安全和环保等多方面进行综合考虑。其中应特别注意如下问题。

1）技术的成熟程度

技术的成熟程度是流程设计首先应考虑的问题。如果已有成熟的工艺技术和完整的技术资料，则应选择成熟的工艺技术进行项目的开发与建设。这样既保证了项目开发成功的可靠性，同时也缩短了开发周期和节省了开发费用。

当采用成熟的工艺技术进行项目建设时，必须注意该项目实施的时间和空间条件，应对采用的工艺技术与实施的时间和空间条件差异做适当修改，以使工艺技术方案能符合现有时间和空间条件的目的和要求。

如果在开发中找不到成熟的工艺技术和可靠的技术资料，也应找到工艺类型相近的成熟技术资料作参考，借鉴成熟技术的经验和教训，可以提高流程设计的准确程度。

2）及时采用新技术和新工艺，但要注意技术的可靠性

有多种方案可以选择时，选直接法代替多步法，选原料种类少且易得的路线代替多原料路线，选低能耗方案代替高能耗方案，选接近于常温常压的条件代替高温高压的条件，选污染少或废料少的方案代替污染严重的方案等，但也要综合考虑。

作为投资建设项目的流程设计，总希望少承担些技术风险。但在保证可靠性的前提下，则应尽可能选择先进的工艺技术路线。如果先进性和可靠性二者不可兼得，则宁可选择可靠性大而先进性稍次些的工艺技术作为流程设计的基础。

3）流程的可操作性、可控制性

流程的可操作性、可控制性是指流程中各种设备的配合是否合理、物料的运行是否畅通无阻、各种工艺条件是否容易控制和实现等。

（1）尽量采用能使物料和能量有高利用率的连续过程。

（2）反应物在设备中的停留时间既要使之反应完全，又要尽可能短。

（3）维持各个反应在最适宜的工艺条件下进行，多相反应尽可能增大反应物间的接触面积。不同性质的或需要不同条件的分阶段的反应，宜在相应的各特殊设计的设备中进行。在同一设备中进行多种条件要求不同的反应，往往引起恶劣的后果。

（4）设备或器械的设计要考虑到流动形态对过程的影响，也要考虑到某些因素可能变化，如原料成分的变化、操作温度的变化等。

（5）尽可能使器械构造、反应系统的操作和控制简单、灵敏和有效。

（6）为易于控制和保证产品质量一致，在技术水平和设备材料等允许的条件下，大型单系列或少系列优于小型多系列，且便于实现微机控制。

4）投资和操作费用

在流程设计中考虑节省建设投资，可注意以下几个方面：

（1）多采用已定型生产的标准型设备，以及结构简单和造价低廉的设备。

（2）尽可能选用条件温和、低能耗、原料价廉的技术路线。

（3）选用小而有效的设备和建筑，以降低投资费用，并便于管理和运输，同时，也要考虑到操作、安全和扩建的需要。

（4）工厂应接近原料基地和销售地域，或有相应规模的交通运输系统。

（5）现代过程工业装置的趋向是大型、高效、节能、自动化、微机控制；而一些精细产品则向小批量、多品种、高质量方向发展。选取工艺方案要掌握市场信息，结合具体情况，因地制宜，充分利用当地资源和有利条件。

（6）用各种方法减少不必要的辅助设备或辅助操作，例如利用地形或重力进料以减少输送机械。

（7）选用适宜的耐久抗蚀材料。既要考虑到在很多情况下（如跑、冒、滴、漏）所造成的损失远比节约某些材料的费用要多，同时也要考虑到化工生产是折旧率较高的部门。

（8）工序和厂房的衔接安排要合理。

5）安全

在流程设计中应重视破坏性风险分析，创造有职业保护的安全工作环境，减轻体力劳动。危险分析通常是通过事故模拟试验的考察来进行的。从模拟试验中可以了解到事故发生的原因，产生的条件和后果，以及引发事故的各种因素间的一些内在关系。通过分析，可以确定所设计的流程需要承担的安全风险。

在风险分析中对于一些随机因素和因偶然性而带来的潜在危险也应包括进去，以便在流程设计中全面考虑安全性措施来确保流程运行的可靠性。

6）环境和生态

在我国，"三废"治理和环境保护已纳入法治轨道，国家规定了各种有害物质的排放标准，任何企业都必须达标排放，否则就是违法的。我们在开始进行生产方法和流程设计时，就必须考虑过程中产生"三废"的来源和采取的防治措施。尽量做到原材料的综合利用，变废为宝，减少废物的排放。如果工艺上不成熟、工艺路线不合理、污染问题不能解决，则是不能建厂的。

污染处理装置应与生产装置同时投入运行。

对于工业实施项目，不允许实施后对人类生产及生活活动，以及工农业生产发展和生态平衡等方面带来不利影响。

2. 工艺流程设计方法

首先要看所选定的生产方法是正在生产或曾经运行过的成熟工艺还是待开发的新工艺。前者是可以参考借鉴只需要局部改进或局部采用新技术新工艺的问题。后者需针对新开发的技术，在设计上称为概念设计。工艺流程设计根据国内已经过中试，且有中试资料的工艺流程为依据，或者以国外引进的成熟的资料为依据。不论哪种情况一般都是将一个工艺过程分为四个重要部分：原料预处理过程、反应过程、产物的后处理（分离净化）和"三废"的处理过程。一般的工作方法有以下几个方面。

1）反应过程

根据反应过程的特点、产品要求、物料特性、基本工艺条件来决定采用反应器类型及决定操作方式（采用连续操作，还是间歇操作）。有些产品不适合连续化操作，如同一生产装置生产多品种或多牌号产品时，用间歇操作更为方便。另外，物料反应过程是否需外供能量或移出热量，都要在反应装置上增加相应的适当措施。如果反应需要在催化剂存在下进行，就需考虑催化反应的方式和催化剂的选择。一般来说，主反应过程反应装置的设计或选择，是工业生产过程中的核心部分，也是工艺是否成功的关键所在。因此，在设计中除可参考借鉴有关数据外，建设单位必须提供反应装置的完整设计数据。

2）原料预处理过程

在主反应装置确定之后，根据反应特点，必然对原料提出要求，如纯度、温度、压力以及加料方式等。这就需根据需要采取预热（冷）、气化、干燥、粉碎筛分、提纯精制、混合、配制、压缩等措施。这些操作过程就需要相应的化工单元操作，并加以组合，通常不是通过一台、两台设备或简单过程完成的。原料预处理的化工操作过程是根据原料性质、处理方法而选取不同的装置及不同的输送方式，从而可设计出不同的流程。

3）产物的后处理过程

根据反应原料的特性和产品的质量要求，以及反应过程的特点，产物的后处理有多种形式，产物后处理过程的设置主要基于下面的原因：

（1）反应中所存在的副产物需借助于后处理过程分离。除了获得目的产物外，由于存在副反应，还生成了副产物。例如，烃类裂解制取乙烯，裂解炉出口产物是非常复杂的多组分的混合物，因此乙烯产品的分离有多种方法及流程。

（2）分离与合理利用未反应的组分。由于反应时间等条件的限制或受反应平衡的限制，以及为使反应尽可能完全而有过剩组分，反应转化率并非百分之百，因而产物中必然有剩余的未反应的原料。例如，用氢和氮合成氨的过程，通过合成塔后，有 80% 以上的氮气、氢气未参与反应。又如，用氨和二氧化碳合成尿素的过程，加入的氨是过剩的，而且反应后对二氧化碳来说其转化率也不过 60%～70%。因此必然有剩余的反应物与产物混在一起，就需要进行分离、循环利用。

（3）由产物的后处理过程进一步除去杂质。原料中固有的杂质往往不是反应需要的，在原料的预处理中并未除净，因而在反应中将会带入产物中，或杂质参与反应而生成无用且有害的物质。例如，在合成氨的原料气制造中，如采用煤的蒸气转化制取，由于煤中含有硫化物，则产品原料气中将会有硫化氢等有害气体，在送入下一工序时必须脱硫。又如，某些无机盐的生产中，多因天然矿物原料含有某些杂质，而使产物不纯，为提高产品质量，又增设一些复杂的分离提纯过程。

（4）产物的集聚状态要求，也增加了后处理过程。某些反应过程是多相的，而最终产物是固态的。例如，氨碱法制造纯碱过程，主要反应是在碳化塔中进行的，过程是气、液、固多相的。从碳化塔取出的产物是固液混合物，为获取固体产物，需有过滤分离装置。又如，前述尿素生产中，从尿素合成塔取出的产物为混合溶液，为获取固体尿素，需要经过一系列分解、蒸发浓缩和结晶的相变过程。

除上述原因外，还有其他各种各样的原因，相应地要采用不同措施进行处理。因此用于产物的净化、分离的化工单元操作过程，往往是整个工艺过程中最复杂、最关键的部分，有时是制约整个工艺生产能否进行的一环，即保证产品质量的极为重要的步骤。因此，如何安排每一个分离净化的设备或装置以及操作步骤，它们之间如何连通，能否达到预期的净化效果和能力等，都是必须认真考虑的。为此要掌握大量的资料和丰富的实践经验，比较多种方案，确定这部分流程设计。

4）产品的后处理

经过前述分离净化后达到合格的目的产品，有些是下一工序的原料，可加工为其他产品；有些可直接作为商品，往往还需进行后处理工作，如筛选、包装、灌装、计量、储存、输送等过程。这些过程都需要有一定的工艺设备装置、工艺操作。例如，气体产品的储罐、装瓶；液体产品的罐区设置（也包装原料）、装桶，甚至包括槽车的配备；固体产品的输送、包装和堆放装置等。

5）未反应原料的循环或利用以及副产物的处理

由于反应并不完全，剩余组分在产物处理中被分离出来，一般应循环回到反应设备中继续参与反应。例如，合成氨或合成甲醇等生产中，有大量未反应原料气，都通过冷却分离，加压循环返回到合成塔，因此循环方式就必须精心设计。有些生产中未反应的原料气，也可以引出加工成其他副产物；或者在反应器中因副反应而产生的副产物，也要在产物的后处理中被分离出来。为此，根据产品的特点和质量要求，分别或同时设计出相应的化工单元操作过程，当然也应包括副产品的包装、储运等处理过程。例如，乙烯生产过程中，同时可生产出许多重要的副产物，如丙烯、丁二烯、汽油等，都是需要在产物处理中同时考虑的。

6）确定"三废"排出物的处理措施

在生产过程中，对于不得不排放的各种废气、废液和废渣，应在现有的技术条件下，尽量综合利用，变废为宝，加以回收，而无法回收的应妥善处理。"三废"中如含有有害物质，在排放前应该达到排放标准。因此，在化工开发和工程设计中必须研究和设计治理方案和流程，要做到"三废"治理与环境保护工程、"三废"治理工艺与主产品工艺同时设计、同时施工，而且同时投产运行。按照国家有关规定，如果污染问题不解决，是不允许投产的。"三废"处理方法可参照有关专业资料进行。

7）确定公用工程的配套措施

在生产工艺流程中必须使用的工艺用水（包括作为原料的饮水、冷却水、溶剂用水以及洗涤用水等）、蒸汽（原料用汽、加热用汽、动力用汽及其他用汽等）、压缩空气、氮气等以及冷冻、真空都是工艺中要考虑的配套设施。至于生活用电、上下水、空调、采暖通风都是应与其他专业密切配合的。

8）确定操作条件和控制方案

一个完善的工艺设计除了工艺流程等以外，还应把投产后的操作条件确定下来，这也是设计要求。这些条件包括整个流程中各个单元设备的物料流量（投料量）、组成、温度、压力等，并且提出控制方案（与仪表控制专业密切配合）以确保能稳定地生产出合格的产品。

9）制定切实可靠的安全生产措施

在工艺设计中要考虑到开停车、长期运转和检修过程中可能存在各种不安全因素，根据生产过程中的物料性质和生产特点，在工艺流程和装置中，除设备材质和结构的安全措施外，在流程中应在适宜部位上放置事故槽、安全阀、放空管、安全水封、防爆板、阻水栓等以保证安全生产。

10）保温、防腐的设计

这是工艺流程设计中的最后一项工作，也是施工安装时最后一道工序。根据介质的温度、特性和状态以及周围环境状况决定流程中的管道和设备是否需要保温和防腐。

（1）保温的任务。根据管内或设备容器的温度决定是否需要保温，一般具有下列情况之一的场合均应保温：①凡设备或管道表面区温度超过 50℃，减少热损失；②设备内或输送管道内的介质要求不结晶不凝结；③制冷系统的设备和管道中介质输送要求保冷；④介质的温度低于周围空气露点温度，要求保冷；⑤季节温度变化大，有些常温湿气或液体，冬季易冻结，有些介质在夏季易引起蒸发、气化。

保温的任务就是选择合适的保温材料，确定一个经济合理的保温厚度，即最佳经济厚度，可参考有关设计手册确定，同时根据所选保温材料确定保温结构。

（2）防腐设备和管道的防腐处理。化工生产中的物料介质，大多数都具有或轻或重的腐蚀性，因此所选用的设备和管道通常是能够抵抗介质侵蚀的耐腐蚀材料，除此之外，还要采用防腐措施，一般有衬里和涂层两类措施。

衬里：一般在金属容器内壁衬以一定厚度的有机或无机材料衬里，以隔断介质与金属的接触。有机衬里（如橡胶、塑料或其他有机高聚物）主要为热固性的树脂，无机衬里一般为玻璃、瓷砖、耐腐水泥、辉绿岩板等。

涂层：在设备和管道外表面，因为大气的腐蚀，尤其在周围环境可能含有酸性气体时，外表面都要进行防腐处理。

在保温和防腐的设计中，要列出保温和防腐材料消耗表。

5.4.2　工艺流程图的绘制

1. 方框流程图

方框流程图也称工艺流程示意图，通常是用来向决策机构、高级管理部门提供该工艺过程的快速说明，如可行性研究报告中所提供的工艺流程示意图。工艺过程的总体概念用方框流程图按不同的部分表示，每个方框根据不同的详略要求，可以是整个工艺流程的一个部分，也可以是一个操作单元。

图 5.1 为焦炉煤气制取甲醇的方框流程图。

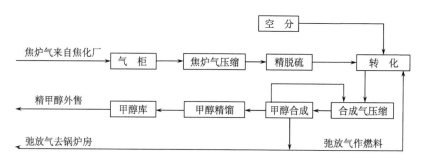

图 5.1　焦炉煤气制取甲醇的方框流程图

焦炉生产的焦炉煤气经冷凝鼓风、电捕、脱硫、脱氨、脱苯等工段回收后，在气柜中缓冲，将焦炉煤气压缩至 2.5MPa，然后进入焦炉煤气净化装置，将氨、氰化氢分解，硫全部脱掉，不饱和烃加氢后与纯氧、蒸汽进行催化部分转化，使焦炉煤气中的甲烷和高碳烃转化为甲醇合成的有效成分 H_2、CO，转化气经合成气、循环气联合压缩机压缩至 5.5～6.0MPa，进行甲醇合成，生成的粗甲醇进入甲醇精馏装置制得优等品级的精甲醇。甲醇弛放气一部分作为转化装置预热炉的燃料气，一部分作为燃料外供。

流程示意图一般用细实线矩形框表示，流程线只画出主要物流，用粗实线表示，流程方向用箭头画在流程线上，并加上其他必要的注释等。

流程示意图中的方框，除了标注操作名称外，有时还要注上部分号码，这些号码可以与以后的工艺流程图上的相关物流编号相互参照。

2. 工艺流程草图

工艺流程草图又称为方案流程图或流程示意图，为一种仅定性表示物料由原料转化为产品的变化过程和流向顺序，以及生产中所采用的化工单元过程及设备的流程图。当生产方法确定以后，就可以开始设计绘制一个草图（尚未进行定量计算）。

1）工艺流程草图的内容

（1）设备示意图，按设备大致几何形状画出，甚至画方块图也可以。

（2）流程管线及流向箭头，包括全部物料管线和部分辅助管线，如水、汽、气等。

（3）文字注释，如设备名称、物料名称、来自何处、去何处等。

2）工艺流程草图的绘制与标注

工艺流程草图由左至右展开，设备轮廓线用细实线，物料管线用粗实线，辅助管线用中实线画出。在图的下方或其他显著位置，列出各设备的位号。设备位号由四个单元组成，分别为设备类别代号、设备所在主项的编号、主项内同类设备顺序号、相同设备的数量尾号。

设备类别代号一般取英文名称的第一个字母（大写）。具体规定见表 4.2。

主项编号采用两位数字，从 01 开始，最大为 99。

设备顺序号按同类设备在工艺流程中流向的先后顺序编制，采用两位数字，从 01 开始，最大为 99。

两台或两台以上相同设备并联时，它们的位号前三项完全相同，用不同的数量尾号加以区别。按数量和排列顺序依次以大写英文字母 A、B、C、⋯作为每台设备的尾号。

同一设备在施工图设计和初步设计中位号相同。初步设计经审查批准取消的设备及其位号在施工图设计中不再出现；新增的设备则应重新编号，不准占用已取消的位号。

设备位号在流程图、设备布置图及管道布置图中书写时，在规定的位置画一条粗实线——设备位号线。线上方书写位号，线下方在需要时可书写名称；

图 5.2 为甲醇项目中，水煤气变换采用部分变换工艺时的工艺流程示意图。

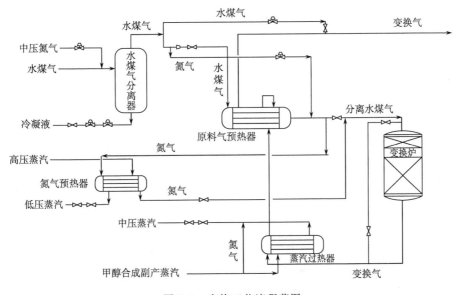

图 5.2　变换工艺流程草图

3. 工艺物料流程图

工艺物料流程图是在物料衡算和热量衡算完成后绘制，简称 PFD（process flow diagram）。它是以图形与表格相结合的形式来反映物料衡算结果，它可作为设计审查的资料，并作为进一步设计的重要依据，同时也作为日后生产操作的参考。工艺物料流程图表达了一个生产工艺过程中的关键设备或主要设备，关键节点的物料性质（如温度、压力）、流量及组成。

1）工艺物料流程图的内容

物料流程图的主要内容是设备图形、物流管线、物料平衡表和标题栏。有时由于物料衡算结果较复杂，可按工段（工序）分别绘制物料流程图。

2）工艺物料流程图的绘制

工艺物料流程图图样采用展开图形式，一般以车间为单位进行。按工艺流程顺序，

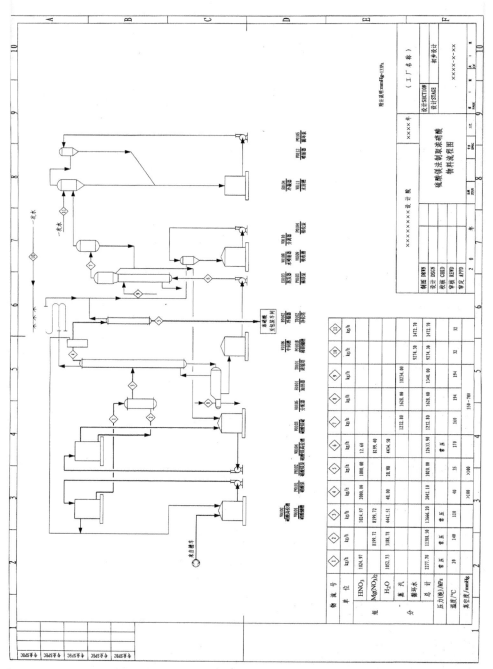

图 5. 3　硫酸镁法制取浓硝酸物料流程图

自左至右依次画出一系列设备的图形，并配以物料流程线和必要的标注与说明。在保证图样清晰的原则下，图形不一定按比例。图纸常采用 A2 或 A3。长边过长时，幅画允许加长，也可分张绘制。图 5.3 为硫酸镁法制取浓硝酸的物料流程图。

（1）设备表示法。

设备示意图用细实线画出设备简略外形和内部特征（如塔的填充物、塔板、搅拌器和加热管等）。同样设备可只画一台，备用设备省略。目前很多设备的图形已有统一规定，其图例可参见 HG 20519.31—92。

设备在图上应标注位号和名称，设备位号在整个系统内不得重复，且在所有工艺图上设备位号均需一致。相同设备的数量尾号，用以区别同一位号、数量不止一台的相同设备，用 A、B、C、…表示。位号组成如图 5.4 所示。

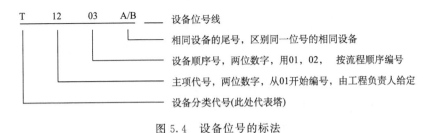

图 5.4　设备位号的标法

其中，常用设备分类代号见表 5.1。

表 5.1　常用设备分类代号

设备类别	代号	设备类别	代号
塔	T	火炬、烟囱	S
泵	P	容器（槽、罐）	V
压缩机、风机	C	起重运输设备	L
换热器	E	计量设备	W
反应器	R	其他机械	M
工业炉	F	其他设备	X

设备位号应在两个地方进行标注：一是在图的上方或下方，标注的位号排列要整齐，尽可能地排在相应设备的正上方或正下方，并在设备位号线下方标注设备的名称；二是在设备内或其近旁，此处仅注位号，不注名称。但对于流程简单、设备较少的流程图，也可直接从设备上用细实线引出，标注设备位号。

（2）物流管线表示法。

图中应表示该工艺中各单元操作的主要设备，设备之间的流程线用带箭头的粗实线表示物流通过的工艺过程或进行循环的途径，箭头应尽量标注在设备的进出口处或拐弯处。辅助物料和公用物料连接管只绘出与设备连接的一小段管，以箭头表示进出流向，并注明物料名称或用介质代号表示，介质代号同管道仪表流程图一致。

进出装置（车间）界区的管道要用管道的界区接续标志来标明，按 HG 20559.3—93 规定，该标志用中线条表示。各物流点的编号用细实线绘制适当尺寸的菱形框表示。菱形边长为 8～10mm，框内按顺序填写阿拉伯数字。菱形框可在物流线的正中，也可紧靠物流线，或用细实线引出。

物料经过设备产生变化时，需以表格形式标注物料变化前后各组分的名称、数量、百分比等，并标出总和数，具体项目多少可按实际需要而定。此外，还要注出物料经过时温度和压力的变化情况。

4. 管道仪表流程图

管道仪表流程图简称 PID（piping and instrumentation diagram），有时也称为带控制点的工艺流程图。初步设计和施工图设计中，这种图的绘制原则相同，只是前者设备结构形式、辅助管线及公用系统管线绘制较简单。

管道仪表流程图又分为工艺管道仪表流程图和公用工程管道仪表流程图。其中公用工程管道仪表流程图又可分为公用工程（如锅炉、空气分离、压缩空气、循环水系统等）发生管道仪表流程图和公用工程分配管道仪表流程图。

国内管道仪表流程图的设计过程因设计单位而异，但一般要经过初步条件版、内部审核版、用户批准版、设计版、施工版和竣工版等几个阶段，是从各个设计阶段实现一个工艺流程从工艺物料流程到实际操作流程的变化过程。

1）管道仪表流程图的内容

管道仪表流程图中应表示出全部工艺设备、物料管道、阀件、设备的辅助管道以及工艺和自控的图例、符号等。

（1）图形。用规定的图形符号和文字代号表示设计装置的各工序中工艺过程的全部设备、机械和驱动机，全部管道、阀门，主要管件（包括临时管道、阀门和管件），公用工程站和隔热，全部工艺分析取样点和检测、指示、控制功能仪表，供货（成套、配套）和设计单位分工（如果有）的范围。

（2）标注。注写设备位号及名称、管段编号、控制点代号、必要的尺寸、数据；对安全生产、试车、开停车和事故处理在图上需要说明事项的标注；如果需要，可对设备、机械、驱动机等技术特性进行标注；设计要求的标注等。

（3）图例。代号、符号及其他标注的注明，有时还有设备位号的索引等。

（4）标题栏。注写图名、图号、设计阶段、设计单位等。

图 5.5 为工艺管道仪表流程图。

2）管道仪表流程图的绘制

（1）图幅。

管道仪表流程图一般用 1 号图纸绘制，并按长边加长。按生产工艺过程的顺序将各设备的简单图形从左至右绘制在图纸上。在图的下方画一条细实线作为 0.00 的标高。如有必要，还可以将各层楼面的高度分别标出。

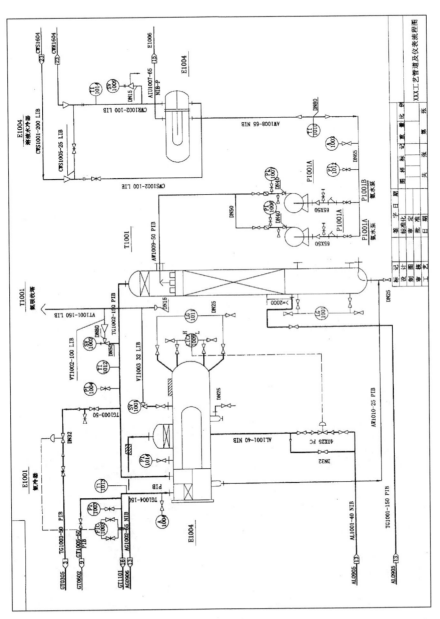

图 5.5　工艺管道仪表流程图

（2）比例。

图上的设备图形按其实际高低的相对位置大致按 1∶100 或 1∶200 的比例用细实线绘制。对于过大或过小的设备，要适当缩小或放大绘制比例，使得整幅图中的设备都表达清楚。因此标题栏中的"比例"一项，不予注明。

一般工艺管线由图纸左右两侧方向出入，与其他图纸上的管线连接。放空或去泄压系统的管线，在图纸上方离开。

公用工程管线有两种表示方法：一种方法同工艺管线一样，从左右或低部出入图纸，或就近标出公用工程代号以及相邻图纸号；另一种是在相关设备附近注上公用工程代号，然后在公用工程分配图上详细标出与该设备相接的管线尺寸、压力等级及阀门配置等。

所有出入图纸的管线都要带箭头，并注出连接图纸号、管线号、介质名称和相连接设备的位号等相关内容。

绘图时，必须在每张图纸的右下角画出标题栏。对于标题栏的格式，国家标准 GB 10609.1—89 已做了统一规定。标题栏的外框线一律用粗实线绘制，其右边与底边均与图框线重合；标题栏的内容分格线均用细实线绘制。

当一个流程中包括有两个或两个以上相同的系统（如聚合釜、气流干燥、后处理等）时，可以绘制出一个系统的流程图，其余系统以细双点划线的方框表示，框内注明系统名称及其编号。当这个流程比较复杂时，可以绘制一张单独的局部系统流程图。在总流程图中，局部系统采用细双点划线方框表示，框内注明系统名称、编号和局部系统流程图图号，如图 5.6 所示。

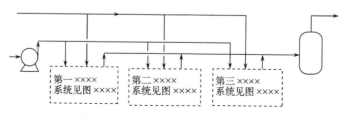

图 5.6　总流程图中局部系统表示方法

（3）图线（GB 4457.4—84）与字体（GB/T 14691—93）。

工艺流程图中，工艺物料管道用粗实线，辅助物料管道用中粗线，其他用细实线。图线宽度见表 7.2。在图样中书写汉字、字母、数字时，字体的高度（用 h 表示）的公称尺寸系列为 1.8mm、2.5mm、3.5mm、5mm、7mm、10mm、14mm、20mm，如需要书写更大的字，其字体高度应按 $\sqrt{2}$ 的比率递增，字体的高度代表字体的号数。图纸和表格中的所有文字写成长仿宋体，并采用国家正式公布推行的简化字。

（4）设备的表示方法。

工艺管道仪表流程图上应绘出全部和工艺生产有关的设备、机械和驱动（包括新设备、原有设备以及需要就位的备用设备）。

（i）设备的画法。

a）图形。化工设备在流程图上可不按比例用中线条绘制，按 HG 20519.31 规定的设备和机械的图例画出能够显示设备形状特征的主要轮廓，并表示出设备类别特征以及内部、外部构件。对于外形过大或过小的设备，可以适当缩小或放大。未规定的设备、机器的图形可以根据其实际外形和内部结构特征绘制，但在同一设计中，同类设备的外形应一致。设备的内部构件及具有工艺特征的内部构件，如列管换热器、反应器的搅拌形式、内插管、精馏塔板、流化床内部构件、加热管、盘管、活塞、内旋风分离器、隔板、喷头、挡板（网）、护罩、分布器、填充料等，可用细实线表示，也可用剖面形式表示内部构件。

如有可能，设备、机器上全部接口（包括人孔、手孔、卸料口等）均画出，其中与配管有关以及与外界有关的管口（如直连阀门的排液口、排气口、放空口及仪表接口等）则必须画出。管口一般用单细实线表示，也可以与所连管道线宽度相同，允许个别管口用双细实线绘制。一般设备管口法兰可不绘制。

对于需隔热的设备和机器要在其相应部位画出一段隔热层图例，必要时注出其隔热等级；有伴热者也要在相应部位画出一段伴热管，必要时可注明热类型和介质代号。隔热层、伴热管标注方法如图 5.7所示。

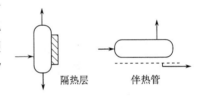

设备、机器的运动支撑和底（裙）座可不表示。

图 5.7 隔热层、伴热管标注方法

复用的原有设备、机器及其包含的管道可用框图注出其范围，并加必要的文字标注和说明。

设备、机器自身的附属部件与工艺流程有关者，例如，柱塞泵所带的缓冲罐、安全阀，列管换热器板上的排气口，设备上的液位计等，它们不一定需要外部接管，但对生产操作和检测都是必需的，有的还要调试，因此图上应予以表示。

当流程中包含两套或两套以上相同系统（设备）时，可以只绘出一套，剩余的用细双点划线绘出矩形框表示，框内需注明设备的位号、名称，并要绘制出与其相连的一段支管。

b）相对位置。设备间的高低和楼面高低的相对位置，除有位差要求者外，可不按绝对比例绘制，只按相对高度表示设备在空间的相对位置，有特殊高度要求的可标注其限定尺寸。对于有物料从上自流而下并与其他设备的位置有密切关系时，设备间的相对高度要尽可能地符合实际安装情况。

低于地面的设备应画在地平线以下，尽可能地符合实际安装情况，当设备穿过楼层时，楼层线要断开。设备间的横向距离应保持适当，保证图面布置匀称，图样清晰，便于标注。同时，设备的横向顺序应与主要物料管线一致，勿使管线形成过量往返。

（ii）设备的标注。在图上应标注设备位号及名称，其编制方法与物料流程保持一致。设备位号在整个车间（装置）内不得重复。施工图设计与初步设计中的编号应该一致，设备的名称也应前后一致。如果施工图设计中设备有增减，则位号应按顺序补充或取消（保留空号）。

在管道及仪表流程图上，一般要在两个地方标注设备位号：一处是在图的上方或下方，要求排列整齐，并尽可能与设备对正，在位号线的下方标注设备名称；另一处是在设备内或近旁，此处只注位号，不标名称。各设备在横向之间的标注方式应排成一行，若在同一高度方向出现两个以上设备图形时，则可按设备的相对位置将某些设备的标注放在另一设备标注的下方，也可水平标注。

（5）管道的表示方法。

装置内工艺管道仪表流程图要表示出全部工艺管道、阀门和主要管件，表示出与设备、机械、工艺管道相连接的全部辅助管道系统和公用管道系统。辅助管道系统和公用管道系统比较简单时，可将总管绘制在流程图的上方，其支管道则下引至有关设备；当辅助管线比较复杂时，辅助管线和主物料管线分开，画成单独的辅助管线流程图、辅助管线控制流程图，这时只绘出与设备、机械或工艺管道相连接的一小段，在这一小段管道上，要包括对工艺参数起调节、控制、指示作用的阀门（控制阀）、仪表和相应的管件，并用管道接续标志表明与该管道接续的公用物料分配图图号。

管线的伴热管必须全部绘出，夹套管只要绘出两端头的一小段即可，其他隔热管要在适当部位绘出隔热图例。有分支管道时，图上总管及支管位置要准确，各支管连接的先后位置要与管道布置图相一致。

所有出入图纸的管线都要有箭头，并注出连接图纸号、管线号、介质名称和连接设备的位号等相关内容。

（i）管道的画法。

a）线形规定。流程图中一般应画出所有工艺物料管道和辅助物料管道及仪表控制线。工艺物料管道用粗线条（1.0mm）绘制；次要物料、产品管道和其他辅助物料管道用中线条（0.5mm）绘制；仪表管线、伴管、夹套管线及其他辅助管线用细线条（0.25mm）绘制。物料流向一般在管道上画出箭头表示。有关管道图例及图线宽度按HG 20519.28—92标准规定，工艺流程图中图线的画法见表5.2。常用管道图示符号可查阅 HG 20519.32—92。

表5.2　工艺流程图中图线的画法

类　别	图线宽度/mm		
	0.9～1.2	0.5～0.7	0.15～0.3
管道仪表流程图	主要工艺物料管道、主产品管道和设备位号线	辅助物料管道	阀门、管件等图形符号和仪表图形符号线，仪表管线、尺寸线。各种标志线、引出线、范围线、表格线、分界线，保温、绝热层线，伴管、夹套管线，特殊件编号框及其他辅助线
辅助物料、公用物料管道流程图	辅助物料管道总管、主公用物料管道和设备位号线	支管	

b）交叉与拐弯。绘制管线时，为使图面美观，管线应横平竖直，不用斜线。图上管道拐弯处，一般画成直角而不是圆弧形。所有管线不可横穿设备，同时，应尽量避免交叉，不能避免时，采用一线断开画法。采用这种画法时，一般规定"细让粗"，当同

类物料管道交叉时应将横向管线断开一段，断开处约为线宽度的 5 倍。

c）放空管、排液管及液封。管道上的放空管，排液管，取样管，液封管，管道视镜，防爆泄压管以及管路中的阻水器，特殊管件如下水漏斗、蒸汽疏水阀、异径管等都要画出。放空管应画在管道的上边，排液管则画在管道的下方，U 形液封管尽可能按实际比例尺度表示。

d）分析取样点。分析取样点在选定的位置（设备管口或管道）标注和编号，其取样阀组、取样冷却器也要绘制和标注或加文字注明，如图 5.8 所示。图为直径 10mm 的细线圆，其中 A 表示人工取样点，1301 为取样编号，13 为主项编号，01 为取样点序号。

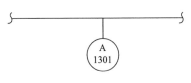

图 5.8　分析取样点画法

e）图纸接续管道的表示。装置内本流程图与其他流程图连接的物料管道需用图纸接续标志来标明，按 HG 20559.3—93 规定，用中线条表示。图纸接续标志内注明与该管道接续的图号，接续标志旁的连接管线上方注明所来自（或去）的设备位号或管道号（管道号只标注基本管道号）。图 5.9 为管道的图纸连接的画法。

图 5.9　管道图纸连接的画法

（ⅱ）管道的标注。

a）标注的内容。每一根管道在管道仪表流程图中均要进行编号和标注，标注内容包括管道号（也称管段号，其包括物料代号、主项代号、管道顺序号三个单元）、管径（公称通径）、管道等级和隔热（或隔声）代号四个部分，且每根管道必须配画表示流量的箭头。

b）标注方法。如图 5.10 所示。

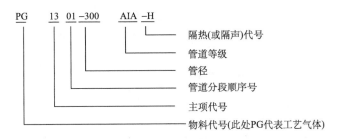

图 5.10　管道标注

物料代号：按 HG 20519.36—92 填写，常用物料代号见表 5.3。对于物料在表中无规定的，可采用英文代号补充，但不得与规定代号相同。

表 5.3　常见物料代号

物料代号	物料名称	物料代号	物料名称	物料代号	物料名称	物料代号	物料名称
A	空气	FSL	熔盐	MS	中压蒸汽	RAW	雨水
AG	气氨	FV	火炬排放空	MUS	中压过热蒸汽	RO	原油
AL	液氨	GO	填料油	N	氮气	RW	原水、新鲜水
BW	锅炉给水	H	氢气	NG	天然气	RWR	冷冻盐水回水
CA	压缩空气	HA	盐酸	OX	氧气	RWS	冷冻盐水上水
CSW	化学污水	HS	高压蒸汽	PA	工艺空气	S	蒸汽
CWR	循环冷却水回水	HUS	高压过热蒸汽	PG	工艺气体	SC	蒸汽冷凝水
CWS	循环冷却水上水	HWR	热水回水	PGL	气液两相流工艺物料	SL	密封液
DR	排液、排水	HWS	热水上水	PGS	气固两相流工艺物料	SO	密封油
DW	饮用水	IA	仪表空气	PL	工艺液体	SW	密封水
ES	排出蒸汽	IG	惰性气	PLS	液固两相流工艺物料	TW	处理后废水
FG	燃料气	LO	润滑油	PS	工艺固体	VE	真空排放气
FL	液体燃料	LS	低压蒸汽	PW	工艺水	VG	放空气体
FS	固体燃料	LUS	低压过热蒸汽	R	冷冻剂	W	水

　　主项代号：一般采用两位数字，从 01 至 99，应与设备位号的主项一致。

　　管道分段序号：一个设备管口到另一个设备管口间的管道编一个号；连接管道（设备管口到另一管道间或两个管道间）也编一个号。管道顺序号按工艺流程顺序书写，若同一主项内物料类别相同，则顺序号以流向先后为序编写。以上三个单元组成管道号（管段号）。

　　公用工程分配管道仪表流程图中，公用工程管线编号的原则与工艺管线相同。

　　管径：一般标注标准公称，以 mm 为单位，只注数字，不注单位。凡采用 HGJ 35—90标准中Ⅱ系列外径管者，只需注数字，如"200"；若采用 HGJ 35—90 中Ⅰ系列外径管（ISO 管子），则需在数字后加"B"，如 200B。

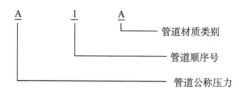

　　管道等级：管道等级由管道公称压力、管道顺序号、管道材质类别三个单元组成，如图 5.11 所示。

图 5.11　管道等级标注方法

　　管道的公称压力（MPa）等级代号用大写英文字母表示。A～K 用于 ANSI（美国国家标准协会）标准压力等级代号（其中 I，J 不用），L～Z 用于国内标准压力等级代号（其中 O，X 不用），具体如表 5.4 所示。顺序号用阿拉伯数字表示，由 1 开始。

表 5.4　管道公称压力等级代号

压力等级 用于 ANSI 标准		压力等级 用于国内标准	
压力等级代号	压力/lbf	压力等级代号	压力/MPa
A	150	L	1.0
B	300	M	1.6
C	400	N	2.5
D	600	P	4.0
E	900	Q	6.4
F	1500	R	10.0
G	2500	S	16.0
		T	20.0
		U	22.0
		V	25.0
		W	32.0

管道材质类别用大写英文字母表示。

A——铸铁　　　　　　　　E——不锈钢

B——碳钢　　　　　　　　F——有色金属

C——普通低合金钢　　　　G——非金属

D——合金钢　　　　　　　H——衬里及内防腐

根据 HG 20559.6—93 标准中关于管道保温、隔热或隔声代号的规定，管道的隔热、保温、防火和隔声代号采用一个或两个大写英文字母表示，其代号分为通用代号和专用代号两类。通用代号泛指隔热（I）、保温（T，J）特性，不特定指明具体类别，优先用于工艺流程图和管道仪表流程图的 A 版；专用代号是指特定的类别，用于管道仪表流程图的 B 版以后各版。管道材料隔热及隔声、保温类型代号见表 5.5 和表 5.6。

表 5.5　隔热及隔声代号及其表示的功能类型

代号	功能类型	备注	代号	功能类型	备注
H	保温	采用保温材料	S	蒸汽伴热	采用蒸汽伴热管和保温材料
C	保冷	采用保冷材料	W	热水伴热	采用热水伴热管和保温材料
P	人身防护	采用保温材料	O	热油伴热	采用热油伴热管和保温材料
D	防结露	采用保冷材料	J	夹套伴热	采用夹套管和保温材料
E	电伴热	采用电热带和保温材料	N	隔声	采用隔声材料

管线的伴热管要全部绘出，夹套管可在两端只画出一小段，隔热管则应在适当位置画出过热图例。

在每根管道的适宜位置上标绘物料的流向箭头，箭头一般标绘在管道改变走向、分支和进入设备的接管处；所有靠重力流动的管道应标明流向箭头，并注明"重力流"字样。

表 5.6　管道材料保温类型代号

类　　别	功能类型代号		备　　注
	通用代号	专用代号	
蒸汽伴热管		T	伴管和采用隔热材料
热（冷）水伴管		TW	伴管和采用隔热材料
热（冷）油伴管	T	TO	伴管和采用隔热材料
特殊介质伴热（冷）管		TS	伴管和采用隔热材料
电伴热（电热带）		TE	电热带和采用隔热材料
蒸汽夹套		J	夹套管和采用隔热材料
热（冷）水夹套	J	JW	夹套管和采用隔热材料
热（冷）油夹套		JO	夹套管和采用隔热材料
特殊介质夹套		JS	夹套管和采用隔热材料

在一般情况下，横向管道标注在上方，竖向管道标注在管道左侧。同一管道在进入不同主项时，其管道组合号中的主项编号和顺序号均要变更，在图纸上要注明变更处的分界标志；一个设备管口到另一个设备管口之间的管道，无论其规格或尺寸改变与否，要编一个号；一个设备管口与一个管道之间的连接管道也要编一个号，两个管道之间的连接管道也要编一个号。

同一管道号管径不同时，可只注管径；异径管的标注为大端管径乘小端管径，标注在异径管代号"▷"的下方；同一管道号管道等级不同时，应标注等级分界线，并标注管道等级，如图 5.12 所示。

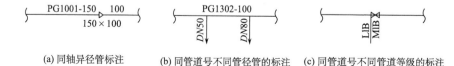

(a) 同轴异径管标注　　　　(b) 同管道号不同管径管的标注　　(c) 同管道号不同管道等级的标注

图 5.12　同一管道号不同直径、等级时的标注

（6）阀门与管件的表示方法。

管道上的阀门、管件和管道附件（如视镜、阻火器、异径接头、盲板、下水漏斗等）按 HG 20519.32—92 规定的图例表示。工艺流程图中管道、管件及阀门的图例见附录。管件中的一般连接件如法兰、三通、弯头及管接头等，若无特殊需要，均不予画出。绘制阀门时，全部用细实线绘制，其宽度为物流线宽度的 4～6 倍，长度为宽度的 2 倍。在流程图上所有阀门的大小应一致，水平绘制的不同高度的阀门应尽可能排列在同一垂直线上，而垂直绘制的不同位置阀门应尽可能排列在同一水平线上，且在图上表示的高低位置应大致符合实际高度。

（7）仪表控制点的表示方法。

管道仪表流程图上要以规定的图形符号和文字代号绘制出全部计量仪表（温度计、压力计、真空计、转子流量计、液面计等）及其检测点，并且表示出全部控制方案，这些方案包括被测参数（温度、压力、流量、液位等）、检测点及测量元件（孔板、热电偶等）、变送装置（差压变送器等）、显示仪表（记录、指示仪表等）、调节仪表（各种调节阀）及执行机构（气动薄膜调节阀）。仪表图形符号和文字代号应符合《过程测量与控制仪表的功能标志及图形符号》HG/T 20505—2000 的统一规定。图形符号和字母代号组合表示工业仪表所处理的被测变量和功能；字母代号和阿拉伯数字组合表示仪表的位号。

　　（i）仪表控制点的代号和符号。

　　a）变量代号与功能代号。仪表的功能标志由 1 个首位字母和 1～3 个后续字母组成，第一位字母表示被测变量，后继字母表示仪表的功能，被测变量和仪表功能字母代号见表 5.7。

表 5.7　表示被测变量和仪表功能的字母代号

字母	首位字母		后继字母功能	字母	首位字母		后继字母功能
	被测变量	修饰词			被测变量	修饰词	
A	分析		报警	N	供选用		供选用
B	喷射火焰		供选用	O	供选用		节流孔
C	电导率		控制	P	压力或真空		试验点（接头）
D	密度	差		Q	数量或件数	积分、积算	积分、积算
E	电压		检出元件	R	放射性	累计	记录或打印
F	流量	比（分数）		S	速度或频率	安全	开关或连锁
G	尺度		玻璃	T	温度		传达（变送）
H	手动（人工接触）			U	多变量		多功能
I	电流		指示	V	黏度		阀、挡板
J	功率	扫描		W	重量或力		套管
K	时间或时间程序		自动、手动操作器	X	未分类		未分类
L	物位		指示灯	Y	供选用		计算器
M	水分或湿度			Z	位置		驱动、执行的执行器

　　b）测量点图形符号。测量点图形符号一般可用细实线绘制。检测、显示、控制等仪表图形符号用直径约为 10mm 的细实线圆圈表示，如表 5.8 所示。

　　c）仪表安装位置的图形符号。监控仪表的图形符号在管道仪表流程图上用规定图形和细实线画出，如常规仪表图形为圆圈，DCS 图形由正方形与内切圆组成，控制计算机图形为正六边形等。仪表安装位置的图形符号见表 5.9。

表 5.8　流量检测仪表和检出元件的图形符号

序号	名称	图形符号	备注	序号	名称	图形符号	备注
1		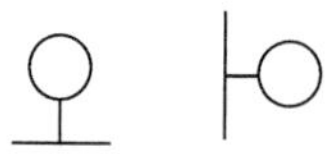	测量点在工艺管线上，圆圈内应注明仪表位号	5	无孔板取压接头		
2			测量点在设备中，圆圈内应注明仪表位号	6	转子流量计		圆圈内应标注仪表位号
3	孔板			7	其他嵌在管道中的检测仪表	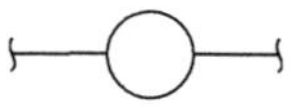	圆圈内应标注仪表位号
4	文丘里管及喷嘴			8	热电偶		

表 5.9　仪表安装位置的图形符号

项目	现场安装	控制室安装	现场盘装
单台常规仪表	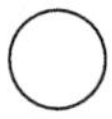	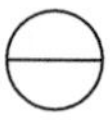	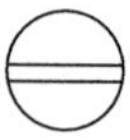
DCS	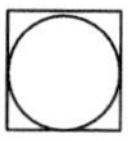		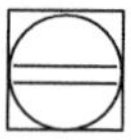
计算机功能	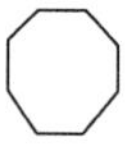	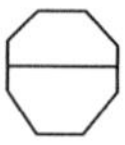	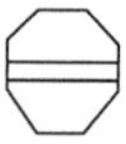
可编程逻辑控制		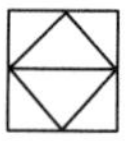	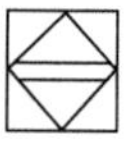

　　(ii) 仪表位号的编注。仪表位号由字母代号和阿拉伯数字编号组成。仪表位号中的第一位字母表示被测变量，后续字母表示仪表的功能。数字编号可按装置或工段进行编制，不同被测参数的仪表位号不得连续编号，编注仪表位号时，应按工艺要求自左至右编排。

　　按装置编制的数字编号，只编同路的自然顺序号，如图 5.13 所示。

　　按装置编制的数字编号，包括工段号和回路顺序号，一般用三位或四位数字表示，如图 5.14 所示。

　　(iii) 管道及仪表流程图中仪表位号的标注方法。在仪表图形符号上半圆内，标注被测变量、仪表功能的字母代号，下半圆内标注数字编号，如图 5.15 所示。

　　(iv) 控制执行器。执行器的图形符号由调节机构（控制阀）和执行机构的图形符号组合而成。如对执行机构无要求，可省略不画。常用执行机构图形符号见表 5.10。执行机构和阀的组合图形符号示例如图 5.16 所示。

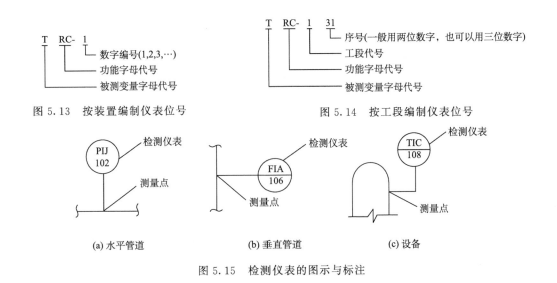

图 5.13　按装置编制仪表位号　　　　　　图 5.14　按工段编制仪表位号

(a) 水平管道　　　　　　(b) 垂直管道　　　　　　(c) 设备

图 5.15　检测仪表的图示与标注

表 5.10　常用执行机构组合图形符号

序号	形式	图形符号	备注	序号	形式	图形符号	备注
1	通用执行机构		不区别执行机构	6	电磁执行机构		
2	带弹簧的气动薄膜执行机构			7	执行机构与手轮组合（顶部或侧边安装）		
3	无弹簧的气动薄膜执行机构			8	带能源转换的阀门定位器的气动薄膜执行机构		
4	电动执行机构			9	带人工复位装置的执行机构及带远程复位装置的执行机构	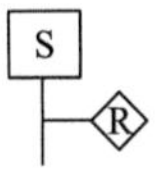	
5	活塞执行机构	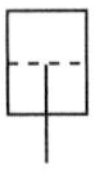		10	带气动阀门定位器的气动薄膜执行机构		

（8）地面及楼面的表示方法。

地面线（也可不画）有时在图上用细线画出，楼板及其剖面与地面一起注上标高（以建筑物底层室内地面为基准的高度尺寸，单位为 m）。

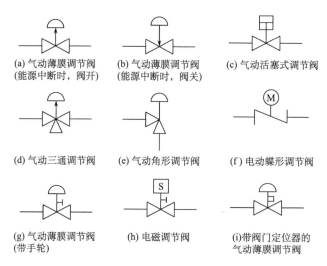

图 5.16　执行机构和阀组合图形符号示例

（9）图例。

图例一般绘制于第一张图纸的右上方，若流程较为复杂，图样分成数张绘制时，带符号的图例说明及需要编制的设备位号的索引等往往单独绘制，作为工艺流程图的第一张图纸，称首页图。

图例通常包括管段标注、物料代号、控制点标注等，阅图者不用查阅手册，通过图例即可看懂图中的各种文字、字母、数字符号。即使是那些有规定的图例，凡本图出现的符号，均要一一列出。所示图例的具体内容包括：

（i）图形标志和物料代号。将本图上出现的阀门、管道附件等及所有物料代号一一加以说明。

（ii）管道标注说明。取任一管段为例，画出图例并对管段上标注的文字、数字一一加以说明。

（iii）控制点符号标注。将本图上出现的控制点标注方式举例说明。

（iv）控制参数和功能代号。将图中出现的所有代号表达的参数含义或功能含义一一加以说明。

（10）附注。

设计中一些特殊要求和有关事宜在图上不宜表示或表示不清楚时，可在图上加附注，采用文字、表格、简图加以说明。例如，对高点放空、低点排放设计要求的说明；泵入口直管段长度的要求；限流孔板的有关说明等。一般附注加在图签附近（上方或左侧）。

（11）标题栏、修改栏。

标题栏也称图签，位于图纸的右下角，每个设计院标题栏的格式略有不同。在标题栏中要填写设计项目、设计阶段、图号等，便于图纸统一管理。在修改栏中填写修改内容。

（12）首页图。

每个单独装置（装置包括若干个工序）编制一份首页图，适用于该装置的工艺管道仪表流程图和辅助物料、公用物料管道仪表流程图。首页图的主要内容如下：

（i）装置中所采用的全部工艺物料、辅助物料和公用物料的物料代号、缩写字母。

（ii）装置中所采用的全部管道、阀门、主要管件、取样器、特殊管（阀）件等的图形、类别符号和标注说明。

（iii）管道编号说明。举实例说明管道号中各个单元的表示方法及各个单元的含义。

（iv）设备编号说明。举实例说明设备位号中各个单元的表示方法及各个单元的含义。

（v）公用工程站（蒸汽分配管、凝液收集管等）编号说明。举实例说明编号中各个单元的表示方法及各个单元的含义。

（vi）装置中所采用的全部仪表（包括自控专业阀门、控制阀）的图形符号和文字代号。

（vii）在装置的界区处，所有工艺物料、辅助物料和公用物料管道的交接点图，在表格上列出各管道的流体介质名称、来去装置名称、在交接点内外的管道编号和接续图号，并表示流向和交接点处界区内一段总管上的所有的阀门、仪表、主要管件，按规定要求编号，根据设计要求表示必要的尺寸和注解。

（viii）备注栏内容。对装置内管道仪表流程图的共性问题，首页图上内容的说明，度量衡（公制、英制、各单位）、基准标高、设计统一规定的表示方法、待定问题的说明。

（ix）装置内各工艺工序和辅助物料、公用物料发生工序以及与各类物料介质管道有关工序的工程（主项）编号一览表。

首页图的图纸编号方法与装置内管道仪表流程图相同，位于图号首位；图纸规格应与装置内管道仪表流程图一致，张数不限。

5.4.3　化工典型设备的自控流程设计

化工典型设备的自控流程设计是带控制点的工艺流程设计中的一个重要环节，在化工生产中，各单元设备对流程设计都有一定的要求，根据化工工艺过程对仪表和控制的需要，应尽可能在与设备和管路实际位置相同的地方标注检测与控制点。本节介绍常用的化工典型设备（泵、换热器、蒸馏塔、反应器）的自控流程。

1. 离心泵

离心泵流程设计一般包括：

（1）为保证维修和开车需要，泵的入口和出口均需设置切断阀，一般采用闸阀，此阀适用于各种介质的切断，流体流经阀门时，不改变介质流向，阻力小。

（2）为了防止离心泵未启动时物料的倒流，在泵的出口与第一个切断阀之间，应安装止回阀，且止回阀在靠近出口处安装。

（3）在泵的出口处应安装压力表，压力表离泵越近越好，以便观察其工作压力。

（4）泵出口管线的管径一般与泵的管口一致或放大一挡，以减少阻力。

（5）在泵吸入侧、入口切断阀后、入泵前设一个 Y 形过滤器，防止杂物进入泵体。

（6）泵体与泵的切断阀前后的管线都应设置放净阀，并将排出物送往合适的排放系统。

（7）根据具体情况应补加辅助管线，如密封、冲洗、冷却、平衡、保温、防凝等管线。

一般离心泵工作时，要对其出口流量进行控制，可以采用直接节流法、旁路调节法和改变泵的转速法。直接节流法是在泵的出口管线上设置调节阀，利用阀的开度变化而调节流量，如图 5.17 所示。这种方法简单易行，并得到普遍的采用，但由于增加了管路阻力会损耗一部分功率，特别是大功率水泵在小流量调节时总的机械效率很低，十分不经济。

旁路调节法是在泵的进出口旁路管道上设置调节阀，使一部分液体从出口返回到进口管线以调节出口流量，如图 5.18 所示。使用旁通调节流量的方法，由于压差大、流量小，所以调节阀的尺寸可以较小。但是这种方案不经济，使总的机械效率降低，很少采用。

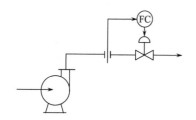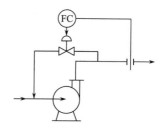

图 5.17　离心泵的直接节流原理图　　　　　　图 5.18　离心泵的旁路调节原理图

改变离心泵转速以改变其特性曲线，是一种流量调节方法。此时所耗动力明显下降，节约了能源。由于广泛采用交流电动机驱动泵，而此机转速调节不方便，故采用并不多，仅常用于大型泵站。现在，由于电子技术的飞速发展，一种方便容易地改变交流电动机转速的电子装置——变频器，近年来得到越来越广泛的应用，使泵的变速调节流量方法能更多地被采用。改变转速调节流量的方法，在管路阻力大时，节能最为明显。即使小时，也比阀门调节节能。

2. 容积式泵

容积式泵它包括往复泵、齿轮泵、螺杆泵和旋涡泵等。当流量减小时，容积式泵的压力急剧上升，因此不能在容积式泵的出口管道上直接安装节流装置来调节流量，通常采用旁路调节或改变转速，改变冲程大小来调节泵的出口流量。

改变电动机的转速可借助于改变蒸汽流量的方法方便地控制转速，进而控制容积式泵的出口流量，如图 5.19 所示。

图 5.20 是采用改变旁路阀开度的方法控制实际排出量，此方法也适用于其他容积式泵。该方法由于高压流体的部分能量损耗在旁路上，故经济性较差。

3. 真空泵

真空泵可采用吸入支管调节和吸入管阻力调节方案，如图 5.21（a）和（b）所示。蒸汽喷射泵的真空度可以用调节蒸汽的方法来调节，如图 5.22 所示。

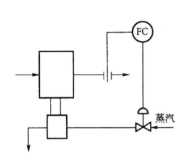

图 5.19　改变电动机转速控制容积泵的出口流量

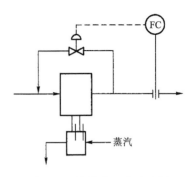

图 5.20　控制出口旁路来调节容积泵的出口流量

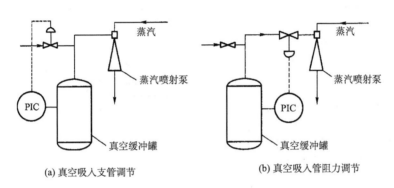

(a) 真空吸入支管调节　　　　　　　(b) 真空吸入管阻力调节

图 5.21　真空泵的流量调节

4. 换热器

在换热设备的使用中，通过控制换热器一股物料的流量及温度，来调节另外一股物料的温度。

1）无相变时的自控方案

采用调节载热体的流量、控制载热体旁路流量、控制被加热流体自身流量及控制被加热流体自身流量的旁路几种方法来实现换热器的自控。

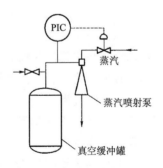

图 5.22　蒸汽喷射泵的蒸汽调节

（1）调节载热体的流量。当载热体流量的变化对物料出口温度的变化影响较明显时，载热体入口压力平稳，可采用图 5.23 所示的通过调节载热体流量控制温度的方案。若载热体的入口压力不稳定，可另设稳压系统，或者采用以温度为主变量、流量为副变量的串级控制系统，如图 5.24 所示。

（2）调节载热体旁路流量。当载热体为工艺流体时，其流量应保持恒定，可采用图 5.25 所示的控制方法，即采用三通控制阀来改变进入换热器的载热体流量与旁路流量的比例。这既可以改变进入换热器的载热体流量，又可以保证载热体的总流量不受影响。

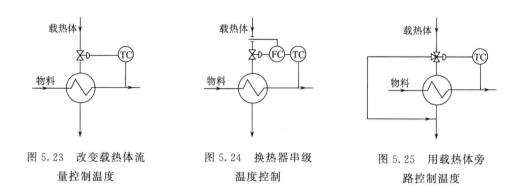

图 5.23　改变载热体流　　　　图 5.24　换热器串级　　　　图 5.25　用载热体旁
　　　　量控制温度　　　　　　　　　温度控制　　　　　　　　　路控制温度

（3）调节被控物料流量。图 5.26（a）为将被控物料的流量作为操纵变量的控制方案。当被控物料的流量不允许变化时，可将一小部分物料直接通过旁路流到换热器出口与热物料混合，达到控制出口温度的目的，如图 5.26（b）所示。

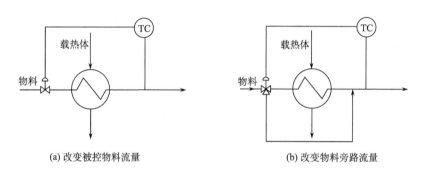

(a) 改变被控物料流量　　　　　　　　　(b) 改变物料旁路流量

图 5.26　调节被控物料流量方案

2）载热体冷凝的加热器控制方案

用蒸汽冷凝来加热介质，蒸汽由气相变为液相，放出热量，从而加热工艺介质。若被加热的介质出口温度为控制变量，可采用以下两种方法。

（1）控制蒸汽流量。当蒸汽压力较稳定时，可通过改变入口蒸汽流量来控制被加热物料的出口温度 ［图 5.27（a）］。当阀前蒸汽压力有波动时，可对蒸汽总管增设压力定值控制系统或者采用温度与蒸汽压力的串级控制方案 ［图 5.27（b）］。该法简单易行，控制迅速，但需选用较大的蒸汽阀门，传热量变化较剧烈。

（2）改变换热器的有效传热面积。此法是通过改变传热面积来控制被加热物质的出口温度。若被加热物质的出口温度高于给定值，说明传热量过大，可将凝液控制阀关小，使凝液积聚，减小有效蒸汽冷凝面积，使传热量减小，出口温度降低；反之，若被加热介质的出口温度低于给定值，可开大凝液控制阀，增大有效传热面积，使传热量相应增加，如图 5.28（a）所示。

该方案控制通道长，变化迟缓，需要有较大的传热面积裕量，但具有防止局部过热的优点，对一些过热后容易引起化学变化的过敏性介质比较适用。为了克服控制系统的滞后性，可采用串级控制。图 5.28（b）所示为温度与冷凝液液位之间的串级控制，图

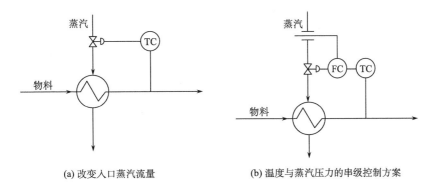

（a）改变入口蒸汽流量　　　　　　（b）温度与蒸汽压力的串级控制方案

图 5.27　蒸汽流量直接控制方案

5.28（c）所示为温度与蒸汽流量之间的串级控制。

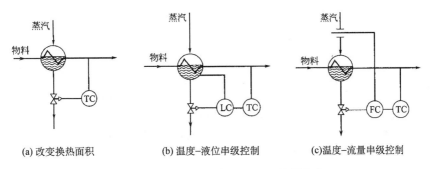

（a）改变换热面积　　　　　　（b）温度-液位串级控制　　　　　　（c）温度-流量串级控制

图 5.28　换热器的有效换热面积控制方案

3）有相变的冷却器控制方案

当用水或空气作冷却剂不能满足冷却温度的要求时，需要用液氨等冷却剂，有相变时的冷却器的控制方案如下：

（1）控制冷却剂的流量。通过改变液氨的流量，调节液氨气化带走的热量，以达到控制物料温度的目的，如图 5.29（a）所示。

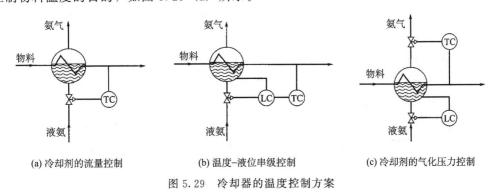

（a）冷却剂的流量控制　　　　　　（b）温度-液位串级控制　　　　　　（c）冷却剂的气化压力控制

图 5.29　冷却器的温度控制方案

（2）温度-液位串级控制。操纵变量仍然是液氨流量，但以液位为主变量构成串级控制系统。用此方案时，对冷却剂的液位上限值应加以控制，保证有足够的蒸发空间，如图 5.29（b）所示。

（3）气化压力控制。氨的气化温度和压力有关，故可将控制阀装在氨气出口管路上，如图 5.29（c）所示。此方法控制作用迅速，只要气化压力稍有变化，就能很快影响气化温度，达到控制工艺介质出口温度的目的。当物料出口温度升高时，可加大氨气出口调节阀的开度，使液氨气化压力降低，蒸发温度下降，这将导致物料出口温度降低，从而达到控制的目的。

5. 蒸馏塔

蒸馏塔的自动控制比较复杂，控制变量多，可选用的操纵变量也多，故控制方案多。在自动控制中应保证质量指标、保持平稳操作、满足约束条件，同时注重节能与经济效益，其自控流程设计中应注意：①塔的进料量由进料罐液控制；②塔的回流量由回流罐液控制；③塔底液面控制塔底出料泵的调节阀；④由蒸汽流量和塔的温度控制再沸器的加热蒸汽流量，并在进入再沸器的蒸汽管道上设置压力计，在蒸汽进入再沸器前设置疏水器；⑤塔顶设安全阀，防止塔超压损坏；⑥塔顶馏出线上一般不设阀门，直接接塔顶冷凝器；⑦塔底出料接泵入口，故塔内管口附近设有防涡流板，一般塔底出料泵靠近塔布置，塔底出料管线不设阀门；⑧塔顶和中段回流管线在塔管口处不宜设置切断阀，侧线气提塔塔顶气体返回分馏塔的管线上不应设置切断阀，对同一产品有多个抽出口的塔，其各出口均应设置切断阀。

切断阀前后的管线都应设置放净阀，并将排出物送往合适的排放系统。

1）提馏段的温度控制

当蒸馏塔的主要产品是在塔底采出或干扰首先进入提馏段时，则采用以提馏段温度作为衡量质量指标的间接指标，而以改变加热量作为控制方案。用提馏段塔板温度控制加热蒸汽量，从而控制塔内蒸汽量 V_s，并保持回流量 L_R 恒定，馏出液量 D 和釜液量 W 都按物料平衡关系，由液位调节器控制，如图 5.30（a）所示。

提馏段温度控制适用的场合有：

（1）将提馏段温度保持恒定后，就能较好地保证塔底产量和质量达到规定值。所以在以塔底产品为主要产品，对塔釜成分要求比馏出物高时，常采用提馏段温度控制方法。

（2）全部为液相进料时。由于液相进料比气相进料或气液进料带入的热量较少，塔操作必须由再沸器供给较大的热量，进料量或进料成分的变化首先要影响塔底的成分，故用提馏段温度控制比较及时。

（3）当塔顶或精馏段塔盘上的温度不能很好地反映组成变化时。即当组成变化时，精馏段塔盘上温度变化不显著；或者由于进料中含有比塔顶产品更轻的杂质组分，而这些杂质会影响温度与组成的关系时。

（4）当实际回流比比最小回流比大好几倍时，回流量的较小变化对操作影响很不显著，而较大变化又反而会对稳定操作造成干扰，用精馏段温度控制得不到好的效果时，

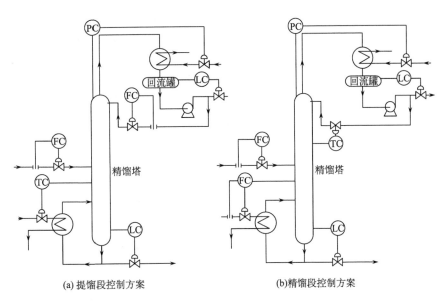

(a) 提馏段控制方案　　　　　　　　　　(b)精馏段控制方案

图 5.30　蒸馏塔的控制方案

应考虑采用提馏段温度调节。

2）精馏段的温度控制

当塔顶产品纯度要求比塔底高或干扰首先进入精馏段时则采用精馏段温控。图 5.30（b）为常见的精馏段温度控制的一种方案。它的主要控制系统是以精馏段的塔板温度为被控变量，而以回流量为操纵变量。如取精馏段某点成分或温度为被调参数，以 L_R、D 或 V_s 作为调节参数。

精馏段温度控制的主要特点与适用场合如下：

（1）由于采用了精馏段温度作为间接质量指标，因此，它能较直接地反映精馏段的产品情况，当塔顶产品纯度要求比塔底严格时，一般采用精馏段温度控制方案。

（2）当全部为气相进料时，由于进料量的变化首先影响塔顶的成分，采用精馏段控制就比较合理。

（3）当塔底或提馏段塔盘上的温度不能很好地反映组成变化时。

3）精馏塔灵敏板的温度控制

灵敏板是指在受到干扰时，当达到新的稳定状态后，温度变化量最大的那块塔板。由于灵敏板上的温度在受到干扰后变化比较大，因此，对温度检测装置灵敏度的要求就不必很高，也可提高控制精度。

为了将灵敏板温度控制在指标范围内，可以通过加热蒸汽量、冷却剂量、回流量、釜液位高度、进料量等条件的变化来进行温度调节。但对设备结构已定，生产负荷和产品比例基本不变的操作过程，精馏塔的进料量 F、组分 x_F、蒸汽量、冷却剂量、釜液出料量 W 处于相对稳定状态，往往是通过回流比的调节来控制灵敏板的温度（图 5.31）。当灵敏板温度 T 上升时，通过加大回流量 L，来降低灵敏板温度；当灵敏板温度 T 下降时，通过减少回流量 L，来提高灵敏板温度。

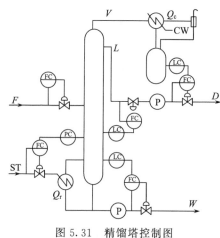

图 5.31　精馏塔控制图

精馏塔在低负荷或外界影响小的情况下，用回流比调节灵敏板温度基本能控制好产品的质量。但是在高负荷运行情况下，公用系统的蒸汽压力经常波动，而且变化幅度也较大，使塔釜再沸器热量传递很不均匀，造成精馏塔气液不平衡，使灵敏板温度变化幅度加大，影响产品质量。在这种情况下，可以将蒸汽进料量与塔釜压力进行串级操作，将塔釜压力信号传递给蒸汽流量调节阀，蒸汽流量调节阀根据塔釜压力进行自动调节，通过蒸汽进料量自动增大或减少，确保塔釜压力稳定，从而保证精馏操作不受外界蒸汽波动的影响。

6. 反应器

化学反应是化工生产中一个比较复杂的单元，由于反应物料、反应条件、反应速率及反应过程的热效应等不同，因此，各工艺过程的反应器是不同的，反应器的控制方案也就不会相同。一些容易控制的反应器，控制简单，但当反应速率快、放热量大或由于设计上的原因，使得反应器的稳定操作区域很窄的情况下，反应器的控制就非常复杂。此外，对于一些高分子聚合物，由于物料的黏度很大，给温度、压力和流量的准确测量带来很大困难，严重影响控制方案的实施。下面介绍几种常见的反应器控制方案。

1）釜式反应器的自动控制

通常，反应温度的检测和控制是实现反应器最佳操作的关键问题，故下面主要介绍釜式反应器的最佳操作问题。

（1）用进料温度控制。反应物料经预热器（或冷却器）进入反应釜，通过改变进入预热器（或冷却器）的加热剂量（或冷却剂量）可以改变进入反应釜的物料温度，从而达到维持釜内温度恒定的目的，如图 5.32 所示。

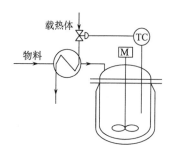

图 5.32　改变进料温度控制釜温

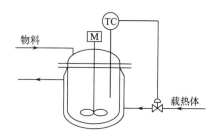

图 5.33　改变加热剂或冷却剂流量控制釜温

（2）用传热量控制。图 5.33 所示为一带夹套的反应釜，当釜内温度改变时，可用改变加热剂（或冷却剂）流量的方法控制釜内温度。此方案的结构比较简单，使用仪表少，但由于反应釜容量大，温度控制滞后严重。

（3）串级控制。当反应釜滞后现象较严重或控温要求较高时，可采用串级控制方案。根据不同情况采用釜温与加热剂（或冷却剂）流量串级控制方案如图 5.34 所示，釜温与夹套温度串级控制和釜温与釜压串级控制分别如图 5.35 和图 5.36 所示。

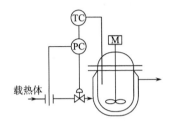 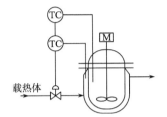 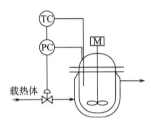

图 5.34　釜温与冷却剂流量　　图 5.35　釜温与夹套温度　　图 5.36　釜温与釜压串
　　串级控制示意图　　　　　　串级控制示意图　　　　　　级控制示意图

2）固定床反应器的自动控制

固定床中的化学反应都伴有热效应，而温度的变化会对化学反应速率、化学平衡和催化剂活性等产生重要的影响，即整个反应过程和反应结果都对温度的依赖性很强，因此，传热与控温问题是固定床的自动控制的关键。温度控制首要的是正确选择敏感点位置，把感温元件安装在敏感点处，及时反映整个催化剂床层温度的变化。多段的催化剂床层往往要求分段进行温度控制，使操作更趋合理。

（1）改变进料浓度。对放热反应，原料浓度越高，放热量越大，反应温度越高。以硝酸生产为例，当氨浓度为 9％～11％时，氨含量每增加 1％可使反应温度提高 60～70℃。因此，这类系统可通过改变进料浓度达到控制反应器内反应温度的目的。图 5.37 是用一个变比值控制系统来调节氨气和空气的比例，即调节氨的浓度，从而达到控制床层反应温度的目的。

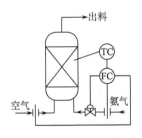

图 5.37　用进料浓度控制

（2）改变进料温度。如果原料在进入反应器前需预热，可通过改变进入换热器的载热体量控制反应床温度，如图 5.38 所示；也可通过改变旁路流量大小来控制床层温度，如图 5.39 所示。

（3）改变段间进入的冷气量。对于多段床层反应器，可将部分冷的原料气不经预热直接进入段间，与上一段反应后的热气体混合，从而降低下一段入口气体的温度，如图 5.40 所示。

3）流化床反应器的自动控制

与固定床反应器的自动控制相似，流化床的温度是其最重要的被控变量。为了实现流化床反应器内的温度控制，可以通过改变原料入口温度，或通过改变进入流化床的冷却剂流量以控制流化床反应器的温度，如图 5.41 和图 5.42 所示。

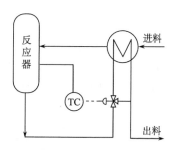

图 5.38　用载热体流量控制温度

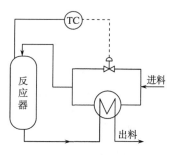

图 5.39　用旁路流量控制温度

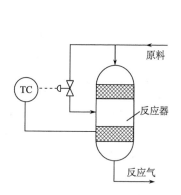

图 5.40　改变段间冷气量控制温度

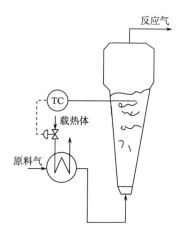

图 5.41　改变原料入口温度控制
反应器温度

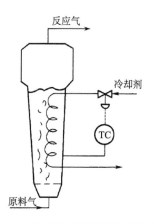

图 5.42　改变冷却剂流量控制温度

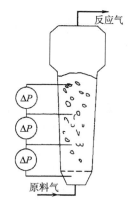

图 5.43　流化床差压指示系统

在流化床反应器内，为了了解催化剂的沸腾状态，常设置差压指示装置，如图 5.43 所示。在正常情况下，差压不能太大或太小，以防止出现催化剂下沉或冲跑现象。当反应器中有结块、结焦和堵塞出现时，也可以通过差压仪显示出来。

5.5　计算机辅助流程设计

5.5.1　概述

化学工程的研究对象通常是非常复杂的，主要表现在：

（1）过程本身的复杂性。既有化学反应，又有物理的过程，并且两者时常同时发生，相互影响。

（2）物系的复杂性。既有流体（气体和液体），又有固体，时常多相共存，流体性质可有大幅度变化，如低黏度和高黏度、牛顿型和非牛顿型等，有时在过程进行中有物性显著改变。

（3）物系流动时边界的复杂性。

由于设备（如塔板、搅拌桨、挡板等）的几何形状是多变的，填充物（如催化剂、填料等）的外形也是多变的，流动边界复杂且难以确定和描述。

由于化学工程对象的这些特点，解析方法在化学工程研究中往往失效，也从而形成了化学工程的研究方法。化学工程初期的主要方法是经验放大，通过多层次的、逐级扩大的试验，探索放大的规律。到 20 世纪初，盛行相似论和量纲分析方法，其特点是将影响过程的众多变量通过相似变换或因次分析归纳成为数较少的无量纲数（无因次）群形式，然后设计模型试验，求得这些数群的关系。到 20 世纪 50 年代，才在化学反应工程领域中广泛应用数学模型方法，并利用计算机解算化工过程的数学模型，以模拟化工过程系统的性能。目前，化工过程模拟已成为普遍采用的常规手段，广泛应用于化工过程的研究开发、设计、生产操作的控制与优化，操作培训与老厂的技术改造。

对化工过程模拟而言，有不同层次的过程模拟。一个工厂的流程模拟的对象在十几米甚至上百米的规模范围，而其单元过程子系统则为几厘米至几米大小。进一步深入模拟每个单元过程设备的内部传递过程和反应过程，则模拟对象小到毫米、亚微米级。而在计算分子物性或研制新的药品时，要模拟分子的性能，模拟的对象甚至小到纳米级。典型的化工过程模拟层次如图 5.44 所示。

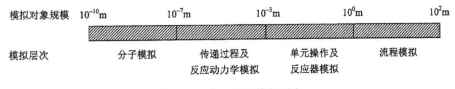

图 5.44　化工过程模拟层次

化工流程模拟是指应用计算机辅助计算手段，以工艺过程的机理模型为基础，采用数学方法来描述化工过程，对化工过程进行物料衡算、热量衡算、设备尺寸估算和能量分析，作出环境和经济评价。随着化工系统工程这门学科的发展，化工流程模拟已成为化工系统最优设计的一个重要手段，它能为工程设计、流程剖析、新工艺的开发提供强有力的工具，不仅使我们具备从整个系统的角度来分析、判断一个装置优劣的手段，而且还可以为开发新的工艺过程提供可靠的预测，因此，流程模拟在化工生产的最优规划、设计、操作、控制管理等方面起到了重要的作用。流程模拟软件有如下用途。

1. 合成流程，得出在不同的操作条件下的性能评价数据

利用流程模拟软件对几个候选的方案流程中的物料、能量以及单元设备进行计算，得出在新过程设计中工厂在不同的操作条件下的性能评价数据，通过结果的比较作出决策。

2. 工艺参数优化

利用流程模拟软件可在单元设备的建模、控制和优化上取得丰富的成果，在一些关键技术上达到了国际先进水平。目前流程模拟软件在国内的使用领域主要包括原油蒸馏装置的建模和过程优化技术、催化裂化装置的建模和先进控制、聚合过程的建模和过程优化技术、板式精馏塔的非平衡级模型及过程优化等。在节能上，用"夹点技术"对一般化工厂能量回收系统进行分析，可以实现节能 $20\% \sim 30\%$。

3. 为设计和操作分析提供定量的信息

流程模拟软件可以认为是一个具有各种单元设备的实验装置，能得到一定物流输入和过程条件下的输出。例如，可以用闪蒸模块来研究泵的进口是否会抽空，减压或调节阀后液体是否会气化，为保持所需要的相态所应有的温度和压力等；也可利用精馏模块来研究进料组成变化对顶、底产品组成的影响和应怎样调节工艺参数，为设计和操作分析提供定量的信息。在科研开发中用过程模拟系统可进行小试之后中试之前的概念设计；指导装置开工，节省开工费用，缩短开工时间；为改进装置操作条件，降低操作费用，提高产品质量提供依据。

4. 进行参数灵敏度分析

设计所采用的数学模型参数和物性数据等有可能不够精确，在实际生产过程中操作条件有可能受到外界干扰而偏离设计值，因此一个可靠的、易控制的设计应研究这些不确定因素对过程的影响以及应采取什么措施才能保证操作平稳，以始终满足产品质量指标，这就必须进行参数灵敏度分析。而流程模拟软件是进行参数灵敏度分析最有效和最精确的工具。

5. 参数拟合与旧装置改造

高水平的流程模拟软件的数据库都有很强的参数拟合功能，即输入实验或生产数据，指定函数形式，模拟流程软件就能对函数中各种系数进行回归计算。化工稳态模拟技术已成为旧装置改造必不可少的工具，可分析装置"瓶颈"，为设备检修与设备更换提供依据。由于旧装置的改造既涉及已有设备的利用，又可能增添必须的新设备，其设计计算往往比新装置设计还要繁复。原有的塔、换热器、泵以及管线等设备是否依旧适应，能否在原基础上改造还是必须更新等问题均可以在过程模拟的基础上得以解决。

描述化工过程的数学模型由化工单元操作模型（包括所需的物性和费用计算方程）和化工过程结构模型组成，解算此模型方程即能完成模拟计算任务。如果希望将模拟系统功能扩展到能解决设计问题，则模型方程中还需要增加描述设计要求的方程。

5.5.2　流程模拟系统的结构

流程模拟系统的结构示意如图 5.45 所示。流程模拟系统主要由三部分组成：输入子系统、控制执行子系统和输出子系统。用户要进行流程模拟，必须为流程模拟系统提供必要的信息和数据，如描述流程系统（实际在计算机上建立流程系统数学模型）、原始物性信息、单元模块参数等，这就要求输入这些数据和信息的输入子系统。用户在完成数据输入后，就可调用流程模拟系统内的单元模块、用户针对具体情况开发用户模块，完成具体的流程模拟计算，这就要求管理、调度、控制执行的程序，即控制执行子系统。完成模拟计算后，用户需分析、使用流程模拟计算结果，这就要求输出子系统。无论是流程模拟系统内单元模块，还是用户自行开发的用户模块，都需要一定的计算方法求解该模块的数学模型，这就要求流程模拟系统内具有一些数学计算方法程序库；另外，单元模块数学模型需要物性计算，因此，需要物性子系统提供必要的物性计算。物性子系统需要流程模拟所涉及的组分基础物性数据，这就要求有一物性数据库。但物性数据库中的物性往往是最基础的物性（如相对分子质量、沸点、临界温度、临界压力、临界体积、偏心因子等），而流程模拟计算中用到的物性则是特定温度和压力下的性质，这需要物性估算系统来解决。

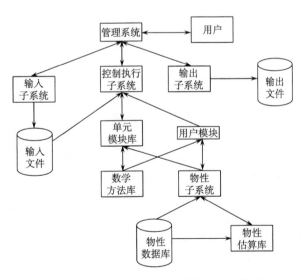

图 5.45　流程模拟系统（序贯模块法）结构示意图

5.5.3　化工流程模拟软件应用举例——丙烯羰基合成丁醛工艺的模拟研究

通常，对要模拟的流程应采取以下做法：

（1）全面了解流程系统的工艺流程。包括：采用的原料，所经历的加工步骤，获取的产品；采用的过程设备，所控制的工艺参数等。

（2）根据所涉及物料的种类和状态收集流程涉及组分的基础物性。

（3）根据所涉及物料的种类和状态选择或开发适宜的物理化学性质计算方法。

（4）过程单元的模型化和模拟。除了选用一般模拟器中已有的模块外，还要针对所遇到的特殊情况开发出专用的单元模块。

（5）选择或开发适合本问题的系统模拟方法，完成对流程系统的模拟分析。

在流程模拟系统已趋成熟和广泛应用的今天，人们往往利用现成的通用流程模拟系统进行流程模拟计算，下面介绍的例子是利用 Aspen Plus 化工流程模拟软件，选择合理的模型和热力学方法，结合文献报道的反应动力学数据，对 DAVY/DOW 联合开发的第二代低压铑法羰基合成工艺——液相循环工艺合成生产丁醛进行模拟计算，结合现场实际操作数据，验证了模拟软件和计算方法的准确性。

1. 工艺流程

丙烯与合成气（CO＋H_2）经羰基合成反应除主要生成正丁醛和异丁醛外，还存在着一系列副反应，如丙烯加氢生成丙烷，丁醛进一步加氢生成丁醇，以及醛醛缩合生成丁醛三聚物等。在上述副反应中，除丙烯加氢生成丙烷外，其余副反应的速率相对很小，因此，模拟计算过程中仅考虑了主反应和丙烯加氢生成丙烷的副反应。丙烯羰基合成生成正丁醛和异丁醛的反应方程式如式（5.1）和式（5.2）所示，丙烯加氢生成丙烷反应方程如式（5.3）所示。

$$CH_3CH = CH_2 + H_2 + CO \xrightarrow{Rh} CH_3CH_2CH_2CHO \tag{5.1}$$

$$CH_3CH = CH_2 + H_2 + CO \xrightarrow{Rh} (CH_3)_2CHCHO \tag{5.2}$$

$$CH_3CH = CH_2 + H_2 \xrightarrow{Rh} CH_3CH_2CH_3 \tag{5.3}$$

羰基合成丁醛的工艺流程如图 5.46 所示，工艺的核心是串联的两个羰基合成反应器，流程中其他单元设备有蒸发器、吸收塔和气提塔。

由于羰基合成反应为放热反应，所以利用第一个反应器循环泵将反应溶液从反应器的底部抽出，经过第一个反应器的冷却器 E-101 进行冷却。一部分返回到第一个反应器，另一部分经第二个羰基合成反应器 R-102 内部盘管后返回第一个羰基合成反应器，达到给第一反应器撤热的同时，也给第二反应器撤热。

来自 R-101 的含有溶解的催化剂、副产物和未反应的丙烯的反应液进入第二个羰基合成反应器。合成气与由 R-101 来的反应尾气混合后，从 R-102 反应器搅拌器的叶轮底部通过气体分布器进入 R-102 的底部。排放到反应器放空冷凝器 E-102 的弛放气，经冷凝后通过除雾器排放到燃料气总管，在反应器放空冷凝器中冷凝下来的丁醛等在重力作用下返回到 R-102 内。

从 R-102 出来的两相物流从高压蒸发器 E-103 的顶部进入高压蒸发器。产品丁醛在沿管子下降的过程中被气化，没有气化的液体主要是浓缩的催化剂，浓缩后的催化剂溶液经高压蒸发器收集槽底部冷凝器 E-105 进行冷却，冷却后的催化剂溶液进入低压蒸发器 E-106。

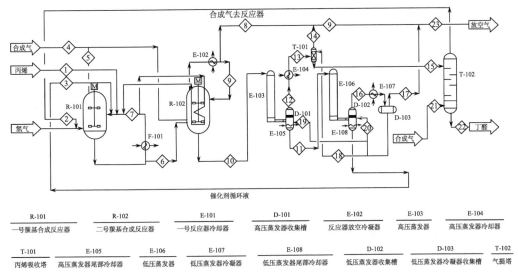

图 5.46　液相循环羰基合成丁醛工艺流程图

高压蒸发器 E-103 中气体产物在高压蒸发器冷凝器 E-104 中冷凝后，不凝气进入丙烯吸收塔 T-101，利用粗丁醛吸收尾气中的丙烯。吸收了丙烯的粗丁醛作为进料，加入到气提塔 T-102 中进行解吸。

高压蒸发器处理后的物料进入低压蒸发器 E-106 的顶部，低压蒸发器的操作与高压蒸发器相类似。没有气化的液体主要是浓缩的催化剂，浓缩的催化剂溶液经低压蒸发器收集槽底部的冷凝器 E-108 进行冷却，冷却后的催化剂溶液经由低压蒸发器底部返回到 R-101 反应器。从收集槽 D-102 中出来的气体产物在低压蒸发器冷凝器 E-107 中冷凝后进入低压蒸发器冷凝液收集槽 D-103。未冷凝的气体在低压蒸发器冷凝液收集槽 D-103 中与产品丁醛分离后排放到火炬去，产品粗丁醛作为进料加入到丙烯吸收塔 T-101 中。

从丙烯吸收塔 T-101 出来的粗丁醛含有溶解的丙烯和丙烷，进入气提塔 T-102 的顶部，利用净化后的合成气气提出溶解的丙烯和丙烷，与合成气一并进入羰基合成反应器。

2. 流程模拟

1) 动力学方程的选择

羰基合成丁醛主反应动力学关联式采用 A. Alberto 等得出的动力学经验关联式，如式 (5.4) 和式 (5.5) 所示。

$$R_{正丁醛} + R_{异丁醛} = 18.0\,\frac{[C_3]^{0.54}}{[PPh_3]^{0.65}}[Rh]\exp\left[\frac{-20\,600}{1.98}\left(\frac{1}{T}-\frac{1}{373}\right)\right] \tag{5.4}$$

$$\frac{R_{正丁醛}}{R_{异丁醛}} = 29.2 \times \frac{1 + 6.51\frac{[CO]}{[PPh_3]}}{1 + 93.2\frac{[CO]}{[PPh_3]}} \tag{5.5}$$

式中，$R_{正丁醛}$ 为正丁醛的生成速率，mol/(L·min)；$R_{异丁醛}$ 为异丁醛的生成速率，mol/(L·min)；[CO] 为溶解在反应液中的一氧化碳浓度，mol/L；[C_3] 为溶解在反应液中的丙烯浓度，mol/L；[PPh_3] 为溶解在反应液中的三苯基膦浓度，mol/L；[Rh] 为溶解在反应液中的铑的浓度，mol/L；T 为反应温度，℃。

副反应动力学方程参照文献如式（5.6）所示：

$$R_{丙烷} = \frac{\exp\left(11.21 - \frac{7646}{T}\right)[Rh]^{0.5}\,p_{C_3H_6}^{0.9}\,p_{H_2}^{0.4}}{p_{CO}^{0.6}} \tag{5.6}$$

式中，$R_{丙烷}$ 为丙烷的生成速率，mol/(L·min)；$p_{C_3H_6}$ 为丙烯的平衡分压，0.1MPa；p_{H_2} 为氢气的平衡分压，0.1MPa；p_{CO} 为一氧化碳的平衡分压，0.1MPa。

2）反应器模型的选择

对于羰基合成反应，采用搅拌釜式反应器，在强烈搅拌下，釜内流体混合均匀，可利用全混流模型进行模拟，故选择全混流反应器模型（RCSTR）对羰基合成反应器进行模拟。

3）流程模拟过程

（1）单元操作模块的建立。羰基合成丁醛单元的主要设备有反应器、蒸发器、吸收塔和气提塔。主要的单元操作模块的确定是根据实际装置中的设备功能和作用来选择的。反应器选用全混流模型（RCSTR），蒸发器选用闪蒸罐模型（Flash2），换热器选用换热器模型（Heater），吸收塔和气提塔均可用严格精馏塔模块（Radfrac）。另外，流程中物流的混合和分离，分别采用混合器模型（Mixer）和分流器模型（Fsplit）。

（2）热力学模型的选择。热力学模型的选择是过程模拟的基础，其决定了模拟的准确性。羰基合成丁醛过程涉及的组分较多，主要包括丙烯、丙烷、氢气、一氧化碳、正丁醛、异丁醛、丁醛三聚物、三苯基膦（TPP）以及少量丁醇等，反应压力为中压，化学反应仅在液相中进行，根据物系的特点，选择 UNIQ-RK 模型作为物系热力学性质的计算方法，该方法利用 RK 方程计算气相性质，RK 方程对中压以下系统计算较好。由于体系中含有惰性组分和不凝性气体，需要使用亨利定律计算其在液相中的溶解度。定义氢气、氮气、一氧化碳、二氧化碳、甲烷为亨利组分，其在液相中的浓度选择亨利定律进行计算。

（3）收敛方法及循环物流的确定。目前，大多数流程模拟系统普遍采用的序贯模块法对过程单元进行求解。流程的分隔和切断工作一般由软件自动进行，在循环流股不容易收敛的情况下，可以考虑人为确定切断流股。从工艺流程图中可以看出，羰基合成丁醛工艺中的循环流股比较多，流程比较复杂，选择合适的切断流股、收敛方法与收敛顺序对全流程模拟能否收敛、模拟时间长短至关重要。选择适宜的切断流股应遵循以下原则：①整个系统切断的流股数最少；②切断的流股中所含的变量数最少；③流程模拟时有最好的收敛特性。基于上述原则，确定的切断流股为 5、

7、11、20 号流股。对于循环流股收敛，选择比较常用的韦格斯坦（Wegstein）法进行迭代计算，可以很快得到收敛。

（4）动力学数据的传输。羰基合成丁醛动力学方程形式复杂，平台软件不能直接应用，需要用户开发外部计算程序进行计算，然后通过平台软件的 Fortran 子程序功能进行反应动力学数据的传输。子程序调用的具体步骤如下：①用户定义模型编程，利用变元列表提供的子程序参数编程求得各组分反应速率，并正确传输流程模拟中的参数，如温度、压力、容积等；②程序编译，在 Aspen Plus 模拟引擎中，采用 aspcomp 编译器编译 Fortran 子程序；③模型连接，使用 asplink 命令创建用户共享连接库，生成用户模型的目标文件；④程序调用，将目标文件放到 Aspen Plus 的 run 目录下，即可在 Aspen Plus 软件中通过指定子程序名方便地调用。

3. 模拟结果

模拟以实际装置设备参数及运行数据为基础，参考现场条件，给循环物流提供较好的初值，最终实现整个流程的稳定收敛，建立装置的物料平衡和能量平衡。

反应器的基本工况及设备主要操作参数见表 5.11 和表 5.12，主要物流的物料工况见表 5.13，反应器的关键指标计算结果与工业值的比较见表 5.14 和表 5.15。

表 5.11　氧化反应器进料工况

物流	操作条件			主要成分摩尔分数/%					
	温度/℃	压力/MPa	流量/(kmol/h)	CO	H_2	C_3H_6	正丁醛	TPP	三聚物
丙烯	25	1.96	395.3	0	0	99.6	0	0	0
合成气	40	2.03	767.1	43.1	43.8	3.3	0	0	0
催化剂循环	80	2.1	99.03	0	0	0.1	39.2	21	35.2

表 5.12　主要单元设备操作参数

操作条件	第一反应器	第二反应器	高压蒸发器收集槽	低压蒸发器收集槽	吸收塔	气提塔
温度/℃	90	90	123	118	42	33
压力/MPa	1.9	1.8	0.8	0.17	0.66	1.93
容积/m³	175	175	—	—	—	—

表 5.13　主要物流的物料工况

物流号	操作条件			主要成分摩尔分数/%						
	温度/℃	压/MPa	流量/(kmol/h)	CO	H_2	C_3H_6	正丁醛	异丁醛	TPP	三聚物
2	40	2.03	767.1	43.1	43.8	3.3	1.4	0.3	—	—
3	80	2.1	99.03	—	—	0.1	39.2	4.3	21.0	35.2
5	90	1.9	68.34	7.8	12.1	32.9	7.6	1.5	0.0	0.0

续表

物流号	操作条件			主要成分摩尔分数/%						
	温度/℃	压力/MPa	流量/(kmol/h)	CO	H_2	C_3H_6	正丁醛	异丁醛	TPP	三聚物
6	84	1.85	541.71	0.1	0.2	12.6	60.1	8.9	3.8	6.5
7	85	2.1	5556.04	0.1	0.2	12.6	60.1	8.9	3.8	6.5
8	40	1.73	22.46	3.9	12.7	12.6	1.5	0.4	0.00	0.00
10	87	0.83	579.71	0.00	0.00	3.7	68.9	10.2	3.8	6.4
11	77	0.2	428.33	0.00	0.00	1.0	73.7	10.3	5.0	8.4
12	123	0.8	158.03	0.2	0.6	13	73.7	10.3	0.00	0.00
14	41	0.35	5.85	4.1	14.3	5.6	4.0	0.9	—	—
15	49	2.15	471.72	0.00	0.00	5.4	72.7	11	0.00	0.1
16	118	0.17	335.96	0.00	0.00	1.8	83.1	12.0	0.00	0.1
17	42	0.12	3.12	0.1	0.6	23.8	16.8	3.6	—	—
22	41	2.05	391.29	0.8	0.4	0.1	84.9	0.3	0.00	0.1

表 5.14　第一反应器模拟计算结果和工业值的比较

参数	模拟结果	实际数据	相对误差/%
气相出料流量/(kmol/h)	55.02	68.34	−19.5
液相出料流量/(kmol/h)	551.60	541.71	1.83
丙烯转化率/%	77.16	78.35	−1.52
正丁醛收率/%	67.27	67.12	0.22
异丁醛收率/%	9.64	10.18	−5.30
液相出料组成 x/%			
正丁醛	59.70	60.10	−0.67
异丁醛	8.90	8.90	0.00
丙烯	13.30	12.60	5.56
丙烷	6.3	5.70	10.53

表 5.15　第二反应器模拟计算结果和工业值的比较

参数	模拟结果	实际数据	相对误差/%
气相出料流量/(kmol/h)	26.86	22.46	19.59
液相出料流量/(kmol/h)	572.76	579.71	−1.20
丙烯转化率/%	93.87	93.04	0.89
正丁醛收率/%	75.05	79.42	−5.50
异丁醛收率/%	12.89	12.01	7.33
液相出料组成 x/%			
正丁醛	68.70	68.90	−0.29
异丁醛	10.50	10.20	2.94
丙烯	3.80	3.70	2.70
丙烷	6.30	5.30	18.87

　　从反应器出来的反应液送入降膜蒸发器进行加热蒸发,在气液分离罐将催化剂溶液与粗丁醛产品分离。催化剂溶液冷却后循环回反应器,粗丁醛产品首先进入吸收塔,吸收尾气中的丙烯、丙烷,然后经气提塔,利用净化后的合成气将溶解的丙烯、丙烷气提出来,粗丁醛产品送去精制,合成气返回反应器。蒸发器和气提塔的模拟结果分别如表5.16和表5.17所示。

表 5.16　蒸发器模拟计算结果和工业值的比较

参数	模拟结果	实际数据	相对误差/%
弛放气			
温度/℃	41.00	41.00	—
压力/MPa	0.34	0.34	—
流量/(kg/h)	172.4	153	12.68
φ_{CH_4}/%	25.6	26.2	−2.30
φ_{N_2}/%	31.0	32.2	−3.73
催化剂循环液			
温度/℃	80	80	—
压力/MPa	2.1	2.1	—
流量/(kmol/h)	102.90	99.03	3.91
$x_{正丁醛}$/%	38.60	39.20	−1.53
x_{TPP}/%	21.60	21.00	2.86
$x_{三聚物}$/%	35.10	35.20	−0.28

表 5.17　气提塔模拟计算结果和工业值的比较

参数	模拟结果	实际数据	相对误差/%
塔顶合成气			
温度/℃	40.00	40.00	0.00
压力/MPa	2.03	2.03	0.00
流量/(kmol/h)	758.27	767.10	−1.15
φ_{H_2}/%	44.54	43.80	1.69
φ_{CO}/%	43.90	43.10	1.86
丁醛产品			
温度/℃	39.20	41.00	−4.39
压力/MPa	2.03	2.05	−0.98
流量/(kmol/h)	389.96	391.29	−0.34
$x_{正丁醛}$/%	83.98	84.90	−1.08
$x_{异丁醛}$/%	13.03	12.80	1.80

　　从表5.14~表5.17中的数据可以看出,模拟计算结果与实际操作数据吻合得较好,关键组分的相对误差都在5%以内,说明模拟计算中所选用的动力学方程和物性计算方法能较准确地反映装置实际操作情况,模型软件具有较高的预测精度。

　　通过模拟计算和分析比较,模拟结果与工业装置数据吻合得良好,验证了模拟计算方法和流程模拟软件的可靠性,说明模型具有良好的预测性,为工业装置的扩建以及生产工艺的优化提供了理论基础。

习　题

1. 选择某一典型的化工产品，分析其工艺流程的特点，指出工艺流程的可改进之处。

2. 管道仪表流程图包括哪些内容？其作图步骤是什么？

3. 说明流程模拟软件的分类及特点。

4. 结合生产实际说明化工流程模拟软件的应用，评价其使用效果。

第6章 管道设计与布置

化工设备间的连接，物料、蒸汽、水、气体的输送，都要用到各种管径、不同材质的管道。管道设计与管道布置设计的工作量占化工工艺设计工作总量的 30%～40%，管道安装工作量约占安装工程总量的 35%，管道安装的费用占全厂化工设备总投资的 15%～20%。因此，管道设计与布置对化工工艺设计具有十分重要的意义。管道设计与布置是管道设计人员运用工艺、材料、力学、机械、设备、结构、仪表、电气、计算机等多学科知识，根据拟设计装置工艺、设备、土建、仪表、电气等各专业的设计要求，结合装置建设地地理、地质、水文、气候和气象条件，并遵循相关法规和规定，用管道及其组件将装置中各设备安全、经济、合理地连接成为一个系统的创造性劳动。

6.1 概　　述

6.1.1　化工车间管道设计与布置的任务

管道设计与布置主要包括管道设计计算和管道布置设计两部分内容。管道的设计计算包括管径计算、管道压降计算、管道热补偿计算等；管道布置设计的主要内容是对管道在空间位置连接、阀件、管件及控制仪表安装情况进行设计并绘图。主要内容有：

(1) 选择管道材料与介质流速，确定管径。

(2) 确定管壁厚度、管道连接方式。

(3) 选择阀门和管件、管道热补偿器、绝热形式与厚度、保温材料。

(4) 计算管道的阻力损失。

(5) 确定车间中各个设备的管口方位、确定管道的安装连接和铺设，选择管架及固定方式。

(6) 确定各管段（包括管道、管件、阀门及控制仪表）在空间的位置。

(7) 画出管道布置图，表示出车间中所有管道在平面和立面的空间位置，作为管道安装的依据。

(8) 编制管道综合材料表，包括管道、管件、阀门、型钢及绝热材料等的材质、规格和数量。

(9) 选择管道的防腐蚀措施，选择合适的表面处理方法和涂料及涂层顺序。

(10) 编制施工说明书。

6.1.2　化工车间管道设计与布置的要求

化工装置的管道布置设计应符合《化工装置管道布置设计规定》（HG/T 20549—1998）、《石油化工管道布置设计通则》（SH 3012—2000）、《化工、石油化工管架、管墩设计规定》（HG/T 20670—2000）、《化工管道设计规范》（HG 20695—1987）等规定，其原则性要求如下：①符合生产工艺流程的要求，并能满足生产的要求；②便于操作管理，并能保证安全生产；③便于管道的安装和维护；④要求整齐美观，并尽量节约材料和投资。

除了符合上述原则性要求外，还应仔细考虑下列问题。

1. 物料因素

输送易燃易爆、有毒及有腐蚀性的物料管道不得铺设在生活间、楼梯、走廊和门等处，这些管道上还应设置安全阀、防爆膜、阻火器和水封等防火防爆装置，并应将放空管引至指定地点或高过屋面 2m 以上。

布置腐蚀性介质、有毒介质和高压管道时，应避免由于法兰、螺纹和填料密封等泄露而造成对人身与设备的危害。易泄漏部位应避免位于人行通道或机泵上方，否则应设安全防护；不得铺设在通道上空和并列管线的上方或内侧。

全厂性管道敷设应有坡度，并宜与地面坡度一致。管道的最小坡度宜为 2‰。管道变坡点宜设在转弯处或固定点附近。

冷热流体应相互避开，不能避开时，冷管在下，热管在上，其保温层外表面的间距，上下并行时一般不应小于 0.5m，交叉排列时不应小于 0.25m；保温材料及保温层的厚度根据规范确定。塑料管或衬胶管应避开热管。

管道敷设应有坡度，以免管内或设备内积液。坡度方向一般为顺介质流动方向，但也有与介质流动方向相反的情况，如氨压缩机的吸入管道应有≥0.005 的逆向坡度，坡向蒸发器；其排气管道应有 0.01～0.02 的顺向坡度，坡向油分离器。管道坡度一般为 5/1000～1/100。输送黏度大的物料管，坡度要求大些，可至 1/100。含固体结晶的物料管道坡度为 5/100 左右。埋地管道及敷设在地沟中的管道，在停止生产时，其积存物料不考虑放尽者，可不考虑敷设坡度。

除满足正常生产要求外，管道布置应能适应开停车和事故处理的需要，要设有为开工、送料、循环和停工时卸料、抽空、扫线、放空以及不合格产品运输的线路，管道应能适应变化，避免烦琐，防止浪费。

在蒸汽主管和长距离管线的适当地点应分别设置带疏水器的放水口及膨胀器。

为了安全起见，尽量不要把高压蒸汽直接引入低压蒸汽系统，如果必要，应装减压阀并在低压系统上装安全阀。

真空管线应尽量短，尽量减少弯头和阀门，以降低阻力，达到更高的真空度。

2. 考虑施工、操作及维修

管道应尽量集中布置在公用管架上，管道应平行走直线，少拐弯，少交叉，不妨碍门窗开启和设备、阀门及管件的安装与维修，并列管道上的阀门应尽量错开排列。

支管多的管道应布置在并列管线的外侧，引出支管时气体管道应从上方引出，液体管道应从下方引出。管道布置宜做到"步步高"或"步步低"，减少气袋或液袋。否则应根据操作、检修要求设置放空、放净管线。管道应尽量避免出现"气袋"、"口袋"和"盲肠"（图 6.1）。

图 6.1　气袋、口袋和盲肠示意图

管道应尽量沿墙面铺设，或布置与固定在墙上的管架上，管道与墙面之间的距离以能容纳管件、阀门及方便安装维修为原则。平行管道间最突出物间的距离不能小于 50mm，管道最突出部分距墙壁、管架边和柱边不能小于 100mm。

管道布置不能妨碍门窗开启及阀门、管件、设备、机泵和自控仪表的操作检修；在有吊车的情况下，管道布置不应妨碍吊车工作。管道应避免通过电动机、仪表盘、配电盘上空；塔及容器的管道不可从人孔正前方通过。在行走地面上 2.2m 的空间也不应安装管道。

管道穿过建筑物的楼板、屋顶或墙面时，应加套管，套管与管道间的空隙应密封。套管的直径应大于管道隔热层的外径，并不得影响管道的热位移。管道上的焊缝不应在套管内，并距离套管端部不应小于 150mm。套管应高出楼板、屋顶面 50mm。管道穿过屋顶时应设防雨罩。管道不应穿过防火墙或防爆墙。

为了安装和操作方便，管道上的阀门和仪表的布置高度可参考以下数据：

阀门（包括球阀、截止阀、闸阀）　　　　　　　1.2~1.6m
安全阀　　　　　　　　　　　　　　　　　　　2.2m
温度计、压力计　　　　　　　　　　　　　　　1.4~1.6m

流量元件（孔板、喷嘴及文氏管）所在的管道后要有足够长的直管段，以保证准确测量。液面计要装在液面波动小的地方，并要装在操作控制阀时能看得见的地方。温度元件在设备与管道上的安装位置要与流程一致，并保证一定的插入深度和外部安装检修空间。

采用成型无缝管件时，不宜直接与平焊法兰焊接，其间要加一段直管，直管长度一般大于其公称直径并大于 120mm。

为了方便管道的安装、检修及防止变形后碰撞，管道间应保持一定的间距。阀门、法兰应尽量错开排列，以减少间距。在螺纹连接的管道上应适当配置一些活接头（特别是阀门附近），以便安装、拆卸和检修。

3. 安全生产

在人员通行处，管道底部的净高不宜小于 2.2m；通行大型检修机械或车辆时，管道底部净高不应小于 4.5m；跨越铁路上方的管道，其距轨顶的净高不应小于 5.5m。

对于跨越、穿越厂区内铁路和道路的管道，在其跨越段或穿越段上不得装设阀门、金属波纹管补偿器和法兰、螺纹接头等管道组成件。

直接埋地或管沟中铺设的管道通过公路时，应加套管等加以保护。管道在穿墙和楼板时，应在墙面和楼板上预埋一个直径大的套管，让管道从套管中穿过，防止管道移动或振动时对墙面或楼板造成损坏，套管应高出楼板、平台表面 50mm。

为了防止介质在管内流动产生静电聚集而发生危险，易燃易爆介质的管道应采取接地措施，以保证安全生产。

长距离输送蒸汽或其他热物料的管道，应考虑热补偿问题，如在两个固定支架之间设置补偿器和滑动支架。

玻璃管等脆性材料管道的外面最好用塑料薄膜包裹，避免管道破裂时溅出液体，发生意外。

为了避免发生电化学腐蚀，不锈钢管道不宜与碳钢管道直接接触，要采用胶垫隔离等措施。

4. 其他因素

根据管道的特点，确定合理的支承与固定结构。管道与阀门一般不宜直接支撑在设备上。

距离较近的两设备间的连接管不应直连，应用 45°或 90°弯接。

管道布置时应兼顾电缆、照明、仪表及采暖通风等其他非工艺管道的布置。

6.2　管道、管件及常用阀门

管道、管件及阀门是化工生产中不可缺少的装置。在管道设计中，应根据使用要求选择管道、管件和阀门的类型、规格与材料。

6.2.1　基本概念

1. 公称直径

管道在使用时往往需要和法兰、管件或各类阀门相连接，为了用一尺寸来说明两个零件能够实现连接的条件，统一管道中管子、法兰、管件和阀门的规格，有利于设计、制造和维修，引入公称直径的概念。人们约定：凡是能够实现连接的管子与法兰、管子与管件或管子与阀门，就规定这两个连接件具有相同的公称直径。

公称直径既不是管子的内径，也不是管子的外径，而是管子的名义直径，它与实际管道的内径相近，但不一定相等。凡是同一公称直径的钢管，外径相等，而内径则因壁厚不同而异。公称直径以 DN 表示，它由字母 DN 和无因次的整数数字组成。现行管道元件的公称直径按《管道元件　DN（公称尺寸）的定义和选用》（GB/T 1047—2005）的规定。

2. 公称压力

公称压力是指管道、管件和阀门在基准温度下（碳钢基准温度为 200℃，合金钢的基准温度为 250℃，铸铁和铜的基准温度为 120℃，塑料制品的基准温度为 20℃）的耐压强度。制品在基准温度下的耐压强度接近常温时的耐压强度，故公称压力也接近常温下材料的耐压强度。公称压力以 PN 表示，它由字母 PN 和无因次的数字组成，如公称压力为 1.0MPa，记为 PN10。

公称压力（MPa）一般分为 0.25、0.6、1.0、1.6、2.5、4.0、6.4、10.0、16.0、20.0、25.0、30.0 共 12 个等级。一般 PN 0.25～1.6 称为低压，PN 1.6～6.4 称为中压，PN 6.4～30.0 称为高压。

3. 工作压力

管子和管路附件在正常运行条件下所承受的压力用符号 p 表示，这个运行条件必须是指某一操作温度，因而说明某制品的工作压力应注明其工作温度，通常是在 p 的下角附加数字，该数字是最高工作温度除以 10 所得的整数值，如介质的最高强度为 300℃，工作压力为 10MPa，则记为 $p_{30}10MPa$。

4. 试验压力

管道与管路附件在出厂前必须进行压力试验，检查其强度和密封性，对制品进行强度试验的压力称为强度试验压力，用符号 p_s 表示，如试验压力为 4MPa，记为 p_s4MPa。从安全角度考虑，试验压力必须大于公称压力。

制品的公称压力指基准温度下的耐压强度，但在很多情况下，制品并非在基准温度下工作，随着温度的变化，制品的耐压强度也跟着发生变化，故某一公称压力的制品，究竟能承受多大的工作压力，要由介质的工作温度决定，因此就需要知道制品在不同的工作温度下公称压力和工作压力的关系。为此，必须通过强度计算找出制品的耐压强度与温度之间的变化规律。在工程实践中，通常是按照制品的最高耐温界限，把工作温度分成若干等级，并计算每个温度等级下制品的允许工作压力。

6.2.2　常用管道

管道的分类方法通常按介质的压力、温度、性质分类，也可按管道材质、温度及压力分类。管道按材质可分为钢管、有色金属管、非金属管、铸铁管四种。铸铁管主要用于给水和煤气管道工程。

1. 钢管

钢管分有缝与无缝两类。有缝钢管由碳钢板卷焊制成，强度低、可靠性差，使用压力一般小于 1MPa（表压），只能用于压力较低和危险性小的介质，如上下水管、采暖系统、低压（<1MPa）蒸汽、煤气和空气等。本节以介绍无缝钢管为主。

（1）一般无缝钢管。无缝钢管由普通碳素钢、优质碳素钢、普通低合金结构钢和合金结构钢等的管坯热轧和冷拔（冷轧）而成，强度高，用于高压、高温或易燃、易爆和有毒物质的输送，在化学工业中应用最为广泛，标准为《输送流体用无缝钢管》（GB/T 8163—1999）。

（2）化肥用高压无缝钢管。主要用于输送介质为合成氨原料气（氢与氮）及氨、甲醇、尿素等，压力为 22MPa、32MPa，温度为 −40～400℃ 的化工原料介质的管道，标准为《高压化肥设备用无缝钢管》（GB 6479—2000）。

（3）石油裂化用无缝钢管。主要用于石油精炼厂的炉管、热交换器及其管道，标准为《石油裂化用无缝钢管》（GB 9948—2006）。

（4）不锈耐酸无缝钢管。主要用于化工、石油、机械用管道，尤其适用于输送强腐蚀性介质，低温或高温介质，标准为《流体输送用不锈钢无缝钢管》（GB/T 14976—2002）。

（5）焊接钢管。主要用于公称压力≤1.6MPa 的管道上，因其管壁纵向有一条焊缝，故称为焊接钢管。它可分为低压流体输送用焊接钢管（GB/T 3091—2008）和螺旋缝焊接钢管、钢板卷制直缝焊接钢管。焊接钢管多用于石油和天然气长距离输送管道。

2. 有色金属管

有色金属管最常用的是铜、铅、铝或铝合金管，它们都是无缝管。

（1）铜及铜合金管。管道工程用铜管管材有纯铜管（工业纯铜）、黄铜管（铜锌合金与特殊黄铜）和青铜管（铝青铜和锡青铜等）。纯铜管和黄铜管大多用于制造换热设备、制冷系统、化工管路，以及仪表的测压管线或传送液体的管线。

纯铜管适用于工作压力在 4MPa 以下、温度为 −196～250℃的管路，黄铜管适用于工作压力在 22MPa 以下、温度为 −158～120℃的管路。在制冷系统中，铜管适用于工作压力低于 2MPa、温度为 −20～150℃，输送制冷剂与润滑油的管路，近年来已用在室内燃气管路及高级宾馆的冷热水系统。

（2）铝及铝合金管。铝及铝合金管主要用于输送脂肪酸、硫化氢、二氧化碳和硝酸、乙酸等管道。不能用于盐酸、碱液，特别是含氯离子的化合物。铝管最高使用温度为 200℃，温度高于 160℃时，不宜在压力下使用。

（3）钛管。钛管常用于其他管材无法胜任的工艺部位。其主要特点是质量轻、强度高、耐腐蚀、耐低温，适用温度范围为 −140～250℃，当温度高于 250℃时，其力学性能将下降。

3. 非金属管

（1）耐酸酚醛塑料管。耐酸酚醛塑料管具有良好的耐腐蚀性能，能抗大部分酸性、有机溶剂等腐蚀，但不耐碱性及强氧化性的酸腐蚀。由于其冲击韧性差，较脆，故不宜在有机械振动、温度变化大的情况下使用，一般用于温度为 −30～130℃、压力＜0.6MPa 的工况。

（2）硬聚氯乙烯管。硬聚氯乙烯管对不同浓度的大部分酸碱盐类的溶液有较好的耐腐蚀性，但在 50% 以上的硝酸及发烟硫酸中不稳定。其传热系数低、塑性好，但其强度差，且只有在 60℃以下时才能保持适当强度，用于压力＜0.6MPa 的工况。

（3）石墨管。石墨管具有良好的耐腐蚀性，且热胀系数小，不污染介质，但其较脆，强度低，适用于温度＜150℃、压力＜0.3MPa 的工况。

（4）耐酸陶瓷管。耐酸陶瓷管具有良好的耐腐蚀性、不渗透性，但它耐温度骤变性差、强度低，不宜用于剧毒或易燃易爆介质，一般用于温度＜120℃、压力为常压的工况。

（5）玻璃管。玻璃管对除氢氟酸外的酸类、稀碱及有机溶剂等具有良好的耐蚀性，但其抗拉强度低，常用于温度<120℃、压力<2.0MPa 的工况。

（6）混凝土管。混凝土管分为预应力和自应力钢筋混凝土管两种。管口连接采用承插接口，用圆形截面的橡胶圈密封，适用于长距离输送低压水、气等，一般用于压力<1.0MPa 的工况。

6.2.3　管径计算

1. 最经济管径的计算

管道投资费用与克服管道阻力所消耗的动力费用有关。管径越大，管道的投资越大，但动力消耗可以降低；管径小，动力消耗增加。因此，选择管径时，应同时考虑管道投资费用与动力消耗（生产费用），并使二者费用之和最低，即为最经济的管径。对于长距离管道或大直径管道（如输油管、煤气管等），应根据最经济管径选择；对于较短及较小直径的管道，则根据经验决定。另外，也可以用计算式近似地估算经济管径。

对于碳钢管，其计算式为

$$D_{最佳} = 282 q_{m}^{0.52} \rho^{-0.37} \tag{6.1}$$

对于不锈钢管，其计算式为

$$D_{最佳} = 226 q_{m}^{0.50} \rho^{-0.35} \tag{6.2}$$

式中，$D_{最佳}$ 为最经济管径，mm；q_{m} 为质量流量，kg/s；ρ 为密度，kg/m³。

例 6.1　试求水在 20℃、流量为 10kg/s 时的碳钢管的最佳管径。水的密度为 1000kg/m³。

解　根据式（6.1），有

$$D_{最佳} = 282 \times 10^{0.52} \times 1000^{-0.37} = 72.5 (mm)$$

圆整为 80mm。

例 6.2　试求 HCl 气体在 0.5MPa、15 ℃、流量为 7000kg/h 时的不锈钢管的最佳管径。0.1MPa、0℃时 HCl 气体的摩尔体积为 22.4m³/kmol。

解　操作状态下 HCl 气体的密度为

$$\rho = 36.5 \times 5 \times 273 \div (22.4 \times 1 \times 288) = 7.72 (kg/m^3)$$

根据式（6.2），有

$$D_{最佳} = 226 \times (7000/3600)^{0.50} \times 7.72^{-0.35} = 154 (mm)$$

圆整为 150mm。

2. 按选取的介质流速计算管径

$$d = \sqrt{\frac{4 q_{v}}{3.14 u}} \tag{6.3}$$

式中，d 为管道直径，m；q_{v} 为通过管道的流体流量，m³/s；u 为通过管道的流体的常用速度，m/s。

管内常用流速如表 6.1 所示。

表 6.1 流体常用流速范围

流体名称		流速范围/(m/s)	流体名称		流速范围/(m/s)
饱和蒸汽	主管	30～40	煤气	初压 200mmH₂O	0.75～3
	支管	20～30		初压 6000mmH₂O	3～12
低压蒸汽	＜1.0MPa（绝压）	15～20	氧气	0～0.05 MPa（表压）	1.0～5.0
中压蒸汽	1.0～4.0 MPa（绝压）	20～40		0.05～0.60 MPa（表压）	7.0～8.0
高压蒸汽	4.0～12.0 MPa（绝压）	40～60		0.60～1.0 MPa（表压）	4.0～6.0
过热蒸汽	主管	40～60		1.0～2.0 MPa（表压）	4.0～5.0
	支管	35～40		2.0～3.0 MPa（表压）	3.0～4.0
一般气体（常压）		10～20	氮气	5.0～10.0 MPa（绝压）	2～5
压缩空气	0.1～0.2 MPa（表压）	10～15	废气	低压	20～30
压缩空气	（真空）	5.0～10		高压	80～100
油及黏度大的液体		0.5～2	易燃易爆液体	＜1	
自来水	主管 0.3MPa（表压）	1.5～3.5	蒸汽冷凝水	0.5～1.5	
	直管 0.3MPa（表压）	1.0～1.5	凝结水（自流水）	0.2～0.5	
工业供水	0.8MPa（表压）以下	1.5～3.5	压力回水	0.5～2.0	
氢气		≤8	氨气	（真空）	15～25
水及黏度小的液体	0.1～1.0MPa	1.5～3	水及黏度小的液体	20～30MPa	3～4

例 6.3 用泵输送乙酸乙酯，其流量为 5m³/h，试求输送乙酸乙酯管道的管径。

解 根据式（6.3）计算，又由乙酸乙酯物性知乙酸乙酯为易燃易爆液体，查表 6.1 得 $u<1$m/s，取 $u=1$m/s，有

$$d = [4\times5/(3.14\times1\times3600)]^{0.5}$$
$$= 0.042(\text{m})$$
$$= 42\text{mm}$$

圆整为 50mm。

3. 图表法

根据选用的流速查图 6.2 也可确定管径。当直径＞500mm、流量＞60 000m³/h 时，管径可用其他图计算，详见有关手册及资料。

4. 管子壁厚的确定

各种管材不同公称压力和公称直径的壁厚可查阅《化工工艺设计手册》。

6.2.4 管道连接

管道连接的方法有焊接、螺纹连接、法兰连接、承插连接、卡箍连接、卡套连接等多种。下面扼要介绍几种最常见的管道连接方法。

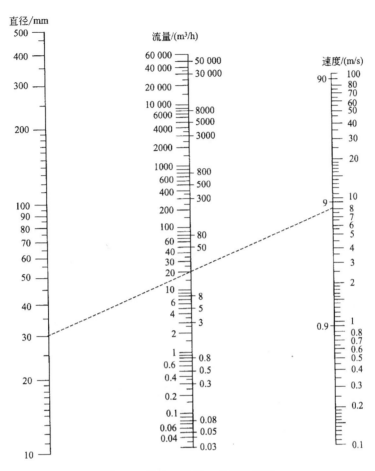

图 6.2　流速、流量、直径计算图

1. 焊接

焊接是化工厂中最常用的一种管道连接方法。特点是施工方便，可靠性好，成本低。凡是不需要拆装的地方，都应尽量采用焊接。工业管道焊接应执行《现场设备、工业管道焊接工程施工及验收规范》（GB 50236—1998）的规定。所有压力管道（如煤气、蒸汽、空气、真空管道等）都应尽量采用焊接。除因维修及更换零部件采用法兰、螺纹连接外，应尽可能采用焊接，特别是国内外长距离管道多采用焊接。

2. 螺纹连接

钢管和带有管螺纹的管件、阀件和设备采用螺纹连接。优点是连接简单，拆装方便，成本低，但连接的可靠性低，容易在螺纹处发生渗漏。一般适用于管径≤50mm（室内明敷上水管可采用≤150mm）、工作压力低于 980kPa、介质温度≤100℃的焊接钢管、镀锌焊接钢管、硬聚氯乙烯管与管道、管件、阀门的连接。在化工厂中一般只用于输送上下水、压缩空气等介质的管道，不宜用于易燃、易爆和有毒介质的管道。

3. 法兰连接

法兰连接常用于明装管路需要检修拆卸的部位，以及连接带法兰的阀件、仪表和设备。优点是结合强度高，密封可靠，拆装方便；缺点是费用较高。一般适用于大管径、密封性要求高的管道连接，也适用于玻璃、塑料、阀件与管道或设备的连接。

法兰连接时，法兰的公称直径必须与连接的管道公称直径相同，其公称压力必须符合管内介质压力的要求外，尚要考虑温度的影响。凡是工艺上要求高的地方，如高真空、易燃、易爆及有毒的介质，不论其工作压力大小，法兰的公称压力有一最小限度，这个原则也适用于管道的其他配件（如阀等）。

4. 承插连接

给水、排水、化工和城市燃气管道常采用铸铁管、混凝土管、陶瓷管、塑料管等管材，这些管材多采用承插连接。承插连接就是将管子（管件）的插口插入管道的承口内，周围充塞填料进行密封的一种形式。一般采用石棉水泥、沥青玛碲脂、水泥砂浆等作为封口，适用于工作压力$\leqslant 29.4\times 10^{-2}$MPa、介质温度$\leqslant 60℃$的场合。

5. 卡箍连接

卡箍连接也称沟槽连接。它利用卡箍连接件与管子相连。连接时需要在连接的管子上加工沟槽。该连接适用于金属管插入非金属管（橡胶管及各种软塑料管），在插入口外，用金属箍箍紧，防止介质外漏，它适用于临时装置或要求经常拆洗的洁净管。采用凸缘式管口，管与管之间用O形密封圈，凸缘外用金属扎紧，拆装灵活。

6. 卡套连接

卡套连接的类型很多，如挤压式、撑胀式、自撑式、噬合式。目前我国常用的是挤压式和噬合式。挤压式适用于塑料管、铝塑复合管的连接；噬合式适用于钢管的连接。

6.2.5　常用阀门

在流体管道系统中，阀门是控制元件，其投资占管道工程费用的$30\%\sim 50\%$。阀门的主要功能为启闭、节流、调节流量、隔离设备和管道系统、防止介质倒流、调节和排泄压力等。因而，在管道设计中，科学合理地选择阀门既能降低装置的建设费用，又可保证生产安全运行。

1. 阀门的类型与用途

常用阀门有多种分类方法，国内和国际上比较常用的是按照结构原理将阀门分为闸阀、截止阀、蝶阀、球阀、旋塞阀、止回阀、节流阀、隔膜阀、疏水阀、安全阀、减压阀等。表 6.2 为常用阀门的种类。

表 6.2　常用阀门的种类

分　类	用　途	备　注
截断用阀	接通或切断管路介质流动，全开或全闭使用。根据系统的操作条件（如介质、压力降、密封要求等）选用不同的结构形式	闸阀、截止阀、球阀、蝶阀、隔膜阀等
调节用阀	调节介质的压力和流量	调节阀、节流阀、减压阀、针形阀等
止回用阀	防止介质倒流	各种不同结构的止回阀
分流用阀	改变管路中介质流动的方向，起分配、分流或混合介质的作用	如三通球阀、分配阀、疏水阀等
压力泄放阀	超压安全保护，排放多余的介质，防止压力超过规定数值，保证设备及管路系统的安全	安全阀、事故阀
特殊专用阀	送气放空或排污等。清管阀在全开或全关状态下都可以排放体腔中的介质	如放空阀、排污阀、清管阀、仪表阀、液压控制管路系统用阀等

2. 常用阀门的特性

1）闸阀

闸阀是使用很广的一种阀门，主要用于接通或切断管路。闸阀在全开状态下流体直线通过，介质的流动方向不受限制，阻力和压力降小，一般开闭情况下应首选闸阀。闸阀不适用于节流，一般仅用于全开或全关操作。

闸阀可按阀杆上螺纹位置分为明杆式和暗杆式两类，按闸板的结构特点又可分为楔式、平行式。明杆式闸阀适用于腐蚀介质，在化工工程上基本使用明杆式闸阀。暗杆闸阀主要用于水道，多用于低压、无腐蚀性介质的场合，如一些铸铁和铜阀门。

楔式闸板有单闸板、双闸板之分。平行式闸板多用于油气输送系统，在化工装置中不常用。

2）截止阀

截止阀在管路中主要作切断用。与闸阀相比，截止阀具有一定的调节作用，故常用于调节阀组的旁通管路。但用于节流时，阀座密封面易受冲蚀磨损。截止阀不宜用于黏度大、含有悬浮物质和易结晶物料的管路。

截止阀与闸阀相比主要有以下特点：①在开闭过程中密封面的摩擦力比闸阀小，耐磨；②开启高度比闸阀小；③截止阀通常只有一个密封面，制造工艺好，便于维修；④介质流动阻力大，常用于 DN≤200mm 的管路上。

3）节流阀

节流阀除阀瓣（启闭件）以外与截止阀结构基本相同，其阀瓣是节流部件，不同形状具有不同的特性，阀座的通径不宜过大，因其开启高度较小，介质流速增大，从而加速对阀瓣的冲蚀。节流阀外形尺寸小、质量轻、调节性能好，但调节精度不高。节流阀适用于温度较低、压力较高的介质以及需要调节流量和压力的部位，不适用于黏度大和含有固体颗粒的介质，不宜作隔断阀。

4) 止回阀

止回阀指用于阻止介质倒流的阀门，又称逆止阀、单向阀，它包括各种结构的止回阀（如升降式、旋启式、蝶式止回阀和底阀等）。

升降式止回阀比旋启式止回阀的密封性好，流体阻力大；卧式的宜装在水平管线上，立式的应装在垂直管线上；旋启式止回阀不宜制成小口径阀门，可装在水平、垂直或倾斜的管线上，如装在垂直管线上，介质流向应由下至上。

止回阀仅能安装在输送清洁介质的管道上，对于有某些颗粒和黏度较大的介质是不适用的，因为这种介质会降低止回阀的密封性能。

5) 球阀

球阀的启闭件为球体，主要用于切断、分配和改变介质的流动方向，其质量轻、造价低、流体阻力小。对于要求快速启闭的场合一般选用球阀。缺点是高温时启闭困难、水击严重、易磨损。球阀由旋塞演变而来，传统意义的球阀主要用于切断、分配和改变介质的流动方向。由于计算机辅助设计（CAD）和计算机辅助制造（CAM）以及柔性制造系统（FMS）在阀门行业的应用，球阀的设计和制造达到了一个全新的水平，球阀的使用突破了它原有的使用空间和应用范围，在美国、日本、德国、英国、法国、意大利等工业发达国家，球阀的应用非常广泛，并向高温、高压、大口径、高密封性能、长寿命、优良的调节性能以及一阀多用多功能的方向发展，其密封性能及使用的安全可靠性均达到了较高的水平。

6) 旋塞阀

旋塞阀结构简单，外形尺寸小，介质流动方向不限，启闭时只需旋转90°，十分快捷。这种直通式旋塞阀通道不缩小，介质在阀内流向不改变，流体阻力小，还可制作成三通路或四通路阀门，可作为分配换向用，但密封面易磨损，开关力较大。

旋塞阀不适用于输送高温、高压介质（如蒸汽），只适用于一般低温、低压流体，作开闭用，不宜作调节流量用。

旋塞阀应用于油田开采、输送和精炼设备中，同时也广泛用于石油、化工、燃气、水暖等管路中。

旋塞阀公称直径范围为15~150mm，公称压力有0.6MPa、1.0MPa、1.6MPa三个等级，工作温度在100℃以内。

7) 蝶阀

启闭件为蝶板，绕固定轴转动的阀门为蝶阀。蝶阀的特点是结构简单，体积小，质量轻，节省材料，安装空间小，而且驱动力矩小，操作简便、迅速。

传统意义上的蝶阀是一种简单的且关闭不严的挡板阀，通常用于水管路系统中作为流量调节和阻尼用。近十几年来，蝶阀制造技术发展迅速，在发达国家，蝶阀的使用非常广泛，其使用品种也在不断增多，并向高温、高压、大口径、高密封、长寿命、优良的调节性以及一阀多功能的方向发展，其密封性及安全可靠性均达到了较高的水平，并已部分地取代截止阀、闸阀和球阀。因此，蝶阀广泛应用于给水、油品、燃气等管路。

8) 隔膜阀

启闭件为隔膜，由阀杆带动沿阀杆轴线做升降运动，并使动作机构与介质隔开的阀门称隔膜阀。

隔膜阀用橡胶、塑料、搪瓷等耐腐蚀材料作衬里。隔膜阀的优点是结构简单，便于维修，流动阻力小，多用于输送酸类介质、带悬浮物流体介质和腐蚀性介质，其适用范围为 PN≤0.6MPa、DN≤300mm。

9）减压阀

减压阀是一种自动阀门，将进口压力减至某一需要的出口压力，并使出口压力自动保持稳定。其作用是防止过高的静水压力或防止管内出现不满流现象。常用的减压阀有波纹管式、活塞式、先导薄膜式等。活塞式减压阀不能用于液体减压，而且流体中不能含有固体颗粒，故减压阀前应装管道过滤器。

10）安全阀

当管道或设备内的介质压力超过规定数值时，启闭件（阀瓣）能自动开启排放，低于规定值时，自动关闭，对管道或设备起保护作用的阀门为安全阀。

安全阀的种类很多，通常以安全阀的结构特点或阀瓣最大开启高度与阀座直径之比（h/d）进行分类，一般可分为杠杆重锤式安全阀、弹簧式安全阀、微启式安全阀、全启式安全阀、脉冲式安全阀、先导式安全阀等。

11）疏水阀

疏水阀也称疏水器或凝液排除器，它能自动地排除设备或管道中的凝结水，而不排除气体。一般需排除凝结水的地方（如蒸汽管道、补偿器或蒸汽加热设备的底部等）均应安装疏水阀。

3. 阀门的选用

为了满足各种生产工艺和管道系统的要求，阀门的种类和结构形式繁多。正确选用阀门，提高阀门的使用寿命，对保证装置和管道的安全生产、满足长周期运行的要求十分重要。

1）阀门选择要考虑的主要参数

（1）所输送的流体性质，将影响阀型和阀结构材料的选择。

（2）功能要求（调节还是切断），主要影响阀型选择。

（3）操作条件（是否频繁），将影响阀型和阀门材料选择。

（4）流动特性和摩擦损失。

（5）阀门公称尺寸的大小（公称尺寸很大的阀门只有在有限范围的阀型中才能找到）。

（6）其他特殊要求，如自动关闭、平衡压力等。

2）阀门的压力-温度额定值

阀门的压力-温度额定值是指在一定温度下用表压表示的最大允许工作压力。当温度升高时，最大允许工作压力随之降低。它是正确选用阀门的主要依据，也是工程设计和生产制造中的基本参数。标准中一般规定了阀门材料的压力-温度额定值范围，即标准阀门的适用工作压力是按照标准规定的压力-温度额定值确定的。对于管法兰连接的阀门都限制于管法兰的压力-温度额定值。使用软密封的阀门，如球阀和蝶阀等，在确定其适用压力-温度额定值时，应注意非金属材料的使用限制，即阀体材料和密封材料共同决定了阀门的适用压力-温度额定值。许多国家都制定了阀门、法兰、法兰管件的压力-温度额定值，如 ASME、EN（BS、DIN）阀门标准与管法兰标准是采用同样的压力-温度额定值体系。

3）材料

阀门的材料质量是衡量阀门强度可靠性和使用寿命的一个重要指标。阀门主要零件材料的选择除应考虑介质的压力、温度、腐蚀等特性外，还应遵循相应法规和标准的有关规定与要求。不同结构阀门的密封面材料（硬密封或软密封材料）的耐热性、耐腐蚀性也是选用时应考虑的因素。

4）密封性能

阀门的密封部位包括启闭件与阀座密封面间的接触处、填料与阀杆和填料函的配合处、阀体与阀盖的连接处以及阀门与管道的连接处。发生在第一处的泄漏为内漏，后三处的泄漏为外漏。内漏发生在阀门内部，不容易发现。密封性能是衡量阀门质量的主要技术指标，密封结构对阀门的选用影响很大。限制外漏的标准目前大多数采用美国环境保护署局的限定，即不超过 500×10^{-6}（500ppm）。常用判定阀门内漏的标准有《阀门的检查与试验》（API598—2004）、《工业阀门压力试验》（GB/T 13927—2008）和《阀门的检验要求》（JB/T 9092—1999）。《通用阀门压力试验》（GB/T 1392—1992）适用于一般工业阀门的检验，《阀门的试验与检验》（JB/T 9092—1999）中密封试验的要求参照 API598，适用于石油工业用阀门的检验。阀体因铸造缺陷造成的外渗漏是不允许的。

5）防火安全要求

阀门的防火安全是指在发生火灾后，阀门不成为泄漏点或管道系统的破坏点。特别是软密封阀门，由于非金属密封材料的使用温度和强度要比阀体金属低，火灾引起阀门周围的温度上升，软垫片首先成为破坏点而引起泄漏，导致灾情扩大，这点与金属密封阀门不同。因此，球阀、蝶阀等软密封阀门虽有较好的密封性能，但当它用于易燃、易爆介质管道上时，必须有防火结构设计，并通过防火试验。相应的标准有《球阀防火试验证书》（API607）、《阀门的耐火试验》（JB/T 6899—1993）。

6）环境温差的影响

高温或低温操作工况用阀门，应考虑阀杆填料和管道内流体介质温差比较大。如采用普通的短阀杆阀门，大的温差容易引起阀杆填料处泄漏。而介质温度过低，阀杆密封处外部空气中的水分容易结冰，也会造成阀门开闭困难。应考虑采用加长阀杆，使阀杆填料处于常温安定状态，以避免泄漏、外部结冰或其他热流量的影响。

7）石油化工专用阀门

GC1 级管道应选用石油化工专用阀门。GC1 级管道由于操作条件苛刻，如输送极度或高度危害介质、易燃（$p \geqslant 4.0$MPa）介质、$p \geqslant 10.0$MPa（高压）或 $p \geqslant 4.0$MPa 且温度 $\geqslant 400$℃高温介质等，除了通用阀门的要求以外，还有一些附加的要求。例如，阀盖密封结构不应使用依靠螺纹密封的结构，且阀杆填料的设计应考虑防止流体介质的泄漏等。因此，GC1 级管道用阀门一般应选用专用的石油化工用阀门，其阀门类型和标准可参见《压力管道规范　工业管道　第 3 部分》（GB/T20801.3—2006）附录 A。

4. 阀门的表示方法

阀门型号按《阀门型号编制方法》（JB 308—2004）的规定，型号标志如下：

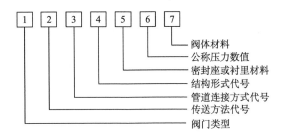

1）类型代号

类型代号用大写汉语拼音字母表示，见表 6.3。

表 6.3　阀门的类型代号

阀门类型	代号	阀门类型	代号
闸阀	Z	旋塞阀	X
截止阀	J	止回阀和底阀	H
节流阀	L	安全阀	A
球阀	Q	减压阀	Y
蝶阀	D	疏水阀	S
隔膜阀	G	管夹阀	GJ

2）传动代号

传动代号用阿拉伯数字表示，见表 6.4。

表 6.4　阀门的传动代号

传动方式	代号	传动方式	代号
电磁动	0	伞齿轮	5
电磁-液动	1	气动	6
电-液动	2	液动	7
涡轮	3	气-液动	8
正齿轮	4	电动	9

3）连接形式代号

连接形式代号用阿拉伯数字表示，见表 6.5。

表 6.5　阀门的连接形式代号

连接形式	代号	连接形式	代号
内螺纹	1	对夹	7
外螺纹	2	卡箍	8
法兰	4	卡套	9
焊接	6		

4）结构形式代号

结构形式代号用阿拉伯数字表示，见表6.6。

表 6.6 阀门的结构形式代号

阀门名称	结构形式			代号	阀门名称	结构形式		代号
闸阀	明杆楔式		弹性闸板		旋塞阀	填料	直通式	3
		刚性	单闸板	1			T形三通式	4
			双闸板	2			四通式	5
	明杆平行式	刚性	单闸板	3		油封	直通式	7
			双闸板	4			T形三通式	8
	暗杆楔式	刚性	单闸板	5	疏水阀	浮球式		1
			双闸板	6		钟形浮子式		5
截止阀和节流阀	直通式	铸造		1		双金属片式		7
	角式			2		脉冲式		8
	直流式	铸造		3		热动力式		9
	角式			4	止回阀和底阀	升降	浮球式	0
	直流式			5			多瓣式	1
	平衡直通式			6			立式	2
	平衡角式			7		旋启	单瓣式	4
球阀	浮动式	直通式		1			多瓣式	5
		L形三通式		4			双瓣式	6
		T形三通式		5	安全阀	弹簧封闭	带散热片全启式	0
	固定式	直通式		7			微启式	1
蝶阀	杠杆式	—		0			全启式	2
	垂直板式			1			扳手全启式	4
	斜板式			3		弹簧不封闭	扳手双弹簧微启式	3
隔膜阀	屋脊式	—		1			扳手微启式	7
	截止式			3			扳手全启式	8
	直流式			5		—	带控制机构全启式	6
	闸板式			7				

5）阀座密封面或衬里材料代号

阀座密封面或衬里材料代号用大写汉语拼音字母表示，见表6.7。

表 6.7　阀座密封面或衬里材料代号

阀座密封面或衬里材料	代号	阀座密封面或衬里材料	代号
铜合金	T	渗氮钢	D
软橡胶	X	硬质合金	Y
尼龙塑料	N	衬胶	J
氟塑料	F	衬铅	Q
锡基轴承合金（巴氏合金）	B	搪瓷	C
合金钢	H	渗硼钢	P

注：① 由阀体直接加工的阀座密封面材料代号用 "W" 表示；② 当密封副的材料不同时，以硬度低的材料代号表示。

6）阀体材料代号

阀体材料代号用大写汉语拼音字母表示，见表 6.8。

表 6.8　阀体材料代号

阀体材料	代号	阀体材料	代号
钛及钛合金	A	球墨铸铁	Q
碳钢	C	Mo_2Ti 系不锈钢	R
Cr13 系不锈钢	H	塑料	S
铬钼钢	I	铜及铜合金	T
可锻铸铁	K	铬钼钒钢	V
铝合金	L	灰铸铁	Z
18-8 系不锈钢	P		

6.2.6　常用管件

在管系中改变走向、标高或改变管径以及由主管上引出支管等均需用管件。管件的种类较多，有弯头、同心异径管、偏心异径管、三通、四通、管箍、活接头、管嘴、螺纹短接、管帽（封头）、堵头（丝堵）、内外丝等。

化工装置中多用无缝钢制管件和锻钢管件。一般有对焊连接管件、螺纹连接管件、承插焊连接管件和法兰连接管件四种连接形式。

法兰是管道与管道、管道与设备之间的连接元件。管道法兰按与管子的连接方式分成平焊、对焊、螺纹、承插焊和松套法兰五种基本类型。法兰密封面有突面、光面、凹凸面、樟槽面和梯形槽面等。

管道法兰均按公称压力选用，法兰的压力-温度等级表示公称压力与在某温度下最大工作压力的关系。如果将工作压力等于公称压力时的温度定义为基准温度，不同的材料所选定的基准温度也往往不同。

管道法兰是管道系统中最广泛使用的一种可拆连接件，常用的管道法兰除螺纹法兰外，其余均为焊接法兰。

管件的选择，主要是根据操作介质的性质、操作条件以及用途来确定管件的种类。一般以公称压力表示其等级，并按照其所在的管道的设计压力、温度来确定其压力-温度等级。

6.3　管架和管道的安装布置

6.3.1　管道敷设方式

管道敷设方式可以分为架空敷设和地下敷设两大类。

1. 架空敷设

架空敷设是化工装置管道敷设的主要方式，它具有便于施工、操作、检查、维修以及较为经济的特点。管道的架空敷设主要有下列几种类型。

（1）管道成排地集中敷设在管廊、管架或管墩上。这些管道主要是连接两个或多个距离较远的设备之间的管道、进出装置的工艺管道以及公用工程管道。管廊规模大，联系的设备数量多，因此管廊宽度可以达到 10m 甚至 10m 以上，可以在管廊下方布置泵和其他设备，上方布置空气冷却器。

管墩敷设实际上是一种低的管架敷设，其特点是在管道的下方不考虑通行。这种低管架可以是混凝土构架或混凝土和钢的混合构架，也可以是枕式的混凝土墩，但应用较少。

（2）管道敷设在支吊架上。支吊架通常生根于建筑物、构筑物以及设备外壁和设备平台上，所以这些管道总是沿着建筑物和构筑物的墙、柱、梁、基础、楼板、平台以及设备（如各种容器）外壁敷设。沿地面敷设的管道，其支架则生根于小混凝土墩上或放置在铺砌面上。

（3）某些特殊管道，如有色金属、玻璃、搪玻璃、塑料等管道，由于其低的强度和高的脆性，因此在支承上要给予特别的考虑。例如，将其敷设在以型钢组合成的槽架上，必要时应加以软质材料衬垫等。

2. 地下敷设

地下敷设可以分为埋地敷设和管沟敷设两种。

1）埋地敷设

为了防止冰冻和节约投资，水总管、下水管和煤气总管等多采用埋地敷设。埋地敷设的优点是经济、节约地上的空间；缺点是腐蚀、检查和维修困难，在车行道处有时需特别处理以承受大的载荷，低点排液不便以及易凝物料固在管内时处理困难等。因此只有在不可能架空敷设时，才予以采用。埋地敷设的管道最好是输送无腐蚀性或腐蚀性轻微的介质，常温或温度不高的、不易凝固的、不含固体、不易自聚的介质，无隔热层的液体和气体介质。例如，设备或管道的低点自流排液管或排液汇集管；无法架空的泵吸入管；安装在地面的冷却器的冷却水管，泵的冷却水、封油、冲洗油管等架空敷设困难时，也可埋地敷设。

埋地敷设布置设计的原则是：

（1）水管必须埋在当地的冰冻线以下，以免冻裂管道。当埋设陶瓷管时，因其性脆，应埋在地面 0.5m 以下。

（2）埋地管道不得在厂房下面通过，以便日后检修，确实无法避免时，应设法敷设在暗沟里。

（3）在埋地管道上需要安装阀门、管件、仪表时，应设窨井或放置于适宜的小屋内，便于日后的操作、维护和检修。

（4）埋地管道靠近或跨越埋地动力电缆时，要敷设在电缆的下面，输送热流体的管道离电缆越远越好。

（5）供消火栓用的埋地水管，总管应环状敷设，以使总管各处的压力均匀。

（6）埋地管道应根据当地土壤的腐蚀情况，采用相应的防腐措施。

2）管沟敷设

在没有聚集易燃气体或流体被冻结的危险时，可采用敞开式或加盖式的管沟敷设。管沟可以分为地下式和半地下式两种，前者的整个沟体包括沟盖都在地面以下，后者的沟壁和沟盖有一部分露出在地面以上。管沟内通常设有支架和排水地漏，除阀井外，一般管沟不考虑人的通行。与埋地敷设相比，管沟敷设提供了较方便的检查维修条件，同时可以敷设有隔热层的、温度高的、输送易凝介质或有腐蚀性介质的管道，这是比埋地敷设更优越的地方。

管沟敷设布置设计的原则是：①管沟应尽量沿通道布置，以便管沟能在道路以下通过，而不改变标高；②管沟敷设的管道应支撑在管架上，管道应采用相应的防腐措施；③管沟的坡度应不小于 2/1000，特殊情况下可为 1/1000，在管沟的低处应设排水口，以免管沟积水；④同时有多条管道需布置在同一管沟时，最好采用单层平面布置，需采用多层布置时，应把经常拆卸和清理的管道布置在顶层；⑤管沟的最小宽度为 600mm，管道伸出物与沟壁间的最小净距为 100mm，与沟底最高点的最小净距为 50m；⑥管沟敷设热力管道时，应考虑管道热补偿设计。

6.3.2　化工管道支吊架

在进行管道设计时，除了要考虑满足工艺要求，还要考虑设备、管道及其组成件的受力状况，以保证安全运转。管道支吊架的作用主要有以下几个方面：①承受管道的重量荷载（包括自重、充水重、保温重等）；②阻止管道发生非预期方向的位移；③控制摆动、振动或冲击。广义的化工管道支吊架包括所有的管系支承装置，其结构形状众多，但就机能和用途可分为支架（包括管托、滚动支架、管卡、平衡锤支架、弹簧支架等）、吊架（包括刚性吊架、弹簧吊架等）、限制性支架和支撑装置等。《管道支吊架》（GB/T 17116—1997）是国内唯一的有关管道支吊架方面的国家标准，它给出了管道支吊架设计的一些基本规定以及一些基本的尺寸框架。在其框架内规范地进行管道支吊架的设计有利于加速管道支吊架标准化、系列化和实现专业化生产。还可参考《管架标准图》（HG/T 21629—1999）、《型钢结构管架通用图》（HG/T 21640—2000）等。

管道支吊架可分为三大类：承重支吊架、限制性支吊架和防振支架。承重支吊架可分为刚性支吊架、可调刚性支吊架、弹簧支吊架和恒力支吊架。限制性支吊架可分为固定支架、限位支架和导向支架。防振支架可分为减振器和阻尼器。

管道支吊架位置确定的基本原则如下：

（1）选用管道支吊架时，应按照支撑点所承受的荷载大小和方向，管道的位移情况、工作温度、是否保温或保冷以及管道的材质等条件选用合适的支吊架。

（2）设计时应尽可能选用标准管卡、管托和管吊。符合下列特殊情况者可采取其他特殊型式管托和管吊：①管内介质温度≥400℃的碳素钢材质的管道；②输送冷冻介质的管道；③生产中需要经常拆卸检修的管道；④合金钢材质的管道；⑤架空敷设且不易施工焊接的管道。

（3）防止管道过大的横向位移和可能承受的冲击荷载，以保证管道只沿着轴向位移，一般在下列条件的管道上设置导向管托：①安全阀出口的高速放空管道和可能产生振动的两相流管道；②横向位移过大可能影响邻近管道，以及固定支架的距离过长而可能产生横向不稳定的管道；③为防止法兰和活接头泄露而要求不发生过大横向位移的管道；④为防止振动而出现过大横向位移的管道。

（4）热胀量超过 100mm 的架空敷设管道应选用加长管托，以免管托落到管架梁下。

（5）除振动管道外，应尽可能利用建筑物、构筑物的梁柱作为支架的生根点，且应考虑生根点能承受的荷载，生根点的构造应能满足生根件的要求。

（6）支架生根在钢质设备上时，所用垫板应按设备外形成型。当碳钢设备壁厚大于 38mm 时，应取得设备专业的同意；此外，当支架生根在合金设备上时，垫板材料应与设备材料相同并应取得设备专业的同意。

（7）在敏感设备（泵、压缩机等）附近，应设置支架，以防管道荷载作用于设备管嘴。

（8）往复式压缩机的吸入或排出管道以及其他有强烈振动的管道，宜单独设置支架，支架生根于地面上的管墩、管架上并与建筑物隔离，以避免将振动传递到建筑物上。

（9）对于荷载较大的支架位置需事先与相关专业联系，并提出支架位置、标高和荷载情况。

（10）下述工况应选可变弹簧：①管道在支承点处有向上垂直位移，使支架失去其承载功能，该荷载的转移将造成邻近支架超过其承载能力或造成管道跨距超过其最大允许值；②管道在支承点处有向下的垂直位移，而选用一般刚性支架将阻挡管道位移；③垂直位移产生的荷载变化率应不大于 25%；④当选用的一个弹簧的变形量不能满足要求时，可串联安装两个弹簧；⑤串联的两个弹簧承受的荷载应相同，总位移量按每个弹簧的最大压缩量的比例进行分配；⑥当实际荷载超过选用弹簧规格表中的最大允许荷载时，可选用两个或两个以上的弹簧并联安装；⑦并联弹簧应选用同一型号的弹簧，按并联弹簧数平均分配荷载。

（11）当管道在支承点有垂直位移且要求支承力的变化范围在 8% 以内时，管系应采用恒力弹簧支架。

6.3.3　管道在管架上的布置原则

1. 管道在管架上的平面布置原则

（1）较重的管道（大直径、液体管道等）应布置在靠近支柱处，这样梁和柱所受弯矩小，节约管架材料。公用工程管道布置在管架当中，支管引向左侧的布置在左侧，反之置于右侧。Ⅱ形补偿器应组合布置，将补偿器升高一定高度后水平地置于管道的上方，并将最热和直径大的管道放在最外边。

（2）连接管廊同侧设备的管道布置在设备同侧的外边；连接管架两侧的设备的管道布置在公用工程管线的左、右两边。进出车间的原料和产品管道可根据其转向布置在右侧或左侧。

（3）当采用双层管架时，一般将公用工程管道置于上层，工艺管道置于下层。有腐蚀性介质的管道应布置在下层和外侧，防止泄漏到下面管道上，也便于发现问题和方便检修。小直径管道可支承在大直径管道上，节约管架宽度，节省材料。

（4）管架上支管上的切断阀应布置成一排，其位置应能从操作台或者管廊上的人行道上进行操作和维修。

（5）高温或者低温的管道要用管托，将管道从管架上升高 0.1m，以便于保温。

（6）管道支架间距要适当。固定支架距离太大时，可能引起因热膨胀而产生弯曲变形，活动支架距离大时，两支架之间的管道可能会因管道自重而产生下垂。

2. 管道和管架的立面布置原则

（1）当管架下方为通道时，管底距车行道路路面的距离要大于 4.5m；道路为主干道时，要大于 6m；遇人行道时，要大于 2.2m；管廊下有泵时，要大于 4m。

（2）通常使同方向的两层管道的标高相差 1.0～1.6m，从总管上引出的支管比总管高或低 0.5～0.8m。在管道改变方向时要同时改变标高。大口径管道需要在水平面上转向时，要将它布置在管架最外侧。

（3）管架下布置机泵时，其标高应符合机泵布置时的净空要求。若操作平台下面的管道进入管道上层，则上层管道标高可根据操作平台标高来确定。

（4）装有孔板的管道宜布置在管架外侧，并尽量靠近柱子。自动调节阀可靠近柱子布置，并用柱子固定。若管廊上层设有局部平台或人行道时，需常操作或维修的阀门和仪表宜布置在管架上层。

6.4　单元配管设计

6.4.1　塔的配管设计

（1）塔周围原则上分操作侧（或维修侧）和配管侧，操作侧主要有臂吊、人孔、梯子、平台；配管侧主要敷设管道用，不设平台，平台是作为人孔、液面计、阀门等操作用（图 6.3）。除最上层外，不需设全平台，平台宽度一般为 0.7～1.5m，每层平台间高度通常为 6～10m。

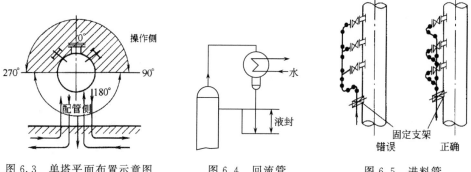

图 6.3 单塔平面布置示意图　　图 6.4 回流管　　图 6.5 进料管

(2) 进料、回流、出料等管口方位由塔内结构以及与塔有关的泵、冷凝器、回流罐、再沸器等设备的位置决定 (图 6.4、图 6.5)。

(3) 塔顶出气管道 (或侧面进料管道) 应从塔顶引出 (或侧面引出)，沿塔的侧面直线向下敷设。

(4) 沿塔敷设管道时，垂直管道应在热应力最小处设固定管架，以减少管道作用在管口的荷载。当塔径较小而塔较高时，塔体一般置于钢架结构中，这时塔的管道就不沿塔敷设，而以置于钢架的外侧为宜。

(5) 塔底管道上的法兰接口和阀门不应设在小的裙座内，以防操作人员在泄漏物料时躲不及而造成事故。回流罐往往要在开工前先装入物料，应考虑安装相应的装料管道。

6.4.2 立式容器的配管设计

(1) 立式容器的管口方位取决于管道布置的需要。一般划分为操作区和配管区两部分 (图 6.6)。加料口、温度计和视镜等经常操作及观察的管口布置在操作区，排出管布置在容器底部。

(2) 排出管道沿墙敷设，离墙距离可以小些，以节省占地面积，设备间距要求大些，两设备出口管道对称排出，出口阀在两设备间操作，以便操作人员能进入切换阀门 [图 6.7 (a)]。

(3) 排出管在设备前引出。设备间距离及沿墙距离均可以小些，排出管道经阀门后一般引至地面、地沟、平台下或楼板下 [图 6.7 (b)]。

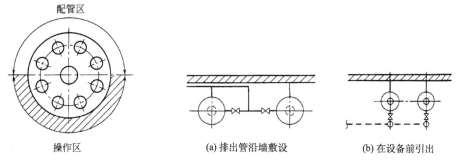

图 6.6 立式容器的管口方位　　图 6.7 排出管敷设

（4）排出管在设备底部中心引出，适用于设备底离地面较高、有足够距离安装与操作阀门的情况。这样敷设管道短，占地面积小，布置紧凑，但设备直径不宜过大，否则开启阀门不方便，如图 6.8 所示。

（5）进入管道为对称安装（图 6.9），适用于需在操作台上安置启闭阀门的设备。

（6）进入管敷设在设备前部，适用于能在站（楼）面上操作阀门（图 6.10）。

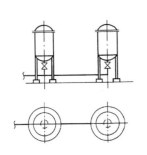
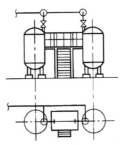
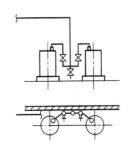

图 6.8　排出管在设备底部　　　图 6.9　进入管道对称安装　　图 6.10　进入管敷设在设备前部
　　　　　中心引出

（7）站在地面上操作的较高进（出）料管道的阀门敷设方法见图 6.11。最低处必须设置排净阀。卧式槽的进出料口位置应分别在两端，一般进料在顶部、出料在底部。

6.4.3　泵的配管设计

（1）泵体不宜承受进出口管道和阀门的质量，故进泵前和出泵后的管道必须设支架，尽可能做到泵移走时不设临时支架。

图 6.11　站在地面上操作的较高设备的进入管道

（2）吸入管道应尽可能短且少拐弯（弯头为长曲率半径），避免突然缩小管径。

（3）吸入管道的直径不应小于泵的吸入口。当泵的吸入口为水平方向时，吸入管道上应配置偏心异径管；当吸入管从上而下进泵时，宜选择底平异径管；当吸入管从下而上进泵时，宜选择顶平异径管（图 6.12）；当吸入口为垂直方向时，可配置同心异径管；当泵出、入口皆为垂直方向时，应校核泵出入口间距是否大于异径管后的管间距，否则宜采用偏心异径管，平端面对面。

（4）吸入管道要有约 2/100 的坡度，当泵比水源低时坡向泵，当泵比水源高时则相反。

（5）如果要在双吸泵的吸入口前装弯头，必须装在垂直方向，使流体均匀入泵（图 6.13）。

（6）泵的排出管上应设止回阀，防止泵停时物料倒冲。止回阀应设在切断阀之前，停车后将切断阀关闭，以免止回阀阀板长期受压损坏。往复泵、旋涡泵、齿轮泵一般在排出管上（切断阀前）设安全阀（齿轮泵一般随带安全阀），防止因超压发生事故。安全阀排出管与吸入管连通，如图 6.14（a）所示。

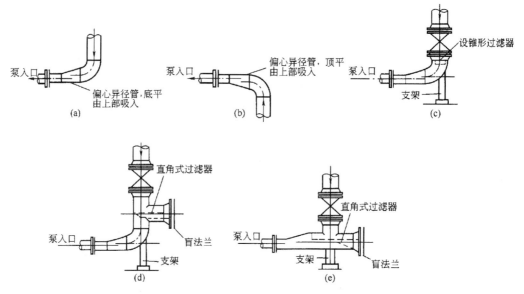

图 6.12　泵的吸入管道布置

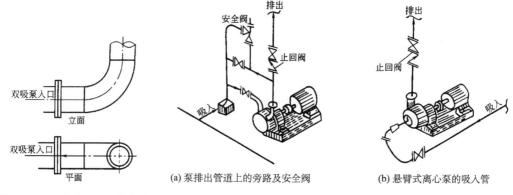

图 6.13　双吸泵吸入口的弯头　　　　　　图 6.14　泵的吸入、排出管设计

（7）悬臂式离心泵的吸入口配管应便于拆修叶轮，如图 6.14（b）所示。

（8）蒸汽往复泵的排汽管应少拐弯，不设阀门，在可能积聚冷凝水的部位设排放管，放空量大的还要装设消声器，乏气应排至户外安全地点，进汽管应在进汽阀前设冷凝水排放管，防止水击汽缸。

（9）蒸汽往复泵、计量泵、非金属泵、离心泵等泵吸入口须设过滤器，避免杂物进入泵内（图 6.12）。

6.4.4　排放管的设计

（1）管道最高点应设放气阀，最低点应设放净阀，在停车后可能积聚液体的部位也应设放净阀，所有排放管道上的阀应尽量靠近主管（图 6.15）。排放管直径见表 6.9。

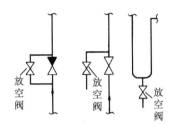

图 6.15　管道上的放净

表 6.9　排放管直径（单位：mm）

主管直径 DN	排放管直径 DN
≤150	20
>150	25
>200	40

（2）常温的空气和惰性气体可以就地排放；蒸汽和其他易燃、易爆、有毒的气体应根据气量大小等情况确定向火炬排放，或高空排放，或采取其他措施。

（3）水的排放可以就近引入地漏或排水沟，其他液体介质的排放则必须引至规定的排放系统。

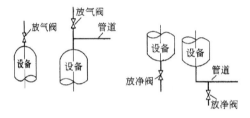

图 6.16　设备的放净和放气阀的放置

（4）设备的放净管应装在底部能将液体排放尽。排气管应在顶部能将气体放尽。放空排气阀最好与设备本体直接连接，如无可能，可装在与设备相连的管道上，但也以靠近设备为宜（图 6.16）。

（5）排放易燃、易爆气体的管道上应设置阻火器。室外容器的排气管上的阻火器宜放置在距排气管接口（与设备相接的口）500mm 处，室内容器的排气必须接出屋顶，阻火器放在屋面上或靠近屋面，便于定时检修，阻火器至排放口的间距不宜超过 1m。

6.4.5　取样管的设计

（1）在设备、管道上设置取样点时，应慎重选择便于操作，选样品有代表性、真实性的位置。

（2）设备上取样。对于连续操作、体积又较大的设备，取样点应设在物料经常流动的管道上。在设备上设置取样点时，考虑出现非均相状态，因此找出相间分界线的位置后，方可设置取样点。

（3）管道上取样：①气体取样。水平敷设管道上的取样点、取样管应由管顶引出。垂直敷设管道上的取样点应与管道成 45°倾斜向上引出。②液体取样。垂直敷设的物料管道如流向是由下向上，取样点可设在管道的任意侧；如流向是由上向下，除非能保持液体充满管道的条件时，否则管道上不宜设置取样点。水平敷设物料管道，在压力下输送时，取样点可设在管道的任意侧；如物料是自流时，取样点应设在管道的下侧。③取样阀启闭频繁，容易损坏，因此取样管上一般装有两个阀，其中靠近设备的阀为切断阀，经常处于开放状态，另一个阀为取样阀，只在取样时开放，平时关闭。不经常取样的点和仅供取设计数据用的取样点，只需装一个阀。阀的大小：靠近设备的阀，一般选用 DN15，第二个阀的大小根据取样要求决定，可采用 DN15，也可采用 DN6，气体取样一般选用 DN6。

（4）取样阀宜选用针形阀。对于黏稠物料，可按其性质选用适当形式的阀门（如球阀）。

（5）就地取样点尽可能设在离地面较低的操作面上，但不应采取延伸取样管段的办法将高处的取样点引至低处来。设备管道与取样阀间的管段应尽量短，以减少取样时置换该管段内物料的损失和污染。

（6）高温物料取样应装设取样冷却设施。

6.4.6 一次仪表的安装和配管设计

1. 孔板

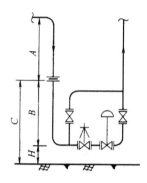

图 6.17 调节阀与孔板组装

孔板一般安装在水平管道上，其前后的直管段应满足表6.10的基本要求。为方便检修和安装，孔板也可安装在垂直管道上。孔板测量引线的阀门，应尽量靠近孔板安装。当工艺管道 DN<50mm 时，宜将孔板前后直管段范围内的工艺管道扩径到 DN50。当调节阀与孔板组装时，为了便于操作一次阀和仪表引线，孔板与地面（或平台面）距离一般取 1.8～2m，安装尺寸参见图 6.17 和表 6.11。

表 6.10 法兰取压孔板前后要求直管段长度

孔板前管件情况	孔板前 d/D						孔板后
	0.3	0.4	0.5	0.6	0.7	0.8	
弯头、三通、四通、分支	6D	6D	7D	9D	14D	20D	3D
两个转弯在一个平面	8D	9D	10D	14D	18D	25D	3D
全开闸阀	5D	6D	7D	8D	9D	12D	2D
两个转弯不在一个平面	16D	18D	20D	25D	31D	40D	3D
截止阀、调节阀、不全开闸阀	19D	22D	25D	30D	38D	50D	5D

注：d 代表孔板的锐孔直径；D 代表工艺管道的内径；粗定直管段时一般以 $d/D=0.7$ 为准。

表 6.11 调节阀与孔板组装尺寸

DN	A/mm	B/mm	C/mm	H/mm
50	>700	1400	1800	400
80	>1200	1400	1800	400
100	>1400	1400	1800	400
150	>2000	1300	1800	500
200	>2000	1300	1800	500
250	>2500	1300	1800	500
300	>3000	1500	2000	500
350	>3500	1500	2000	500

2. 转子流量计

转子流量计必须安装在垂直、无振动的管道上，介质流向从下往上，安装示意图见图 6.18。

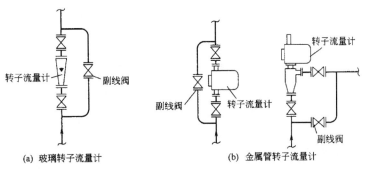

(a) 玻璃转子流量计　　　　　(b) 金属管转子流量计

图 6.18　转子流量计的组装

为了在转子流量计拆下清洗或检修时，系统管道仍可继续运行，转子流量计要设旁路，同时为保证测量精度，安装时要保证流量计前有 $5D$ 的直管段（D 为工艺管道的内径），且不小于 300mm。

3. 常规压力表

常规压力表应安装在直管段上，并设切断阀，如图 6.19（a）所示。使用腐蚀性介质和重油时，可在压力表和阀门间装隔离器；当工艺介质比隔离液重时采用图 6.19（b）接法；当工艺介质比隔离液轻时，采用图 6.19（c）接法。高温管道的压力表要设管圈，见图 6.19（d）。介质脉动的地方，要设脉冲缓冲器，以免脉动传给压力表，见图 6.19（e），对于腐蚀性介质，应设置隔离膜片式压力表，以免介质进入压力表内，见图 6.19（f）。压力表的安装高度最好不高于操作面 1800mm。

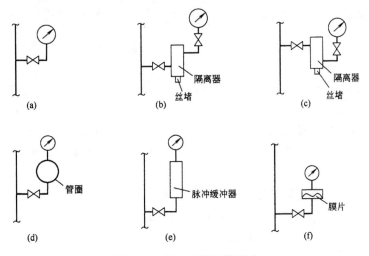

图 6.19　压力表的安装形式

6.5　管道布置图的绘制

管道布置图是以带控制点工艺流程图、设备平立面布置图、设备装配图、有关管线的安装设计规定及土建、自控、电气等专业的有关图样、资料为依据进行设计的，图上画出全部管子、支架、吊架并进行编号，且注明全部阀门及特殊管件的型号、规格等。管道布置图又称管道安装图或配管图，它是车间内管道安装施工的依据。管道布置图包括一组平立面剖视图、有关尺寸及方位等内容。一般的管道布置图是在平面上画出全部管道、设备建筑物的简单轮廓、管件阀门、仪表控制点及有关尺寸，只有在平面上不能清楚表达管道布置情况时，才酌情绘制部分立面图、剖视图或向视图。

6.5.1　管道布置图的内容

管道布置图一般包括以下内容：

（1）一组视图。画出一组平、立面剖视图，表达整个车间（装置）的设备、建筑物以及管道、管件、阀、仪表控制点等的布置安装情况。

（2）尺寸与标注。注出管道以及有关管件、阀、仪表控制点等的平面位置尺寸和标高，并标注建筑定位轴线编号、设备位号、管段序号、仪表控制点代号等。

（3）方位标。表示管道安装的方位基准。

（4）管口表。标注设备上各管口的有关数据。

（5）标题栏。注写图名、图号、设计阶段等。

当整个车间（装置）范围较大、管道布置比较复杂时，管道布置图需分区绘制，此时应绘制首页图以提供车间（装置）分区概况。也可以工段（工序）为单位分区绘制管道布置图，此时在图纸的右上方应画出分区简图，分区简图中用细斜线（或两交叉细线）表示该区所在位置，并注明各分区图号。若车间（装置）内管道比较简单，则分区简图可省略。

6.5.2　一般规定

（1）图幅。管道布置图图幅一般采用 A0，比较简单的也可采用 A1 或 A2，图幅不宜加长或加宽。

（2）比例。常用比例为 1：30，也可采用 1：25 或 1：500，但同层或各分层的平面图，应采用同一比例。

（3）尺寸单位。管道布置图中标注的标高、坐标以 m 为单位，小数点后取 3 位，至 mm 为止；其余尺寸一律以 mm 为单位，只注数字，不注单位。管子公称直径一律用 mm 表示。尺寸线始末应绘箭头。

（4）地面设计标高。基准地平面的设计标高应表示为 EL100.00m。

（5）视图的配置。管道布置图中需表达的内容较多，通常采用平面图、剖视图、向视图、局部放大图等一组视图来表达。

平面图的配置一般应与设备布置图相同，对多层建（构）筑物按层次绘制。各层管道布置平面图是将楼板（或层顶）以下的建（构）筑物、设备、管道等全部画出。当某一层的管道上、下重叠过多，布置较复杂时，可再分上、下两层分别绘制。

管道布置在平面图上不能清楚表达的部分，可采用立面剖视图或向视图补充表示，为了表达得既简单又清楚，常采用局部剖视图和局部视图。剖切平面位置线的标注和向视图的标注方法均与机械图标注方法相同。

（6）图名。标题栏中的图名一般分成两行书写，上行写"管道布置图"，下行写"EL×××.×××平面"或"A—A、B—B……剖视等"。

6.5.3　图示方法

管道布置图中视图的表达内容主要是三部分：一是建筑物及其构件；二是设备；三是管道。

（1）建（构）筑物，其表达要求和画法与设备布置图相同，以细实线绘制。

（2）用细实线按比例画出设备的简略外形和基础、支架等，对于泵、鼓风机等定型设备可以只画出设备基础和电机位置，但对设备上有接管的管口和备用管口，必须全部画出。

（3）管道是管道布置图的主要内容，当管道公称直径 DN≥400mm 或 16in[①] 时，管道以双线表示；当管道公称直径 DN≤350mm 或 14in 时，采用单线表示。如图中大口径管道不多时，则管道公称直径 DN≥250mm 或 10in 的管道用双线表示；DN≤200mm 或 8in 时，则用单线表示。单线用粗实线（或粗虚线），双线用中粗实线（或中粗虚线）。管道的图示见图 6.20。

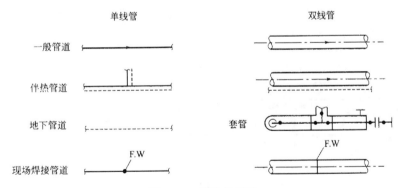

图 6.20　管道的图示

管道的连接形式如图 6.21（a）所示，通常无特殊必要，图中不必表示管道连接形式，只需在有关资料中加以说明即可。若管道只画其中一段时，则应在管道中断处画上断裂符号，如图 6.21（b）所示。

管道转折的画法：向下 90°弯折的管道，画法如图 6.22（a）所示；向上弯折 90°的管道，画法如图 6.22（b）所示；大于 90°的弯折管道，画法如图 6.22（c）所示。

———————————

① 1in＝2.54cm，下同。

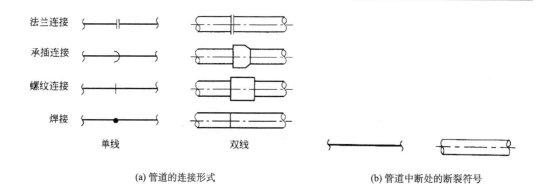

(a) 管道的连接形式　　　　　　　　　　　　(b) 管道中断处的断裂符号

图 6.21　管道连接及中断的图示

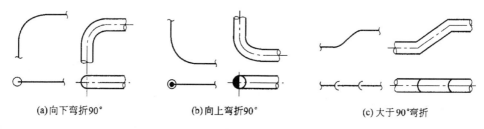

(a) 向下弯折90°　　　　　　　(b) 向上弯折90°　　　　　　(c) 大于90°弯折

图 6.22　管道转折的画法

　　当管道投影重叠时，应将上面（或前面）管道的投影断裂表示，下面（或后面）管道的投影则画至重影处稍留间隙断开，也可在管道投影断开处注上 a、a 和 b、b 等小写字母或管道代号，以便区别，如图 6.23（a）所示。如管道转折后投影发生重叠，则下面管子画至重影处稍留间隙断开，如图 6.23（b）所示。

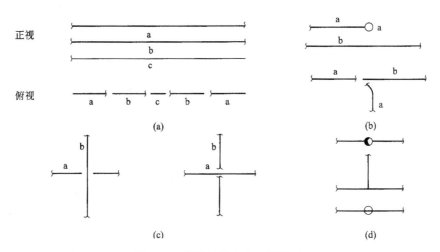

图 6.23　管道投影与交叉的图示

　　当管道交叉与投影重合时，其画法可以把下面被遮盖部分的投影断开，也可以把上面管道的投影断裂表示，如图 6.23（c）所示。若遇到管道需要分出支路，一般采用三通等管件连接。垂直管道在上时，管口用一带月牙形剖面符号的细线圆表示；垂直管道在下时，用一细线圆表示即可。其简化画法如图 6.23（d）所示。

（4）管件、阀、仪表控制点。管道上的管件（如弯头、三通异径管、法兰、盲板等）、阀通常在管道布置图中用简单的图形和符号以细实线画出，常见管件的规定符号见表 6.12，常见阀门的规定符号见表 6.13，对特殊的阀与管件须另绘结构图。

表 6.12　常见管件的规定图形符号

名称		管道布置图				轴测图	
		单线		双线			
偏心异径管	螺纹或承插焊	E.R25×20 FOB	E.R25×20 FOT			E.R25×20 FOB	E.R25×20 FOT
	对焊	E.R25×20 FOB	E.R25×20 FOT	E.R25×20 FOB	E.R25×20 FOT	E.R25×20 FOB	E.R25×20 FOT
	法兰式	E.R25×20 FOB	E.R25×20 FOT	E.R25×20 FOB	E.R25×20 FOT	E.R25×20 FOB	E.R25×20 FOT
90°弯头	螺纹或承插焊						
	对焊						
	法兰式						
三通	螺纹或承插焊						
	对焊						
	法兰式						

管道上的仪表控制点用细实线按规定符号画出。一般画在能清晰表达其安装位置的视图上，其规定符号与工艺流程图中的画法相同。

表 6.13　常见阀门的规定图形符号

名称	管道布置图			轴测图
闸阀				
截止阀				
球阀				
角阀				
弹簧式安全阀				
疏水阀				
旋塞阀（COCK及PLUG）				
三通旋塞阀				
止回阀				
隔膜阀				
节流阀				

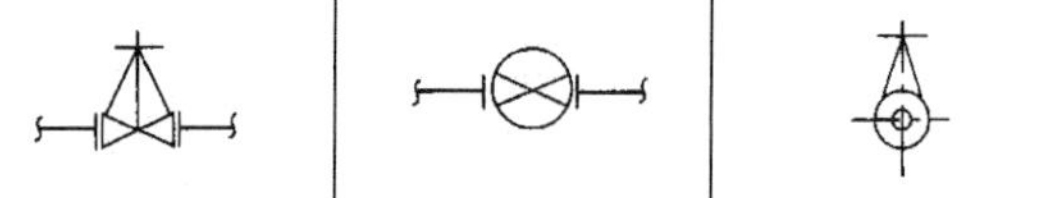

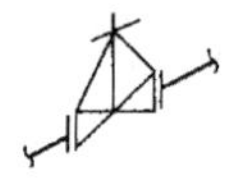

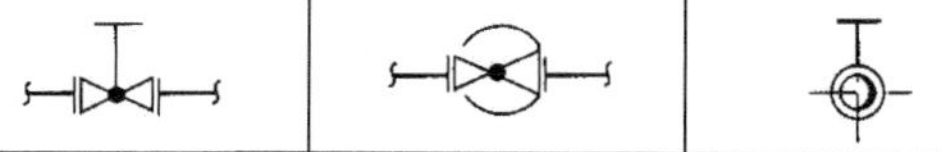

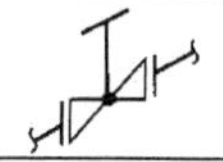

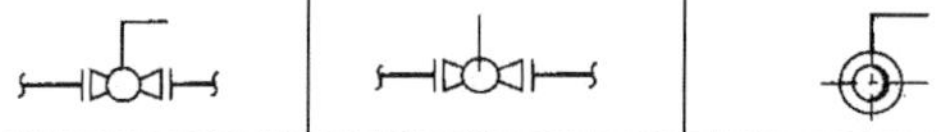

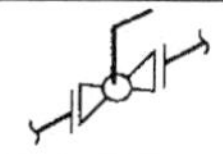

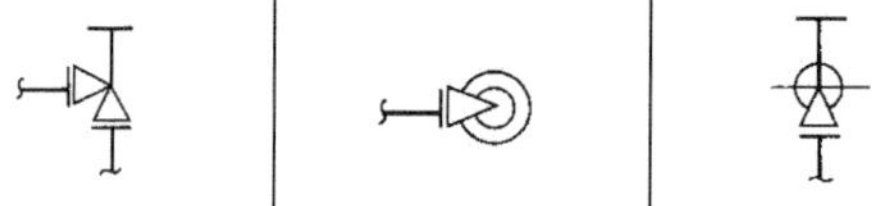

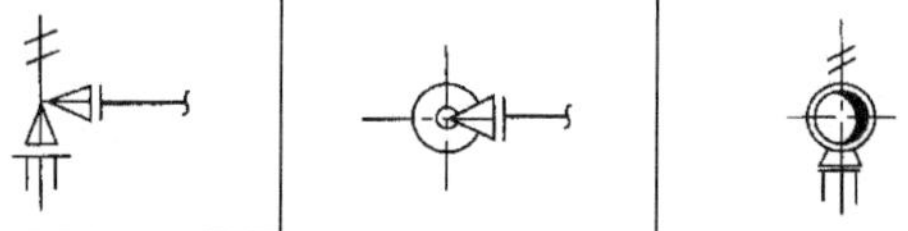

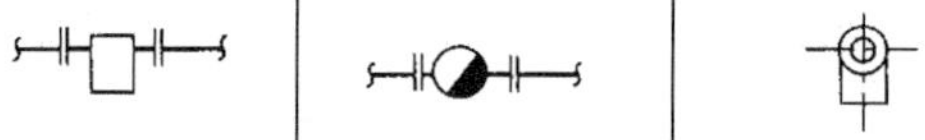

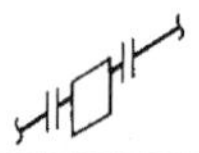

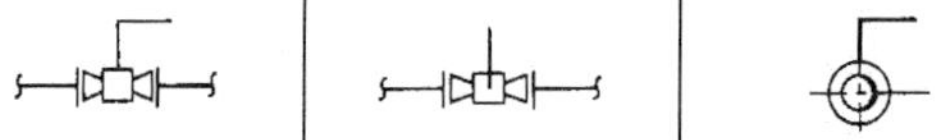

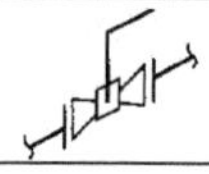

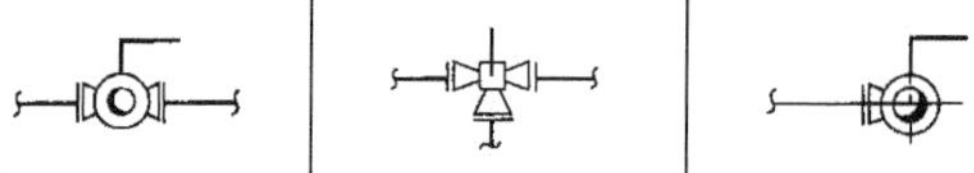

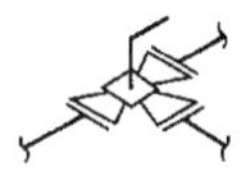

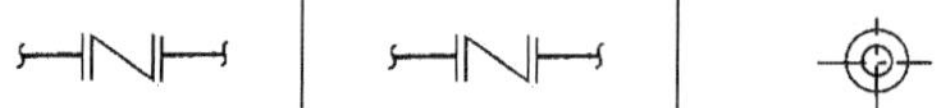

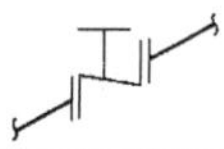

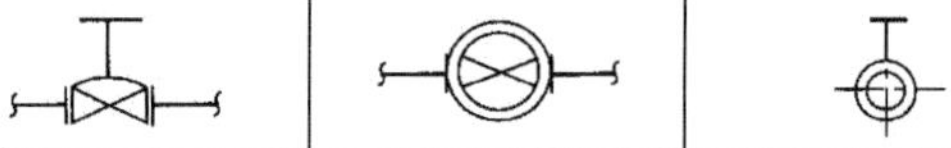

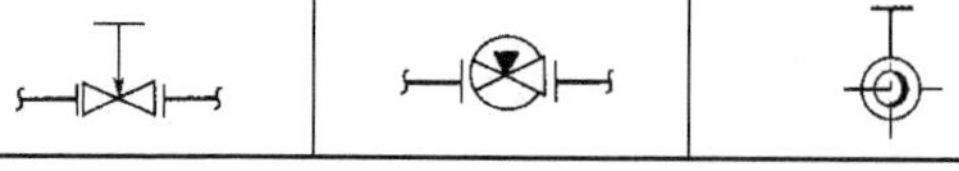

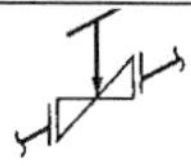

（5）管道支架。管道支架是用来支承和固定管道的，一般在管道布置图的平面图中用符号表示其位置，画法如图 6.24 所示，图中圆直径为 5mm。对于非标准的特殊管架应另行提供管架图。

6.5.4　管道布置图的标注

管道布置图上应标注尺寸、位号、代号、编号等内容。

1. 建筑物

在图中应注出建（构）筑物定位轴线的编号，和各定位轴线的间距尺寸，以及地面、楼面、平台面、梁顶面及吊车等的标高，标注方式均与设备布置图相同。

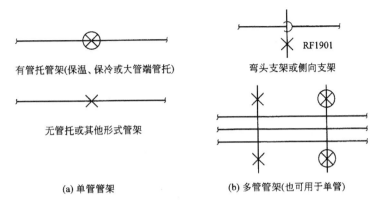

图 6.24　管架图示

2. 设备的标注

设备是管道布置的主要定位基准，在图中要标注设备位号，其位号应与工艺管道及仪表流程图和设备布置图上的一致。

3. 管道

在管道布置图中应注出所有管道的定位尺寸、标高及管段编号。

管道布置图以平面图为主，标注所有管道的定位尺寸及安装标高。如绘制立面剖视图，则管道所有的安装标高应在立面剖视图上表示。与设备布置图相同，定位尺寸以 mm 为单位，而标高以 m 为单位。

在标注管道定位尺寸时，通常以设备中心线、设备管口中心线、建筑定位轴线、墙面等为基准进行标注，与设备管口相连直接管段，因可用设备管口确定该段管道的位置，故不需要再标注定位尺寸。

应按管道及仪表流程图标注相同的代号，在图中所有管道的上方标注介质代号、管道编号、公称直径、管道等级和隔热方式、流向，见图 6.25。

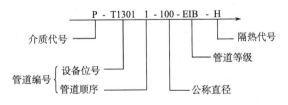

图 6.25　管道标注示意

管道安装标高以室内地面标高 0.00m 或 EL100.00m 为基准。管道按管底外表面标注安装高度，其标注形式为"BOP EL××.××"，如按管中心线标注安装高度则为"EL××.××"。

标高通常注在平面图管线的下方或右方，如图 6.26 所示。管线的上方或左方则标注与工艺管道及仪表流程图一致的管段编号，写不下时可用指引线引至图纸空白处标注，也可将几条管线一起引出标注，此时管道与相应标注都要用数字分别进行编号，如图 6.27 所示。

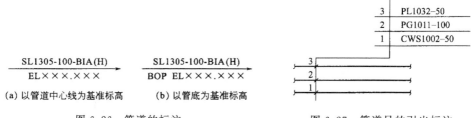

图 6.26　管道的标注　　　　　　　　　图 6.27　管道号的引出标注

对于有坡度的管道，应标注坡度（代号）和坡向，当管道倾斜时，应标注工作点标高（WP EL.）并把尺寸线引向可以定位的地方，如图 6.28 所示。

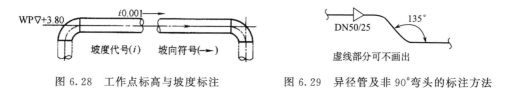

图 6.28　工作点标高与坡度标注　　　图 6.29　异径管及非 90°弯头的标注方法

4. 管件、阀、仪表控制点

图中管件、阀门、仪表控制点按规定符号画出后，一般不再标注，对某些有特殊要求的管件、阀、法兰，应标注某些尺寸、型号或说明。异径管的下方应标注其两端的公称通径，见图 6.29 中的 DN50/25（或 DNS0/25）。非 90°的弯头和非 90°的支管连接应标出其角度，如图 6.29 所示的 135°。对补偿器有时也注出中心线位置尺寸及预拉量。

5. 管架

所有管架在平面图中应标注管架编号，管架编号由以下五个部分组成：

（1）管架类别。字母分别表示如下内容：

A——固定架　　（ANCHOR）

G——导向架　　（GUIDE）

R——滑动架　　（RESTING）

H——吊架　　　（RIGID HANGER）

S——弹吊　　　（SPRING HANGER）

P——弹簧支座　（SPRING PEDESTAL）

E——特殊架 （ESPECIAL SUPPORT）

T——轴向限位架

（2）管架生根部位的结构。字母分别表示如下内容：

C——混凝土结构 （CONCRETE）

F——地面基础 （FOUNDATION）

S——钢结构 （STEEL）

V——设备 （VESSEL）

W——墙 （WALL）

（3）区号。以一位数字表示。

（4）管道布置图的尾号。以一位数字表示。

（5）管架序号。以两位数字表示，从 01 开始（应按管架类别及生根部位结构分别编写）。

对于非标准管架，应另绘管架图予以表示。

6.5.5 管道布置图的绘制

管道布置图的绘制是以管道及仪表流程图、设备布置图、化工设备图，以及土建、自动控制、电气仪表等相关专业图样和技术资料作为依据，对所需管道作出适合工艺操作要求的合理布置与设计后所绘制的，在施工图设计阶段进行。其绘制步骤与设备布置图大体相似。

1. 准备工作

（1）了解厂房大小、层次高低以及与建筑物、构筑物的结构。

（2）了解设备名称、数量与管口方位以及在厂房内的布置情况。

（3）了解管道与管道以及管道与设备之间的连接关系和物流走向。

（4）了解车间内与管道布置相关的自动控制、电气仪表等的分布情况。

2. 绘制步骤

（1）确定表达方案、视图的数量和各视图的比例。

（2）确定图纸幅面的安排和图纸张数。

（3）绘制视图。

（i）绘制平面图：用细实线画出厂房建筑、带管口方位的设备外形轮廓；根据管道布置的原则，按流程次序逐条画出管道的平面图，并标注管道编号（物料代号、管段序号、公称通径）及物料流向箭头；根据设计所要求的部位画出管件、管架、阀门、仪表控制点等规定符号；标注厂房的定位轴线、设备的位号（设备名称可以省略）及定位尺寸、管道定位尺寸及标高等。

（ii）绘制立面剖视图：用细实线画出地平线及设备基础；用细实线画出带管口的设备外形，并加注设备位号；画出管道的立面剖视图，并标注管道编号及物料流向箭头；画出管道上的管件、阀；注出地面、设备基础、管道等标高尺寸。

（4）标注平面图与立面剖视图中其他所需的尺寸、编号及代号等。

（5）绘制方位标，附表及注写说明。

（6）校核与审定。

6.6　管道轴测图

管道轴测图也是管道布置设计中需提供的一种图样，是用来表达一个工段或者一个设备至另一个设备（或另一管段）间的一段管道及其附件（管件、阀、仪表控制点等）的具体配置情况的立体图样，所以也可称之为管段轴测图或管道空视图。图 6.30 为一管道轴测图的图例，由于是按轴测投影原理绘制的，因此立体感较强，便于识读，有利于管段的预制和安装施工。

管段轴测图只是一段管道的图样，它表达的只是个别的局部，所以必须要有反映整个车间（装置）管道布置全貌的管道布置图或设计模型与它配合。利用计算机辅助设计软件，可以绘制区域较大的管段图，可代替模型设计。

6.6.1　管道轴测图的内容

管道轴测图的图幅为 A3，宜使用带材料表的专用图纸绘制。其图示内容如下：

（1）图形。包括按正等轴测投影原理绘制的管段及其所附管件、阀门、仪表控制点等的图形与符号。

（2）尺寸与标注。包括管道编号、管道所连设备的位号及其管口号和安装尺寸等。

（3）方向标。包括安装方位的基准。

（4）技术要求。包括预制管段的焊接、热处理、试压要求等。

（5）材料表。包括预制管段所需材料、尺寸、规格、数量等。

（6）标题栏。包括图名、图号、比例、设计阶段等。

6.6.2　管道轴测图的绘制

（1）管道轴测图按正等轴测投影绘制，管道的走向按方向标的规定，这个方向标的北（N）向与管道布置图上的方向标的北向应一致。

（2）管道轴测图在印好格式的纸上绘制，图侧附有材料表。对所选用的标准件材料，应符合管道等级和材料选用表的规定。

（3）管道轴测图图线的宽度及字体按《化工装置管道布置设计规定》（HG/T 20549—1998）规定。管道、管件、阀门和管道特殊件按《化工装置管道布置设计规定》（HG/T 20549—1998）规定。管道轴测图一律用单线绘制，并在管道的适当位置画上表示流向的箭头。

（4）一般情况下，公称直径大于 DN50mm 的中、低压碳钢管道和大于 DN20mm 的中、低压不锈钢管道需要绘制管道轴测图，但对同一管道中有两种管径的，如控制阀组、排液管、放空管等则应随大管绘出相连接的小管。

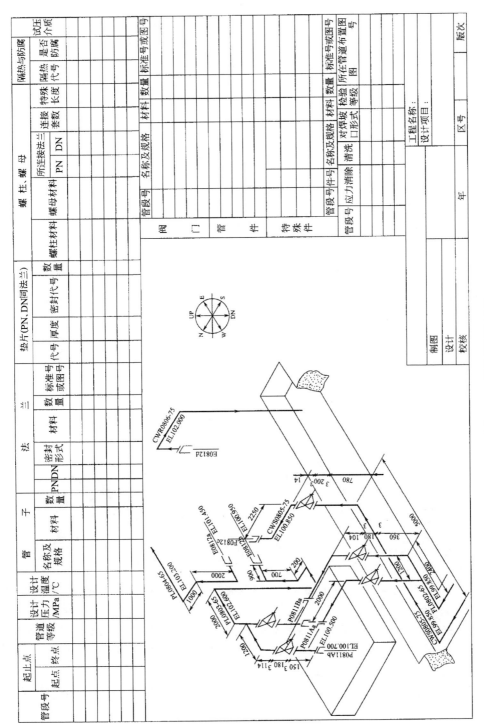

图 6.30　管道轴测图示例

(5) 管道轴测图反映的是个别局部管道，原则上一个管段号画一张管道轴测图。对于比较复杂的管道，或长而多次改变方向的管段，可以分成两张或两张以上的轴测图时，常以支管连接点、法兰、焊缝为分界点，界外部分用虚线画出一段，注出其管道号、管位和轴测图图号，但不要注多余的重复数据，避免在修改过程中发生错误。对比较简单，物料、材质均相同的几个管段，也可画在一张图样上，并分别注出管段号。

(6) 管道轴测图不必按比例绘制，但各种阀、管件之间比例要协调，它们在管段中的相对位置也要协调。

(7) 管子与管件、阀的连接形式均应在图中表示。管道上的环焊缝以圆点表示，螺纹连接和承插焊连接均用一短线表示，在水平管段上此短线为垂直线，在垂直管段上，此短线与邻近的水平走向的管段平行。同样，对水平走向的管段中的法兰，画垂直短线表示。垂直走向的管段中的法兰，一般是画与邻近的水平走向的管段相平行的短线表示，如图 6.31 所示。

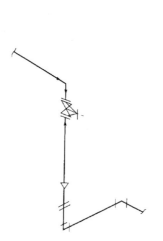

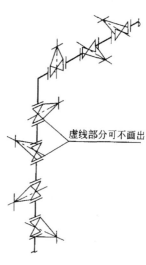

虚线部分可不画出

图 6.31　管道轴测图管段
连接的表示方法

图 6.32　管道轴测图阀门
及阀杆的方向

(8) 当管段与设备相接时，设备一般只用细双点划线画出其管口（不需画外形），管段与其他管道相接时，其他管道也用细双点划线绘出。

(9) 图中阀门的手轮用一短线表示，短线与管道平行。阀杆中心线按所设计的方向画出，如图 6.32 所示。

(10) 管段中一些与坐标轴不平行的斜管，可用细实线框来表示该管的空间位置，如图 6.33 (a) 所示，或以向视图的形式局部画出该处的正投影。有时还需要画出细线立方体来表示管子的空间走向，如图 6.33 (b) 所示。

(11) 管段穿越楼板时，一般按图 6.34 的方法表示，为了简化，管段图中的弯头都不画成圆弧形。

阀门连接时，注意保持线向的一致，如图 6.35 所示。

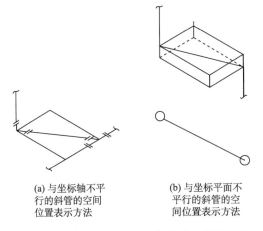

(a) 与坐标轴不平
行的斜管的空间
位置表示方法

(b) 与坐标平面不
平行的斜管的空
间位置表示方法

图 6.33　管段中不平行于坐标轴或坐标平面的
斜管空间位置的表示方法

图 6.34　管段穿越楼板的画法

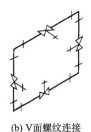
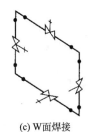

(a) H面法兰连接　　　　　　(b) V面螺纹连接　　　　　　(c) W面焊接

图 6.35　空间管道连接（线向）

（12）压力表、温度计、流量计等仪表与检测元件的图示，与管道布置图相同，按标准图例绘制。

6.6.3　尺寸及其他标注

　　管道中物料的流向，可在管道的适当位置用箭头表示，管道号和管径标注在管道上方。水平管道的标高"EL"标注在管道下方，如图 6.36 所示。不需要标注管道号和管径、只需要标注标高时，标高可标注在管道的上方或下方，如图 6.37 所示。

图 6.36　管道轴测图管道标注

　　管道轴测图上应标注管子、管件、阀门等为安装及加工预制所需要的全部尺寸，图中除标高以 m 为单位，其余尺寸均以 mm 为单位。以 mm 为单位的尺寸可略去小数点，但高压管件直接连接时，其总尺寸应注写到小数点后一位。注写时只注数字不标注单位，如图 6.38 所示。对平行于坐标轴的管道，不注长度尺寸，而以水平管道的标高"EL"表示。标注水平管道的有关尺寸的尺寸线应与管道相平行，尺寸界线为垂直线，通常从管件中心线或法兰面引出。

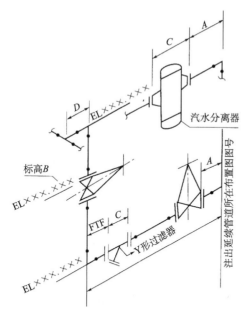

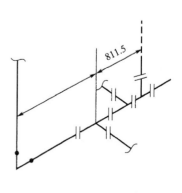

图 6.37　管道轴测图管道标高的标注方法　　　图 6.38　管道轴测图高压管道数字的标注

当水平管道的管件较多时，管道轴测图中应注出所定基准到等径支管（图 6.39 中的 A）、管道改变走向处（图 6.39 中的 B）、图形的接续分界线（图 6.39 的 C）的尺寸。同时还应注出基准点到各个独立的管道元件（如孔板法兰、异径管、拆卸用法兰、仪表接口、不等径支管）的尺寸，如图 6.39 中 D、E、F。垂直管道不标注长度尺寸，标注垂直相关部位的标高，垂直管道的标注如图 6.40 所示。

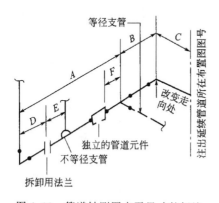

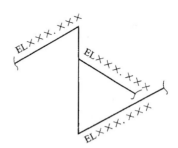

图 6.39　管道轴测图水平尺寸的标注　　　　图 6.40　管道轴测图垂直管道的标注

标注尺寸时要注意细节尺寸，如垫片厚度等不可漏注，以免影响管段预制的准确程度，对于不能准确计算其长度，或由于土建施工、设备安装可能带来较大误差的部分管段尺寸，可注出其参考尺寸，并加注"～"符号，以便与其他尺寸区别，待施工时实测修正。

对偏置管的尺寸标注如图 6.41（a）所示。对非 45°的偏置管，要注出两个偏移尺寸，而省略角度；对 45°的偏置管，要注出角度和一个偏移尺寸；对立体的偏置管，要画出三个坐标轴组成的六面体，并如图 6.41（b）所示标注尺寸。

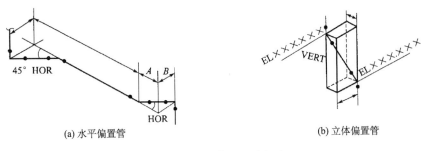

(a) 水平偏置管　　　　　　　　　　　　(b) 立体偏置管

图 6.41　偏置管的尺寸标注

穿越墙、平台、屋顶、楼板的管道，应注出楼板、屋顶、平台的标高，对墙则应注出它与管道的关系尺寸，如图 6.42 所示。对穿越平台或楼板的管道，预制时在一定位置要留有现场焊接口，否则会造成无法安装的现象，通常在图样上必须表示这些特殊需要的现场焊接点，注明现场焊字样或在焊缝近旁注明 "F·W"，如图 6.43 所示。

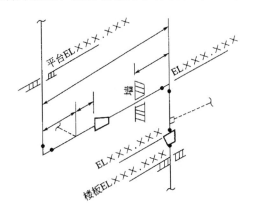

图 6.42　穿越墙、平台、屋顶、
楼板的管道标注方法

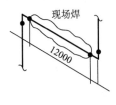

图 6.43　管道现场焊接的标注方法

阀门和管道元件，应标注主要基准点到阀门和管道元件的一个法兰的距离，如图 6.37 所示尺寸 A 和标高 B。

对于调节阀和特殊管道元件等，应标注法兰面至法兰面之间的尺寸，如图 6.37 中的尺寸 C。

螺纹连接和承插焊连接的阀门，其定位尺寸在水平管道上应标注到阀门中心线，在垂直管道上应标注阀门中心线的标高 "EL"，见图 6.44。

所有用法兰、螺纹、承插焊和对焊连接的阀门的阀杆应明确表示方向。如阀杆不是在 N（北）、S（南）、W（西）、UP（上）、DN（下）方位上，应注出角度（图 6.45）。

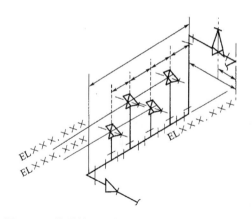

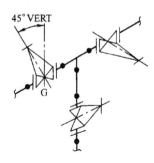

图 6.44　管道轴测图螺纹和承插焊连接阀门的标注　　　　图 6.45　阀门手轮方向的标注

6.6.4　方向标及材料表

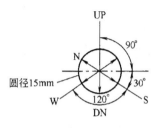

图 6.46　轴测图的方向标

　　方向标形式如图 6.46 所示，直径 15mm 的细实线圆内画出轴测轴，各端注以东、南、西、北、上、下（或 E、S、W、N、UP、DN 代号）表示方向，一般采用图纸的左上方为北向，若对有些管段表示不合适时，也可以右上方为北方，在任何情况下都不宜将下方定为北方。

　　管道轴测图上的材料表包括预制材料和安装件两个方面内容。预制材料包括预制管段所需管子、法兰、弯头、异径管等，安装件包括安装用的垫片、螺栓、螺母、孔板和各种非焊接连接的阀门。材料表格式如图 6.30 所示。

习　　题

1. 管道布置设计的依据、内容和主要原则是什么？
2. 管道的公称直径、公称压力、试验压力、工作压力是什么？
3. 管道布置及敷设应注意的要点是什么？
4. 阀门选择的要点是什么？
5. 石油化工管道常用图例有哪些？
6. 管道布置时为什么要进行热补偿及保温？
7. 管道如何进行连接？其类型、特点是什么？

第7章 车间布置设计

车间布置是化工设计中的一个重要环节,特别是对现代化工厂而言,一个车间往往独立生产一个产品。车间布置的合理与否直接影响生产装置的正常操作运行和维护,只有符合工艺要求的车间设计,才能保证产品或中间体的质量。因而,车间设计对土建施工、设备安装、投资概算、经济效益有重要的影响。

车间布置设计包括车间各工段、各设施在车间厂地范围内的布置和车间设备(包括电气、仪表等设施)在车间中的布置两部分,前者称车间厂房布置设计,后者称车间设备布置设计,二者总称车间布置设计。在初步设计工艺流程图与设备选型完成之后,就可以开始进行车间厂房(包括构筑物)和车间设备布置设计工作。布置设计的主要任务是对厂房的平立面结构、内部要求、生产设备、电气仪表设施等按生产流程的要求,在空间上进行组合、布置,使布局既满足生产工艺、操作、维修、安装等要求,又经济实用、占地少、整齐美观。

车间布置设计是以工艺为主导,在其他专业(如总图、土建、设备、安装、电力、暖风、卫生工程等)密切配合下完成的,同时考虑日后的安装、操作、检修等的需要。在进行车间布置设计时,要充分掌握有关资料,综合考虑各方意见,最后由工艺人员汇总完成。

7.1 概　　述

7.1.1 化工车间组成

化工车间基本由生产、辅助、生活等三部分构成。设计时应根据生产流程、原料、中间体、产品的物化性质以及它们之间的关系,确定应设几个生产工段,需要哪些辅助、生活部分。一个较大的化工车间(装置)通常包括以下组成部分:

(1)生产设施:原料工段、生产工段、成品工段、回收工段、控制室、储罐区、露天堆场。

(2)生产辅助设施:化验室、机修间、动力间、变电配电室、除尘室、通风室。

(3)生活行政福利设施:办公室、休息室、更衣室、浴室、厕所。

(4)其他特殊用室:劳动保护室、保健室。

车间布置设计就是在完成初步设计工艺流程图和设备选型之后,把车间各部分设施、各工段按生产流程在空间上进行组合布置,并对车间内各设备进行布置和排列。

7.1.2　车间布置设计的依据

1. 常用的设计规范和规定

(1)《建筑设计防火规范》(GB 50016—2006)。
(2)《石油化工企业设计防火规范》(GB 50160—1999)。
(3)《化工企业安全卫生设计规定》(HG 20571—1995)。
(4)《工业企业厂界噪声标准》(GB 12348—1990)。
(5)《爆炸和火灾危险环境电力装置设计规范》(GB 50058—1992)。
(6)《中华人民共和国爆炸危险场所电气安全规程》(试行)(1987)等。

2. 基础资料

(1) 工艺和仪表流程图(初步设计阶段),管道和仪表流程图(施工图设计阶段)。
(2) 本车间与其他各生产车间、辅助生产车间、生活设施以及本车间与车间内外的道路、铁路、码头、输电、消防等的关系。了解有关防火、防雷、防爆、防毒和卫生等方面的设计规范和规定。
(3) 物料衡算数据及物料性质(包括原料、中间体、副产品、成品的数量及性质,"三废"的数量及处理方法)。
(4) 设备一览表(包括设备外形尺寸、质量、支承形式及保温情况)。本车间各种设备的特点、要求及日后的安装、检修、操作所需的空间、位置。根据设备的操作情况和工艺要求,决定设备装置是否露天布置、时常更换等。
(5) 公用系统耗用量,供排水、供电、供热、冷冻压缩空气、外管资料。
(6) 车间定员表(除分述技术人员、管理人员、车间化验人员、岗位操作人员外,还要掌握最大班人数和男女比例的资料)。
(7) 厂区总平面布置草图(包括本车间与其他生产车间、辅助车间、生活设施的相互联系,厂内人流、物流的情况与数量)。

7.1.3　车间布置设计的内容及程序

1. 车间布置设计的内容

车间布置设计主要包括车间厂房布置设计和车间设备布置设计两部分。
1) 车间厂房的整体布置
确定车间设施的基本组成部分主要是设备的布置,工艺人员首先确定设备布置的初步方案,对厂房建筑的大小、平立面结构、跨度、层次、门窗、楼梯等以及与生产操作、设备安装有关的平台、预留孔等向土建专业提出设计要求;确定车间有关场地、道路的位置和大小,以此给土建专业提供一次设计条件。
2) 车间设备布置
车间设备布置设计就是确定各个设备在车间范围内平面与车间立面上的准确的、具体的位置,同时确定场地与建(构)筑物的尺寸,安排工艺管道、电气仪表管线、采暖通风管线的位置。

2. 车间布置设计的程序

车间布置设计分为初步设计和施工图设计两个阶段。

1）初步设计阶段的内容

（1）生产工段、生产辅助设施、生活行政福利设施的空间布置。

（2）决定车间场地和建筑物、构筑物的位置和尺寸。

（3）设备的空间（水平和垂直方向）布置。

（4）通道系统、物料运输设计。

（5）安装、操作、维修的平面和空间设计。

在初步设计阶段，工艺设计人员根据工艺流程图、设备一览表、工厂总平面布置图、物料储存和运输情况以及配电、控制室、生活行政福利设施的要求，结合布置规范及总图设计等资料进行初步设计，画出初步设计阶段的平面、立面布置图。因此，车间布置初步设计阶段的最后结果是一组平（剖）面布置图，列入初步设计阶段的设计文件中。

2）车间布置施工图设计阶段的内容

（1）落实车间布置初步设计的内容。

（2）确定设备管口和仪表接口位置（方位和标高）。

（3）物料与设备移动运输设计。

（4）确定与设备安装有关的建筑与结构的尺寸。

（5）确定设备安装方案。

（6）安排管道、仪表、电气管线走向，确定管廊位置。

施工图设计是在初步设计基础上进行的，要全面考虑土建、仪表、电气、暖通、供排水等专业与机修、安装操作等各方面的需要，根据机器和工艺设备管口及仪表安装点、主要仪表及电器结构尺寸、运输与储存空间要求，生产辅助、生活行政设施的要求等资料，进一步对车间布置进行研究并进行空间布置的配合，经多方协商研究、修改和增删，最后得到一个能满足各方面要求的施工图设计阶段的车间布置图。车间布置的施工图设计阶段的最后成果是最终的车间布置平（剖）面图，列入施工图阶段的设计文件中，这是工艺专业提供给其他专业（土建、设备设计、电气仪表等）的基本技术条件。

7.2　厂房的整体布置设计

车间的整体布置主要根据生产规模、生产特点、厂区面积、厂区地形以及地质条件对厂房进行安排，确定采用集中式还是分离式布置。生产规模较小、车间中各工段联系频繁、生产特点无显著差异时，在符合建筑设计防火规范及工业企业设计卫生标准的前提下，结合建厂地点的具体情况，可将车间的生产、辅助、生活部门集中布置在一幢厂房内。医药、农药、一般化工的生产车间都属于集中式布置。生产规模较大、车间内各工段的生产特点有显著差异、需要严格分开或者厂区平坦地形的地面较少时，厂房多数采用分离式布置，即把原料处理、成品包装、生产工段、回收工段、控制室以及特殊设备独立设置。大型化工厂（如石油化工）生产规模较大，生产特点是易燃、易爆，或有明火设备（如工业炉等），这时厂房的安排宜采用分离式布置。

厂房的整体布置应考虑室外场地的利用和设计，分析技术与经济上是否合理。在操作上可以放在露天的设备应尽可能布置在室外。体形巨大的容器、储罐、较高大的塔的露天布置可大大缩减厂房的建筑面积；有火灾或爆炸危险的设备和能产生大量有毒物质的设备，露天布置能降低厂房的防火、防爆等级，简化厂房的防火、防爆措施，降低厂房的通风要求，改善厂房的卫生及操作条件；设备的露天布置也使厂房的改建和扩建具有更大的灵活性。设备露天布置的主要缺点是操作条件差，北方冬季时会增加操作人员的巡视困难，且要求较好的自控条件。

化工厂厂房可根据工艺流程的需要设计成单层、多层或单层与多层相结合的形式。单层厂房利用率较高，建设费用也低，因此除了工艺流程的需要必须设计为多层外，工程设计中一般多采用单层。有时因受建设场地的限制或为了节约用地，也有设计成多层的。为新产品工业化生产而设计的厂房，由于在生产过程中对于工艺路线还需不断地改进、完善，一般都设计一个高单层厂房，利用便于移动、拆装、改建的钢操作台代替钢筋混凝土操作台或多层厂房的楼板，以适应工艺流程变化的需要。厂房层数的设计要根据工艺流程的要求、投资、用地的条件等各种因素，进行综合的比较后才能最后决定。

7.2.1　厂房的平面布置

厂房的平面布置是根据生产工艺条件（包括工艺流程、生产特点、生产规模等）以及建筑本身的可能性与合理性（包括建筑形式、结构方案、施工条件和经济条件等）来考虑的。厂房的平面设计应力求简单，有利于设计与施工，并使设备布置有较大的弹性。在进行厂房设计时，工艺人员和建筑设计人员应密切配合，全面考虑，进行多方案比较。

1. 平面形式

厂房的平面轮廓有 I 形（长方形）、L 形、T 形、Π 形等，其中以长方形采用最多。有时由于厂房总长度较长，当总图布置有困难时，为适应地形的要求或生产流程的需要也有采用 L 形、T 形的，但要尽量避免。长方形厂房常用于中小型车间，L 形、T 形厂房则适用于较复杂的车间。Π 形由于平面形式复杂，用得较少，除了特殊需要，一般不予采用。

1）I 形管廊布置

I 形管廊布置适用于小型车间（装置），是露天布置的基本方案。外部管道可由管廊的一端或两端进出，储罐区与工艺区用一布置的管廊连接起来，流程通畅。长方形厂房便于总平面图的布置，节约用地，施工方便，有利于设备布置和管线布置，易于安排交通运输，也有利于自然采光和通风及今后的发展。该布置如图 7.1 所示。

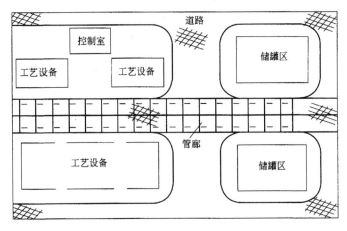

图 7.1　I 形管廊布置方案

2）L 形、T 形管廊布置

L 形、T 形的管廊布置（图 7.2）适合于较复杂车间，厂房与各分区的周围都应通行道路，道路布置成环网状，除方便检修外也利于消防安全。

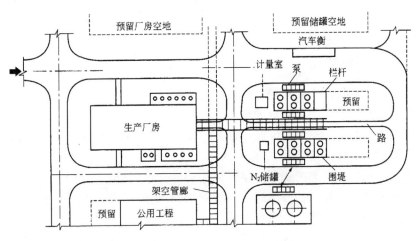

图 7.2　化工车间 L 形、T 形管廊布置

中间储罐布置在设备或厂房附近，原料、成品储罐分类集中在储罐区。易燃物料储罐外设围堤以防止液体泄漏蔓延，为操作安全，泵布置在围堤外。槽车卸料泵靠近道路布置，储罐的出料泵靠近管廊，既方便又节约管道。管廊与道路重叠，在架空管廊下（或边）布置道路，既节约用地又方便安装维修。

3）复杂车间平面布置

对于复杂车间的布置，可采用直通形、T 形和 L 形的组合，组合的原则是经济合理、美观实用。

2. 柱网布置和跨度

柱子的纵向和横向定位轴线相交，在平面上排列所构成的网格线称为柱网，表示厂房的跨度和柱距。厂房的柱网布置要考虑满足工艺操作需要和设备布置的要求，根据厂房结构而定，且尽可能符合建筑模数制的要求。因此，厂房建筑以 300mm 建筑模数的倍数为优先选用的柱网间距。例如，单层厂房跨度有 9m、12m、18m、21m、24m、27m 等；多层厂房跨度有 6m、7.5m、9m、12m。柱网间距以 6m 为最多，如因生产及设备需要必须加大时，最好不超过 12m，这样可充分利用建筑结构上的标准预制构件，节约设计和施工力量，加速基建进度。生产类别为甲、乙类生产，宜采用框架结构，柱网间距一般为 6m，也可采用 7.5m；丙、丁、戊类生产可采用混合结构或内框架结构，间距采用 4m、5m 或 6m，且一幢厂房中不宜采用多种柱网间距。

3. 厂房的宽度

厂房宽度应采用 3m 的倍数，常用的有 6m、9m、12m、14.4m、15m、18m、24m、30m 等。为尽可能利用自然采光和通风以及建筑经济上的要求，单层厂房宽度不宜超过 30m，多层厂房宽度不宜超过 24m。单层厂房常为单跨，即跨度等于厂房宽度，厂房内没有柱子，多层厂房跨度较大时，厂房中间如不立柱子，所用梁要很大，不经济，因此常用 6m 的跨度。一般车间的宽度常为 2～3 跨，厂房的长度根据生产规模及工艺要求决定。此外，还要考虑厂房安全出入口，一般不应少于两个。

7.2.2　厂房的立面布置

厂房的立面布置也同平面布置一样，应力求简单，要充分利用建筑物的空间，符合经济合理和便于施工的原则。厂房的高度主要由工艺设备形式及布置要求决定，每层的高度取决于设备的高低、安装的位置、检修要求及安全卫生等条件。层高一般为 4～6m。框架或混合结构的多层厂房，层高多采用 5m、6m，最低不得低于 4.5m，每层高度尽量相同，不宜变化过多；装配式厂房层高采用 300mm 的模数；有高温及有毒害性气体的厂房中，要适当加高建筑物的层高或设置避风式气楼，以利于自然通风，采光散热；有爆炸危险的车间宜采用单层，厂房内设置多层操作台以满足工艺设备位差的要求，如必须设在多层厂房内，则应布置在厂房顶层。如整个厂房均有爆炸危险，则在每层楼板上设置一定面积的泄爆孔、必要的轻质室面和增加外墙及门窗的泄压面积。泄压面积与厂房体积的比值一般采用 $0.05\sim0.1\text{m}^2/\text{m}^3$。车间内防爆区与非防爆区间应设防火墙分隔。如两个区域需要互通时，中间应设双门斗，即二道弹簧门隔开。上下层防火墙应设在同一轴线处。防爆区上层不应布置非防爆区。有爆炸危险的楼梯间宜采用封闭式楼梯间。

7.3　车间设备布置设计

7.3.1　车间设备布置设计的内容

车间设备布置就是确定各个设备在车间平面与立面上的位置，确定场地（指室外场地)与建筑物、构筑物的尺寸，确定工艺管道、电气仪表、管线及采暖通风管道的走向和位置。具体地说，包括：①确定各个工艺设备在车间平面和立面的位置；②确定某些在工艺流程图中一般不予表达的辅助设备或公用设备的位置；③确定供安装、操作与维修所用的通道系统的位置与尺寸；④在上述各项的基础上确定建筑物与场地的尺寸。

车间设备布置的最终结果是设备布置图。

7.3.2　车间设备布置设计的要求

车间设备布置的合理性直接关系装置建成后能否满足工艺流程的要求，是否符合环境保护、防火及其他安全生产的要求，能否创造更良好的操作条件，是否便于安装和维修，以及是否能最大限度满足经济合理的要求。

1. 生产工艺对设备布置的要求

(1) 设备布置时要按照工艺流程顺序，保证水平方向和垂直方向的连续性。对于有压差的设备，应充分利用高位差布置。例如，通常把计量设备（如计量槽、高位槽）布置在最高层，主要设备（如反应器等）布置在中层，储槽、重型设备及传动设备等布置在底层。这样既可利用位差进出物料，又可减少楼面荷重，节省动力设备及费用。

(2) 相同的几套设备或同类型的设备或操作性质相似的有关设备，应尽可能布置在一起，以便统一管理，集中操作，还可减少备用设备。例如，塔体集中布置在塔架上，热交换器、泵成组布置在一处等。要考虑相同设备或相似设备互换使用的可能性，设备排列要整齐，避免过松或过紧，尽可能缩短设备间的管线。

(3) 设备布置时，要考虑设备本身所占的位置、设备与设备之间或设备与建筑物间的安全距离，考虑传动设备安装安全防护装置的位置。此外，必须有足够的操作、通行及检修需要的位置，并适当预留扩建余地，以备生产发展的需要。

设备之间或设备与墙之间的净间距大小虽无统一规定，但设计者应结合设备布置要求、设备的大小、设备上连接管线的多少、管径的粗细、检修的频繁程度等各种因素，再根据生产经验决定安全间距。

(4) 车间内要留有原料、中间体、成品储存和堆放包装材料的空地以及必要的运输通道，且尽可能地避免固体物料的交叉运输。

(5) 要考虑物料特性对防火、防爆、防毒及控制噪声的要求，如对噪声大的设备宜采用封闭式隔间等。

2. 熟悉规划的装置占地和当地的气象条件

了解全年装置的主导风向，主导风向直接影响加热炉、压缩机房及控制室等的位置。从设备上泄漏的可燃气体或蒸汽不应吹向加热炉，故加热炉应位于上风向或侧风向。加热炉烟囱排出的烟和气不应吹向压缩机房或控制室。

3. 中小型化工厂的设备布置应最大限度地采用室内露天联合布置的方法

设备布置形式应依据当地气温、降水量、风沙等自然条件确定。气温较低的地区常采用室内布置；不允许有显著温度变化、不能受大气影响的一些设备（如反应罐、各种机械传动设备、装有精密度极高仪表的设备及其他应该布置在室内的设备），则应布置在室内。生产中一般不需要经常操作的或可用自动化仪表控制的设备（如塔、冷凝器、液体原料储罐、成品储罐、气柜等）都可布置在室外。需要大气调节温、湿度的设备（如凉水塔、空气冷却器等）也都露天布置或半露天布置；有火灾及爆炸危险的设备应露天布置，还可降低厂房的耐火等级。

4. 操作、安装与检修要求

（1）必须留有足够的操作空间，图7.3所示是工人操作设备所需的最小距离。

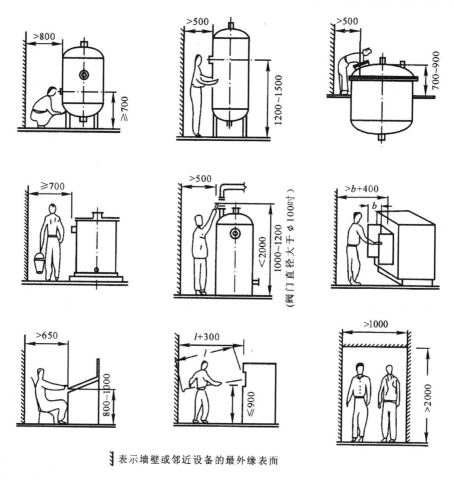

⌇表示墙壁或邻近设备的最外缘表面

图7.3　操作设备所需的最小间距（图中单位：mm）

（2）在操作岗位上，工人必须看到所有监测点的现场仪表，必须保证工人在工段巡回的道路和到操作点的通道畅通。

（3）必须保证设备有足够的检修位置和空间，保证设备或检修工器具方便地进出。

经常搬动的设备应在设备附近设置大门或安装孔，大门宽度应比最大设备宽 0.5m；不常检修的设备，可在墙上设置安装孔。通过楼层的设备，楼面上要设置吊装孔。厂房比较短时，吊装孔应设在厂房的中央，如图 7.4(a)所示。厂房宽度超过 36m 时，吊装孔设在厂房中央，如图 7.4(b)所示。

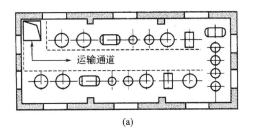 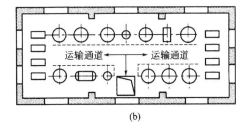

(a)　　　　　　　　　　　　　　　　　　(b)

图 7.4　吊装孔及设备运输通道

多层楼面的吊装孔应在同一平面位置。底层吊装孔附近要有大门，方便吊装的设备进出。吊装孔不宜开得过大，一般控制在 2.7m 以内。

（4）要考虑设备检修、拆卸以及运送物料所需要的起重运输设备。起重运输设备的形式根据使用要求决定。如不设永久性起重运输设备，则应考虑有安装临时起重运输设备的场地及预埋吊钩，以便悬挂起重葫芦。如在厂房内设置永久性的起重运输设备，则要考虑起重运输设备本身的高度，并使设备起吊运输高度大于运输途中最高设备的高度。

（5）设备之间预留间距如表 7.1 所示。

表 7.1　设备的安全距离

序号	项目	安全距离/m
1	泵与泵的间距	不小于 0.7
2	泵离墙的距离	至少 1.2
3	泵列与泵列的距离（双排泵间）	不小于 2.0
4	计量罐与计量罐间的距离	0.4~0.6
5	储槽与储槽间的距离	0.4~0.6
6	换热器与换热器间的距离	至少 1.0
7	塔与塔的距离	1.0~2.0
8	离心机周围通道	不小于 1.5
9	过滤机周围通道	1.0~1.8
10	反应罐盖上传动装置离天花板的距离	不小于 0.8

续表

序号	项目	安全距离/m
11	反应罐底部与人行通道的距离	不小于 2.0
12	反应罐歇料口至离心机的距离	不小于 1.5
13	起吊物品与设备最高点的距离	不小于 0.4
14	往复运动机械的运动部件离墙的距离	不小于 1.5
15	回转机械离墙的距离	不小于 1.0
16	回转机械相互间的距离	不小于 1.2
17	通廊、操作台通行部分的最小净空高度	不小于 2.5
18	不常通行的地方，净空高度	不小于 1.9
19	操作台梯子的斜度　　　　　一般情况	不大于 45°
	特殊情况	60°
20	控制室、开关室与炉子间的距离	15
21	产生可燃性气体的设备和炉子间的距离	不小于 0.8
22	工艺设备和道路间的距离	不小于 1.0

5. 建筑要求

（1）笨重或运转时产生很大振动的设备，如压缩机、离心机、真空泵、粉碎机等，应尽可能布置在厂房的底层，以减少厂房的荷载和振动。有剧烈振动的设备，其操作台和基础不得与建筑物的柱、墙连在一起，以免影响建筑物的安全。

（2）布置设备时，要避开建筑物的柱子及主梁，如设备吊装在柱子上或梁上，其荷重及吊装方式需事先告知土建专业人员并与其商议。设备也不应布置在建筑物的沉降缝或伸缩缝处，还应考虑设备的运输线路，安装、检修方式，以决定安装孔、吊钩及设备间距等。

（3）厂房中操作台必须统一考虑，防止平台支柱零乱重复，影响生产操作及检修。

（4）设备应尽可能避免布置在窗前，以免影响采光和开窗，在厂房的大门或楼梯旁布置设备时，也要注意不影响开门和行人出入通畅。

（5）低温可以露天布置的设备，如凉水塔等，宜布置在高层建筑物的北侧阴影中。

6. 安全要求

（1）布置明火设备要远离泄漏可燃气体的设备。应将明火设备布置在装置边缘（全年最小频率风向的下风侧）。

（2）充分了解与设备布置有关的物料特性，火灾危险性类别高的易燃、易爆介质的设备，不能和火灾危险性类别低的设备布置在一起，否则在危险区域范围内的电气设备都得选防爆设备，造成投资增加。

有毒的、有粉尘和排放腐蚀气体的设备，若必须放在室内，应集中布置，并做好通风、排毒、防腐处理。

表 7.2　设备、建筑物平面布置的防火间距

序号	项目		液化烃和可燃液体类别	可燃气体类别	控制室、变电配电室、化验室、生活间	明火设备	介质温度低于自燃点的工艺设备			介质温度等于或高于自燃点的工艺设备
							可燃气体压缩机或压缩机房	装置储罐[1]	其他工艺设备或房间[2]	内隔热衬里反应设备
			—	甲　乙			甲　　乙	甲A	甲A	
1	含液化烃和可燃液体类别[3]		—							—
2	可燃气体类别			甲　乙			甲　　乙			—
3	明火设备				15		—			
4	介质温度低于自燃点的工艺设备	可燃气体压缩机或压缩机房	甲B、乙A		22.5	22.5	—	15	甲A	
			乙B、丙A		15	9	—	9	甲A	
		装置储罐[5]	甲B、乙A		22.5	22.5	9	15		
			乙B、丙A		15	15	7.5	9		
		其他工艺设备或其房间	甲B、乙A		15	22.5	9	9	7.5	
			乙B、丙A		9	9	7.5	7.5	7.5	
5	介质温度等于或高于自燃点的工艺设备	内隔热衬里反应设备			15	4.5	9　　7.5	15　　9	9	—
		其他工艺设备或其房间			15	4.5	9　　4.5	9　　4.5	4.5	7.5

1) 含可燃液体的水池、隔油池等,可按介质温度低于自燃点的"其他工艺设备"确定其防火间距。对丙 B 类液体设备的防火间距不限。

2) 设备的火灾危险类别,应按其处理、储存或输送物质的火灾危险性类别确定;房间内火灾危险性类别,应按房间内火灾危险性类别最高的设备确定。

3) 查不到自燃点时,可取 250℃。

4) 单机驱动功率小于 150kW 的可燃气体压缩机,可按介质温度低于自燃点的"其他工艺设备"确定其防火间距。

5) 装置储罐的最大容积,应符合《石油化工企业设计防火规范》第 4.2.28 条的规定。当单个液化烃储罐的容积小于 50m³,可燃液体储罐的容积小于 100m³,可燃气体储罐小于 200m³ 时,可按介质温度低于自燃点的"其他工艺设备"确定其防火间距。

（3）有耐腐蚀要求、易爆炸、易燃的危险设备，最好露天布置。易燃易爆的设备，如油罐、液氨储槽等，应与其他工艺设备相隔一条道路或遵照防火规范规定的距离布置。当场地受到限制不能完全遵照上述规定时，可在危险设备的周围三边设置防爆墙，敞开的一面应对着空旷地或无人区。

（4）厂房安全疏散出口数目不应少于两个，且安全疏散出口的门应向外开。易燃、易爆车间每层必须设置畅通的道路和应急通道，以利于人员疏散和消防。表 7.2 为设备、建筑物平面布置的防火间距。

（5）罐区防火堤内应设集液坑，防火堤外应设阀门井和水封井，以防事故状态溢流出的物料或被污染的雨水排入厂区的清洁雨水排放系统。

（6）凡是笨重设备或运转时会产生很大振动的设备，如压缩机、离心机等，应尽可能布置在厂房的底层，以减少厂房楼面荷载和振动；有剧烈振动的设备，其设备平台和基础不得与建筑物的柱子、墙体连在一起，避免影响建筑物的安全性。

（7）处理腐蚀性物料的设备最好布置在底层，并设置在铺砌材料的围堤中。

7. 环境保护要求

凡是有毒和具有化学灼伤的危险性作业区，应设必要的事故淋浴器、洗眼器等安全和卫生防护设施，其服务半径应小于 15m。事故淋浴器、洗眼器可设在出、入通道口旁（如楼梯口）或在紧急情况时人容易触摸的地方。生产过程中排出的废水、废气、废渣，首先应考虑综合利用；不能综合利用，需进行无害化处理的，其相关的处理设备在布置时应加以考虑。

噪声污染也属于环境保护控制要求指标之一。噪声大的运转设备应按相关规范要求进行布置，必要时应采取一定的降噪措施。

8. 工艺设备的竖向布置原则

（1）工艺设计不要求架高的设备，尤其是重型设备，应落地布置。

（2）由泵抽吸的塔和容器以及真空、重力流、固体卸料等设备，应满足工艺流程的要求，布置在合适的高层位置。

（3）当设备的面积受到限制或经济上更为合理时，可将设备布置在构架上。

7.4   常用设备布置

7.4.1 塔和立式容器的布置

塔的布置形式很多，根据不同情况，可采取独立布置、成列布置、成组布置、沿建筑物或框架布置。

（1）数量不多、结构与大小相似的多个塔可按流程成组布置，并尽可能处于一条中心线上。其附属设备的框架及接管安排于一侧，另一侧作为安装塔的空间用。塔与塔的净距一般为 2m 左右，塔群与管廊、塔群与塔群、塔群与框架的净距约为 1.5m，塔上设置公用平台，互相连接既便于操作，又起到结构上互相加强的作用。塔及辅助设备布置见图 7.5。

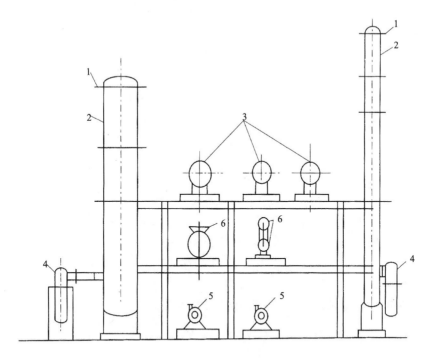

图 7.5　塔及辅助设备布置示意图

1. 平台；2. 塔；3. 换热器；4. 再沸器；5. 泵；6. 储罐

（2）大型塔多数在室外布置，用裙式支座直接安装于基础上；小型塔不能靠自身重量单独直立安装，需依附于建筑物上，可布置在室内，靠楼板支承，也可布置在室外用框架支承。

（3）塔的人孔尽可能朝同一方向，中心高度一般距平台面不高于 1.5m，塔身上每个人孔处需设置操作平台，供检修塔板用，塔的四周要有巡回通道。塔四周分几个区布置，如配管区（也称操作区）专门布置各种管道、阀门和仪表；通道区布置走廊、楼梯、人孔等，也可布置安全阀或吊装设备。

（4）塔的管口方位的确定要考虑人孔的方位和位置、塔盘位置、降液管位置，从上到下依次确定。回流管口应设在距离降液板最远的位置。

（5）塔上设置公用平台，互相连接既便于操作，又起到结构上互相加强的作用。平台应与框架相通，平台宽度原则上不小于 1.2m，最下层平台高度应高出地面 2.1m 以上，以确保通行。最上层平台最好围绕整个塔设置，这样较安全。上下层平台距离最大为 8m，超过 8m 应设中间平台；两层平台间设直爬梯，直爬梯距地面 2.5m 以上的梯子应设保护围栏。

（6）塔和立式容器的布置原则：①单排布置的塔和立式容器，当其平台单独布置时，宜中心线对齐；当联合布置时，宜中心线对齐或切线对齐。②对于直径较小、本体较高的塔和立式容器，可双排布置或成三角形布置，利用平台把塔和容器联系在一起，提高其稳定性。③直径小于或等于 1000mm 的塔和立式容器也可布置在构架内或构架的一侧,利用构架提高其稳定性和设置平台、梯子。④塔底与再沸器之间连接的管道需最短,以减少阻力降,且两者之间连接的气相管中心与再沸器管板的距离不应太大,以免影响再沸器效率。有两台再沸器时,应对称安装,并处于同一中心线上;有三台或三台以上的立式再沸器,其位置应考虑便于操作和配管。冷凝器回流罐一般置于塔顶,靠重力回流,但大型塔由于结构设计的难度宜布置于低处,用泵打回流。⑤沿主管廊布置的塔和立式容器,如主管廊上方无设备,可布置在主管廊的两侧;如上方有设备,应在主管廊的一侧留出管廊上方设备的检修场地或通道。

(7) 塔和立式容器的安装高度应符合的要求:①塔的安装高度必须考虑塔釜泵的净正吸入压头,热虹吸式再沸器的吸入压头,自然流出的压头及管道、阀门、控制仪表等的压头损失。②当用泵抽吸时,应由泵的气蚀裕量和吸入管道的压力降确定设备的安装高度。③带有非明火加热重沸器的塔,其安装高度应按塔和重沸器之间的相互关系和操作要求确定。④应满足塔底管道安装和操作所需要的最小净空,且塔的基础面高出地面不应小于200mm。⑤出料时,若采用塔压或重力出料,应由塔内压力和被连接设备的压力及受器的高度、液体的重度和管道的阻力决定。

(8) 大型塔塔顶需设置吊柱,以吊起或悬挂人孔盖以及吊装塔内填料与零部件等。

7.4.2　换热器

(1) 换热器的布置原则是顺应流程和缩短管道长度,故其位置由与它相关的设备的位置决定。如塔的换热器近塔布置;再沸器及冷凝器与塔以大口径的管道连接,故应近塔布置,常布置在塔的两侧;热虹吸式再沸器一般从塔上直接接出托架支承;塔的回流冷凝器除近塔外,还要靠近回流罐与回流泵。

(2) 换热器布置高度要满足工艺配管的要求,并适当留有余地。固定管板换热器在管束抽出端要留足够空间,以供清理列管。对于立式布置的换热器、浮头换热器,也要考虑检修时管束的抽出空间。

(3) 多台换热器常按流程成组安装;多组换热器应排列成行,并使管箱管口处于同一垂直面上,既便于配管和节约清管检修用地,又保持整齐美观。换热器可重叠布置,相互支承,但最多不宜超过三层。换热器之间、换热器与其他设备之间至少要留出1m的水平距离,位置受限制时,最少不得小于0.6m。

7.4.3　容器

储槽 (罐) 按储存物料的不同分为中间物料储槽及原料和成品储槽。一般当生产规模大、储罐数量多时,原料及成品储槽要根据物料性质 (是否易燃、易爆,是否有腐蚀性及氧化性、还原性等),按总图要求及设计规范,集中布置一个区域,称储罐区。相应的输送泵房排在储罐附近。罐按中心线取齐或按与外壁墙等距离排列。储罐按规定设置防护围堤。布置时参照下列规则:

(1) 立式储罐布置时,按罐外壁取齐,卧式按封头切线取齐。安装高度应根据接管需要及输送泵的净正吸入压头的要求决定,多台不同大小的卧式储罐底部宜布置在同一标高上。

（2）液位计、进出料接管、仪表尽量集中于储罐的一侧，另一侧供通道与检修用。

（3）易燃、可燃液体储罐周围应按规定设置防火堤；储存腐蚀性物料罐区的地坪应做防腐处理；若易挥发液体储罐布置在室外，应设喷淋冷却设施。

（4）罐与罐之间的距离，除应遵守《建筑设计防火规范》（GBJ 16—1987）（2001年版）的有关规定外，在没有阀门或仪表时，容器之间的通道应不小于 750mm；有阀门或仪表时，应保证操作通道净宽不小于 1m。在有限长度内均匀布置多个储罐时，如保证前述间距有困难，则可把两个储罐作为一组紧靠在一起布置，缩小其间距而加大与另一组或另一个储罐的间距，以便于操作、安装与检修。

（5）立式储罐的人孔若设置在罐侧，其离地高度应不大于 800mm，若设置在罐顶，应设检修平台，多个储罐设联合检修平台，单只储罐设直爬梯上下。

（6）有搅拌器的储罐，必要时需设置能安装修理搅拌器的起吊设施。

（7）中间储罐一般按流程顺序，布置在与之有关的设备附近，以缩短流程、节省管道长度和占地面积，对于盛有有毒、易燃、易爆物料的中间储罐，则尽量集中布置，并采取必要的防护措施。对于原料和成品储罐，一般集中布置在储罐区，视其特点决定是靠近与之有关的厂房还是远离厂房，一般原料和产品储罐也尽量靠近与之有关的厂房，以缩短流程和物料输送管道，缩短输送时间和减小管道摩擦阻力，并可降低费用；对于盛有有毒、易燃、易爆的原料及成品的储罐，则集中布置在远离厂房的储罐区，并采取必要的防护措施。

容器一般按系列图选用，其支脚、接管条件由布置设计决定，其外形尺寸可根据布置条件的要求加以调整，或在初选时就按布置要求加以考虑。一般长度直径相同的容器有利于成组布置和设置共用操作平台和共同支承。图 7.6 为容器的常用支承布置安装方式。

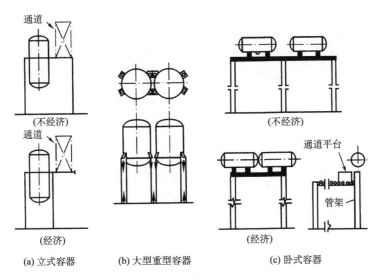

图 7.6　储槽（容器）的支承与安装

（1）立式容器常用罐耳支承在框架或楼板上，布置方式如图 7.6（a）所示，下图比上图经济合理，它减少了承重横梁的跨度，使钢架的尺寸可以减小，降低了钢架的投资。

（2）大型、重型容器，如图 7.6（b）所示，常直接支承在钢筋混凝土的支柱上，比吊在楼板或框架上要经济得多。

（3）卧式容器用支脚支座支承在框架上或楼面上布置，如图 7.6（c）所示，下图比上图经济，一跨支承比两跨支承既可以减少一根横梁，又可以改善横梁及柱的受力状态，还可以节约布置空间。

7.4.4　反应器

反应器的形式很多，如釜式反应器、管式反应器、固定床反应器、流化床反应器等。

1. 釜式反应器

（1）釜式反应器大多露天布置，但中小型反应器或操作频繁的反应器常布置在室内。这类反应器一般用耳架支承在建（构）筑物上或操作台的梁上。大型、质量大或振动大的设备要用支脚直接支承在地面，有时也布置在底层，但布置时必须注意将其基础与建筑物的基础分开。

（2）布置时要考虑便于加料和出料。液体物料通常经高位槽计量后依靠位差加入釜中，固体物料大多用吊车从人孔或加料口加入釜内。人孔或加料口离地面、楼面或操作平台面的高度以 800mm 为宜。釜式反应器布置见图 7.7。

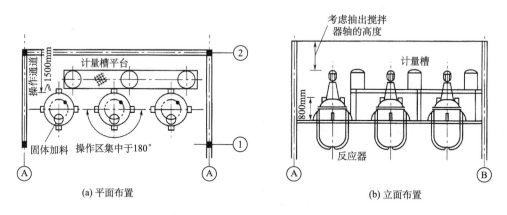

图 7.7　釜式反应器布置示意图

出料口设在反应器的底部，物料从出料口自流进入离心机要有 1～1.5m 的距离；若底部不设出料口，需行人时，底部离基准面最小距离为 1.8m。

（3）带搅拌器的反应器，上部应设置安装及检修用的起吊设备或吊钩。设备顶端与建筑物间搅拌器与设备底部间应留出足够的高度，以便抽出搅拌器轴。

（4）两台以上相同的反应器应尽可能排成一条直线，呈单或双排布置。反应器之间的距离，根据设备大小、附属设备和管道具体情况而定。管道阀门应尽可能集中布置在反应器一侧，以便于操作。

（5）跨楼板布置的反应器，要设置出料阀门操作台；反应物黏度大或含有固体物料的反应器要考虑疏通堵塞和管道清洗等问题；易燃、易爆反应器要考虑足够的安全措施，包括泄压及排放方向。

釜式反应器采用连续操作，多台串联时还必须注意物料进出口间的压差和流体流动的阻力损失，排列时可并排排列，也可排成一圈。

2. 固定床反应器

（1）反应器上部要留出足够净空，供检修或吊装催化剂篮筐用。多台反应器应布置在一条中心线上，周围留有放置催化剂盛器与必要的检修场地。

（2）催化剂可由反应器的顶部加入或用真空抽入，装料口离操作台 800mm 左右，超过 800mm 时要设置操作平台，操作阀门与取样口应尽量集中在一侧，而与加料口不在同一侧，以免相互干扰。

（3）催化剂如从反应器底部（或侧面出料口）卸料时，应根据催化剂接受设备的高度，留出足够的净空。当底部高出地面大于 1500mm 时，要设置操作平台，底部与地面最小距离不得小于 500mm。

催化反应器布置示意图见图 7.8。

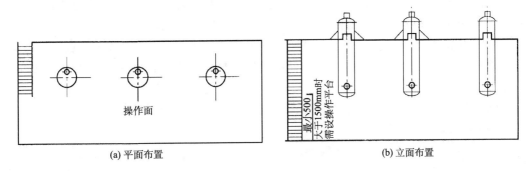

(a) 平面布置	(b) 立面布置

图 7.8　催化反应器布置示意图

3. 流化床反应器

流化床反应器的布置要求基本与固定床反应器一样。此外还需同时考虑与其相配的流体输送设备、附属设备的布置位置；各设备之间的距离在满足管线连接安装要求的前提下，应尽可能短；催化剂进出反应器的角度应能使得固体物料流动通畅，有时还应保持足够料封；体积大、反应压力较高的反应器，应采用坚固的结构支承；反应器支座（或裙座）应有足够的散热长度，使其与接触面的温度不致过高，钢筋混凝土不高于100℃，钢结构不高于 150℃，否则应做隔热处理。

7.4.5　泵

（1）小型车间生产用泵多数安装在抽吸设备附近；大中型车间用泵数量较多，应尽量集中布置。不经常操作的泵可露天布置，但电动机要设防雨罩，所有配电及仪表设施均应采用户外式的，天冷地区要考虑防冻措施。

（2）质量较大的泵和电机应设检修用的起吊设备，建筑物高度要留出必要的净空。泵的吸入口管线应尽可能短，以保证净正吸入压头的需要。公用备用泵宜布置在相应泵的中间位置。蒸汽往复泵的动力侧和泵侧应留有抽出活塞和拉杆的位置。

（3）成排布置的泵应按防火要求、操作条件和物料特性分组。集中布置的泵应排列成一条直线，泵的头部集中于一侧，也可背靠背地排成两排，驱动设备面向通道。成排布置的泵，其配管与阀门也应排成一条直线，管道避免跨越泵和电动机。

（4）泵与泵的间距视泵的大小而定，一般不宜小于 0.7m，双排泵之间的间距不宜小于 2m，泵与墙的间距至少为 1.2m。泵布置在主管廊下方或外侧时，不论单排还是双排，泵和驱动机的中心线宜与管廊走向垂直。

（5）泵应在高出地面 150mm 的基础上布置。多台泵置于同一基础上时，基础必须有坡度以便泄漏物流出，且四周要考虑排液沟及冲洗用的排水沟。在泵的吸入口前安装过滤器时，泵基础高度应考虑过滤器能方便清洗和拆装。

（6）液化烃泵、操作温度等于或高于自燃点的可燃液体泵、操作温度低于自燃点的可燃液体泵，应分别布置在不同房间内，各房间之间的隔墙应为防火墙；液化烃泵不超过两台时，可与操作温度低于自燃点的可燃液体泵布置在同一房间。

操作温度等于或高于自燃点的可燃液体泵房的门窗与操作温度低于自燃点的甲 B、乙 A 类可燃液体泵房的门窗或液化烃泵房的门窗的距离不应小于 4.5m。

（7）操作温度等于或高于自燃点的可燃液体泵宜集中布置，与操作温度低于自燃点的可燃液体泵之间应有不小于 4.5m 的防火间距；与液化烃泵之间应有不小于 7.5m 的防火间距。

（8）在液化烃泵房、操作温度等于或高于自燃点的可燃液体泵房的上方，不应布置甲、乙、丙类液体缓冲罐等容器。

7.4.6 压缩机

（1）压缩机经常是装置中功率消耗最大的关键设备，故应尽可能靠近与它相连的主要工艺设备，进出口管线应尽可能短和直，为方便维护和检修，压缩机通常布置在专用的压缩机厂房中。厂房内设有吊车装置。

（2）压缩机的基础要与厂房的基础脱开。中小型压缩机厂房一般采用单层厂房，压缩机基础直接放在地面上，稳定性较好，但大型压缩机多采用双层厂房，分上、下两层布置，压缩机基础为框架高基础，上层布置主机操作面、指示仪表、阀门组，下层布置辅助设备和管线。

（3）多台压缩机一般横向平列布置，机头在同侧，便于接管和操作。布置间距要满足主机和电动机的拆卸检修和其他要求。压缩机和电动机的上部不允许布置管道。

（4）压缩机组散热量大，应有良好的自然通风条件，图 7.9 为压缩机平面布置图。压缩机厂房的正面最好迎向夏季的主导风向。空气压缩机厂房为便于空气压缩机吸入较清洁的空气，必须布置在散发有害气体的设备或散发灰尘场所的主导风向的上方位置，并与其保持一定的距离。

(5) 大型压缩机厂房由于供电负荷大，通常都附设专用的变电配电室，布置时必须统一考虑。

(6) 可燃气体压缩机的布置应符合下列要求：①与明火设备、非防爆的电气设备的间距，应符合现行《爆炸和火灾危险环境电力装置设计规范》（GB 50058—92）和《石油化工企业设计防火规范》（GB 50160—2008）的规定。处理易燃、易爆

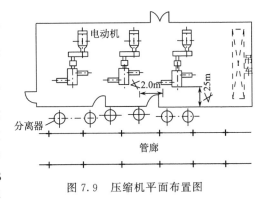

图 7.9　压缩机平面布置图

气体压缩机的厂房应有防火、防爆的安全措施，如事故通风、事故照明、安全出入口等。②宜露天布置或半敞开布置。在寒冷或多风沙地区可布置在厂房内；③单机驱动功率等于或大于150kW 的甲类气体压缩机厂房不应与其他甲、乙、丙类房间共用一幢建筑物，压缩机的上方不得布置甲、乙、丙类液体设备，但自用的高位润滑油箱不受此限。

(7) 压缩机的安装高度应根据其结构特点确定。进出口都在底部的压缩机的安装高度，应符合下列要求：①进出口连接管道与地面的净空要求；②进出口连接管道与管廊上管道的连接高度要求；③吸入管道上过滤器的安装高度与尺寸的要求；④为了减少振动，应降低往复式压缩机的安装高度。

(8) 压缩机的附属设备的布置要求：①多级压缩机的各级气液分离罐和冷却器应靠近布置，在满足操作和维修要求的前提下，应考虑压缩机进出口的综合受力影响，合理布置各级气液分离罐和冷却器；②高位油箱宜布置在建筑物的构架上，并应设平台和直梯，其安装高度应满足制造厂的要求；③润滑油和密封油系统宜靠近压缩机布置，并应满足标高要求和油冷却器的检修要求。

7.5　车间布置图

图 7.10 表示了一个车间或工段的生产和辅助设备在厂房建筑内外布置的图样，称为车间平立面布置图，又称设备布置图。它表示了设备与建筑物、设备与设备之间的相对位置，并能直接指导设备的安装，是化工设计、施工、设备安装、绘制管道布置图的重要技术文件。

7.5.1　车间布置图的内容

(1) 一组平立面图：表示厂房的基本结构和设备在厂房内外的布置情况。

(2) 尺寸与标注：包括厂房建筑定位轴线的编号，建（构）筑物及其构件尺寸的标注、设备尺寸的标注、设备名称与位号的标注及其他说明。

厂房建筑及其构件尺寸标注的内容包括：厂房建筑物的长度、宽度总尺寸；墙、轴线的间距尺寸；设备安装预留的孔、洞以及沟、坑等定位尺寸。

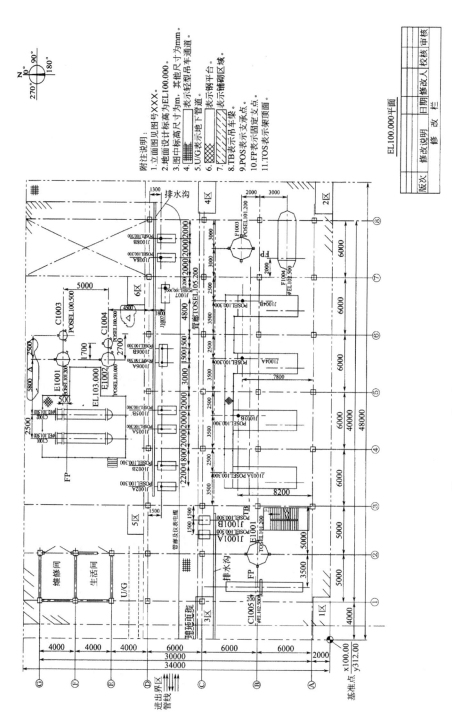

图 7.10 ××装置"F"版设备布置图(或"G"版)

设备布置图上一般不标注设备的定形尺寸，而只标注设备安装的定位尺寸。设备尺寸标注的内容有：设备的平面定位尺寸，如设备与建筑物及其构件、设备与设备之间的定位尺寸；设备高度方向上的定位尺寸；地面、楼板、平台、屋面的高度尺寸，其他与设备安装定位有关的建筑构件的高度尺寸。

设备平面定位尺寸一般以建筑定位轴线为基准，标注设备中心线或设备支座中心线与基准的间距。悬挂在墙上或柱子上的设备，以墙的内壁或外壁、柱子的边为基准标注定位尺寸。

设备高度方向上的定位尺寸一般选择厂房室内地面为基准，标注设备的基础面或设备中心线高度尺寸，即标高。

设备布置图中的所有设备均需标出名称与位号，且与工艺流程图一致，一般标注在相应图形的上方或下方，也可标注在设备图形内，不用指引线，名称在下，位号在上，中间画一粗实线；也有只标注位号不标出名称的，或用指引线标注在图形之外。

（3）安装方位标：也称设计北向标志，表示设备安装方位的基准，一般画在图纸的右上方。安装方位标符号由两个直径分别为 14mm 与 8mm 的粗实线圆圈和水平、垂直两条直线构成，并分别注以 0°、90°、180°、270°等字样。安装方位标可由各车间或工段自行规定一个方位基准，一般采用北向或接近北向的建筑轴线为零度方位基准。

（4）设备一览表：说明本布置图中所有设备的位号、名称、规格、材料、数量、设备荷重、装卸方法、支承形式等情况。既可直接在图纸上列表注明，也可不在图上列表，而将设备一览表在设计文件中附出。

（5）说明与附注：对设备安装有特殊要求的进行说明。

（6）标题栏：注写图名、图号、比例、修改说明等。

7.5.2　绘制车间布置图的一般规定

设备布置图的设计应参照《化工装置设备布置设计规定》（HG 20546—92），绘制设备布置图时应遵循下列规定：

（1）线型及线宽。所有图线都要清晰光洁、均匀，宽度应符合要求。平行线间距至少要大于 1.5mm，以保证复制件上的图线不会模糊或重叠。设备轮廓采用粗线（0.9～1.2mm）绘制；设备支架与设备基础采用中粗线（0.5～0.7mm）绘制；对于驱动设备（机泵等），如只绘出设备基础，图线宽度用 0.9mm；除此之外均采用细线（0.15～0.3mm）绘制。

（2）图例及简化画法。设备布置图中的图例及简化画法可参考 HG 20519.34—92。

（3）设备布置图常用的缩写词可参考 HG 20546—92。

（4）图名。标题栏中的图名一般分成两行，上行写"××××设备布置图"，下行写"EL×××. ×××平面"或"×—×剖视"等。

7.5.3　设备布置图的视图

1. 绘图比例、图幅及尺寸单位

（1）比例。绘图比例通常采用 1：100，根据设备布置的疏密情况，也可采用 1：50 或 1：200。当对于大的装置需分段绘制设备布置图时，必须采用同一比例，比例大小均应在标题栏中注明。个别视图的不同比例应在视图的名称下方或右方予以注明。

（2）图幅。一般采用 A1 图幅，不宜加长加宽，特殊情况也可采用其他图幅。一组图形尽可能绘于同一张图纸上，也可分开绘在几张图纸上，但要求采用相同的幅面，以求整齐，利于装订及保存。

（3）尺寸单位。设备布置图中标注的标高、坐标均以米为单位，且需精确到小数点后三位，至毫米为止。其余尺寸一律以毫米为单位，只注数字，不注单位。若采用其他单位标注尺寸，应注明单位。

（4）分区。设备布置图常以车间（装置）为单位进行绘制，当车间范围较大，图样不能表达清楚时，则应将车间划分区域，分绘各区的设备布置图。

（5）编号。每张设备布置图均应单独编号。同一主项的设备布置图不得采用一个号，应加上"第×张，共×张"的编号方法。

2. 图面安排及视图要求

设备布置图中视图的表达内容主要包括两部分：一是建筑物及其构件；二是设备。一般要求如下：

（1）设备布置图一般只绘平面图，对于较复杂的装置或有多层建筑、构筑物的装置，仅用平面图表达不清楚时，可加绘剖视或局部剖视图。剖视图的代号按 HG 20519.7—92 的规定采用"A—A"、"B—B"等大写英文字母表示。

（2）设备布置图一般以联合布置的装置或独立的主项为单元绘制，界区以粗双点划表示，在界区外侧标注坐标，以界区左下角为基准点。基准点坐标为 N、E（或 N、W），同时注出其相当于在总图上的坐标 X、Y 数值。

（3）对于有多层建筑物、构筑物的装置，应依次分层绘制各层的设备布置平面图，各层平面图均是以上一层的楼板底面水平剖切所得的俯视图。例如，在同一张图纸上绘制若干层平面图时，应从最底层平面开始，在图中由下至上或由左至右按层次顺序排列，并应在相应图形下注明"EL×××.×××平面"等字样。

（4）一般情况下，每层只需画一张平面图。当有局部操作平台时，主平面图可只画操作平台以下的设备，而操作平台和在操作平台上面的设备应另画局部平面图。如果操作平台下面的设备很少，在不影响图面清晰的情况下，也可将两者重叠绘制，操作平台下面的设备画为虚线。

（5）当一台设备穿越多层建筑物、构筑物时，在每层平面图上均需画出设备的平面位置，并标注设备位号。

（6）对于设备较多、分区较多的主项，该主项设备布置图的标题栏上方应列出设备表，以便于识别（表7.3）。

表 7.3　设备表

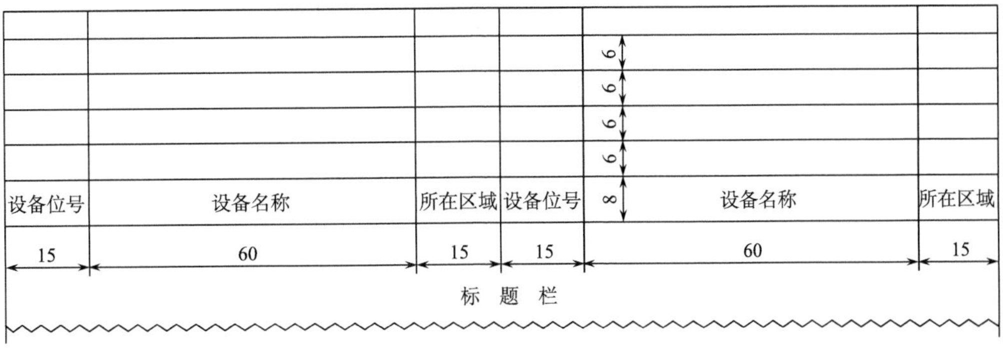

				6		
				6		
				6		
				6		
设备位号	设备名称	所在区域	设备位号	8	设备名称	所在区域
15	60	15	15		60	15

标　题　栏

3. 图示方法

1) 建筑物及其构件

在设备布置图中，建筑物及其构件均用实线画出。常用的建筑结构构件的图例见表 7.4。

表 7.4　设备布置图中的图例及简化画法

名称	图例	备注	名称	图例	备注
坐标原点	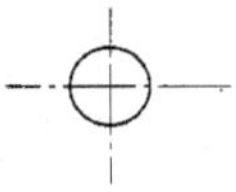	圆直径为 10mm	钢梯及平台	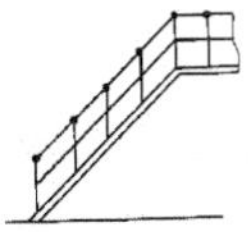	
方向标	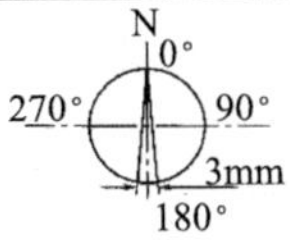	圆直径为 20mm	楼板及混凝土梁	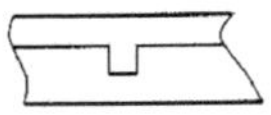	剖面涂红色
单扇门	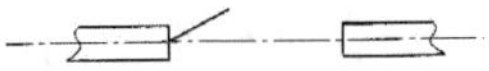	剖面涂红色	钢梁	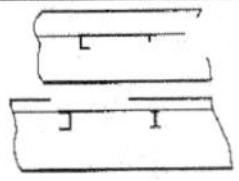	混凝土楼板涂红色
双扇门	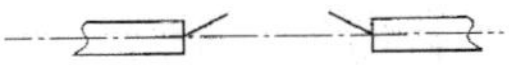	剖面涂红色	素土地面	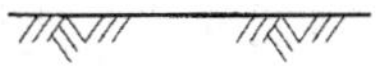	
空门洞	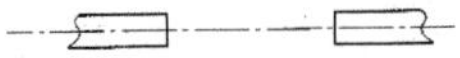	剖面涂红色	钢筋混凝土	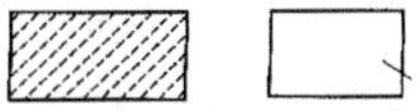	涂红色也适用于素混凝土
窗	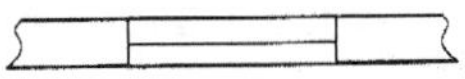	剖面涂红色	混凝土地面	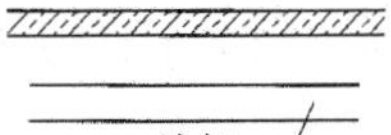	涂红
花纹钢板	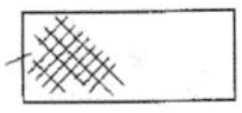	局部表示网格线	悬臂起重机	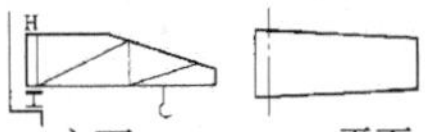 立面　平面	
箅子板	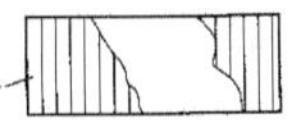	局部表示箅子	悬臂起重机	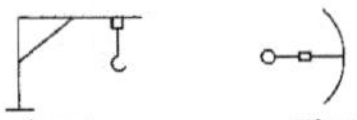 立面　平面	

续表

名称	图例	备注	名称	图例	备注
栏杆	平面　　　　　立面		桥式起重机	立面　　　　平面	
圆形地漏			单轨吊车	平面　　　　立面	
安装坑、地坑			铁路	平面	线宽 0.9mm
地沟及混凝土盖板			柱子	混凝土柱　　钢柱	剖面涂红色
钢梯	上		管廊		小圆直径为 3mm
楼梯	上　下		电动机	M	
直梯	平面　　立面		仪表盘、配电箱		

（1）在设备布置图上需按相应建筑图纸所示的位置，在平面图和剖视图上按比例和规定的图例画出门、窗、墙、柱、地面、楼梯、操作台（应注平台的顶面标高）、吊轨、栏杆、安装孔、管廊架、管沟（应注沟底的标高）、明沟（应注沟底的标高）、散水坡、围堰、道路、通道以及设备基础等。

（2）在设备布置图上还需按相应的建筑图纸，对承重墙、柱子等结构，按建筑图要求用细点划线画出与其相同的建筑定位轴线。标注室内外的地平标高。

（3）与设备安装定位关系不大的门、窗等构件，一般在平面图上画出它们的位置、门的开启方向等，在其他视图上则可不予表示。

（4）表示出车间生活行政室和配电室、控制室、维修间等专业用房，并用文字标注房间的名称。

2）设备

（1）定型设备一般用粗实线按比例画出其外形轮廓，被遮盖的设备轮廓一般不予画出，如必须表示，则用粗虚线画出。设备的中心线用细点划线画出。当同一位号的设备多于三台时，在平面图上可以表示首尾两台设备的外形，中间的用粗实线画出其基础的矩形轮廓或用双点划线的方框表示。

（2）采用适当的方法画出非典型设备的外形及其附属设备的操作台、梯子和支架，注出支架代号［图 7.11(k)］。卧式设备则应画出其特征管口或标注固定端支座位置［图 7.11(b)］。

（3）驱动设备只画出基础，用规定的简化画法画出驱动机，并表示出特征管口和驱动机的位置［图 7.11(c)］。

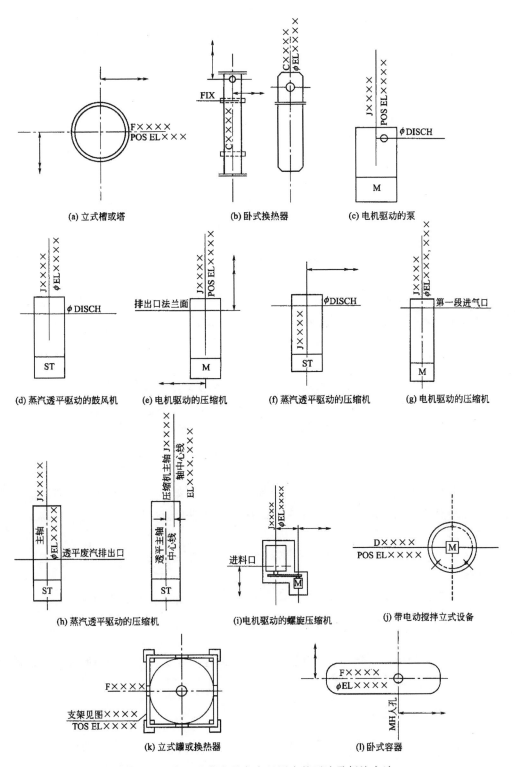

图 7.11　典型设备在设备布置图中的画法及标注方法

（4）当设备穿过楼板被剖切时，每层平面图上均需画出设备的平面位置，在相应的平面图中设备的剖视图可按图 7.12 表示，图中楼板孔洞不必画阴影部分。在剖视图中设备的钢筋混凝土基础与设备的外形轮廓组合在一起时，可将其与设备一起画成粗实线。位于室外而又与厂房不连接的设备和支架、平台等，一般只需在底层平面图上予以表示。

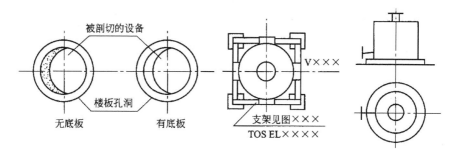

图 7.12　设备布置图中设备剖视图、俯视图的简化画法

（5）在设备平面布置图上，还应根据检修需要，用虚线表示预留的检修场地（如换热器管束用地），按比例画出，不标尺寸，如图 7.13 所示。

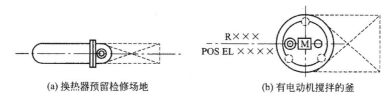

图 7.13　预留设备检修场地的图示方法

（6）剖视图中如沿剖视方向有几排设备，为使设备表示清楚，可按需要不画后排设备。图样绘有两个以上剖视时，设备在各剖视图上一般只应出现一次，无特殊需要不予重复画出。

（7）在设备布置图中还需要表示出管廊、埋地管道、埋地电缆、排水沟和进出界区管线等。

（8）预留位置或第二期工程安装的设备，可在图中用细双点划线绘制。

7.5.4　设备布置图的标注

设备布置图的标注包括厂房建筑定位轴线的编号，建筑物及其构件的尺寸，设备的位号、名称、定位尺寸及其他说明等。

1. 厂房建筑及其构件

（1）按土建专业图纸标注建筑物和构筑物的定位轴线编号。定位轴线的编号应注写在轴线端部的圆内，圆用细实线绘制，直径为 8mm。定位轴线的编号宜标注在图样的下方与左侧。横向编号应用阿拉伯数字（1，2，3，…），从左至右编写；竖向编号应用大写拉丁字母（A，B，C，…），从下至上顺序编号。

在图 7.14 中尺寸线的起点用箭头或 45°的倾斜短线表示，在尺寸链最外侧的尺寸线需延长至相应尺寸界线外 3～5mm。

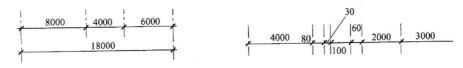

图 7.14　建筑物的尺寸标注（单位：mm）

（2）厂房建筑及其构件：①厂房建筑物的长度、宽度总尺寸；②厂房柱、墙定位轴线的间距尺寸；③为设备安装预留的孔、洞以及沟、坑等定位尺寸；④地面、楼板、平台、屋面的主要高度尺寸及其他与设备安装定位有关的建筑结构件的高度尺寸。

（3）注写辅助间和生活间的房间名称。

2. 设备

设备布置图中一般不注出设备的定型尺寸，只注出其定位尺寸及设备位号等。

1）设备平面定位尺寸

平面图上设备平面定位尺寸应以建（构）筑物的定位轴线或管架、管廊的柱中心线为基准线标注定位尺寸，或以已标注定位尺寸的设备中心线为基准线进行标注。也有采用坐标系进行定位尺寸标注的，但应尽量避免以区的分界线为基准线标注定位尺寸。

（1）卧式的容器和换热器应以中心线和靠近柱轴线一端的支座为基准标注定位尺寸 [图 7.11（b）]。

（2）立式的反应器、塔、槽、罐和换热器应以中心线为基准标注定位尺寸 [图 7.11（a）]。

（3）离心式泵、压缩机、鼓风机、蒸汽透平应以中心线为基准标注定位尺寸 [图 7.11（d）、图 7.11（e）]。

（4）往复式泵、活塞式压缩机应以缸中心线和曲轴或电动机轴中心线为基准标注定位尺寸 [图 7.11（f）、图 7.11（g）、图 7.11（h）]。

（5）板式换热器应以中心线和某一出口法兰端面为基准标注定位尺寸。

2）设备高度方向的定位尺寸

设备高度方向的定位尺寸一般以标高表示，标高的基准一般选首层室内地面。

（1）卧式的换热器、罐、槽一般以中心线标高表示（ϕEL×××.×××）[图 7.11（b）、图 7.11（l）]。

（2）立式储槽和反应器、塔一般以支承点标高表示（POS EL×××.×××）[图 7.11（a）、图 7.11（j）、图 7.11（k）]。

（3）立式、板式换热器一般以支承点标高表示（POS EL×××.×××）。

（4）泵、压缩机以主轴中心线标高（ϕEL××××）或底盘底标高（基础顶面标高）（POS EL×××.×××）表示 [图 7.11（g）、图 7.11（h）、图 7.11（i）]。

3）设备位号的标注

在设备图形中心线上方标注设备位号与标高，该位号应与管道仪表流程图中的位号一致，设备位号的下方应标注支承点（POS EL×××.×××）［图 7.11（a）］或中心线（ϕ EL×××.×××）［图 7.11（g）］或支架架顶（如 TOS EL×××.×××）［图 7.11（k）］的标高。

3. 其他标注

（1）管廊、管架应标注架顶的标高。

（2）应在相应的图示处标明"管廊"、"界区管线"、"埋地电缆"、"地下管道"、"排水沟"等内容。

7.5.5　设备布置图的绘图步骤

化工设备布置图的绘制，一般情况下可按照平面布置图→立面布置图（剖视图）→设备安装详图及管口方位图→设备一览表的顺序进行。当项目的主项设计界区范围较大或工艺流程太长、设备较多时，往往需要分区绘制设备布置图，以便更详细、清楚地表达界区内设备的布置情况。同时还要绘制界区内的分区索引图，以表达各分区之间的联系，提供界区范围的总体概况和直观的阅图索引。化工设备布置图的绘图步骤如下：

（1）考虑设备布置图的视图配置。

（2）选定适当的幅面及绘图比例。

（3）绘制平面图：①确定图纸上各层平面图的相对位置；②用点划线从底层平面图开始，依次绘制各层平面图的定位轴线；③用细实线依次绘制各层平面与设备安装布置有关的厂房建筑的基本结构；④用细实线绘制底层平面的操作平台，需预留的孔、洞、坑、沟、吊车梁、设备基础等与设备安装相关的细部结构；⑤用点划线依次画出各层平面设备、机泵的中心轴线；⑥用粗实线绘制底层平面的设备外形特征轮廓，无管口方位图的则要画出特征管口（如人孔符号 MH），并注写方位角；⑦标注尺寸，以及各定位轴线的编号和设备位号。

（4）绘制立面布置图（剖面图）：设备立面布置图的绘制步骤与平面布置图大致相同。

（5）绘制方位标。

（6）编制设备一览表，注写有关说明，填写标题栏、修改栏。

（7）检查、校核，最后完成图样，如图 7.10 所示。

在基础工程设计阶段，还应为土建专业提供如下设计条件：

（1）结合工艺流程图简要叙述车间或工段的工艺流程。

（2）结合设备布置图简要说明设备在厂房内的布置情况，如厂房的高度、层数、跨度、地面或楼面的材料、坡度、负荷、门窗的位置及其他要求等。

（3）提出设备一览表。内容包括设备位号、设备名称、规格、设备荷重（设备质量、物料质量）、装卸方式、支承形式及备注。

（4）劳动保护情况。说明厂房的防火、防爆、防毒、防尘和防腐条件以及其他特殊条件。

（5）提出车间人员表。其中包括人员总数、最大班人数、男女比例。

（6）提出楼面、墙面的预留孔和预埋条件，地面的地沟，落地设备的基础条件。

（7）提出安装运输要求，如考虑安装门、安装孔、安装吊点、安装荷重、安装场地等。

7.6 管口方位图

1. 作用与内容

设备上的管口方位在制造及安装时极为重要，管口方位图是确定各管口方位、管口与支座、地脚螺栓等相对位置的依据，也是设备安装时确定安装方位的依据，图 7.15 是一塔设备的管口方位图，从图中可看出管口方位图应包括以下内容：

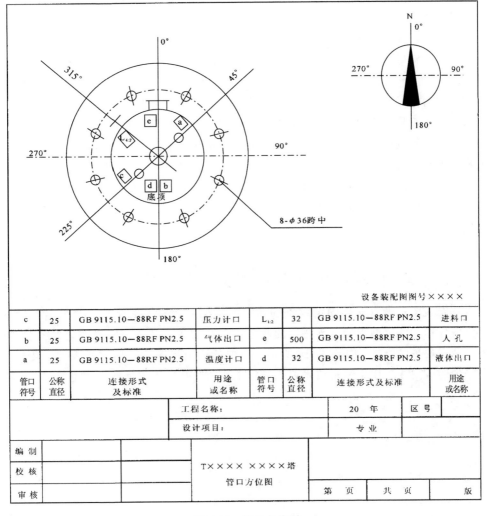

设备装配图图号××××

管口符号	公称直径	连接形式及标准	用途或名称	管口符号	公称直径	连接形式及标准	用途或名称
c	25	GB 9115.10—88RF PN2.5	压力计口	$L_{1,2}$	32	GB 9115.10—88RF PN2.5	进料口
b	25	GB 9115.10—88RF PN2.5	气体出口	e	500	GB 9115.10—88RF PN2.5	人 孔
a	25	GB 9115.10—88RF PN2.5	温度计口	d	32	GB 9115.10—88RF PN2.5	液体出口

			工程名称：		20 年	区 号	
			设计项目：		专 业		
编 制							
校 核			T×××× ××××塔 管口方位图				
审 核				第 页	共 页	版	

图 7.15　管口方位图

(1) 视图。表示设备上各管口的方位情况。

(2) 尺寸标注。表示各管口以及管口的方位角度。

(3) 方位标。

(4) 管口编号及管口表。

(5) 必要的说明。

(6) 标题栏。

2. 管口方位图的绘制

(1) 非定型设备应绘制管口方位图。管口方位图一般用 A4 幅面，以简化的平面图形绘制。每个位号的设备绘制一张，结构相同而仅是管口方位不同的设备可绘在同一张图纸上。对于多层设备且管口较多时，则应分层画出管口的方位图。用点划线画出各管口的中心位置，管口直径较小时，用单线（粗实线）示意画出周向各管口及有关零部件，用粗实线圆画出设备主体轮廓以内各管口及地脚螺栓孔。

(2) 尺寸及标注。在图上顺时针方向标出各管口及有关零部件的安装方位角；各管口用小写英文字母加框（5mm×5mm）按顺序编写管口符号，并与设备图上管口符号一致。

(3) 方向标。在图纸右上角应画出一个方向标。方向标的形式见表 7.4。

(4) 管口符号及管口表。在标题栏上方列出与设备图一致的管口表，表内注写各管口的编号、公称直径、公称压力、连接标准、连接面形式及管口用途等内容。在管口表右上侧注出设备装配图图号。

(5) 必要的说明。在管口方位图上应加两点必要的说明：①应在裙座和器身上用油漆标明 0°的位置，以便现场安装识别方位用；②铭牌支架的高度应能使铭牌露在保温层之外。

7.7　设备安装图

设备安装图是表示安装固定设备的非定型支架、支座等的结构、尺寸、条件的图样。该图样作为非定型支架、支座等的制造依据和设备安装依据。在设备布置设计中，设备安装图要单独绘制，如图 7.16 所示。它包括一组视图、一个材料表和标题栏，还有一个说明或附注，用于编写技术要求或施工要求以及采用的标准、规范等。

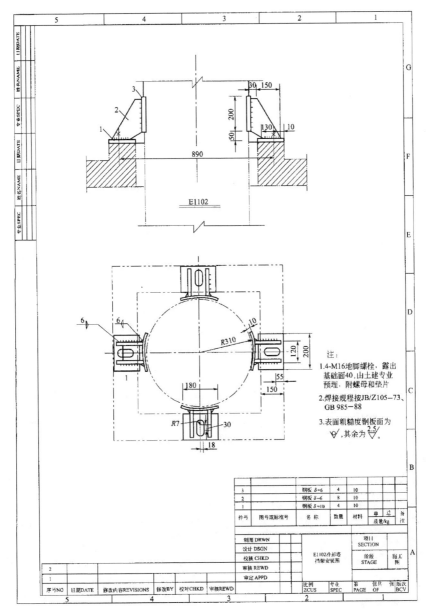

图 7.16 设备安装图示例

习　题

1. 车间一般由哪几部分组成?

2. 车间厂房布置的内容和依据是什么?

3. 车间设备布置图的视图和标注的要点是什么?

4. 管口布置图和设备安装图的作用是什么?

第8章 工程设计概算

一项成功的工程项目必须具备两个条件，即技术的先进性和经济的合理性。因此，工程项目从可行性研究开始直至完成施工图设计甚至在施工过程中都应始终遵循这两个条件。工程设计概算是在初步设计阶段对拟建装置从筹建到竣工交付使用所需全部费用进行计算，并编制设计概算和相关文件。通过概算可以衡量设计是否经济合理。批准的概算是国家控制基本建设投资、编制基本建设计划和考核建设成本的依据。

工程设计单位在初步设计阶段编制概算，施工阶段由施工单位编制概算，施工结束后由建设单位进行决算。

8.1 设 计 概 算

8.1.1 概算的内容和分类

1. 概算的内容

（1）单位工程概算（计算一个车间或装置中每个专业工程所需工程费用的文件）。

（2）综合（或单项工程）概算。单项工程是指建成后能独立发挥生产能力和经济效益的工程项目。综合（或单项工程）概算是由单项工程内各个专业的单位工程概算汇总编制而成，是编制总概算工程费用的组成部分和依据。

（3）总概算。指一个独立厂（或分厂）从筹建、建设安装，到竣工验收交付使用前所需的全部建设资金。概算内容包括各单项工程概算内容的汇总、其他费用计算等。包括编制说明书，主要设备，建筑安装的三大材料——钢材、木材、水泥的用量估算表，投资分析及总概算表。

2. 概算费用的分类

1）设备购置费

设备购置费包括工艺设备（主要生产、辅助生产、公用工程项目的设备），电气设备（电动、变电配电、电信设备），自控设备（各种计量仪器仪表、控制设备及电子计算机等），生产工具、器具及家具等的购置费。

2）设备安装工程费

设备安装工程费包括主要生产、辅助生产、公用工程项目的工艺设备的安装费；电动、变电配电、电信等电气设备安装费；计量仪器、仪表等自控设备安装费；设备内部填充（不包括催化剂）、内衬、设备保温、防腐以及附属设备的平台、栏杆等工艺金属结构的材料及其安装费；相应的大型临时设施费。

3）建筑工程费

建筑工程费包括内容如下：

（1）一般土建工程，包括生产厂房、辅助厂房、库房、生活福利房屋、设备基础、操作平台、烟囱、各种地沟、栈桥、管架、铁路专用线、码头、道路、围墙、冷却塔、水池以及防洪等建设费用。

（2）大型土石方、场地平整及建筑工程的大型临时设施费。

（3）特殊构筑工程，包括气柜、原料罐、油罐、裂解炉及特殊工业炉工程建设费用。

（4）室内供排水及采暖通风工程，包括暖风设备及安装、卫生设施、管道煤气、供排水及暖风管道和保温等建设费用。

（5）电气照明及避雷工程，包括生产厂房、辅助厂房、库房、生活福利房的照明和厂区照明，以及建筑物、构筑物的避雷等建设费用。

（6）主要生产、辅助生产、公用工程等车间内外部管道、阀门以及管道保温、防腐的材料及安装费用。

（7）电动、变配电、电信、自控、输电线路、通信网路等安装工程的电缆、电线、管线、保温等材料及其安装费用。

4）其他基本建设费

除上述费用以外的有关费用，如建设单位管理费、生产工人培训费、基本建设试车费、生产工具器具及家具购置费、办公及生活用具购置费、建筑场地准备费（如土地征用及补偿费、居民迁移费、建筑场地清理费等）、大型临时设施费及施工机构转移费等。

概算项目按工程性质可以分为工程费用和其他费用两种。

1）工程费用

（1）主要生产项目。包括原料的储存，产品的生产和包装、储存的全部工序，并包括主要为生产装置服务的工程，如空分、冷冻、催化剂等工程和集中控制室、工艺外管等。

（2）辅助生产项目。包括机修、电修、仪表修理、中心实验室、空压站、设备材料库等。

（3）公用工程。包括供排水（泵房、冷却塔、水塔、水池及外管等）、供电及电信（包括变电、配电所、开关所、电话站、广播站及输电、通信线路等）、供汽（包括锅炉房、供热站及外管等）、总图运输工程（包括码头、防洪围墙、大门、公路、铁路、道路及运输车辆等）。

（4）服务性工程。包括办公室、食堂、汽车库、消防车库、医务室、浴室等。

（5）生活福利工程。包括独身公寓、食堂等公用设施。

（6）厂外工程。例如，水源工程、热电站、远距离输油管线、铁路、铁路编组站、厂外供电线路、公路等（厂内外划分按设计要求）。

2）其他费用

其他费用可根据具体情况酌情增减，其主要项目如下：建设单位管理费；生产工人进厂培训费；基本建设试车费；生产工具、器具购置费；办公及生活用具购置费；建设场地准备费；大型临时设施费；施工机构转移费。

8.1.2　概算的编制依据

1. 相关法律、法规

概算编制应遵守国家和所在地区的相关法规以及拟建项目的主管部门的批文、立项文件、各类合同、协议。

2. 设计说明书和图纸

按说明书和图纸逐项计算、编制。

3. 设备价格资料

定型设备的设备原价按市场现行产品最新出厂价格计算，各类定型设备的出厂价格可根据产品样本或向厂家询价确定；非定型设备可按同类设备估价，设备购置费按设备原价加上设备运杂费估算。

4. 概算指标

以《化工建设概算定额》（HG 20238—2003）规定的概算指标（概算定额）为依据，不足部分可按各有关公司和建厂所在省、自治区、直辖市的概算指标进行编制。

如果查不到指标，可采用结构相同（或相似）、参数相同（或相似）的设备或材料指标，或与制造厂家商定指标，或按类似的工程的预算参考计算。概算价格水平应按编制年度水平控制。

8.1.3　工程概算的编制

1. 单位工程概算

单位工程概算是概算的基础，大量的调查、计算工作都要在这一阶段进行。综合概算和总概算就是把各部分的单位工程概算结果分项归类，所以编制好单位工程概算是做好概算的关键。

单位工程概算应按独立建筑物（构筑物）或生产车间（工段）分别编制，内容包括：工艺设备部分（定型、非定型设备及安装）、电气设备部分（电动、变配电、通信设备及安装）、自控设备部分（各种计器仪表、控制设备及安装）、管道部分（车间内外部管道、阀门及保温、防腐、刷油等）、土建工程部分。其中工艺设备、电气设备、自控设备部分采用表 8.1 的格式编制；土建工程部分采用表 8.2 的格式编制。编制要求如下。

1）设备费

设备原价根据设备表逐项计算，设备运杂费按设备原价的百分比计算。

2）设备安装费

按每套设备、每吨设备、设备容量或占设备原价的百分比计算。

表 8.1　单位工程概算表 (1)

工程项目名称

序号	编制依据	设备及安装工程名称	单位	数据	质量/t		概算价值/元					
					单位质量	总质量	单价			总价		
							设备	安装工程		设备	安装工程	
								合计	其中工资		总计	其中工资
1	2	3	4	5	6	7	8	9	10	11	12	13

表 8.2　单位工程概算表 (2)

工程项目名称

价格依据	名称及规格	单位	数量	单价/元		总价/元	
				合计	其中工资	合计	其中工资
1	2	3	4	5	6	7	8

3) 安装材料

(1) 设备内部填充（不包括催化剂）、衬里、保温、防腐、刷油等均计算工程量。

(2) 电力、电信或自控的电缆、电线等敷设，分别按设备容量指标或延长米计算。

(3) 管道工程（工艺、传热管道及泵房配管等）应计算管道、阀门、保温、防腐、刷油的工程量。

(4) 一般土建工程包括生产厂房、大型设备基础等，应按概算指标计算主要工程量（或按概算手册确定工程量）；普通设备基础可参照类似指标计算主要工程量。仓库、民用建筑以及地沟等，可按平方米、米或类似工程预算计算。

(5) 特殊构筑物按立方米、吨或座计算。

(6) 电气照明及避雷工程：室内照明按建筑面积平方米，露天照明和局部照明按套、座计算；避雷工程按相应的概算指标或类似的工程预算计算。

(7) 室内供排水：卫生器具按套，供水水平干线按延长米，集中给水栓按组计算，或按类似工程预算计算。

(8) 采暖通风工程。

(i) 采暖。散热器按片（或块）数计算，局部采暖按建筑面积计算，热风采暖管道按延长米，减压阀按组计算。

(ii) 通风。通风设备按台数，风管按平方米，附件按质量计算。

(iii) 空调。空调器按套，管道按延长米计算，或按类似工程预算计算。

(9) 供电外线、室外照明、通信网路、室外供排水管线，以及全厂工艺外管等均按延长米（或吨）计算。

2. 综合概算

综合概算是在单位工程概算的基础上，以单项工程为单位进行编制的。综合概算是编制总概算的依据。

每个单项工程一般可分为主要生产项目、辅助生产项目、公用工程、服务性工程、生活福利工程、厂外工程等。各项目包括的具体内容见前节。

综合概算就是把各车间（单位工程）按上述项目划分，分别填在综合概算表（表8.3）的第2栏中。然后把各车间（单位工程）的单位工程概算表中的设备费、安装费、管道费及土建的各项费用，按工艺、电气、自控、土建构筑物、室内供排水、照明避雷、采暖通风各项分类汇总在综合概算表中。

表 8.3 综合概算表

主项号	工程项目名称	概算价值/万元	单位工程概算价值/万元												
			工艺			电气			自控			土建构筑物	室内供排水	照明避雷	采暖通风
			设备	安装	管理	设备	安装	线路	设备	安装	线路				
1	2	3	4	5	6	7	8	9	10	11	12	13	14	15	16
	一、主要生产项目 （一）××装置（或系统） （二）××装置（或系统） 二、辅助生产项目 三、公用工程 （一）供排水 （二）供电及电信 （三）供汽 （四）总图运输 四、服务性工程 五、生活福利工程 六、厂外工程 　总　计	填表说明： 1. 各栏填写内容 　第1栏：填写设计主项（或单元代号）。 　第2栏：填写主项（或单元名称）。 　第4, 5栏：填写主要生产项目、辅助生产项目和公用工程的供排水、供汽、总图运输以及相应的厂外工程的设备和设备安装费。 　第6栏：填写上述各项目的室内外管路及安装费。 　第7~16栏：分别填写电动、变配电、电信、自控等设备费和设备安装费及其内外部线路、厂区照明、土建、室内供排水、采暖通风等费用。 　第3栏：为第4~6栏之和。 2. 工程项目名称栏内一至六项每项均列合计数。总计为合计之和。第一项主要生产项目除列合计数外，其中各生产装置（或系统）还应分别列小计数。第三项公用工程其中供排水、供电及电信、供汽、总图运输均应分别列小计数。 3. 本表金额以万元为单位，取两位小数。														

3. 工程建设其他费用概算

工程建设其他费用概算是指一切未包括在单项工程概算内，但又与整个建设工程有关的工程和费用的概算，其编制包括以下组成部分：

（1）建设单位管理费。以项目"工程费用"为计算基础，按照建设项目不同规模分别制定相应的建设单位管理费率计算。其计算公式为

$$\text{建设单位管理费} = \text{工程费用} \times \text{建设单位管理费率} \tag{8.1}$$

（2）临时设施费。以项目"工程费用"为计算基础，按照临时设施费率计算，即

$$\text{临时设施费} = \text{工程费用} \times \text{临时设施费率} \tag{8.2}$$

对新建项目，费率取 0.5%；对依托老厂的新建项目，取 0.4%；对改、扩建项目，取 0.3%。

（3）按设计提出的研究试验内容要求进行编制的研究试验费。

（4）生产准备费。包括：核算人员培训费；生产单位提前进厂费。

（5）土地使用费。按使用土地面积，根据政府制定各项补偿费、补贴费、安置补助费、税金、土地使用权出让金标准计算。

（6）勘察设计费。按国家发展和改革委员会颁发的收费标准和规定进行编制。

（7）生产用办公及生活家具购置费。

（8）化工装置联合试运转费。如化工装置为新工艺、新产品时，联合试运转确实可能发生亏损的，可根据情况列入此项费用；一般情况，当联合试运转收入和支出大致可相互抵消时，原则上不列此项费用。不发生试运转费用的工程，不列此项费用。

（9）供电补贴费。此项费按国家发展和改革委员会批准的收费标准计。

（10）工程保险费。此项费按国家及保险机构规定计算。

（11）工程建设监理费。此项费用按国家发展和改革委员会价格司、住房和城乡建设部［1992］价费字 479 号通知中所规定费率计算，此项费用不单独计列。发生时，从建设单位管理费及预备费中支付。

（12）施工机构迁移费。该项费用在设计概算中可按建筑安装工程费的 1% 计列；施工单位确定后，由施工单位按规定的基础数据、计算方式及费用拨付规定编制施工机构迁移费预算。

（13）总承包管理费。此项费用是以总承包项目的工程费用为计算基础，以工程建设总承包率 2.5% 计算的。与工程建设监理费一样，总承包管理费不在工程概算中单独计列，而是从建设单位管理费及预备费中支付。

（14）引进技术和进口设备其他费。按《化工引进项目工程建设概算编制规定》计算。

（15）固定资产投资方向调节税。该项税务的税目、税率按《中华人民共和国固定资产投资方向调节税暂行条例》所附"固定资产投资方向调节税税目税率表"执行。

（16）财务费用。按国家有关规定及金融机构服务收费标准计算。

（17）预备费。

（i）基本预备费按式（8.3）计算：
$$基本预备费 = 计算基础 \times 基本预备费率 \tag{8.3}$$
其中
$$\begin{aligned}计算基础 = &工程费用 + 建设单位管理费 + 临时设施费 + 研究试验费 + \\ &生产准备费 + 土地使用费 + 勘察设计费 + \\ &生产用办公及生活家具购置费 + 化工装置联合试运转费 + \\ &供电贴费 + 工程保险费 + 施工机构迁移费 + \\ &引进技术和进口设备的费用 \tag{8.4}\end{aligned}$$

基本预备费率按 8% 计算。

（ii）工程造价调整预备费。根据工程的具体情况、国家物价涨跌情况科学地预测影响工程造价的诸因素（如人工、设备、材料、利率、汇率等）的变化，综合取定此项预备费。

（18）经营项目铺底流动资金。将流动资金的 30% 作为铺底流动资金。

4. 总概算

总概算包括从筹建起，到建筑安装完成，以及试车投产的全部建设费用。总概算是由综合概算和其他费用概算组成的，一般采用表 8.4 的格式编制。初步设计说明书中的概算书，要以总概算的形式表示。总概算一般是按一个独立厂或联合企业进行编制，如果需要按一个装置（或系统）进行概算，可不经过综合概算，直接进行总概算。

表 8.4　总概算表

序号	主项号	工程和费用名称	概算价值/万元				价值合计		占总值百分比
			设备购置费	安装工程费	建筑工程费	其他费	人民币/万元	含外汇/万美元	
		第一部分　工程费用							
	一	主要生产项目							
1		××装置（车间）							
2		……							
		小计							
	二	辅助生产项目							
3		……							
		小计							
	三	公用工程项目							
4		给排水							
5		供电及电信							
6		供汽							
7		总图运输							
8		厂区外管							
		小计							
	四	服务性工程项目							
9		……							
		小计							
	五	生活福利工程项目							
10		……							

续表

序号	主项号	工程和费用名称	概算价值/万元				价值合计		占总值百分比
			设备购置费	安装工程费	建筑工程费	其他费	人民币/万元	含外汇/万美元	
		小计							
	六	厂外工程项目							
11		……							
		小计							
		合计							
	七	第二部分　其他费用							
12		……							
		合计							
	八	第三部分　总预备费							
13		基本预备费							
14		涨价预备费							
15		……							
		合计							
	九	第四部分　专项费用							
16		投资方向调节税							
17		建设期贷款利息							
18		……							
		合计							
	十	总概算价值							
	十一	铺底流动资金（不构成概算价值）							

根据我国有关主管部委颁发的化基发 [1993] 599 号文件规定，总概算编制包括以下组成部分。

1) 总概算编制依据

列出包括工程立项批文、可行性研究报告的批文；列出建设单位（业主）、监理、承包商三方与设计有关的合同书；列出主要设备、材料的价格依据；列出概算定额（或指标）的依据；列出工程建设其他费用的编制依据及建造安装企业的施工取费依据；列出其他专项费用的计算依据。

2) 工程概况

简要介绍建设项目的性质及特点，包括属于新建、扩建或技术改造等，介绍工程的生产产品、规模、品种及生产方法等；说明建设地点及场地等有关情况。

3) 资金来源

根据工程立项批文及可行性研究阶段工作，说明工程投资资金是来自银行贷款、企业自筹、发行债券、外商投资或其他融资渠道。

4）投资分析

设计中要着重分析各项目投资所占比例、各专业投资的比重、单位产品分摊投资额等经济指标以及与国内外同类工程的比较，同时分析投资偏高（或偏低）的原因。

编制了总概算说明以后，按总概算编制办法，计算概算项目划分中各项的工程概算费用，编制主要设备、建筑和安装的三大材料用量的估算表（表8.5和表8.6），并列出总概算表（表8.4）。

表 8.5　主要设备用量表

项目	设备总台数	设备总质量/t	定型设备		非定型设备					
			台数	质量/t	台数	质量/t				
						总质量	碳钢	不锈钢	铅	其他
1	2	3	4	5	6	7	8	9	10	11

注：本表根据设备一览表填列各车间的生产设备。一般通用设备填入定型设备栏，非定型设备除填总质量外，同时按材质填入质量。

表 8.6　主要建筑和安装的三大材料用量表

项目	木材/m³	水泥/t	钢材/t					
			板材	其中不锈钢	管材	其中不锈钢	型材	其中不锈钢
1	2	3	4	5	6	7	8	9

注：按单位工程概算表中的材料统计数填写。以上两表中"项目"一栏主要填写生产项目、辅助生产项目、公用工程等，其中主要生产项目按系统填写，其他不列细项。

8.2　投 资 估 算

技术经济评价是在化工设计中对开发项目进行技术可靠性和经济合理性的考察，是化工设计中的重要环节。化工设计的每一个步骤都必须经过技术经济评价，以便对技术方案和开发工作进行决策。只有通过技术经济评价证明开发项目的合理性后，才能转入下一步的开发研究。随着化工项目的进展，技术经济评价也一步步深入，最后应在基础设计的基础上形成最终的可行性研究报告。

8.2.1　工程项目投资估算

投资是建设一座工厂或一套装置，并使之投入正常生产和运行所需要的资金。投资估算内容包括工程项目总资金和工程项目总投资。表8.7为项目总资金的构成。

表 8.7　项目总资金的构成

项目总资金	建设投资	固定资产费用	工程费用	主要生产项目、辅助生产项目、公用工程项目、服务性项目、厂外项目
			其他固定资产费用	土地征用及拆迁补偿费、超限设备运输特殊措施费、工程保险费、锅炉和压力容器检验费、施工机构迁移费
		无形资产费用		勘察设计费、技术转让费、土地（场地）使用权
		递延资产		建设单位管理费、生产准备费、联合试运转费、办公及生活家具购置费、研究试验费、城市基础设施配套费
		预备费		基本预备费、涨价预备费
	建设期贷款利息			
	全额流动资金			

项目总投资由建设投资、建设期贷款利息和 30% 铺底流动资金组成，项目总投资是向上级领导机构报批投资。

工程项目投资一般又称工程项目总投资。它由固定资产投资和流动资金两大部分组成。

1. 固定资产的投资计价

固定资产投资计价时，购入的按买价加上支付的运输费、保险费、包装费、安装成本和缴纳的税金等计价；自行建造的按建筑过程中实际发生的全部支出计价；投资者投入的按评估确认或者合同、协议约定的价值计价；融资租入的按租赁协议或者合同确定的价款加运输费、保险费、安装调试费等计价；接收捐赠的按发票账单所列金额加上由企业负担的运输费、保险费、安装调试费等计价；无发票账单的，按同类设备市价计价；在原有固定资产基础上进行改扩建的，按固定资产的原价加上改扩建发生的支出，减去改扩建过程中发生的固定资产变价收入后的余额计价；盘盈的按同类固定资产的重置完全价值计价；企业购建固定资产交纳的固定资产投资方向调节税、耕地占用税，计入固定资产价值。

2. 无形资产计价

无形资产按照取得时的实际成本计价。投资者作为资本金或者合作条件投入的，按评估确认或者合同、协议约定的金额计价；购入的，按实际支付的价款计价；自行开发并且依法申请取得的，按开发过程中实际支出计价；接受捐赠的，按发票账单所列金额或者同类无形资产市价计价；企业自创商誉不作价入账。外购商誉按购入时所支付的全部价款和该企业全部净资产的公允价值之差作为入账价值。

3. 递延资产计价

开办费是指建设项目在筹建期间所发生的费用，包括工作人员的工资、补贴、差旅费、办公费、印刷费、注册登记费以及不计入固定资产和无形资产购建成本的汇兑损益、利息等支出。开办费从企业开始生产、经营月份的次月起，按照不短于 5 年的期限分期摊入管理费。

以经营租赁方式租入的固定资产改良支出，在租赁有效期内分期摊入制造费或管理费。

生产人员培训及提前进厂费指新建工程或改扩建项目需要对生产运行的工人、技术人员和管理人员进行培训，安排提前进厂等所需费用。此项费用包括培训人员和提前进厂人员的工资、工资附加费、差旅费、实习费、招聘费、劳动保护费、书报费等。

装置试运转费指新建或改、扩建工程完工后，在交付使用前，对全部设备装置进行整套联合试运转，直至符合设计规定的工程质量标准，符合投产要求为止所发生的费用。此项费用包括燃料费、材料费、动力费、施工单位参加联合试运转的人员的人工费、材料费、工器具及机械使用费、管理费等。

4. 预备费估算

预备费（不可预见费）是指在工程前期及在概（预）算编制中难以预料发生的工程项目和费用，主要指一般的设计变更及遗漏工程项目所增加的费用，一般自然灾害所造成的损失，在正常价格供应条件下发生的设备材料价差（不包括议价和国家政策性调价等）等。工程预备费可按下列费率计算：计划任务书及可行性研究阶段，取工程总费用（包括其他费用）的 $10\%\sim15\%$；初步设计阶段，取工程总费用的 $5\%\sim10\%$；施工图设计阶段，取工程总费用的 $3\%\sim5\%$。

设备、材料涨价预备费指在建设期间，在不可预见费中无法包括的设备、材料价格上涨而预留的补偿费用。设备和材料价格上涨指数可结合工程特点、建设期限及市场情况等综合因素计算，或由各部门、各地区基本建设综合管理部门提供。

5. 固定资产投资方向调节税估算

固定资产投资方向调节税是指依照《中华人民共和国固定资产投资方向调节税暂行条例》的规定，应缴纳的费用。固定资产投资方向调节税根据国家产业政策和项目经济规模实行差别税率。固定资产投资项目按其单位工程分别确定适用的税率。税目、税率依照《中华人民共和国固定资产投资方向调节税暂行条例》所附的"固定资产投资方向调节税税目税率表"执行。

固定资产投资方向调节税设置了以下两个序列：

（1）基本建设序列。考虑简便、易行原则，基本建设项目分为 0%、5%、15%、30% 四个档次。未列出税目、税率的固定资产投资（不包括更新改造投资），取税率为 15%。

（2）技术改造序列。为促进现有企业技术进步、鼓励把有限的资金真正用于设备更新和技术改造，投资方向调节税按技术改造项目建设投资中的建筑工程投资额征收。凡是单纯工艺改造和设备更新的项目（无建筑工程投资）以及在基本建设序列中享受零税率的产业和产品，在技术改造中都享受零税率，除此之外的其他项目按 10% 征税。

固定资产投资方向调节税要根据建设项目所在省、自治区、直辖市有关具体规定执行。

按照财政部《工业企业财务制度》的规定，企业购建固定资产交纳的固定资产投资方向调节税计入固定资产价值。

6. 建设期借款利息计算

建设期借款利息是指项目建设投资中分年度使用金融部门等借款资金，在建设期内应计的借款利息，包括为项目融资而发生的借款利息、手续费、承诺费、管理费及其他财务费用等。借款利息的计算如下。

1）有效年利率

对国内、国外或境外借款，无论按年、季、月计息，均可简化为按年计息，即将名义年利率按计息时间折算成有效年利率。计算公式为

$$有效年利率 = \left(1 + \frac{r}{m}\right)^{m} - 1 \tag{8.5}$$

式中，r 为名义年利率；m 为每年计息次数。

2）利息计算方法

（1）借款利息计算。为简化计算，假定借款发生当年均在年中支用，按半年计息，其后年按全年计息。每年应计利息的近似值计算公式为

$$每年应计利息 = \left(年初借款本息累计 + \frac{本年借款额}{2}\right) \times 年利率 \tag{8.6}$$

（2）多种借款利息的计算。建设一个项目特别是大型或特大型项目，往往要多方面筹措固定资产投资资金。由于资金来源的渠道不同，每笔借款的名义年利率也不相同。其利息的计算有两种方法：一种是每笔借款分别计算，计算公式如前面所述；另一种是计算出一个加权的有效年利率，用加权有效年利率来计算借款利息。

国外借款除支付利息外，还有贷款手续费、承诺费和管理费等财务费用。其利息的计算有两种方法：一种是按借款条件分别计算利息、承诺费、手续费、管理费等；另一种是简便计算，可将借款有效年利率适当提高进行计算。可行性研究可采用后一种。

要根据项目融资条件和金融部门的要求拟建项目具体情况，确定是采用名义年利率、有效年利率，还是采用单利、复利计息方法计算借款利息。

7. 流动资金

流动资金是指拟建项目建成投产后为维持正常生产，垫支给劳动对象、准备用于支付工资和其他生产费用等方面所必不可少的周转资金。

流动资金可理解为开始生产后为使工厂（或装置）能继续运转下去所需的资金，它在工程项目结束时可以收回，它包括原料库存、产品储存和在生产过程中半成品的费用，应收账款，应付账款，税金。流动资金的估算在可行性研究及工程设计阶段一般采用分项详细估算法，可用下列公式表示：

$$流动资金 = 流动资产 - 流动负债 \tag{8.7}$$

$$流动资产 = 现金 + 应收账款 + 存货 \tag{8.8}$$

$$流动负债 = 应付账款 + 预付账款 \qquad (8.9)$$

$$流动资金本年增加额 = 本年流动资金 - 上年流动资金 \qquad (8.10)$$

$$应收账款 = 年经营成本 / 周转次数 \qquad (8.11)$$

$$应付账款 = (年外购原材料、燃料费 + 年外购动力费用) / 周转次数 \qquad (8.12)$$

8.2.2　工艺装置投资估算方法

1. 概算法

在可行性研究阶段，工艺装置工作已达一定的深度，具有工艺流程图及主要工艺设备表，引进设备通过对外技术交流可以编制出引进设备一览表，根据这些设备表和各个设备的单价，可逐一算得主要设备的总费用。再根据数据，测算出工艺设备总费用，装置中其他专业设备费、安装材料费、设备和材料安装费也可以采用工程中累积的比例数逐一推算出，最后得到该工艺装置的投资。在此过程中，每个设备的单价通常是按"概算"方法得出。

（1）非标设备。按设备表上的设备质量（或按设备规格估测质量）及类型、规格，乘以统一计价标准的规定算得，或按设备制造厂询得的单价乘以设备质量测算。

（2）通用设备。按国家、地方主管部门当年规定的现行产品出厂价格计算，或直接询价。

（3）引进设备。要求外国设备公司报价，或采用近期项目中同类设备的合同价乘以物价指数测算。

2. 指数法

在工程项目早期，通常是项目建议书阶段，常用指数法匡算装置投资。

1）规模指数法

$$C_2 = C_1 \left(\frac{S_2}{S_1} \right)^n \qquad (8.13)$$

式中，C_1 为已建成工艺装置的建设投资；C_2 为拟建工艺装置的建设投资；S_1 为已建成工艺装置的建设规模；S_2 为拟建工艺装置的建设规模；n 为装置的规模指数。

装置的规模指数通常情况下取为 0.6。当采用增加装置设备大小达到扩大生产规模时，$n = 0.6 \sim 0.7$；当采用增加装置设备数量达到扩大生产规模时，$n = 0.8 \sim 1.0$；对于试验性生产装置和高温高压的工业性生产装置，$n = 0.3 \sim 0.5$；对生产规模扩大 50 倍以上的装置，用指数法计算误差较大，一般不用。

规模指数法可用于估算某一特定的设备费用。如果一台新设备类似于生产能力不同的另一台设备，则后者的费用可利用"0.6 次方规律"方法得到，即式（8.13）中的 $n = 0.6$。实际上各种设备的规模指数是不同的，表 8.8 列出的数据可供估算时参考，此外不同性质生产装置的规模指数如表 8.9 所示。

表 8.8　规模指数

设备名称	表征生产能力的参数	参数范围	规模指数
离心压缩机	功率	20~100kW	0.8
		100~5000kW	0.5
往复式压缩机	功率	100~5000kW	0.7
泵	功率	1.5~200kW	0.65
离心机	直径	0.5~1.0m	1.0
板框式过滤机	过滤面积	5~50m²	0.6
框式过滤机	过滤面积	1~10m²	0.6
塔设备	产量	1~50t	0.63
加热炉	热负荷	1~10MW	0.7
管壳式换热器	传热面	10~1000m²	0.6
空冷器	传热面	100~5000m²	0.8
板式换热器	传热面	0.25~200m²	0.8
套管式换热器	传热面	0.25~200m²	0.65
翅片套管换热器	传热面	10~2000m²	0.8
夹套反应釜	体积	3~30m³	0.4
球罐	体积	40~15 000m³	0.7
储槽（锥式）	体积	100~500 000m³	0.7
压力容器（立式）	体积	10~100m³	0.65

表 8.9　一些化工装置的规模指数

装置产品	规模指数	装置产品	规模指数	装置产品	规模指数
乙酸	0.68	磷酸	0.60	聚乙烯	0.65
丙酮	0.45	环氧乙烷	0.78	尿素	0.70
丁二烯	0.68	甲醛	0.55	氯乙烯	0.80
异戊二烯	0.55	过氧化氢	0.75	乙烯	0.83
甲醇	0.60	合成氨	0.53		

2）价格指数法

$$C_2 = C_1 \left(\frac{F_2}{F_1} \right) \tag{8.14}$$

式中，C_1 为已建成工艺装置的建设投资；C_2 为拟建工艺装置的建设投资；F_1 为已建成工艺装置建设时的价格指数；F_2 为拟建工艺装置建设时的价格指数。

价格指数是根据各种机器设备的价格以及所需的安装材料和人工费加上一部分间接费，按一定百分比根据物价变动情况编制的指数。

价格指数应用较广。例如，美国的 Marshall & Swift 设备指数、工程新闻记录建设指数、Nelson 炼油厂建设指数和美国化学工程杂志编制的工厂价格指数等。以 Marshall & Swift 设备指数为例，1926 年设备指数为 100，1966 年为 253，1976 年为 472，1979 年为 561。

规模指数法和价格指数法适用于拟建设装置的基本工艺技术路线与已建成的装置基本相同，只是生产规模有所不同的工艺装置建设投资的估算。

3）估算法

（1）比例估算法。比例估算法是通过调查同类项目的历史资料，先找出项目主要设备投资或者主要生产车间投资占项目总投资的比例，只要知道（或估出）拟建项目主要设备投资或主要生产车间投资，即可按比例估算出拟建项目的总投资。计算公式如下：

$$C = \frac{1}{K} \sum_{i=1}^{n} Q_i P_i \tag{8.15}$$

式中，C 为拟建项目固定资产投资额；K 为过去同类建设项目中主要设备投资或主要生产车间投资占项目总投资的比例；n 为设备种类数；Q_i 为第 i 种设备的质量（$i=1$，2，…，n）；P_i 为第 i 种设备的单价（$i=1$，2，…，n）。

（2）百分比估价法。此种估价方法以拟建装置（项目）的设备费为基数，根据已建成同类装置统计而得的建筑工程费、安装工程费、其他费用等占设备费的百分比，计算出相应的建筑工程费、安装工程费和其他费用，其费用总和即为装置（项目）的投资。其计算式如下：

$$C = E(1 + f_1 P_1 + f_2 P_2 + f_3 P_3) + I \tag{8.16}$$

式中，C 为拟建工程项目装置的投资；E 为根据拟建工程项目（装置）的设备表，按当时当地单价计算的各类设备和运杂费的总和；P_1、P_2、P_3 分别为已建工程项目中建筑工程费、安装工程费、其他费用占已建项目设备费的百分比；f_1、f_2、f_3 为由时间因素引起的定额价差、费用标准等综合调整系数；I 为工程建设其他费用。

（3）单位生产能力建设投资估算法。根据已知生产能力装置的建设投资求得单位能力（t/a）的建设投资，然后乘以拟建装置的生产能力，即得到拟建装置的建设投资。这种方法未考虑装置能力对建设投资的影响，即把装置的能力和建设投资看成线性关系，因此只适用于拟建装置和已建成装置能力接近的情况，否则将会造成很大偏差。

（4）经验系数法（系数法）。这是我国化工设计部门在长期实践中，积累了许多关于投资估算的经验和资料，总结得出一套系数而建立的经验公式，故称为经验系数法。这种方法是采用各种系数，在计算工艺设备投资的基础上，对界区内建设投资进行估算。估算公式如下：

$$I = (1.3 \sim 1.5)\left(\frac{A}{K} \times B\right) \tag{8.17}$$

式中，I 为拟建项目固定资产（工艺设备）投资；1.3～1.5 为装置系数，对新产品开发项目取 1.5，老产品改造项目取 1.3；K 为设备因子，包括电器仪表、管道、保温等，取 0.5～0.7；B 为土建费用系数，一般取 1.1～1.2，最高达 1.4；A 为工艺设备（项目）投资，可以根据已建项目设备一览表计算出全部工艺设备投资，并在现行价格基础上进行修正，即

$$A = (1.15 \sim 1.2) \times (1.1 \sim 1.2)a \tag{8.18}$$

式中，1.15～1.2 为价格调整系数；1.1～1.2 为安装费、运杂费系数；a 为按国家规定统一价格标准计算的设备价格。

8.2.3　单元设备价格估算

对于标准设备的价格，国内目前最可靠的来源是直接从设备生产厂家获得报价，作为估算的依据。非标设备的价格主要是以预算定额为依据进行估算的，此外也可采用其他有关的估算方法。

1. 以预算定额为依据的估算方法

本估算方法是在《非标设备制作工程预算定额》的基础上，进行简化计算求得的。在预算定额的基础上，按造价分析的方法，研究成本、利润、税金后求得的。它类似于目前制造厂的计价方法，价格直观，便于与制造厂的计价对比，也适用于目前市场竞争的经济体制。

1) 主材、主材系数、主材单价及主材费的计算方法

(1) 主材：系指构成设备实体的全部工程材料。但在估算中，并不要一一计算，主要计算三种对非标设备造价影响较大的材料——金属材料、焊条、油漆，零星材料则忽略不计，主要外购配套件按市场价加采购费及税金计入。

(2) 主材系数：系指制造每吨净设备所需的金属原材料。主材系数就是主材利用率的倒数，其计算公式为

$$主材系数 = 金属原材料 / 吨设备 = 材料毛重 / 材料净重 = 1/ 主材利用率$$

$$(8.19)$$

该系数可在有关书籍中查到。

(3) 主材单价：主材单价一律按市场价格计算。

化工用金属材料按 2001 年 8 月原冶金部颁发的价格表情况，板材单价：20$^{\#}$ 为 3000 元/t；Q235 为 3000 元/t；16MnR 为 3300 元/t；0Cr18Ni9 为 15 000 元/t；0Cr17Ni12Mn2 为 30 000元/t。

管材单价：流体管 20$^{\#}$ 按不同管径均价为 4200 元/t；高压锅炉管 20G 按不同管径均价为 6500 元/t；不锈钢管 1Cr18Ni9Ti 按不同管径均价为 28 000 元/t；不锈钢管 1Cr18Ni10Ti 按不同管径均价为 27 000 元/t。

(4) 主材费由以下几种材料费之和构成：

$$主材费 = 金属材料费 + 焊条费 + 油漆费 \qquad (8.20)$$

$$金属材料费 / 吨设备 = 金属材料单价 × 主材系数 \qquad (8.21)$$

$$焊条费 / 吨设备 = 焊条单价 × (焊条用量 / 吨设备) \qquad (8.22)$$

其中，在不了解市场价的情况下，焊条单价可按基本金属材料（母材）单价的两倍进行估算，焊条用量/吨设备在估算指标中列出，是根据预算定额综合求得的。

$$油漆费 = 吨设备的油漆单价 × (油漆用量 / 平方米) × (刷油面积 / 吨设备)$$

$$(8.23)$$

其中，按规定非标设备出厂刷红丹防锈漆两遍，因此，估算时只计算红丹防锈漆费。

（5）主材费计算举例。

例 8.1 双椭圆封头容器主材系数为 1.25，焊条用量为 30kg/t，焊条单价以金属材料的两倍计，即 6 元/kg。每平方米设备刷红丹漆的价格为 0.274kg/m²。

$$钢材费 = 3000 \ 元 \times 1.25 = 3750 \ [元/(t \ 设备)]$$

$$焊条费 = 6 \times 30 = 180 \ [元/(t \ 设备)]$$

$$油漆费 = 8.5 \times 0.274 \times 25.5 = 60 \ [元/(t \ 设备)]$$

$$设备合计主材费/(t \ 设备) = 3750 + 180 + 60 = 3990 \ [元/(t \ 设备)]$$

2）辅助材料及费用计算方法

估算指标中的辅助材料系指制造非标设备过程中消耗的所有消耗性材料（如各种气体、炭精棒、针钨棒、砂轮片、焦炭等），所有手段用料、胎夹具及一般包装材料。辅助材料在非标设备制造中所占的比重极少，没有必要逐一计算，估算时，以非标设备主材费乘以辅材系数确定。

3）基本工日、工日系数、人机费单价及人机费计算方法

（1）本估算指标的基本工日就是预算定额的基本工日，不包括其他人工日，也就是说按劳动定额计算的基本工日。

（2）工日系数：以某一典型设备制造的基本工日数为基准，其他设备制造的基本工日数与典型设备制造的基本工日数之比则为工日系数。工日系数分结构变更工日系数和材料变更工日系数及压力变更工日系数。

（3）人机费单价：人机费单价是随市场价格浮动的，目前为 80～120 元/工日。人机费单价与设备制造过程中使用的机械以及材料机械加工难度有关，是一个难以确定的数值。

（i）人机费单价与材料。对于铝材：相对密度小、设备质量轻，不需使用重型吊装机械；屈服强度低、抗拉强度低，机械加工比较容易；焊接难度大，使用的人工较多，因而每工日机械含量偏少。因此，铝材人机费单价取低值，按 80 元/工日计。

碳钢材料机械加工性能为中等，人机费单价取中值，按 100 元/工日计。

不锈钢抗拉强度高，切削加工难度大，对焊接要求高，因而人机费单价取高值，不锈钢设备不分压力等级一律按 120 元/工日计。

（ii）人机费单价与设备压力等级。

常压碳钢容器取低值，按 80 元/工日计。

压力碳钢容器取中值，按 100 元/工日计。

（4）人机费：扣除材料费以后，设备的加工费就是人工费与机械费之和，本估算指标将二者结合在一起，统称人机费。

$$人机费 = 人机费单价 \times 基本工日 \times 结构系数 \times 材料系数 \times 压力系数 \quad (8.24)$$

4）非标设备制造成本、利润及税金

（1）成本：

$$设备成本 = 主材费 + 辅材费 + 人机费 \quad (8.25)$$

（2）利润：利润是以成本为基数乘以利润系数求得的。

（3）税金：税金是以成本为基数乘以税金系数求得的。

5）非标设备总造价

$$非标设备总造价 = 成本 + 利润 + 税金 \qquad (8.26)$$

2. 设备质量关联式法

单元设备价格估算的基本方法是先根据设备的特性参数（容器的容积、换热器的传热面积、泵的功率等）决定设备的基准价格，然后由不同的材质、形式和压力等级等因素加以校正。该法得到的价格数据可比性强，可以编成计算机程序，使用方便。设备质量关联式法由已知的设备能力参数，先算出各类设备的质量，再根据质量乘以单价而得到设备费用。表 8.10～表 8.16 为容器、换热器及反应器、塔器的质量关联式与压力修正系数。

表 8.10　容器质量关联式

形　式	质量关联式	适用范围
平盖平底容器	$W = 0.2164V^{0.5464}e^{\frac{V}{13.5}}$	$V = 0.1 \sim 0.8\text{m}^3$
常压平盖或拱盖锥底容器	$W = 0.251V^{0.42}e^{\frac{V}{8}}$	$V = 0.1 \sim 8\text{m}^3$
立式椭圆封头容器	$W = CV^{0.848}$	$V = 0.5 \sim 50\text{m}^3$；$p = 0.6 \sim 4.0\text{MPa}$；$C$ 见 8.11
卧式椭圆形封头压力容器	$W = CV^{0.81}$	$V = 0.5 \sim 100\text{m}^3$；$p = 0.6 \sim 4.0\text{MPa}$；$C$ 见表 8.12
球形压力容器	$W = CV^{0.998}e^{\frac{V}{64\,646.6}}$	$V = 0.5 \sim 2000\text{m}^3$；$p = 0.45 \sim 3.0\text{MPa}$；$C$ 见表 8.13
拱顶储罐	$W = 0.2327V^{0.6832}e^{\frac{V}{14\,056.2}}$	
浮顶储罐	$W = 0.2307V^{0.764}e^{\frac{V}{13\,930.2}}$	

注：①质量包括壳体、封头、各种接管、人（手）孔、支架、耳式支座和鞍座。②W 为质量，10^3kg；V 为容器积，m^3。

表 8.11　压力校正系数 C (1)

压力/MPa	0.6	1.0	1.6	2.5	4.0
C	0.31	0.371	0.48	0.67	0.91

表 8.12　压力校正系数 C (2)

压力/MPa	0.6	1.0	1.6	2.5	4.0
C	0.34	0.47	0.58	0.83	1.19

表 8.13　压力校正系数 C (3)

压力/MPa	0.45	0.8	1.0	1.6	2.2	3.0
C	0.083 96	0.1085	0.1192	0.1646	0.2225	0.2922

表 8.14 换热器、反应器质量关联式

形式		质量关联式	压力校正系数 C					适用范围
列管、固定管板式		$W=CF^{0.583}e^{\frac{F}{371.4}}$	压力/MPa	0.6	1.0	1.6	2.5	$F=3\sim400\text{m}^2$；$p=0.6\sim2.5\text{MPa}$；$\Phi25\times2.5$
			C	0.16	0.1743	0.1927	0.2184	
浮头式	$\Phi19\text{mm}\times2\text{mm}$	$W=CF^{0.6152}e^{\frac{F}{2500}}$	压力/MPa	1.6	2.5	4.0		$F=3\sim500\text{m}^2$；$p=1.6\sim4.0\text{MPa}$
			$\Phi19\text{mm}\times2\text{mm}$ C	0.22	0.2471	0.288		
	$\Phi25\text{mm}\times2.5\text{mm}$	$W=CF^{0.5914}e^{\frac{F}{1000}}$	$\Phi25\text{mm}\times2.5\text{mm}$		0.244	0.2585		
U 形管式	$\Phi19\text{mm}\times2\text{mm}$	$W=CF^{0.5641}e^{\frac{F}{512.7}}$	压力/MPa	1.6	2.5	4.0	6.4	$F=10\sim500\text{m}^2$；$p=1.6\sim6.4\text{MPa}$
			$\Phi19\text{mm}\times2\text{mm}$ C	0.1635	0.1686	0.1988	0.2476	
	$\Phi25\text{mm}\times2.5\text{mm}$	$W=CF^{0.4695}e^{\frac{F}{723.5}}$	$\Phi25\text{mm}\times2.5\text{mm}$	0.3506	0.3652	0.4163	0.4382	
再沸器		$W=CF^{0.8391}$	压力/MPa	0.6	1.0	1.6		$F=8\sim400\text{m}^2$；$p=0.6\sim1.6\text{MPa}$
			C	0.0739	0.0791	0.089\,59		
反应器（包括带搅拌容器）		$W=CV^{0.7398}e^{\frac{F}{172.3}}$	压力/MPa	0.6	1.0	1.6		$V=0.2\sim100\text{m}^3$；$p=0.6\sim1.6\text{MPa}$
			C	1.1	1.2	1.46		

注：①质量包括接管、罐耳或支座。②反应器质量包括夹套、罐体、各种物料接管、视镜、压力计接管、人（手）孔、放气口、安全口、罐耳、支脚，不包括内加热件。③F 为换热器换热面积，m^2；V 为反应器容积，m^3。

表 8.15 塔器质量关联式

形式	质量关联式	适用范围
常减压塔	$W=CHD^{1.6643}$	$H=7250\sim35\,036\text{mm}$；$D=900\sim4500\text{mm}$；$t=40\sim140℃$；$C=0.3641\sim0.7255$
填料塔	$W=CHD^{1.6643}$	$H=5126\sim56\,930\text{mm}$；$D=324\sim2200\text{mm}$；$p=0.021\sim3.4\text{MPa}$；$t=20\sim150℃$；$C=0.3642\sim0.7255$
筛板塔	$W=CHD^{1.327}$	$H=7127\sim23\,050\text{mm}$；$D=600\sim3200\text{mm}$；$p=0.04\sim0.3\text{MPa}$；$t=120\sim200℃$；$C=0.2509\sim0.3611$
泡罩塔	$W=CHD^{1.327}$	$H=3500\sim15\,030\text{mm}$；$D=400\sim2000\text{mm}$；$p=0.09\sim1.3\text{MPa}$；$t=200\sim400℃$；塔盘数 5～24 块；$C=0.2973\sim0.4536$
浮阀塔	$W=CHD^{1.5110}$	$H=8350\sim63\,000\text{mm}$；$D=600\sim3600\text{mm}$；$p=0.15\sim3\text{MPa}$；塔盘数 8～119 块

注：①质量包括塔体、塔盘、裙座、平台笼梯、各种物料接管、压力计接管、温度计接管、放空管、人（手）孔。②C 为压力校正系数，见表 8.16；H 为塔高，m；D 为塔径，m。③计算出各类设备的质量后，再对设备单价进行询价或招标，即可得到静止设备的价格。

表 8.16 塔器压力校正系数

压力/MPa	0.05	0.1	0.5	1.0	1.6	2.5	4.0	6.4
C	0.2964	0.3414	0.4987	0.5847	0.6222	0.7255	0.8011	0.9422

8.3 产品成本估算

产品成本是企业用于生产某种产品所消耗费用的总和。它是判定产品价格的重要依据之一，也是考核企业生产经营管理水平的一项综合性指标。产品成本的高低决定投资回收期的长短，也是化工过程开发中风险分析的依据，直接影响一个新项目或技改项目的取舍。应该特别考虑原料涨价、银行利率上涨、产品价格下跌、产品滞销等因素对产品成本的影响。考察这些因素单独变化或多种因素同时发生变化对项目投资收益率的影响程度，从而找出关键因素，以便采取相应的对策。

8.3.1 产品成本的构成

产品生产成本按其与产量变化的关系分为固定成本和可变成本。固定成本是指总成本中不随产量变化而变动的费用项目，如固定资产折旧费、车间经费、企业管理费等；可变成本是指总成本中随产量变化而变动的费用项目，如原材料、燃料、动力等费用。

产品成本按费用发生的地点可分为车间成本、工厂成本、经营成本和销售成本。

化工项目产品成本构成见图 8.1。

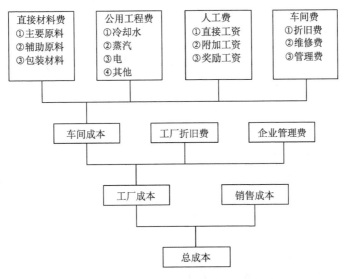

图 8.1 化工项目产品成本构成示意图

1. 车间成本

车间成本包括原料及辅助原材料费、人工费、公用工程费、维修费、车间折旧费和车间管理费。车间折旧费是车间固定资产的折旧费，车间管理费包括车间管理人员和辅助人员工资及附加费、办公费、劳动保护费等。

2. 工厂成本

工厂成本由车间成本、工厂折旧费、企业管理费三部分组成。工厂折旧费是指全厂固定资产（除车间固定资产以外部分）的折旧费。企业管理费指企业管理人员和辅助人员的工资及工资附加费、企业办公费、对外联络费以及劳动保护费等。

3. 经营成本

经营成本指工厂成本加销售费用，扣除车间和工厂的折旧费后的成本。

4. 销售成本

销售成本指工厂成本加销售费用之和。销售费用指为销售产品而支付的广告费、推销费、销售管理费等。

8.3.2　成本费用估算

1. 直接材料费

$$每吨产品的原材料费 = 原材料消耗定额 \times 原材料价格 \qquad (8.27)$$
$$原材料价格 = 原材料出厂价 + 运输费 + 装卸费 + 运输损耗 + 库耗 \qquad (8.28)$$

2. 公用工程费

公用工程是直接用于生产工艺过程的燃料、电力、蒸汽、工艺用水、冷却用水和生产用冷剂、压缩空气、惰性气体等。其费用计算式如下：

$$公用工程费 = 公用工程消耗 \times 公用工程单价 \qquad (8.29)$$

3. 人工费

人工费是直接从事产品生产操作的工人（不包括分析工、检修工等辅助工人）的工资及附加费。附加费是按生产工人工资比例提取的，用于劳动保险、医疗、福利及工会经费、补助金等。

应先根据工艺设备的种类、数量及控制方法设置若干操作岗位，再按三班制计算出工人定员，然后计算出人工费：

$$工人工资 = 工人年平均工资 \times 工人定员 \qquad (8.30)$$
$$附加费 = 工人工资 \times 11\% \qquad (8.31)$$
$$人工费 = 工人工资 + 附加费 \qquad (8.32)$$

4. 副产品回收收入

$$副产品收入 = 副产品销售收入 - 税金 - 销售费用 \qquad (8.33)$$

5. 车间经费

（1）车间折旧费：

$$折旧费 = (固定资产原值 - 固定资产残值) \div 折旧年限 \qquad (8.34)$$

化工项目的折旧年限为 $8 \sim 15$ 年。对化工过程开发进行评价时，一般不考虑报废时的固定资产残值。

（2）车间维修费：
$$车间维修费 = 车间固定资产 \times (3\% \sim 6\%) \tag{8.35}$$

（3）车间管理费：
$$车间管理费 = (原材料费 + 公用工程费 + 工人工资及附加费 + 折旧费 + 维修费) \times 5\% \tag{8.36}$$

对化工过程开发进行评价时，车间经费也可按车间成本中的直接材料费、直接工资与其他直接支出费用的 15%～20% 估算。

6. 企业管理费
$$企业管理费 = 车间成本 \times (3\% \sim 6\%) \tag{8.37}$$

7. 销售费

销售费可按销售收入的 1%～3% 估算，即
$$销售费 = 销售收入 \times (1\% \sim 3\%) \tag{8.38}$$

8. 财务费

财务费主要是贷款利息，可用贷款利率来估算。

8.4 经 济 评 价

项目经济评价分为国民经济评价和财务经济评价。一般对于一些投资额较大的、有关国计民生的重大项目要进行国民经济评价。国民经济评价不从个别企业、部门和短期行为来考察项目的盈利情况，而是从整个国民经济的角度、从长远的影响来考察项目的盈利情况，并以此来判断项目的取舍。国民经济评价有一套专门的评价方法和指标体系，由于比较复杂，在此不再赘述。

财务评价是根据国家现行财税制度和价格体系，分析、计算项目直接发生的财务效率和费用，编制财务报表，计算评价指标，考虑项目的盈利能力、清偿能力以及外汇平衡等财务状况，据以判断项目的财务可行性。它是项目可行性研究的核心内容，其评价结论是决定项目取舍的重要决策依据。财务评价是建设项目经济评价两个层次中的第一个层次，各个投资主体、各种投资来源、各样筹资方式兴办的大中型和限额以上的建设项目，都需要进行财务评价。

投资项目财务评价方法根据不同的标准，可做不同形式的分类。按是否考虑货币时间价值因素，可分为静态评价方法和动态评价方法；按指标的性质，可分为时间性指标方法、价值性指标方法和比率指标性方法；按财务效益分析目的，可分为反映盈利能力的方法、清偿能力的方法和外汇平衡能力的方法。

8.4.1 静态评价方法

投资项目评价的静态评价分析方法是对投资项目进行经济分析时，不考虑货币资金

的时间价值，对方案进行粗略的评价，主要包括静态投资回收期法、投资利润率法、投资利税率法、借款偿还期法、资产负债率法、流动比率法、速动比率法、资产负债率法。静态分析法的优点计算比较简单且比较实用，有利于管理层迅速作出投资决策。其缺点是没有考虑资金的时间价值，也不能全面、完整地反映投资项目整个周期的经济效果。因此，项目投资回收期以后的现金流就无法客观地体现。

1. 静态投资回收期的计算

投资回收期是反映技术清偿能力的重要指标，希望投资回收期越短越好，其一般计算公式为

$$\sum_{t=0}^{P_t}(CI-CO)_t = 0 \tag{8.39}$$

式中，P_t 为以年表示的静态投资回收期；CI 为现金流入量；CO 为现金流出量；t 为计算期的年份数。

如果投产后每年的净收益 $(CI-CO)_t$ 相等，即

$$(CI-CO)_1 = (CI-CO)_2 = \cdots = (CI-CO)_t = Y$$

或者用年平均净收益计算，则静态投资回收期的计算可简化为

$$P_t = \frac{I}{Y} \tag{8.40}$$

式中，I 为总投资；Y 为年平均净收益。

投资回收期的起点一般从建设开始年份算起，也可以从投产年或达产年算起，但应予注明。求得的技术方案的投资回收期 P_t 应与部门或行业的标准投资回收期 P_s 进行比较。当 $P_t \leqslant P_s$ 时，认为技术方案在经济上可考虑接受；当 $P_t > P_s$ 时，认为技术方案在经济上不可取。

2. 投资利润率

投资利润率指项目达到设计能力后的一个正常年份的年利润总额或生产期年平均利润总额与项目总投资额的比率，它表示项目正常年份单位投资每年所创造的利润。其计算公式为

$$投资利润率 = \frac{年利润总额或年平均利润总额}{总投资} \times 100\% \tag{8.41}$$

式中

$$年利润总额 = 年产品销售收入 - 年总成本费用 - 年销售税及附加 \tag{8.42}$$
$$年销售税及附加 = 年增值税 + 年城市维护建设税 + 年教育费附加 + 年资源税 \tag{8.43}$$
$$总投资 = 固定资产投资 + 建设期借款利息 + 流动资金 +$$
$$固定资产投资方向调节税 \tag{8.44}$$

计算出的项目投资利润率应与部门或行业的平均投资利润率进行比较，以判别项目单位的投资盈利能力是否达到本行业的平均水平。若项目的投资利润率大于或等

于标准投资利润率或行业平均利润率，则认为项目在经济上是可以接受的；否则一般不可取。

3. 投资利税率

投资利税率指项目达到设计能力后的正常年份的年利税总额或生产期年平均利税总额与项目总投资额的比率，它反映了在正常年份中，项目单位投资每年所创造的利税。其计算公式为

$$投资利税率 = \frac{年利税总额或年平均利税总额}{总投资} \times 100\% \qquad (8.45)$$

式中

$$年利税总额 = 年产品销售收入 - 年总成本费用 = 利润总额 + 年销售税金及附加$$

$$(8.46)$$

计算出的项目投资利税率应与标准投资利税率或行业平均投资利税率进行比较。若项目的投资利税率大于或等于标准投资利税率或行业平均利税率，表明项目在经济上是可接受的；否则一般不可取。

8.4.2　动态评价方法

投资项目评价的动态投资分析方法是对项目进行较为全面的分析，充分考虑资金的时间价值，在此基础上对项目进行考核，主要包括动态投资回收期法、净现值法、内部收益率法。

1. 动态投资回收期法

动态投资回收期法指在考虑资金时间价值的条件下，按一定利率复利计算收回项目总投资的时间，通常以年表示。

1）以累计净收益计算

以累计净收益计算即以现值法计算各时期资金流入与流出的净现值，由此计算出当其累计值正好补偿全部投资额时所经历的时间。

$$\sum_{t=0}^{P_t'} (CI - CO)_t (1+i)^{-t} = 0 \qquad (8.47a)$$

或

$$\sum_{t=0}^{P_t'} Y_t (1+i)^{-t} = 0 \qquad (8.47b)$$

式中，P_t' 为动态投资回收期；Y 为每年的净收益或净现金流量；i 为贷款利率或基准收益率。

动态投资回收期也可直接从财务现金流量表中计算净现金流量现值累计值求出，其计算式为

$$P'_t = 净现金流量现值累计值开始出现正值的年份数 - 1 +$$

$$\frac{上年净现金流量现值累计值的绝对值}{当年净现金流量现值} \tag{8.48}$$

2) 以平均净收益或等额净收益计算

如果项目每年的净收益可用平均净收益表示，或者能将各年净收益折算为年等额净收益 Y，设 I 为总投资现值，则动态投资回收期 P'_t 的计算可简化为

$$P'_t = \frac{\lg\left(1 - \dfrac{I \cdot i}{Y}\right)}{-\lg(1 + i)} \tag{8.49}$$

将计算出的项目动态投资回收期 P'_t 与标准投资回收期 P_s 或行业平均投资回收期比较。当 $P'_t \leqslant P_s$ 时，表示项目在经济上可接受；反之，一般认为该项目不可取。

2. 净现值法

净现值法为动态评价最重要的方法之一。它不仅考虑了资金的时间价值，也考虑了项目在整个寿命周期内收回投资后的经济效益状况，从而弥补了投资回收期法的缺陷，是更为全面、科学的技术经济方法。

净现值（NPV）是指技术方案在整个寿命周期内，对每年发生的净现金流量，用一个规定的基准折现率 i_0 折算为基准时刻的现值，其总和为该方案的净现值。

$$NPV = \sum_{t=0}^{n}(CI - CO)_t(1 + i_0)^{-t} = \sum_{t=0}^{n}CF_t(1 + i_0)^{-t} \tag{8.50}$$

式中，NPV 为净现值；i_0 为基准折现率；CI 为现金流入量；CO 为现金流出量；CF 为净现金流量；n 为项目方案的寿命周期。

财务净现值大于零或等于零的项目是可行的。在比较设计方案时，应选择净现值大的方案。当各方案投资额不同时，需用净现值率的大小来衡量。

3. 内部收益率法

内部收益率（IRR）是指项目在整个计算期内各年净现金流量现值累计等于零时的折现率，它反映项目所占用资金的盈利率，是考察项目盈利能力的主要动态评价指标，其表达式为

$$\sum_{t=0}^{n}(CI - CO)_t(1 + IRR)^{-t} = 0 \tag{8.51}$$

以 IRR 指标评价项目的经济可行性，其评价标准为 $IRR \geqslant i_0$。i_0 值的确定，因项目评价所处的阶段和层次而不同。在进行项目融资前财务评价时，i_0 为行业基准折现率；在进行融资后财务评价时，i_0 表示投资各方的最低期望资本收益率；在国民经济评价中，i_0 为社会折现率。

若方案 $IRR \geqslant i_0$，则表明项目运营达到了投资人、行业或国家的基本经济要求，因而经济上可行；反之则不可行。

8.4.3　不确定性分析

不确定性分析是指通过分析，计算出各种不确定性因素的假想变动对项目经济效果评价的影响程度，以预测项目可能承担的风险，确保项目在财务、经济上的可靠性。投资项目的不确定性分析方法主要有盈亏平衡分析、敏感性分析及概率分析。三种方法存在各自的优缺点，且具有一定的互补性。

1. 盈亏平衡分析

盈亏平衡分析是根据建设项目正常生产年份的产品产量（销售量）、固定成本、可变成本、税金等，研究建设项目产量、成本、利润之间变化与平衡关系的方法。盈亏平衡点（BEP）是指销售收入正好等于销售成本时的产量。在这一点上，企业既不获利，也不亏本，即企业的利润等于零。盈亏平衡分析就是要找出盈亏平衡点。在项目生产能力许可的范围内，盈亏平衡点越低，项目盈利的可能性就越大，造成亏损的可能性就越小。当市场环境变化时，项目适应能力越强，抵抗风险能力也越强。

盈亏平衡点一般采用公式计算，也可利用盈亏平衡图求解。盈亏平衡点可采用生产能力利用率或产量表示，可按下列公式计算：

$$BEP_{生产能力利用率} = \frac{年固定总成本}{年营业收入-年可变总成本-年营业税金及附加} \times 100\%$$

$$(8.52)$$

$$BEP_{产量} = \frac{年固定总成本}{单位产品价格-单位产品可变成本-单位产品营业税金及附加}$$

$$(8.53)$$

当采用增值税价格时，式中分母还应扣除增值税。

2. 敏感性分析

敏感性分析是研究项目的主要因素发生一定变化时，对经济评价指标的影响。在敏感性分析中，有一些因素稍有改变就可以引起某一经济评价指标的明显变化，这些因素称为敏感因素；但也有一些因素，当其改变时，只能引起某一经济评价指标的一般性变化，甚至变化很小，这些称为不敏感因素。敏感性分析的主要目的就是通过分析找出敏感因素，并确定其对项目经济评价指标的影响程度，为投资决策提供依据。化工建设项目敏感因素主要有投资规模、建设工期、产销量、产品价格、经营成本、项目寿命期、外汇汇率等。这些因素也受政治形势、政策法规、经济环境、市场趋向等影响。敏感因素单独变化或多因素综合变化都将对拟建项目的经济评价结果产生一定影响。

敏感性分析可分为单因素敏感性分析和多因素敏感性分析。单因素敏感性分析是假定某一因素变化而其他因素不变化时，该因素对项目经济效益指标的影响程度。多因素敏感性分析是假定各个敏感性因素相互之间是独立的，即一个因素变动的幅度、方向与别的因素变动无关，在此前提下，分析几个因素同时变动对项目效益产生的影响。一般只进行单因素敏感性分析。

1）敏感度系数

敏感度系数（S_{AF}）是指项目经济评价指标变化率与不确定性因素变化率之比，可按式（8.54）计算：

$$S_{AF} = \frac{\Delta A/A}{\Delta F/F} \qquad (8.54)$$

式中，S_{AF} 为评价指标 A 对不确定性因素 F 的敏感度系数；F、ΔF 为不确定性因素的基准值和相应变化率；A、ΔA 为评价指标的基准值和相应变化率。

$S_{AF} > 0$，表示评价指标与不确定因素同方向变化；$S_{AF} < 0$，表示评价指标与不确定因素反方向变化。当 $|S_{AF}|$ 值较大时，该不确定因素就为敏感因素。

2）转换值

转换值也称临界点，是指由于不确定性因素的影响使项目由可行变为不可行的临界数值。它表示项目可以接受的不确定性因素的极限变化值。临界点可以用不确定性因素变化的绝对值表示，也可以用不确定性因素变化的相对值（变化率）表示。影响项目评价指标的不确定性因素在可接受的转换值范围内变化时，不影响财务评价和国民经济评价结论；超过可接受范围时，将影响评价结论。

一般认为，项目对不确定性因素转换值可接受的范围越大，表明该不确定性因素的变化对项目运营影响的危害越小，项目经济可行性对该不确定性因素不敏感；反之，表明不确定性因素的变化对项目运营影响的危害越大，项目经济可行性对该不确定性因素敏感。

3. 概率分析

建设项目的敏感性分析具体考察了各敏感因素对项目 NPV、IRR 等指标的影响程度，它是把各变化因素割裂开来进行考虑，项目对各敏感因素的敏感性有大有小，各因素在项目实施中发生的概率也各不相同。因此，仅用敏感性分析还不能完全说明问题。概率分析在这里起到补充作用。

一个项目中不确定因素发生的概率确定了，这个项目的经济评价指标就随之确定，不确定因素通过概率分析的数量化而转化成为确定因素。概率分析是使用概率方法研究项目不确定因素对项目经济评价指标影响的定量分析方法。

概率分析的一般计算方法是：①列出各种要考虑的不确定性因素（敏感因素）；②设想各不确定性因素可能发生的情况，即其数值发生变化的各种情况；③确定每种情况的可能性，即概率；④分别求出各可能发生事件的净现值、加权平均净现值，然后求出净现值的期望值；⑤求出净现值大于或等于零的累计概率。

累计概率值越大，项目所承担的风险就越小。

习　　题

1. 概算编制的依据与内容是什么？如何进行编制？

2. 技术评价的主要内容和评价要点是什么?

3. 工艺装置估算的方法有哪些? 其特点是什么?

4. 单元设备价格估算的方法有哪些? 比较其优缺点。

5. 财务评价的目的是什么? 其评价指标是什么?

6. 不确定分析是什么? 为什么要进行不确定分析?

7. 盈亏平衡分析的作用是什么? 常以哪些方式表示盈亏平衡?

8. 什么是敏感性分析? 举出敏感性分析在化工生产中的应用实例。

9. 概率分析的作用是什么? 盈亏平衡分析、敏感性分析和概率分析三者之间有何联系?

第9章 计算机在化工设计中的应用

目前计算机在化工设计行业中已成为一种必不可少的工具，随着人们对化学工程原理的深入了解以及计算机技术的飞速发展，化工设计水平得到了极大的提高。对化工设计而言，其应用主要体现在计算机辅助制图和化工模拟设计中。从由分子结构出发预测物质的物性到工艺过程的设计、分析直至绘图，均可由计算机完成。可以用一句话简单地概括计算机在化工设计中的作用：模拟计算和绘图。化工过程所涉及的模拟包括微观过程或结构分子模拟，以及研究宏观过程的流程模拟。绘图是计算机科学的一个重要分支，在工程设计中用计算机绘图通常为计算机辅助设计（computer aided design，CAD）。化工设计是一个系统工程，除了工艺路线设计、设备计算、绘图等外，还有环境、经济效益、社会效益评估等大量的工作。

9.1 分 子 模 拟

化学工程的发展在一定程度上取决于研究者对化学层次上物质变化规律的认识，其中最重要的包括物质性质与其结构之间的关系以及化学反应的本质。而对物质变化的规律的认识，在经历了实验现象的观测和数据积累、经验和半经验的定量关联等阶段之后，从分子水平来研究化工过程及产品的开发和设计，无疑是 21 世纪化学工程的一个重要方向。

近年来，分子模拟技术随着计算机技术的发展而迅速发展，并逐渐成为化学研究领域中的日常研究工具，通过这种工具和方法，可以从更深层次理解化学反应及过程，确定或预测分子结构以及化学体系的稳定性，估算不同状态之间的能量，在原子水平上解释反应途径及机理，了解分子结构与化学性质之间的关系，预测有价值的分子等。

9.1.1 分子模拟技术的应用

目前受关注的新技术包括单元操作集成技术、表面及界面技术、膜技术、超临界技术、新材料技术、生物化工技术等。这些技术涉及：聚合物、两亲分子、电解质、生物活性分子等复杂物质；临界和超临界、液晶、超导、超微等复杂状态；界面、膜、溶液、催化等复杂现象。在这些方面，除了要有准确的物性数据外，更要对各种复杂现象的机理有深刻了解。在分子-原子水平进行研究是解决化学工程面临问题的根本途径之一，分子模拟技术为在分子-原子水平进行化工研究提供了强有力的手段。

目前的分子动力学模拟技术已经可以方便地得到许多有用的性质。例如，在热力学性质方面，可以得到状态方程、相平衡和临界常数；在热化学性质方面，可以得到反应热和生成热、反应路径等；在光谱性质方面，可以得到偶极振动光谱等；在力学性质方面，可以得到应力-应变关系、弹性模量等；在传递性质方面，可以得到黏度、扩散系数、热导等；在形状变化信息方面，可以得到生物分子在晶体表面附着的位置和方式等。通过计算量子化学手段可以准确得到物质的标准生成焓、偶极矩、键能、几何构型、电荷分布、各种光谱性质等。

在化学工程、油田化学、催化剂研制、高分子设计及重油特征化等领域，分子模拟技术有着越来越广泛的应用，许多石油公司和科研院所都已经开始大量运用分子模拟技术来开展研发工作。表 9.1 为目前分子模拟技术的主要应用领域概况。

表 9.1　目前分子模拟技术的主要应用领域概况

应用领域	主要从事的研究工作
化学工程	研究分子微观结构；建立状态方程；研究相界面；研究分子扩散性质
油田化学	研究黏土矿物的膨胀情况；模拟碳酸盐矿物的结晶生长和表面形态；胶束模型的分子动力学模拟；微乳液平衡态性质模拟；模拟分子在多孔介质中的扩散；辅助油田化学剂分子设计
催化剂研制	催化剂负载机理的研究；吸附质在催化剂中吸附和扩散性质的研究；催化剂结构的设计和解析；催化反应机理的研究
煤大分子结构	煤大分子结构模型能量的计算与优化；煤的密度模拟计算；大分子间、大分子与溶剂分子作用的研究；煤演化的结构、性质模拟
浮选药剂与矿物表面作用	直观了解药剂分子在矿物表面的作用方式；寻找选冶药剂分子的最佳构型，并对分子构象进行分析评价；新型选冶药剂的研制开发、药剂分子的设计；为特定的浮选分离问题提供适宜的药剂组合
渗透气化膜材料	得到整个系统的宏观性质；建立膜材料-微观结构-宏观分离性能之间的内在联系，为渗透气化膜材料的设计、制备与应用提供理论指导；先利用计算机进行材料的设计、表征和优化，预测膜的分离性能，减少不必要的实验工作
高分子材料	共聚物的结构和性能关系的研究；对聚合反应进行工艺优化；高分子共混体系的预测；聚合物共混物相容剂的设计与选择；聚合物共混物界面形态的研究；新型聚合物设计

9.1.2　分子模拟方法

在分子模拟研究中普遍采用的方法有四种，即量子力学方法（QM）、分子力学方法（MM）、蒙特卡罗方法（MC）和分子动力学方法（MD）。其中量子力学方法是借助计算机分子结构中各微观参数（如电荷密度、键序、轨道、能级等）与性质的关系，设计出具有特定动能的新分子；分子力学法又称 force field 方法，是在分子水平上解决问题的非量子力学技术；蒙特卡罗法因利用"随机数"对模型系统进行模拟以产生数值形式的概率分布而得名，此法与一般计算方法的主要区别在于它能比较简单地解决多维或因素复杂的问题；分子动力学法主要是通过优化原子上的力，移动原子的位置，改变原子间的相互作用能，使结构能量最低。

这四种分子模拟方法各有特色：量子力学方法能得到有关立体构型和构象能的可靠信息，但适用于简单的分子或电子数量较少的体系，对于含有大量数目的原子及电子的体系则不适用；分子力学法研究的是体系的静态性质，能得到比分子动力学法更精确的值，缺点在于计算中忽略电子的运动，而将体系的能量视为原子核位置的函数；蒙特卡罗法的误差容易确定，计算量没有分子动力学法大，费时少，弱点在于只能计算统计的平均值，无法得到系统的动态信息；分子动力学法能研究体系中与时间和温度有关的性质，即动态性质，是目前应用最广泛的分子模拟方法，但不是对所有体系都适用。

在执行分子模拟计算时，为了准确地预测指定物质的物理和化学性质，选择适当的力场极为重要，这往往决定计算结果的优劣。力场是由量子力学、光谱数据或实验数值制定，是半经验的。目前较常用的力场包括以下几种：

（1）MM 形式力场。它将一些常见的原子细分，不同形态的原子具有不同的力场参数。此力场适用于各种有机化合物、自由基、离子。应用此力场可得到十分精确的构型、构型能、各种热力学性质、振动光谱、晶体能量等。

（2）AMBER 力场。此力场主要适用于较小的蛋白质、核酸、多糖等生化分子。应用此力场通常可得到合理的气态分子几何构型能、振动频率与溶剂化自由能。

（3）CHARM 力场。该力场参数来自计算结果与实验值的对比，并引用了大量的量子计算结果为依据。此力场可用于研究许多分子系统，包括小的有机分子、溶液、聚合物、生化分子等。除了有机金属分子外，通常可得到与实验值相近的结构、作用能、构型能、转动能障、振动频率、自由能等许多与时间有关的物理量。

（4）CVFF 力场。该力场适用于多种多肽、蛋白质与大量的有机分子。此力场以计算系统的结构与结合能最为准确，也可提供合理的构型能与振动频率。

（5）第二代力场。该力场的形式远较上述的经典力场复杂，需要大量的力常数。其设计目的是能精确计算分子的各种性质、结构、光谱、热力学特性、晶体特性等资料。其力常数的推导除引用大量的实验数据外，参照精确的量子计算结果。尤其适用于有机分子，或不含过渡金属元素的分子系统。

9.1.3　分子模拟软件的主要功能

目前可以使用的分子模拟软件很多，也涵盖了多领域不同的计算需要，每个不同的软件因其应用领域的侧重点不同而具有不同的功能，但对于大多数分子模拟软件来说，一般包括以下一些常用和重要的功能：

（1）可建立、显示分子骨架模型。一般程序包中都含有实验数据构成的数据库（键长、键角、二面角等），可以迅速构成分子体系骨架，建立起 3D、2D 分子模型，并有快速的分子草图自动快速加氢功能；可通过线状、棒状、球棍等多种方式显示并用鼠标实现实时旋转和缩放。

（2）可给出分子化学反应的静态性质，包括势能、势能的梯度、静电势、分子轨道能量、基态、激发态分子轨道系数、振动分析、振动频率、振动模式、红外吸收强度、紫外吸收强度、自旋密度-ESR 光谱的偶合常数，预测化学反应的位置，说明化学反应的途径和机理，解释分子的动力学行为等。

（3）可使计算结果图形化，主要有分子轨道、静电势的图形、总电荷密度的分布、总自旋密度的图形等。

（4）可进行分子构型优化，主要有 Steepest Descent（程序实现最速下降算法）、

Fletcher-Reeves（带参数的修正共轭梯度法）、Polak-Ribiere-Polyak（下降对称的共轭梯度法）、Eigenvector Following（本征值跟踪法）、Block-Digonal（布洛克对角法）、Newton-RaPhson（牛顿迭代方程）、Conjugate Directions（共轭方向）等几种算法。

（5）可计算过渡态。过渡态是沿反应途径势能面的最高点，相应的结构有一个负本征值、一个虚频率，其二阶能量导数相对于几何参数的 Hessian 矩阵在一个方向极大，其他方向极小，仅有一个负本征值。在理论上可预测化学反应的过渡结构，活化能可由实验测定，用于说明化学键的形成和断裂过程。

（6）可对分子的最终构型进行性质分析，包括内聚能密度/溶解性参数、基于动态轨迹的分子及分子链的所有几何性质、气体或小分子的扩散率、表面性质、红外光谱和偶极相关函数、弹性强度相关系数等。

（7）密度泛函（DFT）量子力学程序可用于研究均相催化、多相催化、分子反应性、分子结构等，也可预测溶解度、蒸气压、配分函数、溶解热、混合热等性质。

（8）有的软件还可模拟晶体材料的 X 射线、中子以及电子等多种粉末衍射图谱，可以帮助确定晶体的结构，解析衍射数据并用于验证计算和实验结果。模拟的结果可以以谱图的形式给出，可直接与实验数据比较，并能根据结构的改变进行即时的更新，还能对模拟结构和实验数据进行实时的比较。

（9）核磁共振光谱的模拟和数据的处理分析。

9.2　流程模拟系统简介

流程模拟是过程系统工程中最基本的技术，不论是过程系统的分析和优化，还是过程系统的综合，都是以流程模拟为基础的。化工过程流程模拟就是借助电子计算机求解描述整个化工生产过程的数学模型，得到有关该化工过程性能的信息。

9.2.1　流程模拟技术的发展与分类

自 1958 年美国 Kellogg 公司开发成功第一个流程模拟系统 Flexible Flowsheet 以后，为满足过程设计、控制、优化的需要，各类模拟系统相继问世。流程模拟系统已经历一、二、三、四代发展，成为设计研究部门强有力的辅助工具。第一代为 20 世纪 60 年代开发的系统，模拟对象以烃加工过程为主，一般可用于大部分工业装置的模型化，但只能做模拟计算，不能做优化，工业上未广泛使用。第二代为 70 年代开发的系统，模拟对象扩大到气液两相的过程，成为化工和石化公司进行过程开发与设计的手段，典型的软件有 Monsanto 公司的 FLOWTRAN 及 Simulation Science 公司的 PROCESS。第三代为 80 年代开发的系统，模拟对象涉及气、液、固三相过程，在系统分解的技术方面有所改进，典型代表如 Aspen Plus、PRO/II、HYSIM。它们相对于第二代流程模拟软件的主要进步是：①系统是开放式结构，可以随意组合单元，模拟自己的工艺过程，组分数、塔板数、物流数、循环数均无限制；②物性数据更丰富，应用领域更广泛；③输入、输出采用窗口技术和图形技术，使用更方便。第四代为 90 年代以来开发的系统，化工模拟进入深入发展期。该时期最主要的特点是从"离线"走向"在线"，从稳态模拟发展到动态模拟和实时优化，从单纯的稳态计算发展到和工业装置紧密相连。此外，更提出了"生命周期模拟"的概念，即在装置的研究开发、设计、生产等各个阶段，从它的起始到终结（装置退役）都始终贯穿着化工过程模拟技术这一主线。90年代中期，加拿大 HYPROTECH 公司推出同时兼有稳态模拟和动态模拟功能的 HYSYS，用户可以很方便地在稳态模拟和动态模拟之间切换。ASPE TECH 公司综合了其稳态模拟软件 Aspen Plus 和动态模拟软件 Speedup 的特点，于 1997 年推出了同时具有稳态、动态模拟功能的软件 ASPENDYNAMICS。目前常用的化工过程模拟软件还有 ChemCAD、Design II 等。

我国化工过程模拟研究始于 20 世纪 60 年代末。70 年代末化学工业部第五设计院在国内率先推出了大型烃类分离模拟系统。80 年代后期，兰州石油化工设计院和大连理工大学合作开发的合成氨模拟程序、青岛科技大学（原青岛化工学院）的 ECSS 系统、中国石化工程建设公司（SEI）的 CCSOS 等都具有较高水平，这批程序在设计中应用，对提高设计效率和水平起着重要作用，但在应用深度和广度、软件的商品化程度等各方面，与国外模软件相比，还存在差距。

流程模拟系统分类如图 9.1 所示。

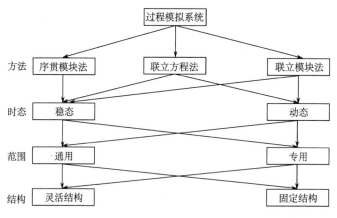

图 9.1 流程模拟系统分类图

（1）按模拟方法分类，分为序贯模块模拟系统（如 Aspen Plus、PRO/II、ECSS）、联立方程法模拟系统（如 Speedup、Ascend）、联立模块法模拟系统。

（2）按模拟对象时态分类，分为稳态流程模拟系统和动态模拟系统。

（3）按应用范围分类，可分为专用模拟系统和通用模拟系统。专用模拟系统用来模拟固定流程的特殊过程。这类程序可以采用严格模型，由于流程结构确定，专用模拟系统可以采用先进的数值处理技术，使得求解更有效、更准确（如可用联立方程法求解）。通用模拟系统用于模拟不同类型的工厂或流程系统。

（4）按软件结构分类，分为灵活结构和固定结构两类。固定结构系统的执行无论模拟何种过程其执行逻辑都是相同的，也就是说，对大小不同的问题执行程序都是相同的，都需把所有模块（单元模块、热力学模型）一次调入内存，根据模拟问题及用户选择调用有关模块计算，由于占用内存大，故执行速度较慢。灵活结构系统对不同过程有不同的执行程序（可由软件自动产生或用户编写）。自动产生的执行程序是用一种面向问题语言（problem-oriented language，POL），被直接解释成执行代码或 POL 依次产生高级语言程序，然后编译、连接、执行。固定结构系统缺少灵活性且过分复杂。灵活结构系统的程序仅装入实际需要的模块，数据存储空间按实际需要分配，因此，可以得到更大的灵活性，执行速度快，但解释或编译、连接需要增加额外的开销。

化工模拟软件的应用一般包括以下几步：绘制流程图、定义组件、选择热动力学计算方法、定义进料物流、运行模拟器、结果查看与输出。表 9.2 为主要的化工模拟软件及其功能、应用范围。

表 9.2　主要的化工模拟软件及其功能、应用范围

软件名称	功能与特点	应用范围	最新版本
Aspen Plus	用严格和最新的计算方法，进行单元和全过程的计算，提供准确的单元操作模型，还可以评估已有装置的优化操作或新建、改建装置的优化设计。功能齐全、规模庞大	可用于石油化工、气体加工、煤炭、医药、冶金、环境保护、动力、节能、食品加工等许多工业领域，目前已在全世界范围内广泛使用	Aspen Plus 12.1
PRO/II	适宜用于化工复杂过程的模拟。能够完成新工艺设计，不同装置配套评估，优化和改进现有装置，依据环境评估，消除工艺装置瓶颈，优化产能、增进收益	综合工艺流程模拟，在制气、炼油、石油化工、化学工程、制药、工程建设与施工中进行过程设计、过程操作分析、设计和操作过程优化	PrO/II 7.1
Hysys	最先进的集成式工程环境。具有强大的动态模拟功能。提供了一组功能强大的物性计算包和数据回归包。具有物性预测系统和内置人工智能	控制方案的研究；分析装置的瓶颈问题；确定开工方案；计算间歇生产过程；计算特殊的非稳态过程；在线优化及先进控制	Hysys 4.0
ChemCAD	大型化工流程模拟软件，具有强大的模型计算和分析功能，可以求解几乎所有的单元操作；集成了设备标定模块及工具模块，支持动态模拟，可以在做工艺计算的同时进行经济评价，有高度灵活的数据回归系统	化工过程的工艺开发；热力学物性计算；气/液/液平衡计算；换热器网络；环境影响计算；安全性能分析等	ChemCAD 5.3
Design II	内置了 Fortran 语言、Visual Basic、Visual C++和 ExcelVBA 界面，是高价值的稳态过程模拟软件	原油处理；换热器设计；混合胺体系模拟；管线建模；合成氨工厂模拟；燃料电池模拟；化工传递模拟等	Design II 9.20
ECSS	我国自行开发的模拟系统软件，功能十分丰富，可以用来进行物性推算、单级过程模拟、反应过程模拟	天然气加工、石油炼制、石油化工、化学工业及轻工等工业的新过程设计、流程筛选、流程改造、过程最优化、环境影响评价等	ECSS-STAR 化工之星 4.1

9.2.2　流程模拟软件 ChemCAD 及其模拟计算

ChemCAD 系列软件是美国 Chemstations 公司开发的化工流程模拟软件。可利用该软件在计算机上建立与现场装置吻合的数据模型，并通过运算模拟装置的稳态或动态运行，为工艺开发、工程设计、优化操作和技术改造提供理论指导。

　　ChemCAD 提供了大量最新的热平衡和相平衡的计算方法，包含 39 种 K 值计算方法和 13 种焓计算方法。K 值计算方法主要分为活度系数法和状态方程法等四类，其中活度系数法包含有 UNIFAC、UPLM（UNIFAC for polymers）、Wilson、T. K. Wison、HRNM Modified Wilson、van Laar、Non-Random Two Liquid（NRTL）、Margules、GMAC（Chien-Null）、Scatchard-Hildebrand（Regular Solution）等。焓计算方法包括 Redlich-Kwong、Soave-Redlich-Kwong、Peng-Robinson、APISoave-Redlich-Kwong、Lee-Kesler、Benedict-Webb-Rubin-Starling、Latent Heat、Electrolyte、Heat of Mixing by Gamma 等。以下主要介绍它可以做的工作、工作的步骤和工作应用领域。

　　使用 ChemCAD 可以做的工作主要有以下几项：①设计更有效的新工艺和设备，使效益最大化；②通过优化/脱瓶颈改造减少费用和资金消耗；③评估新建/旧装置对环境的影响；④通过维护物性和实验室数据的中心数据库支持公司信息系统。

　　使用 ChemCAD 主要有以下步骤：①画出流程图；②选择组分；③选择热力学模型；④详细指定进料物流；⑤详细指定各单元操作；⑥运行 G 计算设备规格；⑦研究费用评估方案；⑧评定环境影响；⑨分析结果，按需优化；⑩生成物料流程图/报告。下面举例说明 ChemCAD 蒸馏单元的模拟计算。

　　在 ChemCAD 蒸馏单元中，共有四种塔模块，包括 TOWR Column、TOWR. PLUS Column、SCDS Column 和 SHORTCUT Column。其中，TOWR 是精确的规范塔模块，TOWR. PLUS 是带有侧线物流与侧线供热和急冷以及泵回路的复杂塔模块，SCDS 则是可以及时修正的塔模块。以下所用的精馏塔模块主要是 SCDS Column，下面介绍各个模块的特点。

　　1. SCDS 简介

　　SCDS 是气液平衡模型，它模拟部分简单塔的计算，如蒸馏塔、吸收塔、再沸吸收塔和分馏塔副产品，副热/冷器也可以出现在 SCDS 的严格模型中，塔板效率也常在 SCDS 中模拟与输出，SCDS 操作塔可允许 5 个输入流、4 个副产品流，这里没有限制 SCDS 在流程图里的数目。

　　SCDS 强调规格的多样性，如总摩尔流比率、热负荷、回流比、蒸出速率、温度、分馏摩尔数、分馏回收、成分比率及产品中部分物流的比率。这些模型能够模拟严格的两相或三相蒸馏系统，如果计算三相系统，用户可以选择将一相液体加入冷凝器，然后回流其他相。

　　SCDS 的主要构成是模拟化学系统中非理想 K 值，它用于 Newton-Raphon 数学收敛和计算并引出严格的方程式，包括 DK/DX（引出主要混合物的 K 值）方面，即有效模拟化工系统 SCDS 的运行时间通常大于其他特殊 TOWR 模组，在组分超过 10 种且较为复杂的情况下。

　　2. TOWR 简介

　　TOWR 是一种精确的多级气液平衡模块，它可以模拟任何单塔计算，其中包括蒸馏塔、吸收塔、再沸吸收塔和汽提塔。TOWR 还可以精确地模拟侧线产品与侧面供热和降温。TOWR 最多可以处理 5 种进料流和 4 种侧线产品。在工艺流程图中，对 TOWR 的数量没有限制。

TOWR 提供了各种技术规范以便于用户使用。用户可以指定冷凝器、再沸器或塔板条件。各种技术规范，如整体摩尔流动速度、热负荷、回流比、沸腾比、温度、摩尔分率、回收率、相对流动速度、产品的质量和相对分子质量等在 TOWR 中都有明确的说明。通常，TOWR 的收敛速度比主板计算模块 SCDS 要快。

3. TOWR. PLUS 简介

当所模拟的装置或物流数量较多时，就可以使用 TOWR. PLUS。它可模拟带有侧线汽提塔，中段循环（Pump-around），侧线供热、急冷和侧线产品的塔。它是为模拟塔而设计的，但它也可以模拟任何单塔计算，其中包括蒸馏塔、吸收塔、再沸吸收塔和汽提塔。侧线汽提塔中段循环都看作是 TOWR. PLUS 模块的一部分，并且与主塔计算同时进行，不需要再循环计算。冷凝器中自由水的分离可以由用户设定从任意塔板上流出。一个工艺流程图中最多允许 50 个塔单元操作。

TOWR. PLUS 提供了一系列技术规范以方便用户使用。用户可以指定冷凝器、再沸器或任何塔板条件。各种技术规范，诸如整体摩尔流动速度、热负荷、回流比、再沸比、温度、体积流速、摩尔流速、质量流速、任何体积分数中的 TBP/D86 温度、溢流、气液比、产品分数、相对分子质量、气体压力、沸点、闪点和回收率都可以在 TOWR. PLUS 模块中指定。

4. SHORTCUT 简介

SHORTCUT 蒸馏模块是用 Fenske-Underwood-Gilliland 方法模拟具有一股进料和两股出料的简单蒸馏塔。进料位置可以通过 Fenske 或 Kjrkbride 平衡计算得到。但是 SHORTCUT 蒸馏模块计算方法不适合塔设计，在这种情况下多用 TOWR 和 TOWR. PLUS 模块。

5. 应用举例

1）设计条件
设计条件见表 9.3。

表 9.3　设计条件

处理量（8000h）/（万 t/a）	16（$16 \times 10^4 \times 10^3 / 8000 = 2 \times 10^4$ kg/h）
进料组成（质量分数）	52%苯，48%甲苯
操作压力	常压
进料状态	露点
分离要求	塔顶苯含量≥95%，塔釜苯含量≤2%
完成日期	

2）设计要求

根据化工工艺课程设计的要求，板式精馏装置的设计应包括以下主要内容：

（1）设计方案的说明：对所给或选定的整个精馏装置的流程、操作条件和主要设备的型式等进行简要的论述。

（2）精馏塔的设计计算：确定精馏塔所需的塔板数以及塔的主要尺寸。

（3）装置的辅助设备，如再沸器、冷凝器等的选择或计算。

（4）描绘精馏装置的工艺流程图和精馏塔的设备工艺条件图，编写板式塔精馏装置设计的说明书。

图 9.2　对话框

3）步骤

（1）保存文件 * . ccx。点击程序左上角的工具栏"file"，在出现的菜单中点击"New"，即可出现对话框，如图 9.2 所示。

在对话框中，填入文件名"chemical"，点击"保存"，即可出现绘图画面，如图 9.3 所示。

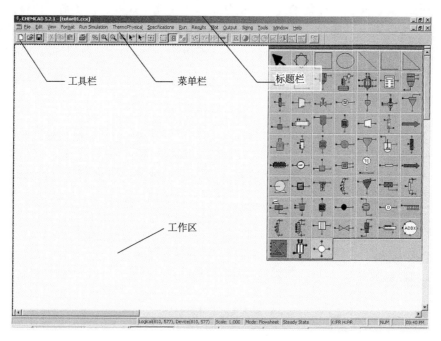

图 9.3　绘图画面

（2）画流程图。先进行简捷计算。单击第七行第七列的塔（shortcut 模块），然后在左面空白外单击左键，即可画得一精馏塔。同理，画出进料管线"红色箭头"（第四行第七列）与出料管线"蓝色管线"（第六行第七列），用标有"stream"的折线连接，如图 9.4 所示。

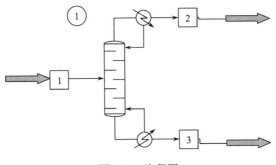

图 9.4　流程图

（3）设置单位。将"Simulation/Graphic"锁定在 Simulation，可出现下拉菜单"Format"、"Engineering Units"，如图 9.5 所示。

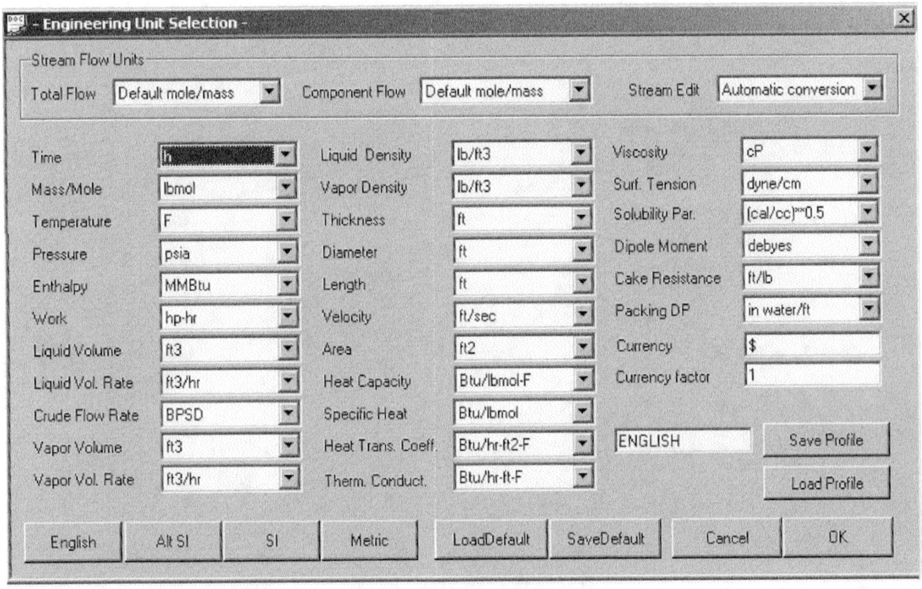

Engineering Unit Selection -

Stream Flow Units

Total Flow	Default mole/mass	Component Flow	Default mole/mass	Stream Edit	Automatic conversion

Time	h	Liquid Density	lb/ft3	Viscosity	cP
Mass/Mole	lbmol	Vapor Density	lb/ft3	Surf. Tension	dyne/cm
Temperature	F	Thickness	ft	Solubility Par.	(cal/cc)**0.5
Pressure	psia	Diameter	ft	Dipole Moment	debyes
Enthalpy	MMBtu	Length	ft	Cake Resistance	ft/lb
Work	hp-hr	Velocity	ft/sec	Packing DP	in water/ft
Liquid Volume	ft3	Area	ft2	Currency	$
Liquid Vol. Rate	ft3/hr	Heat Capacity	Btu/lbmol-F	Currency factor	1
Crude Flow Rate	BPSD	Specific Heat	Btu/lbmol		
Vapor Volume	ft3	Heat Trans. Coeff.	Btu/hr-ft2-F	ENGLISH	Save Profile
Vapor Vol. Rate	ft3/hr	Therm. Conduct.	Btu/hr-ft-F		Load Profile

English	Alt SI	SI	Metric	LoadDefault	SaveDefault	Cancel	OK

图 9.5　设置单位画面

选择"Si"制，将"Presure"设置为"kPa"，将"K"设置为"c"，单击"OK"。

（4）选择组分。点工具栏"Thermophysical"→"component list"，出现的画面如图 9.6 所示。

"Benzene"表示已经选中第一组分苯。同理，选中第二组分 Toluene（甲苯 41），点击"OK"。

（5）选择热力学模型。点击"thermophysical"→"k-values"，出现的画面如 9.7 所示。如选 SRK 方程，点击"OK"即可。

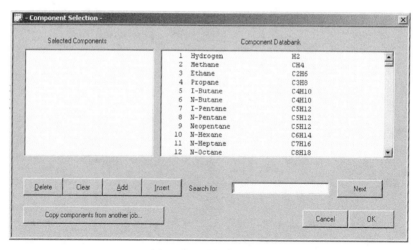

图 9.6　选择组分画面

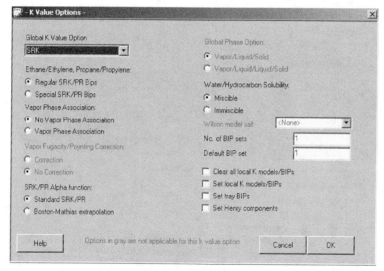

图 9.7　选择热力学模型画面

同样，点击 "thermophysical" → "enthalpy"，选择 SRK 方程，点击 "OK" 即可。

（6）详细定义进料物流。双击 "Benzene" 后方框内的 "Stream NO" 1，填写数据，如图 9.8 所示。

其中温度、压力和气相组成三者可任选两个填入，注意：不可三者都填。将苯和甲苯的进料流量组成填入，设置完后单击 "OK" 即可。

（7）详细定义各单元操作。双击塔 1（设备 1）可得图 9.9，其中在 "Light key split" 中填入 X_D，在 "Heavy key split" 中填入 i-X_D，在 "R/Rmin" 中填入一个倍数，如 1.5，单击 "OK"。

（8）运行模拟计算，并显示计算结果。按住圆内的 1，点击右键，选择运行菜单，如图 9.10 所示。

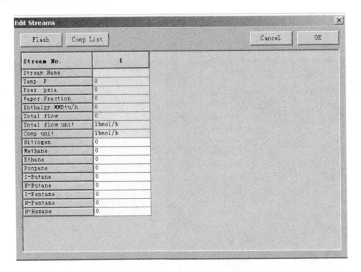

图 9.8　进料物流填写数据画面

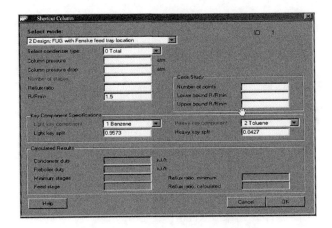

图 9.9　详细定义各单元操作画面

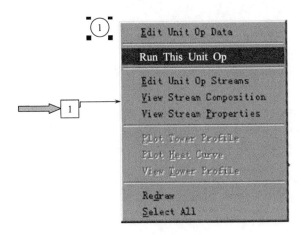

图 9.10　选择菜单

可知运算的理论板数为 14 块，进料板是第 7 块，单击 "OK"，可得图 9.11，可以查看结果。

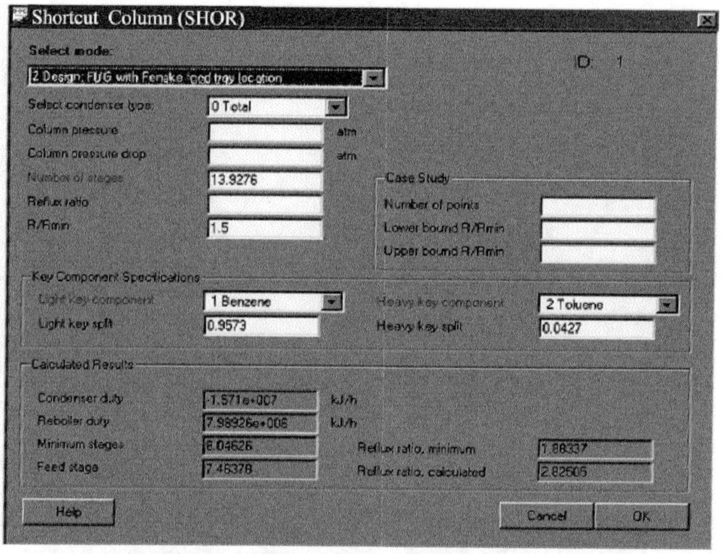

图 9.11　查看结果画面

查看计算结果→总物料平衡结果：Results→Convergence

Overall Mass Balance	kmol/h		kg/h	
Benzene	input	output	input	output
Benzene	133. 338	133. 338	10 415 602	10 415 602
Toluene	104. 342	104. 342	9614. 132	9614. 132
Total	237. 680	237. 680	20 029. 734	20 029. 734

查看计算结果→简捷计算结果：Results→Unit op's

Shortcut Distillaton Summary

Equip. No.	1
Name	
Mode	2
Light key component	1. 0000
Light key split	0. 9573
Heavy key component	2. 0000
Heavy key split	0. 0427
Reflux ratio	1. 5000
Number of stages	161. 0055
Min. No. of stages	8. 0463
Feed stage	81. 0028
Condenser duty MJ/h	−10 267. 8535

Reboiler duty MJ/h	2547.0806
Reflux ratio，minimum	1.8834
Calc. Reflux ratio	1.5000

（9）严格计算。简捷计算所得结果可作为严格计算的初值，选择第七行第四列的模块 SCDS column＃1，画出流程图。

以下操作步骤完全与上述相同，只是第（7）步画面不同于前者，如图 9.12 所示。

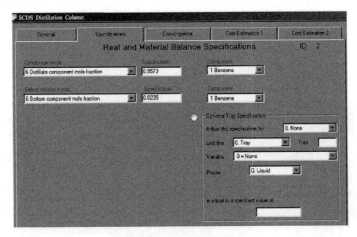

图 9.12　严格计算设置

点击"Specifications"，如选择冷凝器 6，填入组分 Specification（X_D）；选择再沸器 6，填入组分 Specification（X_w）。

点击"General"，填入 No. of stages（理论板数）14、Feed stages（进料板）7。

（10）运行列出物料衡算表。

Scds Rigorous Distillation Summary

Equip. No.	······	2
Name	······	0
No. of stages	······	14
Lst feed stage	······	7
Condenser mode	······	6
Condenser spec	······	0.9573
Cond. comp i	······	1
Reboiler mode	······	6
Reboiler spec.	······	0.0235
Rebl. comp i	······	1
Cond duty MJ/h	······	−16 170.7314
Rebir duty MJ/h	······	8458.3379
Reflux mole kmol/h	······	382.3582
Reflux ratio	······	2.7948

Reflux mass kg/h	……	30 096.5410
Column diameter	……	1.9812
Tray spacem	……	0.6096
No of sections	……	1
No of passes (S1)	……	1
Weir side widthⅢ	……	0.2159
Weir height m	……	0.0508
System factor	……	1.0000

（11）设备尺寸计算。点击"Sizing"→"Trays"，在"Select unitops"中填入 2。
选择塔板类型，Valve Tray（浮阀塔板），点击"OK"，出现如图 9.13 所示画面。

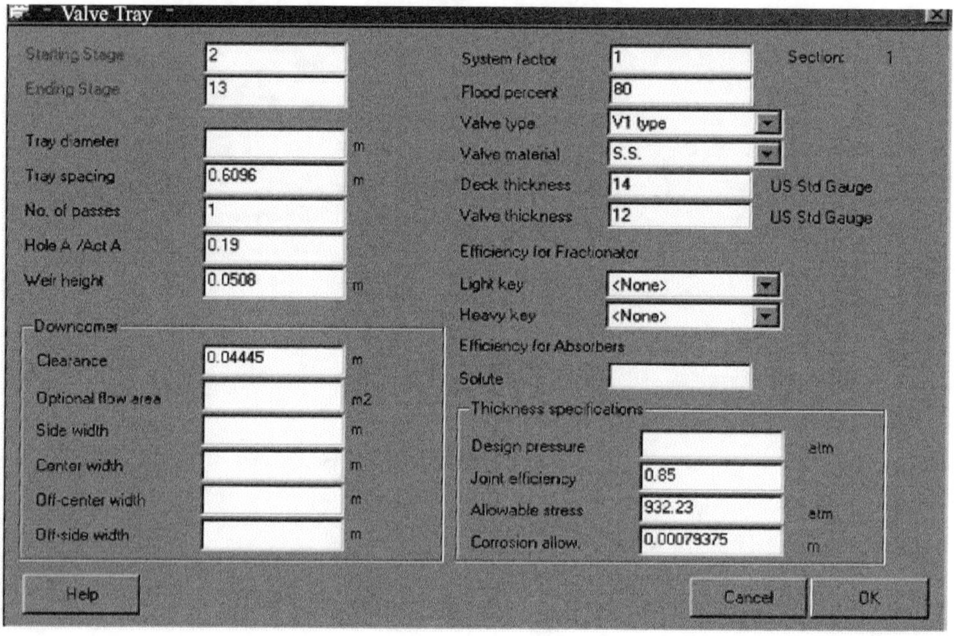

图 9.13　设备尺寸计算

如选板间距 0.6m，点击"OK"。
出现如下数据（只列出第二块板的设计结果）：
CHEMCAD 5.2.0
Page 1
Job Name：chemical2　　　Date：04/18/2010　　　Time：15：04：35
Vapor load is defined as the vapor from the tray below.
Liquid load is defined as the liquid on the tray.

Equip. 2　　　　　Tray No. 2

……

（12）TPXY 图和 XY 图。点击"Plot"→"TPXY"，出现如图 9.14 所示画面。

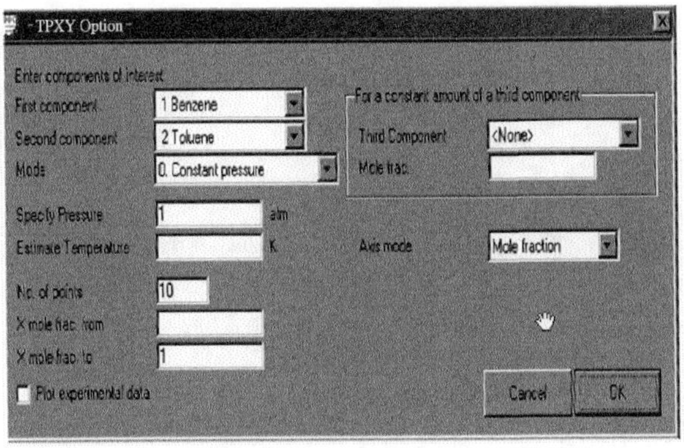

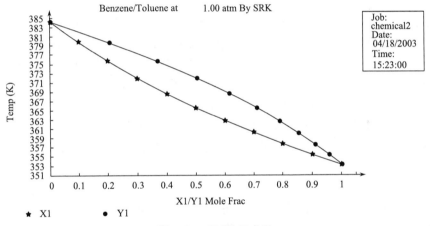

图 9.14　TPXY 图

　　填入组分如上，第一组分苯，第二组分甲苯，大气压 1atm，No. of point 10，点击
"OK"，即可出现图 9.15 和图 9.16，即温度-组成图和苯-甲苯组成图（X-Y 相图）。

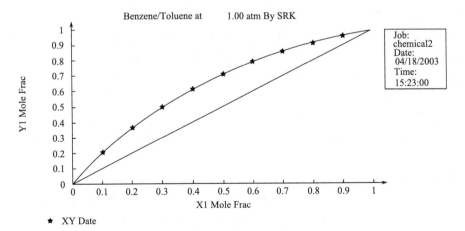

图 9.15　温度-组成图

图 9.16　苯-甲苯组成图

9.3　三维管道设计中的计算机技术

9.3.1　三维管道设计软件

各种设计软件的应用，使化工设计经历了从原始的绘图板方式，到 CAD 电子图板，再到三维工厂设计，继而到工厂全生命周期设计的发展过程。而三维工厂设计软件是后两个设计阶段的基础。大型化工装置往往有设备数百台，管道成千上万条，管子和管件材料可达数万乃至数十万件。这些管道的设计、材料采购、车间预制和现场安装都要靠计算机辅助设计绘制出准确的管段轴侧图与完备的管道材料表。如果实现三维配管（包括建立模型、应力分析、碰撞检查、绘图、材料统计），则可大幅提高工效，并确保设计质量。因此，实现管道的集成设计具有重要的现实意义，可以带来显著的经济效益。

1. 管道集成设计软件的发展

经过近 10 年的发展，已经逐渐涌现了一批出色的三维工厂设计软件，而这其中应用较广泛、功能较强大的软件有三个：美国 Intergraph 公司的 PDS（Plant Design System）、美国 Bentley 公司的 Auto PLANT、AVEVA 公司的 PDMS（Plant Design Management System）。PDS 与 PDMS 有多年技术积累，其功能强大，数据库完备，目前在三维工厂设计领域应用最为广泛。Auto PLANT 软件近年来在吸收其他软件设计理念的基础上，不断增强软件功能，优化软件结构，加上相对其他软件在操作界面的友好性、软件的易用性方面的优势，发展十分迅速，目前稳居三维工厂设计软件前三名的位置。

目前，在一些比较大的三维设计软件中也集成了管道设计的模块，这也给我们提供了另外的一种选择。支持配套设计的三维设计软件主要有 SolidEdge、Solidworks 和 Inventor Professional 等。这些三维设计软件中附带的管道设计的模块，在功能上已经比较成熟，对原有设备模型也具有很好的兼容性，并且一般内建有管件标准库、材质库等，在操作上十分便利。

功能较强的三维 CAD 软件还具有硬、软碰撞检查功能。在完成三维模型设计后，可以运行 REVIEW 模块来检查模型元件（结构、设备、管道）在坐标空间中的物理碰撞，还可以检查物理模型与操作维护通道（逻辑空间）之间的干扰情况；设计人员可以根据检查结果先期对三维模型加以修改。这样就可以保证设计质量，避免以后可能发生的施工修改和运行维护时碰到问题。

上海易用科技有限公司于 2006 年推出 5WinPDA510 版三维管道设计软件包 6。它可在 Windows 98/ME/2000/XP 系统下运行，与 AutoCAD 及 Visual Foxpro 配合使用。它的主要功能包括 PID 图（工艺流程图）、管道数据库、三维设备模型、三维管道模型、各种管道材料表、管段轴侧图、设备管道平（立）面布置图、建筑轮廓图、三维钢结构和厂房、管道两相流流型判别和压降计算，以及图纸文件管理。WinPDA 已经在化工、石化、石油、医药、纺织、轻工和动力行业的 30 多个甲、乙级设计院中应用。

2. 设计软件的功能

三维工厂设计软件一般是由项目建立、工程数据库、设备、管道、钢结构、采暖通风、电气和仪表电缆桥架等模块组成。例如，PDMS 软件具有以下主要功能：①全比例三维实体建模，而且以所见即所得方式建模；②通过网络实现多专业实时协同设计、模拟真实的现场环境，多个专业组可以协同设计以建立一个详细的三维数字工厂模型，每个设计者在设计过程中都可以随时查看其他设计者正在做什么；③交互设计过程中，实时三维碰撞检查，在整体上保证设计结果的准确性；④拥有独立的数据库结构，元件和设备信息全部可以存储在参数化的元件库和设备库中，不依赖第三方数据库；⑤开放的开发环境，利用 Programmable Macro Language 可编程宏语言，可与通用数据库连接，其包含的 AutoDraft 程序将 PDMS 与 AutoCAD 接口连接，可方便地将二者的图纸互相转换，PDMS 输出的图形符合传统的工业标准，此外，它也可以按照设定的风格和式样输出各种标准的工程报告和材料、设备报表。

在三维工厂设计软件中，若不进行全模块的应用，则可只做三维管道设计。管道模块一般具有对模型进行软、硬碰撞检查功能。硬碰撞检查是指管道之间及管道与其他专业的设备、风管、梁、柱、基础、钢结构和电缆桥架的碰撞检查。软碰撞检查是指管道与绝热层、维修预留空间的碰撞检查。这样能尽早发现问题并及时修改，提高设计质量，减少施工返工，避免时间和经济上的损失。部分工厂设计软件还配有"漫游"功能软件，使人有身临其境之感。设计审查直接在软模型上进行，比用图纸审查更直观、更逼真、更容易发现问题。

管道软件还有管道应力分析软件的接口。输出一定格式的文件，并将此文件输入管道应力软件，可进行单根管道的应力计算。管道软件一般具有与工艺流程图核对的功能，还有的软件可根据 PID 图或管道特性一览表进行智能管道铺设。管道软件能在管道软模型的基础上产生施工图成品、管道轴测图、管道材料表、管道材料汇总等。

通过自动标注软件，能在管道软模型上切出管道平面图，并自动标注设备、管道的定位尺寸及属性，建筑轴线号，柱间距离等相关信息，大大节省了人力。

9.3.2　PDS 软件在配管设计中的应用

1. PDS 的组织结构与优点

图 9.17 表述了 PDS 的主要组成部分。从图 9.17 可知，无论是配管、设备，还是结构、暖通、电气仪表等模块，都是为了创建三维模型，而利用三维模型又可以产生平面布置图（Drawing Manager）、单管图（Isometric Extraction）以及各种报告文件（Report Manager），并且可以对管线进行应力分析（Pipe Stress Analysis Interface）、碰撞检查（Interference Checker/Manager）和模型审查（Design Review Integrator）等工作。PDS 辅助设计的优点主要有：

（1）自动化程度很高。

（2）提供了大量共享工作的环境。

（3）三维模型为操作者创造了一个比较直观的设计环境。

（4）多种模型检查有效地减少了现场的返工。PDS 提供了以下五种工具来保证设计质量：①碰撞检查；②连接性检查；③数据库完整性检查；④材料等级检查；⑤参考资料检查。

（5）统一的标准及规范提高了设计的准确性。

（6）提供了功能强大的报表系统。

（7）提供了准确的综合材料表。

（8）与第三方软件的接口更方便了 PDS 的广泛应用。

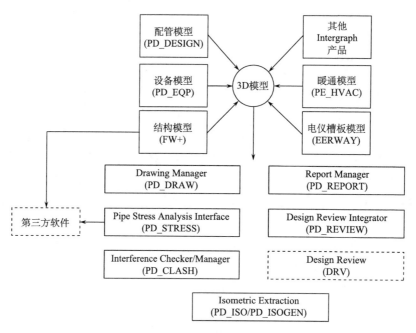

图 9.17　PDS 组织结构

2. 应用 PDS 优化配管设计

1）基础设计阶段

在基础设计阶段，可以协助配管专业提供设备布置图，完成基础设计版的配管研究图，运用三维模型对设备及管道布置进行初步规划。主要包括以下内容：

（1）利用 PDS 建立设备模型，确定设备的管口方位和基础形式，并提供给设备专业和土建专业参考，确立初版的设备布置。

（2）提供管道应力计算的条件图，或是 ASCII 码形式的模型文件，确定大型管道支架位置及荷载，从而向结构专业提出设计条件。

（3）按照仪表专业提供的安装要求，将仪表反映在 PDS 模型中，并将这些仪表的初版位置图反馈给仪表专业。同样，也可以通过此种途径与化验分析和工艺系统商定分析点的位置。

2）详细设计阶段

在详细设计阶段，PDS 的优势也得到更好的发挥。图 9.18 反映出配管专业在详细阶段的成品文件是如何通过 PDS 得到的。

在详细设计阶段，配管专业是联系各个专业的纽带，它与各个专业间中间文件的数量较多，这些中间文件可利用 PDS 实现，以配管专业主要提出条件的土建专业为例（图 9.19），可以了解 PDS 的应用情况。

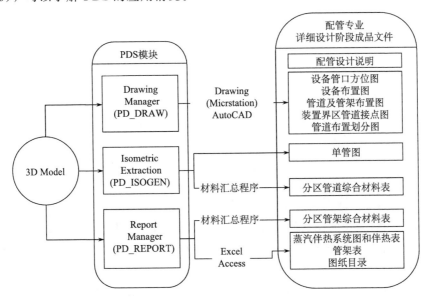

图 9.18　配管专业成品文件的生成过程

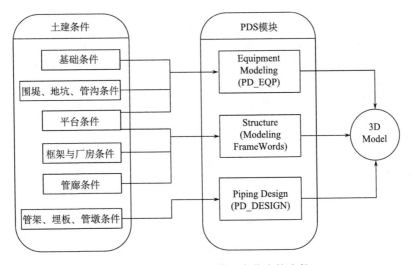

图 9.19　土建条件从模型中获取的途径

3）施工阶段

直观的三维模型可以清楚地向施工单位交底，指导施工的进行。

4）应用 PDS 对设计过程进行控制

现代项目管理模式实现的核心基础是数据库。PDS 的三维模型其实就是一个大型的数据库，从 PDS 的数据库中得到这些准确的"资料"就可以更加合理地控制项目的进度和费用。

5）对设计文件的质量保证

PDS 提供了上述的五种检查工具，其中三种是关于数据库的校核，另外两种是设计内容检查，可以依据规范有效地减少和避免设计错误。同类项目的主体数据库相同，由于数据库的可移植性，可以参考使用；三维模型用于粗轮廓的检查，再用从 PDS 得到的图纸和报告进一步校核，这样的质量保证较有针对性，便于简化操作、合理控制。

9.4 化工 CAD 技术在化工设计中的应用

9.4.1 工艺设计软件

1. Q-Series 工艺流程图设计软件

Q-Series 软件是由北京艾思弗计算机软件公司开发的，是为广大石油、石化和化工等管道工程设计人员开发的一系列应用软件，包括 QP&ID（流程图设计）、QPIPING（2D 管道设计）、QMTO（管道材料统计）。

QP&ID 软件是基于 AutoCAD 2000 以上版本开发的二维工艺安装专业的绘图工具。QP&ID 针对工艺安装专业的特点，开发了一系列的模块，通过等级驱动及参数化程序设计，联合 AutoCAD 本身具有的功能，能够将绘图效率提高数倍，并可生成管道特性表。

QPIPING 针对工艺安装专业的特点，开发了一系列的工具，通过等级驱动及参数化程序设计，联合 AutoCAD 本身具有的功能，绘图效率能够提高数倍，并可统计材料。QPIPING 操作简单，符合工程设计习惯，可满足石油、化工、石化、电力等行业工艺安装专业的出图要求。

1）程序包括模块

QPIPING 程序的模块见表 9.4。

表 9.4 QPIPING 程序包括的模块

模 块	功 能
设备	卧式容器、立式容器、二级容器、塔、油罐、换热器及泵，支持自定义设备
管道	提供四种线宽的管线，支持管道等级表。多种标注方式可供选择，自动提取属性，可视化定位
管件及小型设备	在线管件包括大小头、三通、封头、八字盲板、过滤器等
小型设备	包括漏斗、搅拌器、冷却器、阻火器、混合器、消声器等
仪表	位号调节阀、孔板、仪表线、仪表位号、自动标注
阀门	常用国标阀门，参数化生成，等级驱动。支持阀组。多种标注方式可供选择，自动提取属性，可视化定位
实用工具	等级分界、在线管件删除、进出界、管道连续符号、交叉断线、手动连线、尺寸查询等

2）程序主要特点

（1）符合工程设计习惯。使用 QP&ID 和 QPIPING 绘图，不用改变现有的设计模式及习惯，使用更方便。已经成功应用于工程设计中，并完全支持 AutoCAD 所有命令，客户反映良好。工作界面如图 9.20 所示。

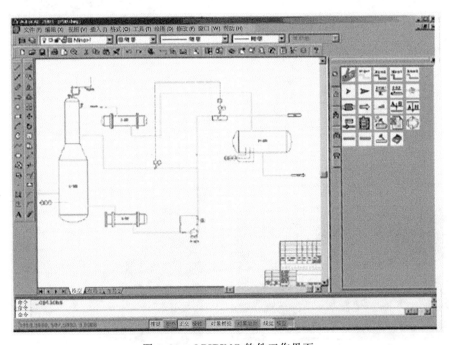

图 9.20　QPIPING 软件工作界面

（2）采用 AutoCAD 最新技术开发，速度更快，稳定性更强。标准的 Window 对话框，交互式操作更简单。使用专有工具栏，直接单击图标调用命令，操作更为方便。

（3）等级驱动。QPIPING 内置国内标准管道等级表，在管道绘制、管件选择、阀门及法兰的选用等方面，给用户提供了最大的帮助。

（4）与管道等级表结合。与管道等级表的紧密结合，可以使管道具有完整的属性，带动等级驱动的完成，同时也使管道的标注更方便。

（5）参数化设计。软件的数据库支持标准的阀门、法兰及管件的尺寸数据，完全参数化绘图，并且支持文字标注。数据文件全部开放，方便用户编辑修改。

（6）管道材料自动统计功能，生成 MTO 报表。

2. CADWorx Plant Professional 工艺流程图设计软件

CADWorx Plant Professional 2008 是美国 COADE 公司研发的基于 AutoCAD 平台的 3D 工厂设计软件。它利用了 Autodesk 的最新 Object 技术（ObjectARX），提供了完整的自动画图和编辑技术，大大节省了时间，同时确保图形的完整性和准确性。

1）软件组成

软件主要包括 CADWorx Pipe（管道）、CADWorx Steel（结构）、HVAC（采暖通

风）、CADWorx Equipment（设备）、Full Personal Isogen（管段图）、NavisWorks Roamer（漫游）、Live External Database（实时数据库）。操作界面如图 9.21 所示。

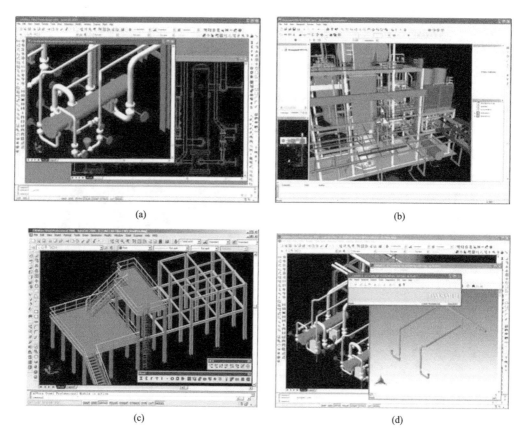

(a)　　　　　　　　　　　　　(b)

(c)　　　　　　　　　　　　　(d)

图 9.21　CADWorx Plant Professional 操作界面

2）CADWorx Plant Professional 软件的特点

（1）软件内置有 $150^\#$、$300^\#$、$600^\#$、$900^\#$、$1500^\#$、$2500^\#$ 管件的详细规范，同时软件内置有国内的 JB、HG、SY、GB 等系列规范。这些规范可以复制和修改以适应不同工作的需要。用户可以方便、快捷地定义自己的元件库和管道等级文件。

（2）具有灵活方便的 3D 建模功能，可以方便地建立结构模型，如图 9.21（a）所示。可以建立用户的管架和框架，可以建立各种设备和容器，可以建立暖通风（HVAC）。CADWorx 完全摆脱了其他 CAD 配管软件的约束。3D 模型建立可以通过搭积木方式建立，也可以使用自动选择布管工具，画一条简单的二维或三维多义线，然后用内设的自动布管功能增加管子或弯头，可以在任意角度、任一方向布管。可以用对焊、承插焊或螺纹，法兰管道，迅速而方便地建立管道模型。仍然可以使用全部的 AutoCAD 命令。

（3）可以自动生成立面图和剖视图，如图 9.21（b）和（c）所示。可以从平面图自动生成正交立面图，修改立面图然后重新插入平面图。是从修改后的立面图生成平面图，还是从修改后的平面图生成立面图，完全由用户决定。建立完 3D 模型后，用户可以自由选择模型范围和剖切深度来生成所希望的管道平、立面图纸，如图 9.21（d）所示。用户可以抽取 3D 模型的属性来标注管号、设备位号、标高、仪表位号等信息。

（4）自动生成材料表。包括：2D/3D 模型转换；动布管；自动在现有管线上插入管件；重心计算；自定义管线号；自动标注尺寸，添加附注；图形符号；自动加垫片、螺栓。

（5）自动连接功能。

（6）软件可以检查碰撞，使用外挂数据库（SQL Server、Oracle、Access 等）。

3. CPPID V1.2 网络版

在化工设计中必须绘制 PID，为了提高绘制效率，已经开发了许多相关软件。这些软件的共同特征是做一些图块、绘制一些幻灯片、写一段 LSP 程序，最后把它挂到 AutoCAD 的菜单上，在绘图中通过插入图块到当前图形中来提高绘图速度。

化工工艺 PID 图的绘制是化工工艺设计的重要环节之一。手工绘制不仅速度慢、成品质量差、不易修改错误、不便保存和重复利用，而且由于同一个符号或设备每次绘的结果都不尽相同，难以保证 PID 图纸的一致性。不同绘图者的水平相差悬殊时，不能方便地共享优秀作品。CAD 技术的出现使 PID 图纸绘制发生了从手工到自动化的飞跃，这是计算机技术在化工设计中的无数应用之一。直接使用 CAD 软件可以绘制基本的图形元素，如点、线、圆、矩形等，它们是构成各种复杂图形的构件。CAD 技术的强大功能允许用户开发自动化程度更高的绘图系统，以便提高 CAD 的绘图质量和效率。举一个十分简单的例子：在 AutoCAD 上可以绘制一个蒸馏塔，并把它作为基本的图块保存，之后可以把此块直接插入所有的图形中。CPPID 从应用的角度看就是一个化工工艺 PID 图符库，含有大量的 PID 图纸必需的符号，但它不是符号的简单堆积。CPPID 支持 Windows 网络，是一个多用户版本的应用软件；CPPID 使用先进的数据库技术管理基本图块，用户可以方便地扩充系统；CPPID 是外挂的支持软件，和 AutoCAD 相对独立，便于系统管理和安装。CPPID 软件操作界面如图 9.22 所示。

CPPID 软件设计具有以下六个方面的特色：

（1）外挂式平台。CPPID 相对独立于 AutoCAD，它是可独立运行的软件，只是在 AutoCAD 启动后才能够与之协调工作。支持 AutoCAD R14 以上版本和 Windows 98 以上操作系统。

（2）网络化平台。CPPID 是网络上的应用平台、真正的网络软件，支持的终端数量不限。由于使用的是同一个图块数据库，有利于保持图形符号的一致性、重复使用性，极大地提高绘图质量和效率。

（3）开放式平台。CPPID 支持用户自定义图块，用户可以把本单位长期积累的，但零散存放的图块加以整理，迅速存入 CPPID 数据库中，作为系统图块使用。

（4）开发者平台。CPPID 不仅可自定义图块，且允许定义 LISP 命令、封装 LISP 程序，从而使用户构造参数化设计平台。

（5）安全性平台。用户自定义的图块、LISP 命令和 LISP 程序，一旦被 CPPID 封装，即实施了反拷贝加密，以保护开发者的利益。

（6）实用化平台。CPPID 目前已经存入图块 258 个，满足绘图基本要求，如图 9.22 所示。

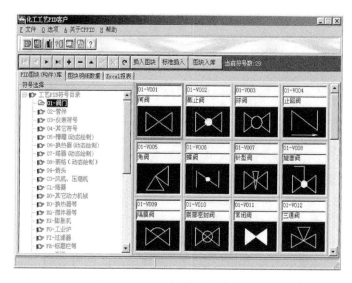

图 9.22 CPPID 软件操作界面

4. 其他软件

1）CADWorx/PIPE 2D/3D 单线或双线及实体建模工厂配管设计软件

CADWorx/PIPE 提供所有建模方式。用户可以使用二维双线绘制传统的管道布置图或建立三维模型，从中抽取单线轴测图，转化成单/双线平面图、立面图或三维面图。实体建模提供完美的 3D 模型和工业界最好的管段图，并且非常轻松就能做到。软件引导用户通过选择和配置过程，处理管段图的生成。每一张轴测图都可自动标尺寸，生成材料表和螺栓表，生成轴测图时自动添加图框说明。CADWorx/PIPE 独有的比例算法不仅能得到工业界最好的轴测图，而且也是最吸引人的。

CADWorx/PIPE 与 COADE 公司著名的软件 CEASAR Ⅱ 可无缝链接，是第一个 CAD 与应力分析软件之间的智能化、功能齐全的链接。借助于这个强有力的联系，应力分析工程师和管道设计人员一起工作，节省了时间，提高了精确度。

2）QMTO 管道材料开料统计软件

QMTO 管道材料开料统计软件是基于数据库的智能管道材料统计及材料处理软件开发的。它可以快速建立工艺管线信息表，生成工艺管线表。配管工程师可结合 2D 配管图设计，快速建立每条管道的管道材料，并产生管段表（含管子、保温及伴热、管件、阀门、法兰、垫片和螺栓等材料）。同时，用户可生成工艺安装专业分区料单的统计和总料单的合并。

QMTO 充分利用工艺管线信息（公称直径、管道等级、起止信息、保温和伴热等）和管道等级表（对管道材料的定性和规格等定义），通过管道开料模块把数据结合在一起，避免了数据传递过程中带来的人为错误，保证了数据的一致性，提高了效率，是管道材料统计最好的选择。

3）PlantWise 工厂概念设计专家系统

PlantWise 软件是由美国 Design Power 公司与 Flour Dariel 公司合作开发的、用于工厂概念（Concept）及方案研究的专业软件。该软件共有两部分组成：PlantBuilder（工厂设计专家）及 AutoRouter（自动布管专家）。PlantBuilder 的关键点是快速、灵活。管道铺设部分也如此，AutoRouter 基于前面的设备布置，自动布置管道和在线管件（调节阀、安全阀、流量计等）。

4）化工流程图绘制软件 HEPID14

HEPID14 软件为化工流程图辅助设计系统，适用于化工、轻工、石油、制药行业的流程图绘制，采用《管道及仪表流程图中管道、管件、阀门及管道附件图例》（HG 20519.32—92），并结合实际应用设计。

软件采用数字化的设计，在管线绘制时记录管道信息；软件具有管件的编辑功能，可以在管线上移动、删除管件，此时不必对管线做任何编辑；可以进行管线的智能标注；软件图库提供标准图幅、图框，常用设备图块，图块符号可以扩充。

9.4.2 计算机绘图工具 AutoCAD

AutoCAD 2008 为用户提供了"AutoCAD 经典"、"二维草图与注释"和"三种空间建模"三种工作空间模式。操作界面如图 9.23 所示，主要由标题栏、菜单栏、工具栏、绘图窗口、文本窗口与命令行、状态栏等元素组成。该版本在原版本的强大功能之上进行了全面升级。

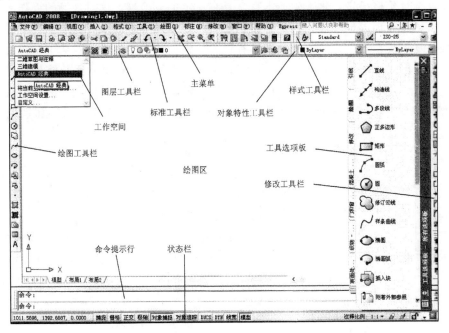

图 9.23 AutoCAD 2008 操作界面

1. AutoCAD 绘图软件的基本功能和特点

（1）拥有友好的用户界面、方便的坐标输入功能、强大的图形编辑功能。

（2）拥有强大的三维造型建模功能；提供了线框造型、表面造型、实体造型功能。不仅能建立和编辑规则的三维图形，还能处理空间自由曲线和自由曲面，又能进行着色渲染。

（3）自动测量和标注尺寸功能与强有力的视图显示和图层控制功能。能自动测量和标注各种类型的尺寸、尺寸公差、形位公差，以及表面粗糙度等工程信息；操作者可从不同的位置和角度观察、处理所建立的实体，简化图形绘制和编辑。

（4）数据交换功能和便于协同工作的外部引用功能。可借助多种图形文件格式与其他 CAD、CAM 系统数据交换，还可通过 ASE（AutoCAD SQL Extension）接口与一些关系数据库进行数据交换；可使从事同一工程项目的任何成员的子设计图发生变化的信息在总设计图上反映出来并自动更新。

（5）可见即可得的图形输出功能和系统的网络技术发布技术，超级链接和发布到网络，它们能让 CAD 部门的人迅速地共享最新设计信息。

对于化工而言，AutoCAD 主要用于绘制实验流程图、零件图、设备装配图、工厂管线配置图、带控制点流程图等各种图形。

2. 化工工艺流程模拟仿真系统

随着科学的进步，化工生产日益复杂化、连续化，操作条件也越来越严格，生产装置高度复杂且价格昂贵，化工生产本身又具有一定的危险性，这对现场的操作人员、系统设计人员、管理人员及研究人员提出了更高的要求，所以开发具有培训功能的化工工艺流程仿真系统在当今化工生产领域具有重要的地位与意义。通过对化工工艺流程的仿真，可以掌握化工领域的高新技术，提高化工的研究手段和研究水平；降低化工研究的人力、物力、财力，尤其是大大降低研究开发的危险性；为人员培训和演练提供高效手段，为来宾及领导参观提供安全保证。下面详细介绍了一种流程模拟仿真系统的构建过程。

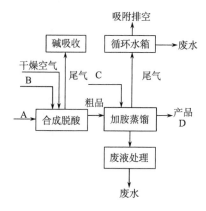

图 9.24　工艺流程

1）研究对象

如图 9.24 所示，该生产工艺流程主要由原料准备过程、合成脱酸过程、加胺蒸馏过程、废液处理过程四个部分组成。工艺流程简述如下：

物料 A、B 在干燥空气条件下，经合成脱酸得到粗品，得到的粗品在特定条件下与物料 C 蒸馏得到产品 D。系统产生的废气和废液经严格处理后排空。

2）仿真模型建模原理

根据上述工艺流程及相关化学反应方程式，并结合实际情况通过编写基于规则的工艺流程脚本的方式建立起生产装置的系统模型。为了用三维视景仿真所感兴趣的工艺对象的行为，首先要对相关对象建立起数学模型，所建的模型必须能定性和定量地描述对象的性质与行为，即形式化地表达所需要考察的各自变量与因变量间的关系，然后进行模型转换，将数学模型转化为仿真模型，并对仿真结果进行试验分析，如图 9.25 所示。

图 9.25　对仿真结果进行试验分析的流程

通常工艺模型的建立是进行流程模拟仿真的核心，根据视野的深度和广度，工艺模型可建立在不同的层面上：基本物性、迁移与变化现象、单元操作设备、若干设备构成的过程、多层组合的复杂过程、多个复杂过程构成的综合系统。

（1）变量集。其基本内涵至少应该包括以下几类变量（变量集）：输入变量集 $\{I\}$、输出变量集 $\{R\}$、结构变量集 $\{C\}$、操作变量集 $\{O\}$、参数变量集 $\{P\}$、目标变量集 $\{M\}$。以精馏环节为例，包括：输入变量，包括进料组成、加热蒸汽和冷却水温度等；输出变量，包括塔顶、塔底或侧线产量、组成、塔板温度等；结构变量，包括塔板、换热器结构尺寸、塔板数、进料或侧线的位置等；操作变量，包括进料量、进料温度、回流比、再沸器加热蒸汽用量和温度等；参数变量，有些变量（如热蒸汽温度）可在较小范围内调节等；目标变量，包括产品的产量或全部产品的经济价值等。

（2）建立模拟仿真采用的方法。建立模拟仿真采用的方法有三大类：机理分析法、经验结合法、机理与经验结合法。

（i）机理分析法：通过理论分析，得到能反映流程单元对象性质和行为规律的机理方程。

（ii）经验结合法：选用关联方程，用流程单元对象行为的实测数据，经统计分析，确定关联方程的系数。

（iii）机理与经验结合法：由理论分析得到一定程度的简化机理方程，再根据实测数据，用统计方法拟合方程的系数。

（3）建立模拟仿真模型原则。建立模拟仿真模型时，将根据以下几方面原则择优进行：

（i）选定模型的复杂程度。依据包括：使用模型研究问题时所需要的功能；达到使用目的所必需的精度；对象的时变特性及实时跟踪的要求；能使用的计算设备的速度和容量。

（ii）建模时对理论分析的依赖程度。取决于：与对象有关的基本理论发展的实际水平；所需要的各种物性数据能够取得的精度；检测技术能够达到的深入水平；对动态过程在线检测的精度水平。

（iii）建模中是否需要选用统计方法。根据包括：理论分析尚不足以充分说明对象的性质和行为；对需要研究的问题已积累有足够多的实际数据。工艺建模的基础是质量守恒、能量守恒和动量守恒定理，据此可写出质量平衡方程、热量平衡方程和动量平衡方程，又根据化学和化工基本原理，写出相平衡方程和化学反应物料平衡方程。建模的重要技巧在于提出合理的简化假设，使模型能满足要求而又足够简单；当平衡方程的各项由多个变量组成时，必须做量纲分析；用一组方程作为描述单元对象系统的模型时，应对该系统做自由度分析。

3）仿真的主要内容

（1）仿真流程主要范围：原料准备、反应合成、纯化分离、真空系统、产品包装、废液处理、溶剂回收。

（2）仿真设备主要包括精馏塔、反应釜、换热器、输送泵、容器、管路等。

（3）流程模拟仿真工况主要包括：

（i）冷态开车：系统从原始状态开始启动。

（ii）热态开车：系统从一中间状态开始启动。

（iii）正常生产：系统处于正常状态下，根据需要，操作人员可进行工艺参数调整。

（iv）停工过程：正常停车和紧急停车。

（v）事故处理：由于误操作引起的异常现象和倒吸、停水、停电、停气、设备管路堵塞等。

4）支撑技术

支撑技术主要涉及三个方面：数学建模、数值仿真、流程模拟仿真技术。数学建模部分的内容包括用工艺建模和用实际数据建模两部分，数值仿真部分的内容包括数值计算和对过程仿真的应用，流程模拟仿真技术部分包括参数优化和过程优化。

5）仿真系统的实现方法

进行流程模拟仿真软件的设计和开发时，将充分体现面向对象的设计特点，采用基于类库的系统结构，由于涉及众多对象的管理和调度，考虑运用容器的方法对单元对象进行管理，运用线程的方法对相关对象进行调度，按照这样的要求进行处理，系统结构清晰合理，便于资源共享、功能扩充和系统维护。流程模拟仿真系统要完成与用户的交互、流程现象的仿真、数据的处理以及操作评价等功能，系统考虑设计相应的类来完成：单元构件类、流程仿真现象信息类、数据处理类、交互界面类和操作行为评价类等。其中单元构件类是系统主要的类，用于仿真相关化工单元构件的过程特性。

用来管理和调度这些相应类完成整体仿真任务的类是系统类，它位于最上层，其存在将简化流程模拟仿真系统的总体设计。基于类库的开发往往涉及大量的类实例（对象），如流体流向对象、流体物性对象、基本单元对象、流程仿真现象信息对象等，因为这些对象是构成系统的基本元素，如何管理和调用它们是系统开发的重要问题。

由于采用创建容器类的方法对同类对象进行封装与统一的管理，因此系统中含有许多相互独立的容器对象。有了结构清晰的容器对象，系统的结构更显得层次分明，系统类对基本单元对象、实验现象仿真对象等的调用，基本单元对象对流体流向对象、流体物性对象等的调用均是通过消息传递机理而独立完成的。

6）仿真系统的主要功能

流程模拟仿真软件系统的核心功能为向视景仿真系统中的三维模型提供合理的工艺信息数据，以期建立起逼真的生产装置三维视景和反映出对应设备的动态运行情况。软件系统还具有一定的仿真培训功能（包括工艺操作参数调整、事故设定、操作评定等辅助功能），即：

（1）参数调整功能。允许操作人员对预定的重要工艺参数等进行调整，以便从更深的层次提高对工艺机理、过程流程操作的了解。

（2）时标设定功能。用于设定模拟仿真软件运行的快慢节奏。

（3）事故设定功能。可以任意设定预选组态好的事故，事故设定好后，将在三维视景区出现事故现象。

（4）照相设定功能。模拟仿真软件具有照相"快门"的功能，可以记录软件运行过程中任一时刻的全部状态。

（5）运行暂停功能。模拟仿真软件在运行过程中的任何瞬间都可以设定处于暂停状态，方便操作、讲解、观看等。

（6）操作评价功能。模拟仿真软件能针对操作人员的操作质量给出评价。

7）网络控制

系统采用最先进的 HLA/RTI（高层体系结构/运行支撑环境）分布式网络仿真体系规范。HLA 主要由规则、对象模型模板及接口规范说明三个部分组成。一个联邦成员中的各个成员之间的交互作用是通过 HLA 中一个重要部件——RTI 提供的服务来实现的，即在一个联邦的执行过程中，所有的联邦成员应该按照 HLA 的接口规范说明所要求的方式同 RTI 进行数据交换，实现成员间的交互作用。HLA 的联邦构成采用对称的体系结构，如图 9.26 所示。在整个系统中，所有的应用程序都是通过一个标准的接口形式进行交互作用，共享服务和资源，它是实现互操作的基础。按照 HLA 的规定，所用的联邦和联邦成员必须按照 OMT 提供各自的 FOM 和

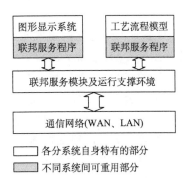

图 9.26　HLA 联邦对称结构体系

SOM。RTI 作为联邦执行的核心，其功能类似于某种特殊目的的分布式操作系统，为联邦成员提供运行时所需的服务。RTI 提供六种服务，即联邦管理、声明管理、对象管理、所有权管理、时间管理和数据分布管理。

在构建仿真系统的协同仿真环境时，重点工作将主要放在应用 RTI 及 SOM 与 FOM 对象的开发上。FOM 与 SOM 开发过程可以分为五个阶段，即定义阶段、概念模型开发阶段、联邦设计阶段、联邦继承和测试阶段、联邦运行和分析阶段，并有以下五种开发工具及相应的使用途径分别用于上述五种不同阶段的开发。网络控制服务器是系统的主控模块，对系统的数据库、模型库和人机交互进行协调，数据的声明、管理及通信交给 RTI 来控制，以便实现仿真程序的顺利运行。通过底层的网络及相关体系结构的支持，人机交互界面，模型建立、模型调试、模型试验及模型运行结果可以实现快速、准确的交换与更新。通过网络设备交换机将网络控制服务器和各客户端连接起来，并配以投影仪等输出设备，构造出分布式仿真系统。采用该网络结构的优点是：有效使用资源、增进生产力、降低成本、提高可靠性、缩短响应时间。

9.4.3　建立和应用 CAD 网络系统

近年来，各类计算机辅助设计 CAD 在计算机研究与应用领域取得了迅速的发展。现有较成熟的该类系统一般比较庞大，多为基于单机原型发展而成，但由于该类系统专业化程度要求非常高，单个操作人员难以完成，迫切需要对其进行网络化协同操作改造，这就涉及网络协同改造的架构设计，保证协同操作的高可靠性以及协同用户的动态自由扩展。这里以 Web 服务概念体系为基础，构建了一个基于 Internet 的计算机支持的协同工作（computer supported cooperative work，CSCW）系统框架，充分利用 Web 服务所具有的良好动态扩展性和维护性，针对 Internet 上大量用户的加入情况，提出了一种以优先权控制的分层式协同设计过程模型。最后，基于系统框架，提出了一种集中控制式解决设计冲突的方法，以提高协同效率。

基于 Web 服务的图形 CAD 协同系统的总体框架如图 9.27 所示。该框架的客户端为浏览器访问形式，服务器端的 Web 服务器与数据库服务器相结合。框架的设计目的是以服务的形式，提供对图形 CAD 系统在 Web 服务器的集成应用管理，同时提供对该类 CAD 系统的专业化网络发布，以吸引全球相关领域的设计者参与使用。对于框架所支持的图形 CAD 系统，要求其设计基元是图形学对象，如建筑、纺织、图案和室内效果等领域的 CAD，这是由于该类 CAD 系统可以比较完善、统一地抽取协同设计操作命令与逻辑。因此，当符合此要求的 CAD 系统需采用网络化协同设计时，可以针对该CAD 系统建立一个协同数据库，动态存储相应设计人员的操作过程、优先权、设计知识以及形式化表达的协同逻辑。而在 Web 服务器上，可以部署对此 CAD 系统的协同服务，其主要功能是在客户端有协同加入请求时，为特定客户端创建一个协同智能体（Agent），通过 Agent 与客户端交互。同时，这些被部署的协同服务连接数据库服务器中相应的协同数据库，获取设计规则、用户权限与优先数值，并将用户的操作和提供的知识更新到协同数据库。对于每个客户端，因为采用浏览器形式，所以可以将客户端系统打包成控件发布于服务器上，客户端有浏览请求时，根据要求，选择控件自动安装。

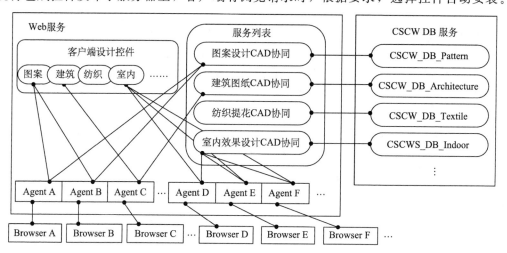

图 9.27　基于 Web 服务的图形 CAD 协同系统的总体框架

图 9.27 中各功能实体的主要描述如下：

（1）Web 服务。Web 服务是一个支持 Web 服务公共标准的 Http 服务器的运行态，常用的企业级应用服务器有 Web sphere/Web logic 等。

（2）CSCW DB 服务。CSCW DB 服务是各网络化的协同图形。

图 9.28 是 CSCW 体系架构中客户浏览器与服务器间的交互细节。作为 Web 服务器，Web sphere 的功能是将开发所得的协同设计 CAD 服务端程序部署于服务器上，同时发布客户端控件。作为 Web 服务的应用架构，Web sphere 内含 SOAP 服务器以及对服务的描述机制。服务提供者将编写的各类协同服务部署于 SOAP 服务器上，维护 SOAP 服务器的服务列表。在客户端，控件将客户界面操作转换为特定 CAD 系统的标准格式，包装成 XML 文档形式，以 SOAP 消息发送到服务器端，服务器接收并将消息还原成操作的标准格式，然后将这些操作交由 CAD 协同服务动态生成的交互 Agent 进行处理，并将处理结果传递给 CAD 协同服务的其他处理过程。这些过程先对用户进行角色认证，然后提取并分析协同数据库内的数据，作出记录和更新，最后将分析处理结果返回给交互 Agent，同样经 Agent 通过 SOAP 传回客户端，使其操作界面发生改变，获得协同操作的操作结果。

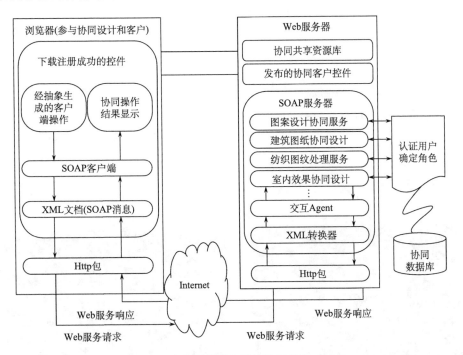

图 9.28　客户浏览器与服务器间的交互细节

9.4.4　用 PIDCAD 绘制工艺流程图

PIDCAD 是一款基于 AutoCAD 平台，专为工程技术和设计院设计人员、大中专院校师生和管道安装施工人员设计的，用于化工工程设计、管道和仪表工艺物料流程图绘制的工具软件。

在 PIDCAD 绘制的工艺管道、仪表流程图上，建立工厂设备管理信息库、仪表管理信息库、工艺参数管理信息库，实现工厂图纸、资料的电子信息化管理；统计流程图中各种设备、仪表、阀门、管线的数量、型号，并显示每个仪表、阀门的具体位置并且记忆用户输入数值，方便工厂技术改造、大修、备件采购的信息化管理；根据用户自己的需求，制作各种自定义图符，扩充系统的预定义图库。利用管线数据扩展功能，可进行图纸上管线的基本属性数据管理。在绘图中，阀门、管件、仪表移动或者删除后管线自动闭合；设备移动管线可以自动跟踪连接。其阀门、管件、仪表可以自动替换，可以连续插入，并且可以批量自动替换。其阀门、管件等自动标注，并且实现阀门管件以及标准的对齐。

1. 软件功能

（1）绘制各种与管道、阀门、设备、仪表有关的流程示意图。

（2）快速设计、绘制新建装置的工艺管道、仪表流程图。

（3）快速绘制、复原原有装置及其流程图（含工艺物料平衡图和工艺管道、仪表流程图），建立永久的电子版流程图、电子工艺档案库；彻底改变工厂过去徒手绘制的图纸不美观、易磨损、易褪色、不方便修改、不易保藏的状况。

（4）在 PIDCAD 绘制的工艺管道、仪表流程图上，建立工厂设备管理信息库、仪表管理信息库、工艺参数管理信息库（需本公司开发的 PIDMIS 软件支持），实现工厂图纸、资料的电子信息化管理。

（5）统计流程图中各种设备、仪表、阀门的数量、型号，并显示每个仪表、阀门的具体位置，方便工厂技术改造、大修、备件采购的信息化管理。

（6）根据用户自己的需求，制作各种自定义图符，扩充系统的预定义图库。

2. 适用环境

PIDCAD 管线设计操作界面如图 9.29 所示。

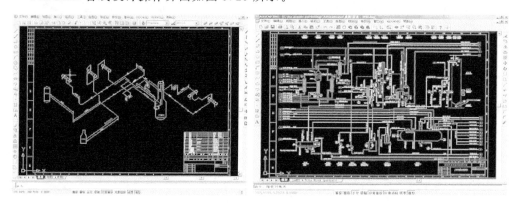

图 9.29　PIDCAD 管线设计操作界面

（1）操作系统：Windows XP/Windows 9X/Windows 2000/Windows NT/Windows 2003。

（2）支持平台：AutoCAD 2002/2004/2006（需要完全或者典型安装）。

（3）处理器：Pentium Ⅲ 或更高，800MHz（最低），1.5GHz（建议）。

（4）内存：256MB 或以上，安装 AutoCAD 2006，建议 512MB 以上。

（5）视频：具有真彩色的 1024×768VGA（最低）。

（6）硬盘：安装 400MB（AutoCAD 用），安装 100M（PIDCAD 用）。

3. PFD 图的画法

标准：工艺流程图（PFD）的图例应按《炼油厂流程图图例》（SH/T 3101）的有关规定绘制。

图纸规格：应采用 1 号、2 号或 3 号图，如果采用 2 号或 3 号图，需要延长时，其长度尽量不要超过 1 号图的长度。

PFD 图的构成：①设备；②工艺管道及介质流向；③参数控制方；④工艺操作条件；⑤物料的流率及主要物料的组成和主要物性数据；⑥加热及冷却设备的热负荷。

9.5　计算流体力学模拟在化工中的应用

计算流体力学（computational fluid dynamics，CFD）是流体力学的一个分支，用于求解固定几何形状空间内的流体的动量、热量和质量方程以及相关的其他方程，并通过计算机模拟获得某种流体在特定条件下的有关数据。相对于实验研究，CFD 计算具有成本低、速度快、资料完备、可以模拟真实及理想条件等优点，从而成为研究各种流体现象、设计、操作和研究各种流动系统和流动过程的有力工具。

CFD 可以用于各种化工装置的模拟、分析及预测，如模拟搅拌槽混合设备的设计、放大；可以预测流体流动过程中的传质、传热，如模拟加热器中的传热效果、蒸馏塔中的两相传质流动状态；可以描述化学反应及反应速率，进行反应器模拟，如模拟出燃烧反应器、生化反应器中的反应速率；还可有效模拟分离、过滤及干燥等设备及装置内流体的流动。

9.5.1　CFD 的基本原理及可视化软件

CFD 以动量、能量、质量守恒方程为基础，用数值计算方法直接求解流动主控方程［纳维-斯托克斯（Navier-Stokes）方程］，以发现各种流动现象规律。CFD 的计算方法主要有三种：差分法、有限元法、有限体积法。CFD 模拟的目的是作出预测和获得信息，以达到对流体流动的更好控制。理论的预测出自数学模型的结果，而不是出自一个实际的物理模型的结果。数学模型主要由一组微分方程组成，这些方程的解就是 CFD 模拟的结果。科学计算可视化与 CFD 的结合，更给后者的研究和发展带来了巨大的推动作用。计算流体力学通过求解流场中的基本方程，如 N_2S 方程、欧拉（Euler）方程，来了解流场的运动规律。可视化技术可对数据进行与计算过程同步或事后的快速分析，提高了使用效率。

可视化软件可分为三大类：可视化子程序、专用可视化工具和通用可视化系统。

CFD 中常用的 FIELDVIEW、Tecplot、Surfer、FAST 等均为专用可视化工具。一些著名 CFD 软件,如 FLUENT、PHOENICS、CFX、Delft-3D 等,也都集成了可视化模块。

9.5.2　CFD 在化工中的应用

CFD 的应用已经从最初的航空航天领域不断地扩展到船舶、海洋、化学、铸造、制冷、工业设计、城市规划设计、建筑消防设计、汽车等多个领域。在化工领域 CFD 在解决工程实际问题方面具有重要的应用价值。

1. 在流体力学反应器中的应用

1) 在沉淀池及其他固液分离反应器(池)中的应用

流体力学反应器主要包括沉淀池、沉砂池和格栅等,在其中进行的处理属于物理过程。水中的悬浮杂质在水流和重力的共同作用下,通过自然沉淀、筛滤和截留等方式在反应器中被截留,实现不同粒径的固体杂质与水体的分离。由于此类反应器处理过程不涉及化学和生物反应,处理机理相对简单,利用 CFD 技术建立的数学模型也相对简单。在这部分研究中,多采用 CFD 技术模拟二维流场,在流场分析的基础上,通过对设计工况下反应器出口悬浮物浓度的预测,分析反应器设计和运行状况,提出相应优化方案。与建立在反应器理论上的传统模型相比,利用 CFD 技术建立的数值模型能更准确地分析反应器中的流场和悬浮物浓度场分布,实现反应器的优化设计和运行。但在实际过程中也发现,反应器形式、沉降的边壁条件和悬浮物浓度的不同会形成不同类型的沉降过程,造成悬浮物沉降规律的差别。例如,沉砂池中悬浮物多以拥挤沉降规律为主,絮凝沉淀池中则表现出颗粒在沉降过程中不断增大的沉降规律。对不同类型的沉降规律研究的不足,也会制约悬浮物输移模型模拟的准确度,影响反应器设计和运行优化的可靠性。

2) 在化学处理反应器(池)中的应用

化学处理反应器主要有混凝反应池、消毒池、超临界氧化池等。在化学处理反应器中,往往需要通过某些特定的化学反应产生具有一定化学处理能力的化学物质,并随水流扩散到反应器中,才能实现杂质的去除,保障处理的效果。例如,混凝剂在混合单元中,往往需要通过水解反应,形成具有混凝效果的水合离子,并迅速分散到原水中,才能保证混凝的效果;液氯或臭氧消毒反应器中,也需要通过相应的化学反应,产生具有强氧化能力的次氯酸或原子氧,并通过水流运动扩散到反应器后才能发挥良好的消毒作用。考虑到反应器中发挥处理效果的化学物质浓度分布会直接影响反应器的处理效果,对此类反应器设计和运行状况的分析,除了需要利用 CFD 技术对反应器中水流特性分析外,还必须结合工程的实际情况,确定化学反应产生的这些化学物质的发生量,在流场分析的基础上预测它们的浓度扩散和分布规律,进而判断反应器的设计及运行效果。

此外,CFD 技术还可应用于生物处理反应器中,主要通过分析反应器中的流场和影响微生物生长的环境因素变化,优化反应器的设计和运行。

2. 流体力学在化工设备方面的应用

1) 流化床

流化床中的气-固流按照建模的长度和时间，可以分为三种：过程设备、计算单元、单个粒子。计算单元水平上的模型，气相和固相被看作可以相互渗透的连续介质，在纳维-斯托克斯方程中用局部平均变量代替点变量，用 CFD 解方程。这种连续逼近方法能提供气-固流体的有用信息，近些年成为流化过程建模的主要方法。这种方法的缺点是难以提供相间动量、能量、质量传递关联，无法建立反映单个粒子的离散流动特性模型。

2) 搅拌

目前 CFD 的搅拌方法主要有以下两种方式：① 采用将搅拌器作为黑箱（black box）处理的方法，即用实验方法测定搅拌器邻近区域以时间平均速度场，并以此为计算的边界条件，模拟涡轮搅拌器；② 应用 CFD 研究搅拌的方法，即在计算搅拌釜流体之前，把搅拌釜分成一些小单元，这一过程称为网格化。CFD 模拟能否成功取决于能否产生合适的网格。网格生成后，质量、能量和动量守恒方程，以及表示湍流作用和发生化学反应而产生或消耗的物质的变量，都可以通过数值计算解得。计算的一个重要部分就是满足方程的边界条件，一般把壁面的流体速度定为 0。

3) 转盘萃取塔

CFD 研究转盘萃取塔（RDC）介绍以下两种方式：① 用 CFD 探讨 RDC 中的两相流，其模型可以详尽描述萃取塔中液-液流动的多维扩散，可以计算出两相的速度场和局部体积分率，这些结果有助于深入了解萃取过程；② 使用 PHOENICS 1.4 软件，能计算添加挡板前后转盘萃取塔内部流场的变化，可以经 LDV 测试结果证明添加挡板对 RDC 传质效率的积极作用。

4) 填料塔

CFD 研究填料塔，用 CFD 研究精馏所用的规整填料。填料中存在一个传质和传热效率较低的特定区域，通过改变填料的形状，以加强流体的径向和轴向混合，CFD 表明，传热效率升高，根据这一结果设计出的新型填料，填料的效率较高。

此外，CFD 还可应用于研究喷雾干燥、燃料喷嘴气体动力学等过程相关的化工设备。

3. 化学反应工程

CFD 在化学反应工程领域也得到了广泛应用。

(1) 使用 CFD 设计和优化新型高温太阳能化学反应器。CFD 模拟提供了计算速度、温度和压力场，以及粒子运动轨迹，而这些数据在高辐射（$>3000\text{kW/m}^2$）和高温（$>1500\text{K}$）条件下无法测量得到。CFD 模拟结果由冷模实验结果验证。

(2) 使用 FLUENT 商用软件计算反应器的三维模型，可以获得对高压釜反应器内部混合和反应的深入认识，包括反应器、旋转桨叶、聚合动力学、湍流模型，以及湍流反应速率模型。通过计算得到反应器中不同操作情况下的流线、浓度梯度和温度梯度。根据这些数据可以更好地认识 LDPE 聚合过程，从而优化操作参数。

习　　题

1. 稳态过程模拟和动态过程模拟的特点和区别是什么？用于化工过程模拟的软件有哪些？
2. 查阅资料说明目前国内外在化工生产中利用 CAD 技术的现状，指出不足之处。
3. 举例说明计算流体力学在化工中的应用。
4. 举例说明石油化工流程软件 ChemCAD 的主要功能和特点。
5. 结合最新文献资料说明在某种精细化工产品生产中计算机辅助设计的应用。

参 考 文 献

蔡暖妹，蔡惠君. 2008. 石化工程常用阀门的选用及故障分析. 石油化工设备技术，29(5)：14-17

陈声宗. 2000. 化工设计. 2版. 北京：化学工业出版社

邓修，吴俊生. 2000. 化工分离工程. 北京：科学出版社

都健. 2009. 化工过程分析与综合. 大连：大连理工大学出版社

冯骞，薛朝霞，汪岁羽. 2006. 计算流体力学在水处理反应器优化设计运行中的应用. 水资源保护，22 (2)：11-15

冯霄. 2009. 化工节能原理与技术. 3版. 北京：化学工业出版社

郭慕孙. 2001. 过程工程. 过程工程学报，1(1)：2-7

黄英. 2005. 化工过程设计. 西安：西北工业大学出版社

黄英，王艳丽. 2008. 化工过程开发与设计. 北京：化学工业出版社

黄永春，唐军，谢清若，等. 2007. 计算流体力学在化学工程中的应用. 现代化工，27(5)：65-68

金涌，刘铮，李有润. 2001. 过程工程与生态工业. 过程工程学报，1(3)：225-229

匡国柱，史启才. 2002. 化工单元过程及设备课程设计. 北京：化学工业出版社

李国庭，陈焕章，黄文焕，等. 2008. 化工设计概论. 北京：化学工业出版社

李洪钟. 2008. 浅论过程工程的科学基础. 过程工程学报，8(4)：635-644

李晓丹，岳宏，刘海滨. 2009. 化工装置中管道支吊架的设计. 辽宁化工，38(2)：139-142

李以圭，刘金晨. 2001. 分子模拟与化学工程. 现代化工，21(7)：10-15

刘芙蓉，金鑫丽，王黎，等. 2001. 分离过程及系统模拟. 北京：科学出版社

刘会洲，郭晨，常志东，等. 2008. 化工过程纳微结构界面预测与调控展望. 过程工程学报，8(4)：660-666

刘家祺. 2005. 传质分离过程. 北京：高等教育出版社

刘明忠，王训富，李士琦. 2005. 冶金过程中的时空多尺度结构及其效应. 钢铁研究学报，17(1)：10-13

刘铮，金涌，魏飞，等. 2002. 化学工程科学发展的回顾与思考. 化工进展，21(2)：87-91

罗先金. 2007. 化工设计. 北京：中国纺织出版社

马瑞兰，金玲. 1999. 化工制图. 上海：上海科学技术出版社

沈斌. 2006. 以3D软件应用为中心的设计管理模式——PDS在配管设计中的应用. 石油化工设计，23(1)：52-55

宋航，付超. 2008. 化工技术经济. 2版. 北京：化学工业出版社

孙红先，赵听友，蔡冠梁. 2007. 化工模拟软件的应用与开发. 计算机与应用化学，24(9)：1285-1288

孙宏伟，刘铮. 2006. 面向复杂结构的化学工程——从第一届中美化学工程学术研讨会看化学工程学科的新动态.
中国科学基金，(1)：5-7

唐宏青. 2001. 工艺包设计编写提纲探讨. 化工设计，11(6)：10-13

万学达. 2007. 计算机在化工设计中的应用进展. 化工设计，17(2)：43-47

王静康. 2006. 化工过程设计（化工设计）. 2版. 北京：化学工业出版社

王彦斌，苏琼. 2005. 化工设计. 兰州：甘肃科学技术出版社

王元文，陈连. 2005. 管壳式换热器的优化设计. 贵州化工，30(1)：27-31

肖革非，游达明. 2001. 化工投资项目的不确定性分析. 化工设计，11(5)：32-35

许维秀，朱圣东，李来京. 2004. 化工节能中的热泵精馏工艺流程分析. 节能，(10)：19-21

鄢烈祥. 2010. 化工过程分析与综合. 北京：化学工业出版社

姚亮. 2009. 化工装置常用金属阀门的选用. 化工设备与管道，46(1)：47-52

姚平经，杨友麒. 2009. 过程系统工程. 上海：华东理工大学出版社

叶青，裘兆蓉，韶晖，等. 2006. 热偶精馏技术与应用进展. 天然气化工，31(4)：53-56

由涛，陈龙祥，张庆文，等. 2009. 分子模拟方法在渗透汽化膜研究中的应用进展. 化工进展，28(8)：1302-1306

于江涛，张本玲，孙舒苗，等. 2009. 丙烯羰基合成丁醛工艺的模拟研究. 天然气化工，34(2)：20-24

张晓东. 2005. 计算机辅助化工厂设计. 北京：化学工业出版社

张志櫰. 2008. 流程模拟技术及其进展. 数字石油和化工，(12)：2-8

赵亮，高金森，徐春明. 2004. 分子计算理论方法及在化工计算中的应用. 计算机与应用化学，21(5)：764-772

郑聪，宋爽，穆钰君，等. 2008. 热泵精馏的应用形式研究进展. 现代化工，(S1)：114-117

中国机械工程学会设备与维修工程分会"机械设备维修问答丛书"编辑委员会. 2009. 工业管道及阀门维修问答.
    北京：机械工业出版社

周文水. 2009. 化工模拟系统探析. 科技信息，(18)：80-81

附　　录

附表 1　工艺流程图中设备、机器图例（HG 20519.31—92）

类别	代号	图例
塔	T	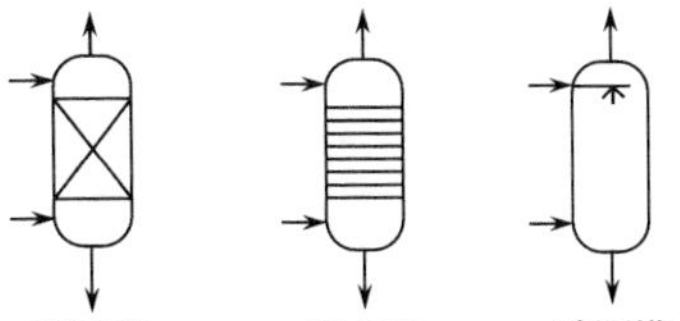 填料塔　　板式塔　　喷洒塔
反应器	R	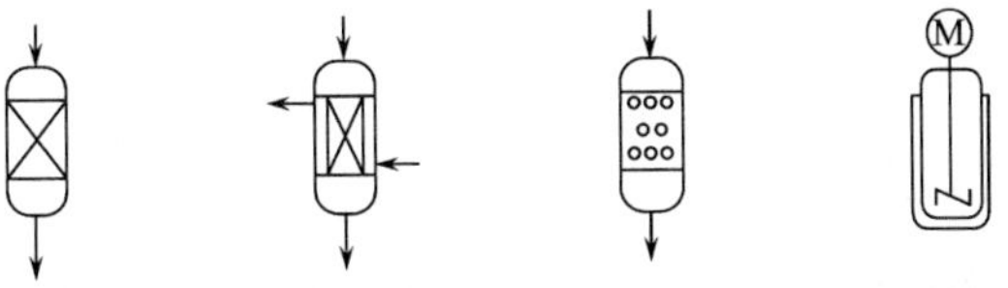 固定床反应器　　列管式反应器　　流化床反应器　　反应釜(带搅拌、夹套)
工业炉	F	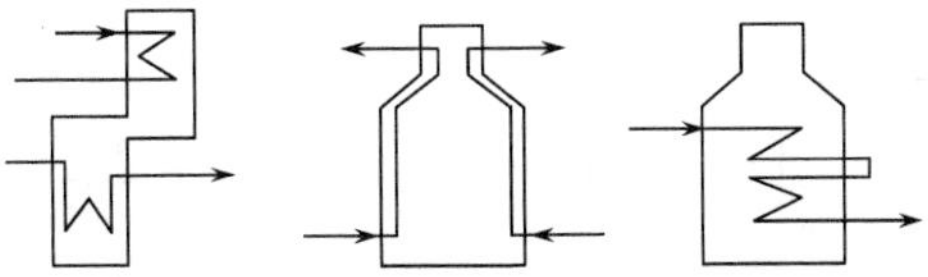 箱式炉　　圆筒炉　　圆筒炉
换热器	E	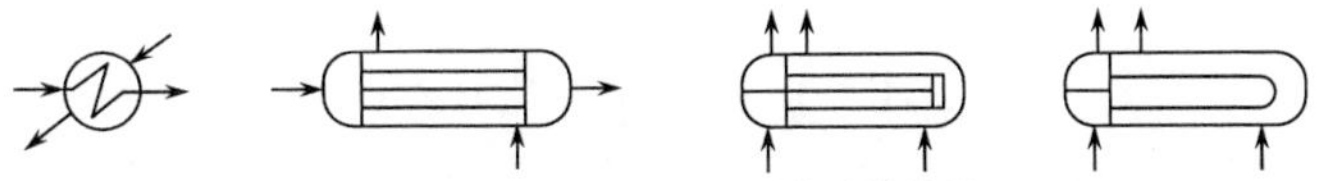 换热器(简图)　固定管板式列管换热器　U形管式换热器　浮头式列管换热器 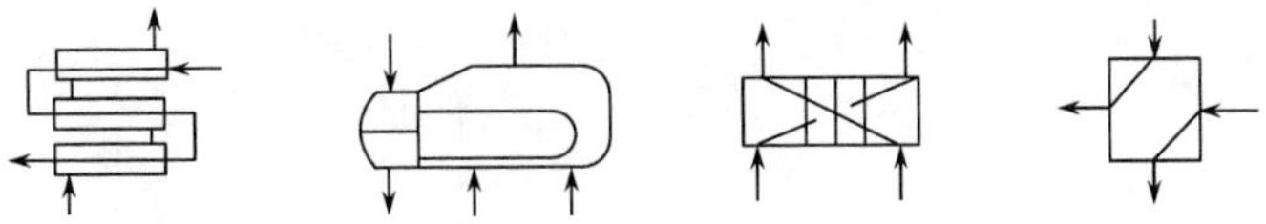套管式换热器　　釜式换热器　　板式换热器　　螺旋板式换热器 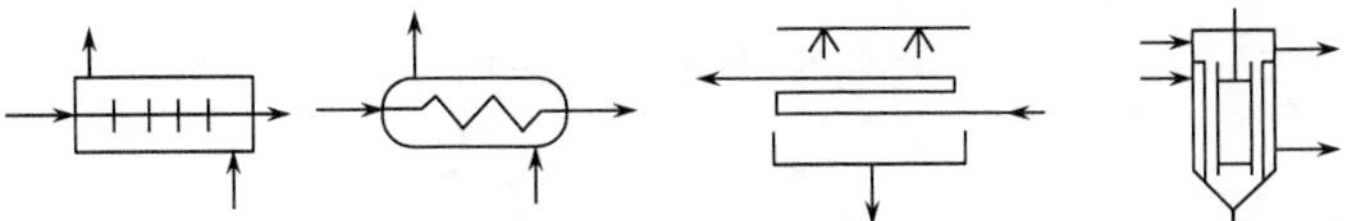翅片管换热器　蛇管式(盘管式)换热器　喷淋式冷却器　刮板式薄膜蒸发器 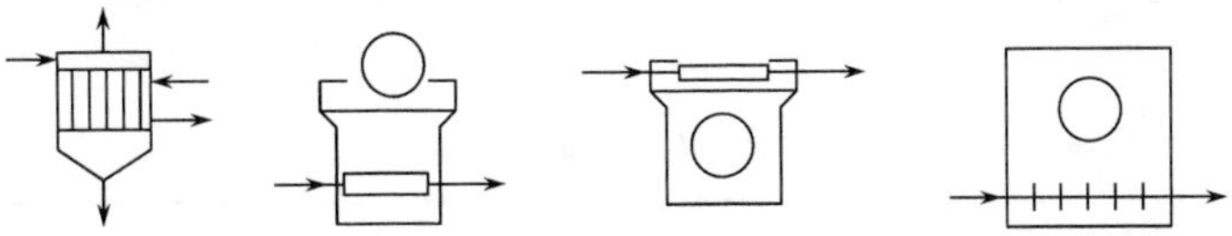列管式(薄膜)蒸发器　抽风式空冷器　　送风式空冷器　带风扇的翅片管式换热器

类别	代号	图例
泵	P	离心泵　水环式真空泵　旋转泵齿轮泵 液下泵　喷射泵　旋涡泵
压缩机	C	鼓风机　旋转式压缩机(卧式)(立式) 离心式压缩机　往复式压缩机
容器	V	锥顶罐　(地下、半地下)池、槽、坑　浮顶罐　干式气柜　湿式气柜　球罐 圆顶锥底容器　圆形封头容器　平顶容器　卧式容器　卧式容器 填料除沫分离器　丝网除沫分离器　旋风分离器　干式电除尘器　湿式电除尘器 固定床过滤器　带滤筒的过滤器

类别	代号	图例
起重运输机械	L	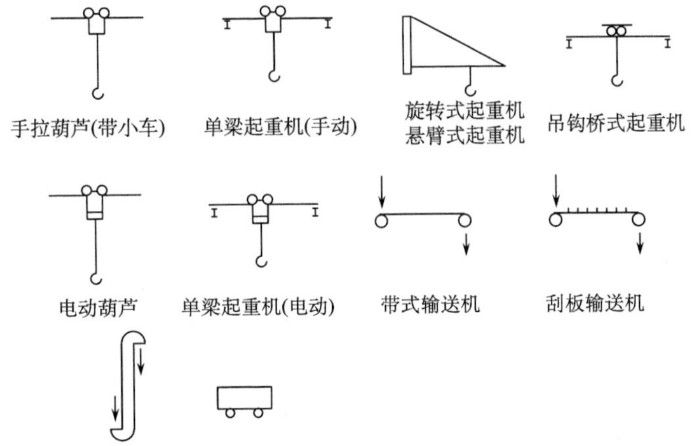 　手拉葫芦(带小车)　单梁起重机(手动)　旋转式起重机 悬臂式起重机　吊钩桥式起重机 电动葫芦　单梁起重机(电动)　带式输送机　刮板输送机 斗式提升机　手推车
其他机械	M	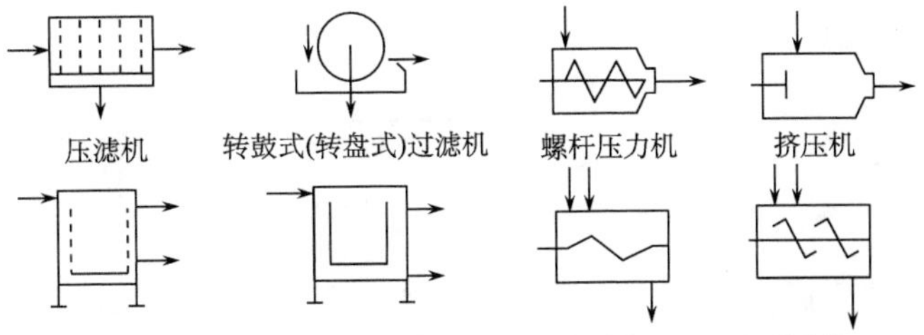 压滤机　转鼓式(转盘式)过滤机　螺杆压力机　挤压机 有孔壳体离心机　无孔壳体离心机　揉合机　混合机
动力机	MESD	 离心式膨胀机、透平机　活塞式膨胀机　电动机　内燃机　燃气机 汽轮机 其他动力机

附表 2　工艺流程图中管道、管件及阀门的图例（HG 20519.32—92）

名称	图例	备注
工艺物料管道	━━━━━	粗实线
辅助物料管道	────────	中实线
引线、装备、管件、阀门、仪表等图例	──────────	细实线
原有管道	─·─··─··─·─·─·	管线宽度与其相接的新管线宽度相同
可拆管道	── ── ──	

续表

名称	图例	备注
伴热(冷)管道		
电伴热管道		
翅片管		
柔性管		
夹套管		
管道隔热层		
管道交叉(不相连)		
管道相连		
流向箭头		
坡度	$V=0.3\%$	
闸阀		
截止阀		
节流阀		
球阀		
旋塞阀		
隔膜阀		
角式截止阀		
角式节流阀		
角式节流阀		
三通截止阀		
三通球阀		

名称	图例	备注
三通旋塞阀		
四通截止阀		
四通球阀		
四通旋塞阀		
疏水阀		
直流截止阀		
底阀		
减压阀		
蝶阀		
升降式止回阀		
喷射器		
文氏管		
Y形过滤器		
锥形过滤器		方框 5mm×5mm
T形过滤器		方框 5mm×5mm
罐式(篮式过滤器)		方框 5mm×5mm
膨胀节		
喷淋管		

名称	图例	备注
焊接连接		仅用于表示装备管口与管道为焊接连接
螺纹管帽		
法兰连接		
软管接头		
管端盲板		
管端法兰(盖)		
管帽		
旋起式止回阀		
同心异径管		
偏心异径管	底平　顶平	
圆形盲板	正常开启　正常关闭	
8字形盲板	正常关闭　正常开启	
防空帽(管)	帽　管	
漏斗	敞口　封闭	
截止阀	C.S.O	未经批准,不得关闭(加锁或铅封)
截止阀	C.S.C	未经批准,不得开启(加锁或铅封)